# 水利水电工程
# 大顶角超深斜孔钻探技术与实践

孙云志　卢春华　肖冬顺　曾立新　陆洪智 等　著

中国水利水电出版社
www.waterpub.com.cn
·北京·

# 内 容 提 要

本书在总结了国内外有关斜孔钻探技术与实践的基础上，结合本书编著单位的水利水电工程大顶角超深斜孔钻探相关技术的研发及工程实践，系统地讲述了斜孔钻进的关键基础理论、大顶角超深斜孔钻探工艺技术与方法、轨迹控制技术、取芯技术、孔内测试、随钻压水试验器等。

全书共分9章，内容包括：绪论、斜孔钻进关键基础理论、大顶角超深斜孔钻探工艺、大顶角超深斜孔钻探装备及机具、大顶角超深斜孔轨迹控制技术、大顶角超深斜孔取芯技术、轻便式气囊隔离随钻压水试验器、大顶角超深斜孔孔内测试、双向成对跨江大顶角超深斜孔钻探技术应用实例。

本书可供水利水电工程界的工程技术人员、研究人员阅读，也可作为其他基础设施建设工程勘察、地质与地下资源勘察等相关工程及科技人员的技术参考书，亦可作为相关高校的教学参考书。

## 图书在版编目（CIP）数据

水利水电工程大顶角超深斜孔钻探技术与实践 / 孙云志等著. -- 北京 : 中国水利水电出版社，2018.11（2023.3重印）
ISBN 978-7-5170-7182-2

Ⅰ．①水… Ⅱ．①孙… Ⅲ．①水利水电工程－钻探－研究 Ⅳ．①TV5

中国版本图书馆CIP数据核字(2018)第259499号

| 书　　名 | 水利水电工程大顶角超深斜孔钻探技术与实践 SHUILI SHUIDIAN GONGCHENG DADINGJIAO CHAOSHEN XIEKONG ZUANTAN JISHU YU SHIJIAN |
|---|---|
| 作　　者 | 孙云志　卢春华　肖冬顺　曾立新　陆洪智　等著 |
| 出版发行 | 中国水利水电出版社 （北京市海淀区玉渊潭南路1号D座　100038） 网址：www.waterpub.com.cn E-mail：sales@waterpub.com.cn 电话：(010) 68367658（营销中心） |
| 经　　售 | 北京科水图书销售中心（零售） 电话：(010) 88383994、63202643、68545874 全国各地新华书店和相关出版物销售网点 |
| 排　　版 | 中国水利水电出版社微机排版中心 |
| 印　　刷 | 北京印匠彩色印刷有限公司 |
| 规　　格 | 184mm×260mm　16开本　23.75印张　563千字 |
| 版　　次 | 2018年11月第1版　2023年3月第5次印刷 |
| 印　　数 | 001—800册 |
| 定　　价 | **120.00元** |

# 主 要 作 者 简 介

孙云志，1964 年 8 月生，湖北黄陂人，博士，教授级高工，地质工程专家，注册岩土工程师（水利水电工程），现为长江岩土工程总公司（武汉）副总工程师，主要从事水利水电工程地质、岩土工程、地质灾害防治、岩体水力学等勘察与研究，先后获得全国优秀工程勘察设计一等奖、湖北省科技进步二等奖、水力发电科技进步三等奖、武汉市科技进步一等奖等，公开发表著作多部、论文 50 余篇。

卢春华，1976 年 3 月生，江西高安人，博士，副教授，中国地质大学（武汉）工程学院勘察与基础工程系主任。主要从事钻探工具、工艺和非常规能源勘探开发相关教学和研究工作。主持和参与了国家自然科学基金项目、国家"863"计划项目、中俄国际合作项目等 20 余项科研项目。公开发表论文 20 多篇，授权专利 15 项，出版专著 2 部，获教育部技术发明一等奖和二等奖各 1 项，获中国地质调查局地质调查成果一等奖 1 项，成果"新型节水钻探工艺与设备研究"被中国地质学会入选 2009 年十大地质科技成果。

# 前　言

PREFACE

　　中国拥有巨大的水能资源蕴藏量。据统计，我国水能资源总蕴藏量为676GW，可开发的水能资源为 378GW，其中，68％分布在西南地区。截至2015 年年底，全国水电累计装机 3.19 亿 kW，居世界第一。据统计，已建成单站装机在 100 万 kW 以上的大型水电站 50 余座，它们主要集中在中国的西南地区，尤其是四川省、云南省等地，地质环境复杂。伴随着水电工程建设所取得的成就，我国水利水电行业的工程地质勘测技术水平也得到很大的提高，特别是在过河（江）勘探技术手段上取得了长足的进步。例如过河（江）平洞勘探方法已经被双向成对跨江大顶角斜孔钻探技术取代，成为探明顺河断层特征的新技术。以往，过河（江）平洞是在河床地质条件复杂，特别是可能存在大的顺河断层的情况下所采用的一种极端的勘察方法。据统计，国内曾经采用过河平洞或河底竖井的坝址共有 14 座，大多数都是 20 世纪 70 年代以前实施的。近 30 年来，采用这种勘探方法的仅有黄河大柳树水利枢纽、红水河龙滩水电站、金沙江溪洛渡水电站和向家坝水电站等 4 个工程。从现在的工程经验和勘探技术水平出发，过河（江）平洞这一勘探方法已经很少采用。一方面的原因是，它勘探周期长、资金投入大、施工安全风险高，已经不适应现今水利水电开发水平；另一方面的原因是，利用双向成对跨江大顶角斜孔钻探技术可以查明顺河断层的分布特征，为工程设计提供可靠的地质依据。例如雅砻江官地水电站就是利用两岸向河床交汇斜孔查明重力坝坝基无顺河断层分布的；缅甸伊洛瓦底江上游流域某水电站工程，针对顺河分布的倾角为 75°～85°、宽度为 13～42m 的断层带物质，应用顶角 55°、孔深 252m 的双向成对跨江斜孔钻进技术，查清了顺河断层工程性状，在水利水电工程跨江勘探技术应用上具有里程碑意义，受到国内外好评与关注。

　　为了总结双向成对跨江大顶角斜孔钻探技术在水利水电工程中的应用实践，在长江岩土工程总公司（武汉）、中国地质大学（武汉）、中国地质科学院地球深部探测中心及长江勘测规划设计有限责任公司的大力支持下撰写了本书。

全书共分 9 章：第 1 章简要回顾了国内外跨江勘探技术应用现状、存在的问题以及发展方向；第 2 章介绍了斜孔钻进关键基础理论；第 3 章介绍了大顶角超深斜孔钻探工艺，包括钻孔结构设计、钻进工艺方法、复杂地层钻探泥浆技术、孔内事故的预防与处理等；第 4 章介绍了大顶角超深斜孔钻探装备及机具，包括钻机及辅助设备、钻塔、钻杆柱和钻具组合技术等；第 5 章介绍了大顶角超深斜孔轨迹控制技术，包括国内外定向钻进技术现状、钻孔轨迹设计与控制原理、测斜定向仪器和随钻测量技术、定向钻具结构和工作原理、双向成对跨江斜孔轨迹控制等；第 6 章介绍了大顶角超深斜孔取芯技术，包括岩芯采取基本要求、岩芯卡取方法、单双岩芯管钻具、斜孔绳索取芯技术、复杂地层原状取芯技术等；第 7 章介绍了轻便式气囊隔离随钻压水试验器，包括研制背景、随钻压水试验器结构设计和关键技术、随钻压水试验器的应用案例等；第 8 章介绍了大顶角超深斜孔孔内测试，包括压水试验、声波测试、钻孔全景图像检测、钻孔径向加压法试验、自然 γ 测井、有害气体测试、放射性测试等；第 9 章介绍了双向成对跨江大顶角超深斜孔钻探技术应用实例，以某水电站工程为例，重点介绍了斜孔的布置与钻探技术难点、钻孔结构设计、钻具、泥浆、定向、组织管理和技术经济分析等。

全书由孙云志组织编写。具体编写分工为：第 1 章由孙云志、陆洪智执笔；第 2 章由胡郁乐、肖冬顺执笔；第 3 章由胡郁乐、曾立新执笔；第 4 章由胡郁乐、蒋国盛执笔；第 5 章肖冬顺、陆洪智、卢春华执笔；第 6 章由曾立新、卢春华、胡郁乐执笔；第 7 章由肖冬顺执笔；第 8 章由邓争荣、雷世兵执笔；第 9 章由邓争荣、雷世兵、曾立新、马明执笔。全书由孙云志、蒋国盛统稿。

由于水平所限，时间仓促，书中不妥或错误之处难免，恳请读者批评指正。

作者

2018 年 10 月

# 目　　录

# 1 绪 论

## 1.1 问 题 的 提 出

我国拥有巨大的水能资源蕴藏量。据统计，我国水能资源总蕴藏量为 676GW，可开发的水能资源为 378GW。截至 2015 年年底，全国水电累计装机 3.19 亿 kW，居世界第一，68％分布在西南地区，所面临的工程地质问题复杂。其中，顺河断层的分布、规模、性状等，往往是水利水电工程建设面临的重大工程地质问题。

顺河断层是水利水电工程建设中引发各类工程地质和水文地质问题最普遍、危害性最大的一类地质现象，如区域构造稳定性和地震活动性、水库和坝址渗漏、坝基变形与稳定等，无不常常受控于顺河断层，甚至影响到工程建设的成败。在长江流域的水利水电工程建设中，早期建设的丹江口大坝、紫坪铺大坝、南河水库等，都因坝基顺河断层特征事前没有查清，开工后或者被迫下马停建、或者停工研究对策。后期建设的大部分工程，包括一些大型工程，如东江水电站、向家坝水电站、铜街子水电站、安康水电站、紫坪铺水利枢纽、隔河岩水电站、五强溪水电站、二滩水电站、锦屏一级水电站、缅甸伊江上游流域某水电站，都曾在坝址、坝型比较，坝线选择，水库渗漏和库岸稳定评价，以及坝基、边坡、地下洞室等不同建筑物的工程地质问题研究中，遇到顺河断层所带来的特殊地质问题。例如，丹江口大坝 1958 年开工，1959 年河床坝基开挖后，于 9～11 坝段（右河床）发现 F16 与 F204 两条近顺河向断层，其交汇带宽达 30 余 m，且断层构造岩性状极差，由于事前的勘察工作中将其遗漏，所以被迫暂停施工，补充地质勘测、试验、分析计算和研究处理方案。柘溪水电站存在多条顺河向断层，其中河床左侧的 F5 断层规模较大，性状较差，由于位于河床水下，其对工程的影响如何，一时成为工程设计的关键地质问题，为评价其工程地质特性，为工程设计提供依据，不得不采用开挖过河平洞的方法来加以查明。耒水东江水电站位于燕山期花岗岩体上，岩体坚硬完整，但坝址区存在一条规模较大的 F3 断层，在坝线选择时，充分考虑了该断层的影响，在准确查明断层位置的基础上，将坝线下移，避开了 F3 断层，从而使拱坝的地质条件更加简化和优越。铜街子水电站河床坝基两侧隐伏一组中低倾角的逆冲断层 F3、F6，错断了作为坝基抗滑稳定控制面的层间错动带，将其错断成高程不同的几个片区，断层和层间错动带的存在及相互关系，成为枢纽布置方案选定和坝基变形、抗滑稳定分析及基础处理的关键。隔河岩水利枢纽坝基分布着众多的顺河断层，不仅给坝基稳定带来影响，而且沿断裂构造岩溶发育，构成坝基渗漏的主要通道，也给防渗帷幕的设计和施工带来极大的困难。缅甸伊洛瓦底江上游流域某水电站坝址区发育有顺河断层，断层走向 5°～20°，总体倾向近 E，倾角 75°～85°，断层带物质主要为泥化物，宽度 13～42m，断层工程性状是该水电站建设中的关键工程地质问题，为使水电站主要建筑物避开该断层，不得不下移坝址。

查明顺河断层特征，跨江勘探成为必然的选择，主要的手段有过江（河）平洞、河底竖井和水上垂直加密钻孔。据统计，国内曾经采用过河平洞或河底竖井的坝址共有 14 座，大多数都是 20 世纪 70 年代以前实施的。近 30 年来，采用这种勘探方法的仅有黄河大柳树水利枢纽、红水河龙滩水电站、金沙江溪洛渡水电站和向家坝水电站等 4 个工程。从现在的工程经验和勘探技术水平出发，过河（江）平洞这一勘探方法已经很少采用。一方面是因为它勘探周期长、资金投入大、施工安全风险高，已经不适应现今水利水电开发水平；另一方面是因为利用双向成对跨江大顶角斜孔钻探技术可以查明顺河断层的分布特征，为工程设计提供可靠的地质依据。水上垂直加密钻孔对于 $75° \sim 85°$ 的陡倾角顺河断层而言适应性差，存在局限性，而且安全风险大。为此，双向成对跨江大顶角斜孔钻探技术成为顺河断层跨江勘探的必然选择。例如：雅砻江官地水电站就是利用两岸向河床交汇斜孔查明重力坝基无顺河断层分布的；缅甸伊洛瓦底江上游流域某水电站通过运用 55°大顶角双向成对跨江斜孔钻探技术，查明了顺河分布断层的宽度、组成物质、工程性状等，在水利水电工程跨江勘探技术应用上具有里程碑意义，受到国内外好评与关注。

## 1.2　我国跨江勘探技术应用现状简述

水利水电系统开展跨江勘探已有 40 多年的历史，在跨江勘探工作上积累了比较丰富的实践经验。跨江勘探技术主要有跨江勘探钻船、跨江勘探平洞与跨江勘探斜孔。

### 1.2.1　跨江勘探钻船

按结构，跨江勘探钻船一般可分为单体式、双体式、船舷或船艄伸出式；按航行方式，跨江勘探钻船可分为自航式和拖航式。上述跨江勘探钻船在水利水电工程跨江钻探上都有应用，其优点有：

（1）机动性强，一旦工况变坏，可及时返航进入避风港。

（2）钻孔浅时，转移孔位方便，一次出航可以完成一批钻探任务。

（3）施工速度快，节约施工期，成本较低。

下面是一些之前用的水上勘探船：

（1）小型自航式单体勘探船。这种勘探船（见图 1-1）一般是用载重量适当的船只改装而成。船体前后远近锚各 4 只，有时浅孔只抛 2 只。船上装 2 台旋臂吊车，前部为钻杆台（排架），中心为钻机（井架为起落式，航行时放到），船尾为生活间和仓库。勘探水深可达 $70 \sim 100m$。

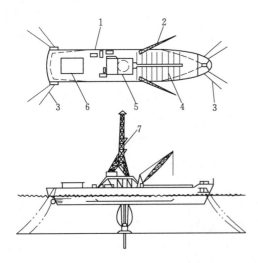

图 1-1　小型自航式单体勘探船
1—船体；2—吊杆；3—锚绳；4—钻杆台；
5—钻机；6—生活间、仓库；7—井架

（2）自航式 600t 单体勘探船。该勘探船是浙江水文队用 600t 海运货轮改装而成的。主要用于三角洲、海岸带、滨海第四纪地质调查勘探。

　　该勘探船在主舱底部开一通孔，加设法兰，安置导向管，作为隔水套管的通路，如图 1-2 所示。如施工完毕，退回租船前将导向管卸下，加一盖板与下法兰连接即可。

　　（3）勘 407D 自航式单体钻探船。该船是地质矿产部上海海洋地质调查局（现上海海洋石油勘探开发总公司）1984 年设计改装的钻探取样船（见图 1-3）。

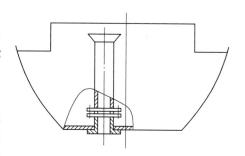

图 1-2　主舱底通孔结构示意图

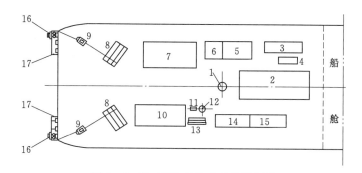

图 1-3　勘 407D 自航式单体钻探船

1—船井；2—钻机；3—泵；4—搅拌器；5—黏土库；6—工具间；7—钻杆架；
8—锚机；9—导缆加；10—分析室；11—硅油泵；12—硅油箱；
13—蓄能器；14、15—泥浆池；16—锚；17—锚架

　　勘探船采用四点锚泊定位。甲板尾部装 2 台 10t 锚机，供抛 2 个 2t 尾锚，锚缆长各 1km，直径 30mm。尾舷二角各安装 2 个导缆架及导缆滚筒，引导锚缆下抛角度，尾下部各安装 2 个三脚架存放尾锚。首锚则利用船上现有的双筒锚机抛两个锚链锚，锚重 1.25t。

锚链直径 37mm，链长由原来的 10 节加长到 15 节，共 375m。该船在工作水深 90m 左右打一口 30m 深的钻孔（包括抛锚、定位、钻探、取样等），全部作业时间一般可在 12h 之内；而在工作水深 30m 左右打一口 30m 深的钻孔，全部作业时间在 5h 之内。

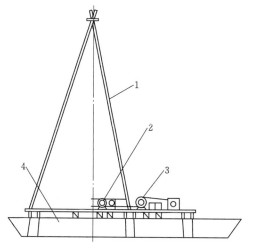

图 1-4　拖航式勘探船示意图

1—钻塔；2—钻机安装平台；3—泥浆；4—钻船

　　（4）拖航式勘探船。拖航式勘探船可分为拖航式单体勘探船和拖航式双体勘探船，相对于拖航式单体勘探船，拖航式双体勘探船具有较强的抗风浪、抗水流等因素影响的能力。在拖航式勘探船的顶面四角，一般各备绞车 1 台，用于锚稳定位，锚位沿钻船对角线方向。拖航式勘探船如图 1-4 所示。

　　拖航式勘探船主要用于河水较深、流速

快、波浪大、钻孔较深、地层复杂、地质要求孔径大的工程地质勘探。拖航式单体勘探船和拖航式双体勘探船的定位方式基本相同，受钻孔深度、水流急缓、河面宽度等影响，要求锚钩重量大；如河面不太宽时，使用缆绳更牢靠；如在岸边，也可使用缆绳撑杆相结合的方法。

### 1.2.2  跨江勘探平洞

如前所述，国内曾经采用过河平洞或河底竖井的坝址共有 14 座，大多数都是 20 世纪 70 年代以前实施的。近 30 年来，采用这种勘探方法的仅有黄河大柳树水利枢纽、红水河龙滩水电站、金沙江溪洛渡水电站和向家坝水电站等 4 个工程。从现在的工程经验和勘探技术水平出发，过河（江）平洞这一勘探方法已经很少采用。

### 1.2.3  跨江勘探斜孔

近 40 年来，跨江勘探斜孔技术在查明大型河流顺河断层特性方面也有应用。例如，雅砻江官地水电站就是利用两岸向河床交汇斜孔查明重力坝坝基无顺河断层分布的；缅甸伊洛瓦底江上游流域某水电站通过运用 55°大顶角双向成对跨江斜孔钻探技术，查明了顺河分布断层的宽度、组成物质、工程性状等。

综上所述，近 40 年来，我国跨江勘探技术已经由跨江勘探钻船、跨江勘探平洞，向跨江勘探斜孔技术迈进，特别是大顶角超深斜孔钻探技术，它体现了我国勘探技术的进步。

## 1.3  研究内容及主要成果

全书共分 9 章：第 1 章简要回顾了国内外跨江勘探技术应用现状、存在的问题以及发展方向；第 2 章介绍了斜孔钻进关键基础理论；第 3 章介绍了大顶角超深斜孔钻探工艺，包括钻孔结构设计、钻进方法与工艺、复杂地层钻探泥浆技术、孔内事故的预防与处理等；第 4 章介绍了大顶角超深斜孔钻探装备及机具，包括钻机及辅助设备、钻塔、钻杆柱和钻具组合技术等；第 5 章介绍了大顶角超深斜孔轨迹控制技术，包括国内外定向钻进技术现状、钻孔轨迹设计与控制原理、测斜定向仪器和随钻测量技术、定向钻具结构和工作原理、双向成对跨江斜孔轨迹控制等；第 6 章介绍了大顶角超深斜孔取芯技术，包括岩芯采取基本要求、复杂地层原状取芯技术、取芯钻具结构及工作原理、斜孔绳索取芯技术等；第 7 章介绍了轻便式气囊隔离随钻压水试验器，包括研制背景、随钻压水试验器结构设计和关键技术、随钻压水试验器的应用案例等；第 8 章介绍了大顶角超深斜孔孔内测试，包括压水试验、声波测试、钻孔全景图像检测、钻孔径向加压法试验、自然 γ 测井、有害气体测试、放射性测试等；第 9 章介绍了双向成对跨江大顶角超深斜孔钻探技术应用实例，以某水电站工程为例，重点介绍了斜孔的布置与钻探技术难点、钻孔结构设计、钻具、泥浆、定向、组织管理和技术经济分析等。

主要成果如下：

回顾了国内外跨江勘探技术应用现状、存在的问题以及发展方向，特别是大顶角超深斜孔钻探技术的应用，体现了我国勘探技术的进步；比较系统地介绍了斜孔钻进的若干基础理论，大顶角超深斜孔钻探工艺，大顶角超深斜孔钻探装备及机具，大顶角超深斜孔轨迹控制技术，大顶角超深斜孔取芯技术，轻便式气囊隔离随钻压水试验器，大顶角超深斜孔孔内测试等；以某水电站为例，介绍了双向成对跨江大顶角斜孔钻探技术在工程上的应用，包括斜孔的布置与技术难点、钻孔结构设计、钻具、泥浆、定向、组织管理和技术经济分析等。

主要创新点体现在：

（1）研究了适用于大顶角超深斜孔钻探的设备机具、工艺技术方法、泥浆技术、事故预警与处理等关键技术，形成了双向成对跨江大顶角斜孔钻探技术体系。

（2）成功研制了双管强制取芯等钻具，显著提高了跨江大顶角斜孔钻探取芯率和取芯质量；研制的小口径电磁随钻测量系统能够实时检测钻孔状态参数，从而精准控制钻孔轨迹，确保了过江对穿孔的成工实施。

（3）研制了一种伸缩式直斜两用分层四脚钻塔，一种层移式直斜两用四脚钻塔，一种红外可控自动插销装置，并取得国家专利。

（4）研制了轻便式气囊隔离随钻压水试验器，成功应用于跨江大顶角斜孔钻探，并取得国家专利。

（5）在水利水电工程中，首次实施了 55°顶角、252m 超深的跨江大顶角斜孔钻探，促进了我国勘探技术的进步。

# 参 考 文 献

[1] 周建平，钮新强，贾金生. 重力坝设计二十年 [M]. 北京：中国水利水电出版社，2008.

[2] 潘家铮，何璟. 中国大坝 50 年 [M]. 北京：中国水利水电出版社，2000.

[3] 王军，李紫光. 大顶角斜孔钻探施工设备配套及工艺的研究与应用 [J]. 工程建设与设计，2014（12）：108 - 110.

[4] 孙志峰，路殿忠，卢丽莎，等. 新的《水利水电钻探规程》修订过程和内容变化 [J]. 水利技术监督，2003（04）：25 - 28.

[5] 郭守忠. 水利水电工程勘探与岩土工程施工技术 [M]. 北京：中国水利水电出版社，2002：93.

[6] 刘宝林. 水域钻探 [M]. 北京：地质出版社，2000.

[7] 王建友，刘善举，刘都让. 浅谈水上钻探工作平台的改进与推广应用 [J]. 石油机械，2003，31（增刊）：57 - 58.

# 2 斜孔钻进关键基础理论

钻进基础理论是多学科知识的集成和融合,涉及岩石(土)力学、流体力学、化学、材料科学和材料力学、机械和电子学、控制科学等。斜孔钻进相关基础理论要比直孔复杂得多,本章主要探讨斜孔钻进典型地层钻进特性、斜孔孔壁稳定性、斜孔管柱阻力计算、大顶角斜孔岩屑运移机理。

## 2.1 斜孔钻进典型地层岩石钻进特性

地层的岩石钻进特性是钻孔结构设计、钻进工艺技术选择等的主要依据。水利水电工程大顶角超深斜孔的钻孔结构设计之前,必须充分把握钻遇地层的工程地质特征和钻进特性,进而设计合理、可行、经济的钻孔结构,并确定相应的钻进工艺技术方案。

### 2.1.1 砂卵砾石层

砂卵砾石地层是一种典型的不稳定地层,其基本特征是结构松散、无胶结,呈大小不等的颗粒状,在自然界中分布较广,多数由第四纪河流冲洪积、冰川堆积和滑坡堆积而成的未胶结的火成岩、变质岩组成。在老河床、河漫滩、山前坡地、山区河流的中上游等处广泛分布。

砂卵砾石地的特点主要有以下几点:

(1) 一些地区埋藏比较深,厚度比较大,往往达 $50\sim100m$。

(2) 结构松散、无胶结,还有局部架空,冲洗液漏失严重。

(3) 质地坚硬,结构复杂,其成分主要由坚硬的火成岩、变质岩等组成,可钻性级别一般在 $7\sim11$ 级。

(4) 颗粒级配无规律,分选性差,从细砂到粒径 $10m$ 以上的漂砾无一不有。

基于以上特点,卵砾石地层钻探施工过程中的主要表现为:

(1) 钻进效率低,钻进速度缓慢。

(2) 采芯率低,取芯质量低,岩芯采取率很难达到地质要求。

(3) 孔壁不稳定,护孔困难,经常发生孔内事故。

(4) 钻头易损坏、钻头寿命短。

因此,需要系统研究能够快速钻进卵砾砂层、深厚覆盖层,高效保质取芯,高效成孔的钻进设备、钻具、施工工艺等相关技术,集成现代先进钻探技术成果,并结合现场实际需求,形成优化组合钻探技术成果,为水利水电建设工程解决钻探难题提供技术支撑。

### 2.1.2 破碎与软弱夹层

破碎与软弱夹层在钻探过程中易发生缩径、坍塌卡钻、超径、固井质量低下等事故,给工程造成巨大的损失。

**1. 破碎地层**

在岩钻探实践中常常遇到硬脆碎地层，这类岩层基本特征是节理、片理、裂隙发育、黏性低或无黏性、抗磨性低、钻具回转振动易破碎或酥脆、怕冲刷、易磨损、流失、不易取去完整岩芯。这种地层一旦被钻开，很容易破坏原来的相对稳定或平衡状态，使孔壁失去约束而产生不稳定。由于受到多次不同方向的地质构造力作用，在岩层中产生不同方向的交叉断裂形成裂隙钻进时，因钻具的振动碰撞和冲洗液的冲刷，容易造成岩破碎和孔壁坍塌。这种地层岩石破碎、坚硬，施工中常造成钻孔坍塌，提钻后（封门）不能成孔，再次下钻时要重新扫孔；因岩石坚硬，钻头寿命短，有的钻头寿命只有几米；因岩石呈脆性破碎，采芯非常困难；硬脆碎地层孔隙率大，钻孔漏失严重，冲洗液在钻头底部全部漏失，堵漏困难。这种地层施工难度相当大，造成报废钻孔很多。

**2. 断层破碎带**

断层两盘相对运动，相互挤压，使附近的岩石破碎，形成与断层面大致平行的破碎带，称为断层破碎带，简称断裂带。破碎带的宽度有大有小，小者仅几厘米，大者达数公里，甚至更宽，与断层的规模和力学性质有关。

断层的形成过程是断层岩石角砾化碎屑物由粗变细的过程。在环境条件不变的情况下，碎屑物的粒度将随着断层的滑移逐渐变小，一般不会随着断层位移的增大而无限变小，而是趋于某一极值后逐渐稳定。新鲜断层泥的粒度范围较宽，最细小的颗粒直径约为 $0.01\mu m$。在强烈地震条件下，断层的特点是不能用黏土矿物学的理论简单地加以解释的。在钻探施工过程中，断层表现出如下特性：

（1）在地应力的作用下发生塑性流动，导致钻孔缩径。

（2）断层遇到钻探泥浆中的自由水时，发生水敏性膨胀，导致钻孔缩径。

（3）由于断层泥极强的黏滞性，一旦将钻具卡住，很难解卡。

**3. 软弱夹层**

软弱夹层一般指岩体中，在岩性上相比上、下岩层显著软弱，而且单层厚度也比较薄的岩层；其组成物质最常见的有泥质、碎屑、角砾等，也有的是由与坚硬岩石相比相对软弱的岩石组成。根据试验得知，坚硬岩层间的碎屑物质夹层，其粒径对抗剪强度有一定的影响。当粒径由 $2\sim3mm$ 增大到 $2\sim3cm$ 时，其内摩擦角达到最大值（由 $36°$ 增至约 $39°$）。当粒径再增大，其内摩擦角不再增加，基本上保持一定值。碎屑质软弱夹层的剪力强度还与其结构（咬合、孔隙等）有关。一般而言，结构密实的夹层，内摩擦角最大；结构疏松的夹层，内摩擦角最小；两者的内摩擦系数可差 $20\%\sim25\%$。碎屑的硬度增加（风化程度减少），其内摩擦角显著增加。碎屑物质的级配为佳时，内摩擦系数可增高 $10\%\sim35\%$。碎屑物质的圆度增大（尖角减小），其内摩擦系数可降低 $10\%\sim20\%$；同时凝聚力可减小 $2\sim2.5$ 倍。按其力学效应的程度，可分为薄膜、薄层及厚层三类。

薄膜状夹层的厚度一般小于 $1mm$，多为次生的黏土矿物及蚀变物质充填，如高岭石、蒙脱石、滑石、蛇纹石、绿泥石等。薄膜可使不连续面的剪力强度降低。薄层状夹层的厚度与上、下盘面的起伏差相似。这样，不连续面的强度主要取决于夹层物质；岩体破坏的主要方式系沿着软弱夹层滑动。厚层状夹层的厚度可由几十厘米至几米。岩体内存在如此厚的软弱夹层，其破坏方式将不仅仅是沿着不连续面（即夹层）方向滑动，若其本身是塑性物质，则常以塑流状态被挤出，从而导致岩体的大规模破坏。通常来说，结构紧密、上下盘起伏大、位态变化多的软弱夹层，其剪力强度高；相反，则剪力强度低。由于软弱夹层强度低、易变形，常给工程建设带来困难及危害，有时因为软弱夹层的存在，需要改变设计、增加工程量或在工程后期加固，故必须小心调查与处理。

在某些情况下，软弱夹层或其与上下坚强岩层的接触部分遭受层间错动或地下水的长期物理化学作用时，会变成结构疏松、颗粒大小不均、强度较低的泥化软弱夹层，这种情况下软弱夹层也被称为泥化夹层，是一种特殊的软弱夹层。大部分泥化夹层是由原生沉积型软弱夹层发展变化而来，其产状与原来的夹层完全一致，泥化的厚度可能只有 1～5mm。当原来夹层较薄时，则全部泥化；如果原来夹层厚度较大，则往往是靠近上、下层面的部分泥化，而中间部分仍保持原来的状态。尽管泥化夹层有时很薄，但当沿层面承受剪切应力时，它却能够起重要的润滑作用。这在顺向坡的顺层滑动是非常重要的一个机制。

在工程地质特性上，软弱夹层特别是其中的夹泥带（或泥化带），是在原软弱岩石的基础上，经过一系列机械的和化学的改造作用形成的。岩体性态的非均质性、构造应力场的非均质性、变蚀作用与风化作用的强度不同等，造成了软弱夹层厚度、颗粒成分、矿物成分和工程地质特性各方面的巨大差异，即便是同一条夹层也是如此。软弱夹层的工程地质特性有明显的分带性，一般可分为三个带：

（1）泥化带：位于夹层中部，它的组成除黏泥外，还含有不等量的母岩碎屑和石英、长石矿物晶粒，此带是夹层中物理力学性质最差的一个带。

（2）劈理带：位于泥化带一侧或两侧，与泥化带界限参差不齐，岩石成鳞片状。其排列有平行层面的，也有斜交层面的。此带怕挤压与振动，渗透性强。

（3）节理带：此带主要为垂直层面的两组压扭性裂隙和层面裂隙共同切割成片状与块状岩石相互镶嵌而成的破碎带，怕挤压与振动，渗透性强。

### 2.1.3 水敏性地层

水敏性地层是指孔壁与冲洗液接触，因而产生松散、溶胀、剥落、溶蚀等，孔壁失去稳定性的地层。大部分含黏土矿物的地层属此类，还包括有某些水溶性矿物胶结充填的地层。这类地层之所以有不同的水敏性，主要在于所含黏土矿物本身的类型、性质和含量多少，如含大量钠或钙蒙脱石矿物的松软地层，则水敏性最强；如所含矿物以高岭石、伊利石为主的硬黏土岩，则水敏性较弱。水敏性地层以泥岩、页岩、土层为主，其中存在着大量的黏土矿物，尤其是蒙脱石黏土矿物的存在，使近井壁地层受到冲洗液中自由水分的浸渗时，即发生黏土的吸水、膨胀、分散，导致钻孔井壁缩径、蠕变。水敏性地层是钻探施工中经常遇到的复杂地层，该类地层容易发生膨胀缩径、扩径、松散垮塌等孔内事故，导致延误工期、增加工程成本，甚至钻孔报废。

在地质勘探、水利水电及其他工程施工中，经常会遇到各种水敏性地层，其中包括松散黏土层、泥岩、软页岩、有裂隙的硬页岩、黏土胶结及水溶矿物胶结的地层，稳定性很差，尤其当其与水基钻井液接触时，岩体强度、内部应力都将随冲洗液类型及地层与冲洗液的接触时间的变化而变化，且易膨胀缩径，使泥浆增稠，造成钻头泥包、孔壁表面剥落、孔壁崩解垮塌而使钻孔超径，从而导致卡钻、钻杆甩断及井壁失稳等事故。

水敏地层井壁稳定问题是非常复杂的，是地层原地应力状态、井筒液柱压力、地层岩石力学特性、钻井液性能以及工程施工等多因素综合作用的结果。依据发生机理，井壁失稳可归结为两方面的原因：一方面是钻开地层后井内钻井液液柱的压力取代了所钻岩层对井壁的支撑，破坏了地层原有的应力平衡，引起井周应力重新分布，从而导致井壁失稳；另一方面是钻井液进入地层导致地层孔隙压力变化，并引起地层水化，导致岩石强度降低，进而加剧井壁失稳。所以井壁失稳既是力学问题，又是化学问题，是化学与力学问题的结合，在寻找解决途径的时候，必须将此两方面结合考虑才能找到有效的办法。

结合力学分析知，水敏性地层稳定性的影响因素有上覆岩层压力、最大水平地应力、最小水平地应力、地层孔隙压力、凝聚力、内摩擦角、单轴抗拉强度、静态泊松比，以及有效应力系数、钻井液性能和钻井作业等。

# 2.2 斜孔孔壁稳定性

## 2.2.1 孔壁稳定性概述

### 2.2.1.1 孔壁失稳形式与机制

孔壁失稳，从广义上讲包括脆性泥页岩和低强度砂岩孔壁的坍塌、塑性泥页岩孔壁的缩径和黏弹性变形，以及一些岩层在钻进泥浆压力作用下的破裂，即孔壁失稳一般表现为坍塌（扩径）、缩径、破裂等几种形式。孔壁坍塌是孔壁失稳最常见的形式，据有关资料统计，约有70%的孔壁失稳是孔壁坍塌或掉块；孔壁缩径常发生在易膨胀、易分散的泥页岩地层；孔壁破裂往往出现在裂缝或胶结差处，甚至无胶结物的易碎性岩层中。由于水合物多赋藏于海底半固结甚至未固结的泥砂层中，水深又较大，因此孔壁坍塌或破裂比起一般油气地层会更容易发生。

造成孔壁失稳的原因有很多，可归结为以下三种因素：

（1）力学因素。处于地层深处的岩石，受上覆岩层压力、水平方向的地应力和地层孔隙压力的作用，在井眼钻开前，地下岩层处于应力平衡状态，井眼钻开后，井内泥浆柱压力取代了所钻岩层提供的对孔壁的支撑，破坏了地层的原有应力平衡，引起井眼周围应力重新分布。当这种平衡不能重新建立时，地层将产生破坏。如果井内泥浆柱压力过低，就会使孔壁周围岩石所受应力强度超过岩石本身的强度而产生剪切破坏，引发孔壁坍塌；若钻进泥浆密度过高，则相应使孔壁发生张性破坏。

（2）化学因素。从钻开井眼开始，钻进泥浆在井下压力和温度条件下就会和地层发生相互作用：①离子交换；②由于化学势而产生水的运移渗透作用；③因毛管力作用产生水分渗析；④因压差使水沿孔壁微裂缝侵入。结果是泥页岩吸水膨胀产生水化应力，其作用程度和范围随时间而扩大，岩石将产生分散，或不分散但裂缝增多或扩展，减弱了强度，引起孔壁不稳定。

（3）工程因素。包括：钻进泥浆的密度、流变性及其他化学性质、钻进泥浆对孔壁的冲刷、井眼波动压力、井眼裸露的时间、钻柱对孔壁的刮拉及碰撞等。

钻进泥浆与地层岩石的化学作用影响了井眼周围岩石的力学性质，在孔壁周围岩石中引起水化应力，从而改变了井眼周围岩石中的应力状态。所以钻进泥浆化学作用导致的孔壁失稳可归结为力学因素。同样，工程因素也是由于孔壁受力所引发的，因此孔壁失稳实际是一个力学过程，其实质是孔壁岩石所受应力超过了其强度而诱发失稳破坏。

**2.2.1.2 钻孔围岩应力状态的影响因素**

孔壁稳定与否依据岩石破坏准则对钻孔围岩的应力状态进行判断。如果孔壁压力大于强度包络线，孔壁就会产生破坏。但是影响钻孔围岩应力状态和破坏准则的因素很多，使问题变得非常复杂。影响钻孔围岩应力状态的因素概括起来主要有下面几个方面：

（1）地质因素。地质因素是指原位地应力状态、孔隙压力、低温、地质构造特征等。

（2）岩石的物理力学性质。岩石的物理力学性质是指岩石的强度、变形特征、孔隙度、含水量、黏土含量、组成和压实情况等。

（3）钻进泥浆。钻进泥浆是指钻进泥浆的综合性质、化学组成、连续相的性质、内部相的组织和类型、与连续相有关的添加剂类型、泥浆体系的维护等。钻进泥浆对于泥页岩和泥质胶结的砂岩的物理力学性质的影响非常大。

（4）其他工程因素。其他工程因素主要包括开孔时间、裸眼长度、孔身结构参数（孔深、顶角、方位角）、压力激动和抽吸等。这些因素和参数之间相互作用、相互影响，使孔壁稳定问题变得非常复杂。

就目前的技术手段而言，要准确确定各个影响因素还有困难，主要由于下列原因：①直接观察孔壁的方法很少，很难确切了解孔内究竟发生了什么；②钻进岩石力学性质变化大；③原位应力状态很难准确确定；④钻进泥浆与地层之间的物理化学作用复杂。

因此，孔壁稳定性问题一直是钻探工程领域的热点难题。

**2.2.1.3 孔壁稳定性研究的一般方法**

从 1940 年开始，国外专家学者从岩石力学破坏机理入手，依据孔壁稳定和失稳理论来解决孔壁坍塌、缩径和破裂，并在理论分析和模拟试验方面进行了大量研究。特别是1987 年，V. M. Marry、J. M. Sanzay 和 B. S. Anndnow 等使用应力理论、岩石破坏准则、弹性理论和数学方法对各向同性、异性地层孔壁的稳定性及岩石的破坏形式进行综合分析，使孔壁力学稳定问题的研究和应用进入了一个新时期。国内学者从 20 世纪 80 年代初期着手进行钻井孔壁稳定方面的岩石力学理论研究，到 20 世纪 90 年代在如下方面取得了进展：①地层矿物组分与地层物理化学性质研究，它是孔壁失稳机理研究的基础；②孔壁稳定化学机理研究，包括泥页岩水化膨胀和分散特性、各种防塌处理剂稳定孔壁机理的研究；③孔壁稳定力学机理研究，分析了地层的强度特征、井眼围岩应力分布，提出了由坍塌压力、破裂压力和孔隙压力形成的安全泥浆密度窗口的概念；④孔壁稳定技术对策研究，确定合理的泥浆密度、最优的防塌泥浆体系和钻井工艺措施。近年来，随着科技的进步，孔壁稳定理论和研究方法又有了较大发展，具体表现是：在试验研究方法上，由传统的定性评价向大型模拟试验方向发展；在理论上，孔壁稳定分析模型不断完善，孔壁失稳的判断准则也得到了不断改进，孔壁失稳的预测更加准确；在计算机模拟研究上，计算机孔壁稳定模拟研究得到较大发展，模拟软件相继诞生。但由于研究孔壁稳定性问题面临着隐蔽的地层参数、地下应力场随时间动态变化等挑战，使研究结果具有很大的不确定性，也使孔壁不稳定性问题难以彻底解决。

目前，研究孔壁稳定的方法主要有两种：一是钻进泥浆化学研究；二是岩石力学研究。泥浆化学研究主要是孔壁围岩水化膨胀的机理，寻找抑制围岩水化膨胀的化学添加剂和泥浆体系，最大限度地减少泥浆对地层的负面影响。岩石力学研究主要包括原位地应力的确定、岩石力学性质的测定、围岩应力和稳定性分析，最终确定孔壁稳定的合理泥浆密度。孔壁稳定的力学与化学耦合分析是上述两种研究方法的有机结合，目的是将泥浆对孔壁的化学作用与孔壁应力作为整体来研究。

与孔壁稳定性有关的力学因素主要包括孔隙压力扩散、毛细管作用、岩石强度特征及地应力分布。与孔壁稳定性有关的物理化学因素主要包括表面水化、渗透水化和离子扩散等。围岩与泥浆接触时产生的表面水化、渗透水化和离子扩散过程最终将导致地层的孔隙压力、岩石原位强度及应力分布状态改变，故物理化学过程最终将表现在力学因素的

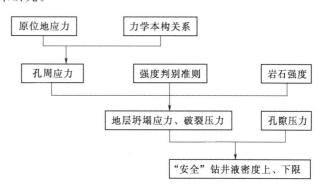

图 2-1　孔壁稳定力学分析流程图

变化中。因此，无论从纯力学还是力学——物理化学耦合的角度，孔壁稳定性研究最终都归结为力学问题，且遵循图 2-1 的力学分析过程。

### 2.2.2　岩石破坏准则

岩石的破坏主要与外荷载的作用方式、温度及湿度有关。一般在低温、低围压及高应变率的条件下，岩石表现为脆性破坏，而在高温、高围压、低应变率作用下，岩石则表现为塑性或者塑性流动。岩石在外力作用下常常处于复杂的应力状态，试验证明，岩石的强度及其在荷载作用下的性状与岩石的应力状态有着很大的关系，对于较完整的岩石来说，其破坏形式可以分为：脆性破坏（单向应力状态）、延性破坏（三向应力状态）。表 2-1 给出了不同应力状态下岩石破裂前应变值、破坏形态示意图和典型的应力—应变曲线示意图。

表 2-1　　　　　　　　　　　　　岩石破坏形态示意图

| 破裂前应变的大小/% | <1 | 1~5 | 2~8 | 5~10 | >10 |
|---|---|---|---|---|---|
| 压缩 $\sigma_1 > \sigma_2 = \sigma_3$ | | | | | |
| 拉伸 $\sigma_3 < \sigma_1 = \sigma_2$ | | | | | |

续表

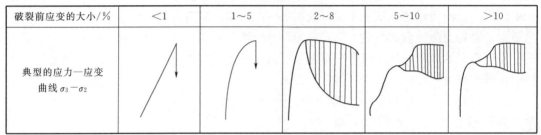

| 破裂前应变的大小/% | <1 | 1~5 | 2~8 | 5~10 | >10 |
|---|---|---|---|---|---|
| 典型的应力—应变曲线 $\sigma_3-\sigma_2$ | | | | | |

岩石的应力、应变增长到一定程度，岩石将发生破坏。用来表征岩石破坏条件的函数称为岩石的破坏准则。从表2-1中可以看出，岩石破裂种类繁多，岩石破坏过程中的应力、变形、裂纹产生和扩展极为复杂，很难用一种模型进行描述。很多学者针对不同岩石破坏特征提出多种不同岩石的强度破坏准则，对于孔壁稳定性分析来说，较常用的是摩尔—库仑剪切破坏准则和拉伸破坏准则。拉伸破坏准则也称朗肯理论，该理论认为材料破坏取决于绝对值最大的正应力，因此，作用于岩石的三个正应力中，只要有一个主应力达到岩石的单轴抗压强度或岩石的单轴抗拉强度，岩石便被破坏。

下面主要介绍摩尔—库仑剪切破坏准则。

摩尔—库仑剪切破坏准则假设，岩石内某一点的破坏主要取决于它的大主应力和小主应力，即 $\sigma_1$ 和 $\sigma_3$，而与中间主应力无关。也就是说，当岩石中某一平面上的剪应力超过该面上的极限剪应力值时，岩石破坏。而这一极限剪应力值，又是作用在该面上法向压应力的函数，即 $\tau=f(\sigma)$。

这样，就可以根据不同的 $\sigma_1$、$\sigma_3$ 绘制摩尔应力图。每个摩尔圆都表示达到破坏极限时应力状态。

一系列摩尔圆的包络线即为强度曲线（见图2-2）：

$$\tau=f(\sigma) \tag{2-1}$$

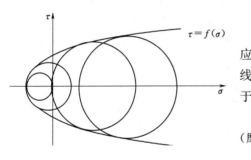

图2-2　摩尔圆的包络线图

由此可知，材料的破坏与否，与材料内的剪应力有关，同时也与正应力有关。包络线为抛物线适用于软弱岩石；包络线为双曲线或摆线适用于坚硬岩石。

为简化计算，岩石力学中大多采用直线形式（摩尔—库仑准则）：

$$\tau_f=c+\sigma\tan\varphi \tag{2-2}$$

式中：$c$ 为凝聚力，MPa；$\varphi$ 为内摩擦角，（°）。

当岩石中任一平面上 $\tau\geqslant\tau_f$ 时，即发生破坏，即

$$\tau\geqslant\tau_f=c+\sigma\tan\varphi \tag{2-3}$$

下面介绍用主应力来表示摩尔—库仑准则。

任一平面上的应力状态可按式（2-4）、式（2-5）计算：

$$\sigma=\frac{\sigma_1+\sigma_3}{2}+\frac{\sigma_1-\sigma_3}{2}\cos2\theta \tag{2-4}$$

$$\tau = \frac{\sigma_1 - \sigma_3}{2}\sin2\theta \tag{2-5}$$

式中：$\theta$ 为最大主应力面（$\sigma_1$）与滑动面的夹角，（°）。

根据摩尔应力圆，可建立任一滑动面的抗剪强度指标与主应力之间关系，如图 2-3 所示。

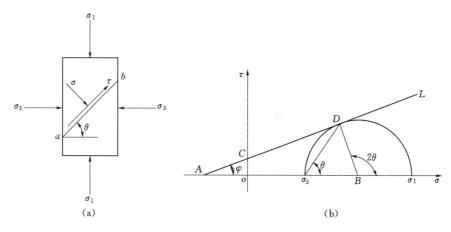

图 2-3 摩尔—库仑破坏准则图

（1）$c$ 和 $\varphi$ 值与 $\sigma_1$、$\sigma_3$ 和 $\theta$ 角关系。

在 $\sigma_1 \sim \sigma_3$ 的应力圆上，找出 $2\theta$ 的应力点 $D$（$DB$ 为半径，$\frac{\sigma_1 - \sigma_3}{2}$），则与直径 $DB$ 垂直且与圆相切的直线即为 $\tau = c + \sigma\tan\varphi$。

根据几何关系可得：$\theta = 45° + \dfrac{\varphi}{2}$。代入 $\tau = c + \sigma\tan\varphi$ 中，得到

$$c = \tau - \sigma\tan\varphi = \tau - \sigma\tan(2\theta - 90°) \tag{2-6}$$

将 $\sigma_1$、$\sigma_3$ 表示的 $\sigma$ 和 $\tau$ 代入 $\tau = c + \sigma\tan\varphi$ 中，导出

$$\sigma_1 = \frac{2c + \sigma_3[\sin2\theta + \tan\varphi(1 - \cos2\theta)]}{\sin2\theta - \tan\varphi(1 + \cos2\theta)} \tag{2-7}$$

或

$$\sigma_1 - \sigma_3 = \frac{2c + 2\sigma_3\tan\varphi}{(1 - \tan\varphi\cot\theta)\sin2\theta} \tag{2-8}$$

对 $\theta$ 求导，$\dfrac{d\sigma_1}{d\theta} = 0$，推出：$\theta = 45° + \dfrac{\varphi}{2}$。

破坏面与最大主应力面的夹角 $\theta = 45° + \dfrac{\varphi}{2}$，而与最大主应力方向的夹角 $\theta' = 45° - \dfrac{\varphi}{2}$。

（2）用主应力 $\sigma_1$、$\sigma_3$ 表达的强度准则。

将 $\sigma$ 和 $\tau$ 的表达式代入 $\tau = c + \sigma\tan\varphi$ 中：

$$\frac{\sigma_1 - \sigma_3}{2}\sin2\theta = c + \left[\frac{\sigma_1 + \sigma_3}{2} + \frac{\sigma_1 - \sigma_3}{2}\cos2\theta\right]\tan\varphi \tag{2-9}$$

利用几何关系简化得：

$$\sigma_1 = 2c\,\frac{\cos\varphi}{1 - \sin\varphi} + \sigma_3\,\frac{1 + \sin\varphi}{1 - \sin\varphi} \tag{2-10}$$

当 $\sigma_3=0$ 时（单轴压缩）：$\sigma_1=R_c=2c\dfrac{\cos\varphi}{1-\sin\varphi}$。令 $N_\varphi=\dfrac{1+\sin\varphi}{1-\sin\varphi}$，则 $\sigma_1=\sigma_3N_\varphi+R_c$。

当 $\sigma_1=0$ 时（单轴抗拉）：$\sigma_3=R_t'=\dfrac{2c\cos\varphi}{1+\sin\varphi}$。该值为 $\tau=f(\sigma)$ 直线在 $\sigma$ 轴上的截距。

岩石破坏的判断条件：

$$\frac{\sigma_1-\sigma_3}{\sigma_1+\sigma_3+2c\cot\varphi}\begin{cases}>\sin\varphi,\text{破坏}\\=\sin\varphi,\text{极限}\\<\sin\varphi,\text{稳定}\end{cases}\qquad(2-11)$$

当考虑岩石中孔隙压力 $P_p$ 时，上述 $\sigma_1$、$\sigma_3$ 分别用 $\sigma_1-\alpha P_p$、$\sigma_3-\alpha P_p$ 表示，$\alpha$ 为 Biot 多孔弹性常数。

### 2.2.3 斜孔柱坐标系中孔壁主应力的确定

斜孔钻进的目的之一是经济地揭示各种目标地层。在大斜度钻孔中经常钻遇大倾角地层。在这些大倾角地层中往往存在低强度的薄弱面，钻穿地层后引起岩石应力的重新分布，当地层应力大于外界泥浆压力时，岩石本体发生破裂，从而引起孔壁垮塌，即使用高密度泥浆孔壁也难以稳定。此时应充分考虑钻孔结构，通过套管进行护壁，维持正常钻进。

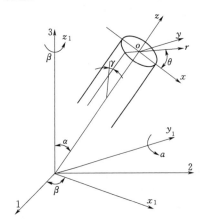

图 2-4 斜孔应力坐标转换图

令 $\sigma_v$ 为上覆地应力，$\sigma_H$ 和 $\sigma_h$ 为水平方向的两个主地应力。选取坐标系（1，2，3）分别与主地应力 $\sigma_H$，$\sigma_h$，$\sigma_v$ 方向一致（见图 2-4）。与大地坐标系相比较，坐标系（1，2，3）相当于绕天轴将正北轴旋转到最大水平地应力方位。为方便起见，建立直角坐标系（$x$，$y$，$z$）和柱坐标系（$r$，$\theta$，$z$），其中 $oz$ 轴对应于孔轴，$ox$ 和 $oy$ 位于与孔轴垂直的平面之中。

为了建立（$x$，$y$，$z$）坐标与（1，2，3）坐标系之间的转换关系，将（1，2，3）坐标系按以下方式旋转：

（1）将坐标（1，2，3）以 3 为轴，按右手定则旋转 $\beta$ 角，变为（$x_1$，$y_1$，$z_1$）坐标。

（2）将坐标（$x_1$，$y_1$，$z_1$）以 $y_1$ 为轴，按右手定则旋转 $\alpha$ 角，变为（$x$，$y$，$z$）坐标。其中 $\beta$ 为孔斜方位与水平最大地应力方位的夹角，$\alpha$ 为钻孔顶角。

主地应力坐标系（1，2，3）旋转到坐标系（$x$，$y$，$z$）后，再转化为柱坐标系，其孔壁应力表达式为

$$\begin{cases}\sigma_r=p_m-\delta\varphi(p_m-p_p)\\\sigma_\theta=A\sigma_h+B\sigma_H+C\sigma_v+(K_1-1)p_m-K_1p_p\\\sigma_z=D\sigma_h+E\sigma_H+F\sigma_v+K_1(p_m-p_p)\\\sigma_{\theta z}=G\sigma_h+H\sigma_H+J\sigma_v\\\sigma_{r\theta}=\sigma_{rz}=0\end{cases}\qquad(2-12)$$

其中 $\qquad A=\cos\alpha[\cos\alpha(1-2\cos2\theta)\sin^2\beta+2\sin2\beta\sin2\theta]+(1+2\cos2\theta)\cos^2\beta$

$$B=\cos\alpha\left[\cos\alpha(1-2\cos2\theta)\cos^2\beta-2\sin2\beta\sin2\theta\right]+(1+2\cos2\theta)\sin^2\beta$$

$$C=(1-2\cos2\theta)\sin^2\alpha$$

$$D=\sin^2\beta\sin^2\theta+2\nu\sin2\beta\cos\alpha\sin2\theta+2\nu\cos2\theta(\cos^2\beta-\sin^2\beta\cos^2\alpha)$$

$$E=\cos^2\beta\sin^2\alpha-2\nu\sin2\beta\cos\alpha\sin2\theta+2\nu\cos2\theta(\sin^2\beta-\cos^2\beta\cos^2\alpha)$$

$$F=\cos^2\alpha-2\nu\sin^2\alpha\cos2\theta$$

$$G=-(\sin2\beta\sin\alpha\cos\theta+\sin^2\beta\sin2\alpha\sin\theta)$$

$$H=\sin2\beta\sin\alpha\cos\theta-\cos^2\beta\sin2\alpha\sin\theta$$

$$J=\sin2\alpha\sin\theta$$

$$K_1=\delta\left[\frac{\zeta(1-2\nu)}{1-\nu}-\varphi\right]$$

式中：$P_p$ 为孔隙压力；$P_m$ 为孔内泥浆柱压力；$\delta$ 为系数，孔壁不渗透时 $\delta=0$，孔壁渗透时 $\delta=1$；$\varphi$ 为孔隙度；$\zeta$ 为有效应力系数；$\nu$ 为泊松比。

假设孔壁泥饼完好，则不考虑泥浆滤液的渗流效应（取 $\delta=0$），此时与斜孔对应的柱坐标系中孔壁上的最小、最大有效主应力可表示为

$$\begin{cases} \sigma_3=p_m-\zeta p_p \\ \sigma_1=\dfrac{\sigma_z+\sigma_\theta}{2}+\sqrt{\left(\dfrac{\sigma_\theta-\sigma_z}{2}\right)^2+\sigma_{\theta z}^2}-\zeta p_p \end{cases} \tag{2-13}$$

式中：$\sigma_\theta$、$\sigma_z$、$\sigma_{\theta z}$ 分别表示与斜孔对应的柱坐标系下的切向应力、轴向应力、剪应力。$\sigma_1$ 的作用面与 $z$ 轴的交角为

$$\gamma=\frac{1}{2}\arctan\frac{2\sigma_{\theta z}}{\sigma_\theta-\sigma_z} \tag{2-14}$$

假设地层中有一组平行的强度较低的弱面，在其他方向上地层的强度是相同的。弱面先于岩石本体发生破坏应满足的关系式为

$$\sigma_1-\sigma_3=\frac{2(S_\omega+\mu_\omega\sigma_3)}{(1-\mu_\omega c\tan\lambda)\sin2\lambda} \tag{2-15}$$

其中
$$\mu_\omega=\tan\varphi_\omega$$

式中：$\sigma_1$ 和 $\sigma_3$ 为最大、最小主应力；$S_\omega$ 为弱面凝聚力；$\mu_\omega$ 为弱面的内摩擦系数；$\varphi_\omega$ 为弱面的内摩擦角；$\lambda$ 为弱面的法向与 $\sigma_1$ 的夹角。

由式（2-14）知，当 $\lambda=\pi/2$ 或 $\varphi_\omega$ 时，$\sigma_1-\sigma_3\rightarrow\infty$；而在 $\varphi_\omega<\lambda<\pi/2$ 时，弱面才有可能破坏。所以，弱面产生滑动的条件是：

$$\varphi_\omega<\lambda<\pi/2 \tag{2-16}$$

岩石本体破坏满足下面的关系式：

$$\sigma_1-\sigma_3=2(S_0+\mu_0\sigma_3)\left[\sqrt{\mu_0^2+1}+\mu_0\right] \tag{2-17}$$

式中：$S_0$ 为岩石本体凝聚力；$\mu_0$ 为岩石本体内摩擦系数。

将 $\sigma_1$、$\sigma_3$ 和夹角 $\lambda$ 代入弱面模型式（2-15）和式（2-16）中，得到斜孔弱面破坏时的力学模型。

孔壁最大主应力与地层弱面法向的夹角的确定：

在大地坐标系（北，东，天空）中，斜孔顶角为 $\alpha$，方位角为 $\beta_1$，水平方向最大地应力方位角为 $\beta_3$，其中 $\beta_1$ 和 $\beta_2$ 均以大地坐标系中北东之间的度数来表示。弱面地层的走向

为由北向东，其方位角为 $\beta_3$，地层倾角为 $\theta_1$，则弱面法线的方向矢量为 $\vec{n}$：

$$\vec{n} = i\sin\theta_1\cos\beta_3 + j\sin\theta_1\sin\beta_3 + k\cos\theta_1$$
$$= ia_1 + ja_2 + ka_3 \qquad (2-18)$$

孔壁最大主应力 $\sigma_1$ 的方向矢量在与斜孔对应的直角坐标系中可表示为

$$\vec{N} = i\sin\theta + j\cos\theta + k\cos\gamma \qquad (2-19)$$

与斜孔对应的直角坐标系中孔壁最大主应力 $\sigma_1$ 的方向矢量 $\vec{N}$ 在大地坐标系中可表示为

$$\vec{N} = ib_1 + jb_2 + kb_3 \qquad (2-20)$$

其中
$$b_1 = \cos\beta_1\cos\varphi\sin\theta - \sin\beta_1\cos\theta + \cos\beta_1\sin\varphi\cos\gamma$$
$$b_2 = \sin\beta_1\cos\varphi\sin\theta + \cos\beta_1\cos\theta + \sin\beta_1\sin\varphi\cos\gamma$$
$$b_3 = -\sin\varphi\sin\theta + \cos\varphi\cos\gamma$$

孔壁最大主应力 $\sigma_1$ 与弱面法向的夹角 $\lambda$ 为：

$$\cos\lambda = \frac{\vec{n}\circ\vec{N}}{|\vec{n}||\vec{N}|} = \frac{\sum a_ib_i}{[\sum a_ia_i]^{1/2} + [\sum b_jb_j]^{1/2}} \qquad (2-21)$$

式中：$i$、$j$ 值为 1，2，3，…。

考虑钻孔方位、顶角、弱面地层倾角和地层走向对斜孔稳定的影响，得出如下一些规律：

（1）当地层倾角为 30° 且地层走向与最大水平地应力方位一致时，沿着近水平方向最小地应力方位钻进较为安全；当地层走向与水平方向最大地应力方位一致时，只要钻直孔时是安全的，钻斜孔时也安全。尤以该孔斜方位的小斜度孔和大斜度孔（水平孔）最为安全；较大斜度孔和近水平方向最大地应力方位的斜孔钻进最不安全。

（2）斜孔的弱面地层（不同地层走向和地层倾角）、钻孔方位和孔斜角不同，其稳定性是不相同的。

研究结果表明，沿最大水平地应力方位，以 30°、60° 和 90° 顶角钻进时，最安全的弱面地层位于地层倾角为 70° 左右、地层走向与最大水平地应力夹角为 50° 左右处；最安全处的坍塌压力随钻孔顶角的增大而增大，最终与最不稳定处的坍塌压力相近。从某种程度上说，与最大水平地应力方向呈 90° 左右夹角处的较大斜度孔较为安全。若条件允许，应推荐小斜度钻孔。在地层走向与最大水平地应力夹角为 30°~50° 时，水平孔较为有利。

沿最小水平地应力方位，以 30°、60° 和 90° 顶钻进时，最安全的弱面地层位于地层走向接近最小水平地应力方位处，地层倾角随顶角的变化而变化。对于小斜度孔，地层倾角在 70° 左右；对于较大斜度孔，地层倾角在 15° 左右；对于大斜度孔和水平孔，地层倾角在 50° 左右。最安全处的坍塌压力随钻孔顶角变化不大，最不安全处的坍塌压力随顶角的增大而降低，最终接近最安全处的坍塌压力值。对于斜孔的弱面地层，没有一成不变的规律可言，钻孔设计要根据计算结果并结合实际情况而定。

### 2.2.4　泥浆密度安全窗口的确定

钻进过程中，泥浆取代了原孔眼处的岩石，打破了原始地层的平衡，孔壁应力状态发生了改变，可能会造成钻孔的破裂漏失、失稳等复杂状况。因此结合以上岩石分析，从力学角度讲，泥浆的密度成为维持孔壁稳定性的关键要素。泥浆密度是孔壁最大、最小主应力 $\sigma_1$ 和 $\sigma_3$ 及夹角 $\lambda$ 的函数。由式（2-17）可求出维持岩石本体稳定所需要的泥浆密度安全下限值。针对地层，可确定不同地层走向和不同倾角的弱面地层中维持斜孔孔壁稳定所需要的泥浆密度安全下限值。维持孔壁稳定所需的泥浆密度安全下限值越小，孔壁稳定性越好，低密度钻进的安全性就越高。但泥浆密度过小时，孔内液柱压力太低，可能引起孔壁的失稳。对于脆性地层，会产生坍塌掉块，孔径扩大；对于塑性地层，则向孔眼内产生塑性变形，造成缩径。

如果泥浆密度过大，将使得孔壁周围岩石所受压力超过岩石本身强度而产生剪切破坏。因此，钻进过程中泥浆密度大小的设计，不仅要求能维持孔壁稳定，防止孔壁的张性破裂（漏失）和剪切垮塌（塌孔），还要能够维持孔内压力平衡。此时，钻孔的 3 个压力的确定是关键，即地层孔隙压力、地层破裂压力、地层坍塌压力。所谓安全泥浆密度窗口（$\Delta p$）是指钻进过程中不造成漏、喷、卡、塌等孔内事故，能维持孔壁稳定的泥浆密度范围。根据 3 个压力剖面的关系可得到 $\Delta p$。

当 $p_破 > p_泥 > p_地$，（$p_地 > p_坍$）时：

$$\Delta p = p_破 - p_地 \qquad (2-22)$$

当 $p_破 > p_泥 > p_坍$，（$p_坍 > p_地$）时：

$$\Delta p = p_破 - p_坍 \qquad (2-23)$$

$\Delta p$ 越大，则钻进越易；$\Delta p$ 越小，则钻进越难。若 $\Delta p < p$ 循环压耗，则无法正常钻进。

在获取孔壁不发生剪切变形的钻井液液柱压力极限和保证井壁不发生张性破裂的泥浆液柱压力极限后，便可得出保持孔壁稳定的泥浆安全密度窗口。这是从孔壁静力学稳定的角度考虑的安全密度窗口。在实际钻进施工中还必须考虑起下钻、泥浆的循环和设计安全系数等因素的影响。因而必须在前面的安全密度窗口的基础上再加上这些因素引起的附加密度值。

### 2.2.5 典型地层孔壁稳定性分析

1. 破碎地层孔壁稳定性问题

从钻探施工过程中遇到的破碎地层情况看，破碎地层的显著特点是：破碎、不完整，胶结性差，裂缝发育，钻遇断层等。这些特点决定了破碎地层孔壁稳定性差，经常出现孔壁坍塌、掉块、卡钻等复杂孔内事故。

破碎地层孔壁不稳定有以下原因：

（1）孔壁不稳定是由钻孔形成后，孔壁岩层产生的坍塌压力所引起的。钻孔形成后，地应力在孔壁上二次分布引起孔壁岩石向孔内移动，而破碎地层由于岩石不完整、裂缝多，机械强度低，很容易在地层坍塌压力作用下产生掉块、孔壁坍塌等复杂情况。因此孔壁形成后，孔壁岩层所产生的坍塌压力是破碎地层孔壁不稳定的内在因素。

（2）冲洗液或冲洗液滤液进入破碎地层裂缝以后，可能会使地层裂缝进一步加宽，岩石碎块之间的摩擦力降低，使孔壁的机械强度进一步降低；钻进泥浆对孔壁的冲刷，使孔壁的不稳定因素进一步加剧。冲洗液的影响是破碎地层孔壁不稳定的外在因素之一。

（3）施工过程中操作不当，如钻具对孔壁的碰撞、起下钻速度过快等也是造成破碎地层孔壁不稳定不可忽视的因素。

在破碎地层钻探施工中，提高破碎带地层破碎岩块之间的胶结力、快速封堵地层裂缝形成完整孔壁及适当的冲洗液密度是破碎地层孔壁稳定的关键。防塌型随钻堵漏剂、改性沥青的加入能有效封堵地层裂缝，提高孔壁承压能力。

**2. 塑性地层钻孔缩径问题**

钻孔缩径就是孔壁岩层膨胀造成的孔径缩小。由于钻孔缩径，轻则造成岩粉增多，重复钻进，增加隐患，进尺缓慢，成本加大，重则造成埋钻、断钻杆事故，甚至报废钻孔。钻孔缩径主要发生在沉积地层中的黏土岩地层（水敏性地层）、地质构造带（断层泥）、强风化地层（遇水膨胀，风化后砂状破碎）。

钻孔缩径预防措施如下：

（1）在渗透性强的地层中钻进时，冲洗液的 API 滤失量应控制在 5mL 以下。

（2）在盐岩层、石膏层、软泥层等蠕变地层中钻进时，应适当提高冲洗液密度，平衡地层压力。

（3）在泥页岩等水敏性地层中钻进时，应使用抑制性强的冲洗液。

（4）外径磨损严重的钻头和扩孔器不得下入孔内。

（5）提钻过程中，应及时回灌冲洗液。

**3. 流变地层的孔壁稳定性问题**

水利水电工程勘察钻遇的流变性地层主要有饱和粉细砂层、饱和砂土层、饱和砂卵石层等。钻遇此类地层一般要采用水泥浆或其他化学浆液、套管护壁，也可采用跟管钻进工艺技术。

# 2.3　斜孔管柱阻力计算

斜孔摩擦阻力是正确估计工作载荷的关键。在斜孔中起下钻过程中，起下钻阻力与钻孔孔壁稳定和孔内状况息息相关，如果明显超出摩阻力，则有可能是孔内出现复杂情况或孔内不干净，所以正常起下钻阻力和管柱（如套管）的起下阻力等力学计算显得非常重要。同时，在钻进过程中，钻压的施加不同于直孔，作用在钻头处的钻压变得更加复杂，造成钻压失真。钻杆柱和孔壁之间的摩阻力的计算是斜孔钻进的理论基础，是钻探设备选型的依据，也为孔身结构、钻柱参数的优化和下入方式的选择提供科学依据。

斜孔钻柱在钻孔中的受力一般由钻柱侧壁摩阻力、钻柱重力、钻柱在泥浆中的浮力及钻孔弯曲引起的弯曲阻力等构成。下面重点研究侧壁摩阻力和弯曲阻力。

## 2.3.1　斜直孔段侧壁摩阻力

钻杆柱与孔壁间存在正压力，因此，外壁与孔壁之间形成摩擦产生侧壁阻力。侧壁阻力的大小取决于钻杆柱与孔壁间的正压力以及管道与孔壁间的摩擦系数，而摩擦系数又取决于岩土的介质类型和泥浆的润滑状况。

孔壁摩阻力的计算如下：

（1）孔壁完整情况下侧摩阻力：当孔壁完好时，认为钻杆柱在孔内所受的侧摩阻力仅由钻杆柱重力和泥浆浮力共同作用引起，其合力构成对钻杆柱的正压力。基本公式为

$$N=\left[\frac{\pi}{4}(D^2-d^2)\rho_r-\frac{\pi}{4}D^2\rho_f\right]gL\sin\theta \qquad (2-24)$$

于是，侧摩阻力为

$$N=\mu\left[\frac{\pi}{4}(D^2-d^2)\rho_r-\frac{\pi}{4}D^2\rho_f\right]gL\sin\theta \qquad (2-25)$$

式中：$D$ 为钻杆具外径，m；$d$ 为钻杆柱内径，m；$L$ 为钻杆柱长度，m；$\rho_r$ 为钻杆密度，$kN/m^3$；$\rho_f$ 为泥浆密度，$kN/m^3$；$\mu$ 为综合摩擦系数，无量纲，与钻孔结构、孔壁状况和泥浆性能有关。

（2）孔壁不稳定情况下侧壁摩阻力：孔壁不稳定情况下侧壁摩阻力的计算差异性较大。当钻孔坍塌、缩径或岩屑较多时，可能产生抱钻杆现象，此时阻力程度有着相当大的差异，严重时由抱钻所产生的阻力远大于正常摩阻力，使得钻探施工无法进行。但由于孔壁不稳定，形成阻力程度难以确定，因此相应的回拖力计算无法量化计算，也就是说正常时的阻力计算是判断孔内复杂状况的最有效手段。

### 2.3.2 弯曲孔段弯曲阻力

大斜度钻孔弯曲是不可避免的，降低钻孔弯曲是减少孔内阻力的最有效措施。钻孔弯曲，钻杆柱随之弯曲，管道在孔内经过弯曲段时与原轴向力的方向产生偏差，从而引起正向阻力分量，特别是当形成大的狗腿时，将造成大的弯曲阻力，该阻力与孔壁摩阻力相比，阻力更加明显。

如图 2-5 所示，设 $AB$ 弯曲段长度为 $L$，钻杆柱弯曲起始段与水平方向夹角为 $a_A$，弯曲结束段与水平方向夹角为 $a_B$。则 $AB$ 段角度改变量 $\Delta a=a_B-a_A$。根据几何原理可以得出，弧 $AB$ 对应的圆心角为 $\Delta a$。根据几何关系，钻杆柱弯曲的弯曲半径为

$$R=\frac{L}{\Delta\alpha} \qquad (2-26)$$

则 ED 的距离即为钻杆柱弯曲的挠度 $f$，即

$$f=R(1-\cos\Delta\alpha/2)=L(1-\cos\Delta\alpha/2)/\Delta\alpha \qquad (2-27)$$

将弯曲段按照弯曲梁考虑，假设钻杆柱在孔内弯曲受力如图 2-5（b），钻杆柱弯曲段的端点 $A$、$B$ 处由于与钻孔下部接触而受到钻孔孔壁施加的向上的挤压力，弯曲段中点 $E$ 由于与钻孔上部接触而受到钻孔孔壁施加的向下的挤压力。因此，可将该管段弯曲视为两端简支、中间承受集中荷载的简支梁。图 2-5 中，$A$、$B$ 端为简支，管段中点 $E$ 处受集中荷载 $P_E$。根据材料力学的理论，由 $PE$ 引起弯曲的挠度为

$$f=P_El^3/48EI \qquad (2-28)$$

联立以上两式得

$$P_E=\frac{6EI(\Delta\alpha)^2}{L^2\sin\dfrac{\Delta\alpha}{2}\left(1+\cos\dfrac{\Delta\alpha}{2}\right)} \qquad (2-29)$$

根据理论力学的理论，$A$、$B$ 点处的支反力 $P_A$、$P_B$ 应为

$$P_A=P_B=\frac{P_E}{2}=\frac{3EI(\Delta\alpha)^2}{L^2\sin\dfrac{\Delta\alpha}{2}\left(1+\cos\dfrac{\Delta\alpha}{2}\right)} \qquad (2-30)$$

$A$、$B$ 两处受到的正压力 $N_A=N_B$，且

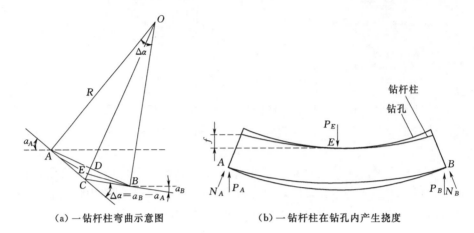

（a）—钻杆柱弯曲示意图　　　　　（b）—钻杆柱在钻孔内产生挠度

图 2-5　弯曲阻力模型

$$N_A = N_B = \frac{P_A}{\cos\frac{\Delta\alpha}{2}} = \frac{6EI(\Delta\alpha)^2}{L^2\sin(\Delta\alpha)\left(1+\cos\frac{\Delta\alpha}{2}\right)} \qquad (2-31)$$

又 $E$ 点处钻杆柱受正压力 $N_E = P_E$，则由于 $AB$ 的弯曲，使钻杆柱在 $A$、$B$、$E$ 3 点处受到孔壁挤压引起附加弯曲阻力为

$$F_s = f(N_A + N_B + N_E) \qquad (2-32)$$

即

$$F_s = \frac{3fEI}{L^2} \times \frac{(\Delta\alpha)^2\left(1+4\cos\frac{\Delta\alpha}{2}\right)}{\sin(\Delta\alpha)\left(1+\cos\frac{\Delta\alpha}{2}\right)} \qquad (2-33)$$

以上式中：$f$ 为钻杆柱与孔壁之间的摩擦系数，无量纲；$E$ 为钻杆的弹性模量，MPa；$\Delta\alpha$ 为弯曲段角度变化量，弧度；$I$ 为钻杆的极惯性矩，$\mathrm{m}^4$，$I = \pi(D^4 - d^4)/64$，其中 $D$、$d$ 分别为钻杆外径和内径，m。

## 2.4　大顶角斜孔岩屑运移机理

在大斜度钻孔中，岩屑由于自重作用具有向下沉积的趋势在一定条件下将形成岩屑床。由此给钻探施工带来的困难比垂直孔更大。毫无疑问，岩屑的运移问题是大斜度孔钻探成败的关键技术之一，必须引起重视。

### 2.4.1　斜孔钻进岩屑流动的特点

孔内净化是决定大斜度深孔成败的关键因素之一。岩屑的运移问题研究一直都具有相当大的难度，而在大斜度孔中，这个问题更加复杂。在钻孔内，岩屑运移的影响因素有很多，包括环空返速、孔斜角、钻孔几何特征等。岩屑运移的形式也多种多样，例如岩屑的推移、扩散和悬浮等。总之，这些因素和运移形式紧密联系，使得钻进过程中的岩屑运移变得复杂。

斜孔钻进冲洗液的作用不仅受泥浆泵的制约，而且受钻孔倾角及孔径、地层、钻头、钻杆等因素的影响。大斜度孔钻进钻孔循环净化强度减弱将有以下影响：

（1）大斜度钻孔钻具将岩屑反复研磨、碾压，使岩屑变得细碎，泥浆固相含量会逐渐升高，从而会降低钻速、增加起下钻的抽吸压力，若得不到适当处理，可能会导致卡钻或钻孔报废。

（2）带来了岩屑的堆积，加大了摩阻，从而导致钻柱、套管磨损大，套管下入困难。

（3）对钻柱施加压力变得困难，不能有效将钻压传至钻头，地面驱动设备扭矩不足，影响钻进的效果。

（4）随着岩屑床的厚度的堆积变大，环空间隙逐渐减小，容易引起憋泵，而且停泵后孔内中岩屑下沉和岩屑床下滑也可能导致卡钻等孔内事故。

（5）长时间在长斜裸眼段钻进，泥浆性能变差，易造成孔壁失稳导致坍塌，引发事故。

（6）固孔质量难以保证。斜孔钻探与竖直孔钻探和水平孔钻探有很大的区别，不仅仅是设备工艺上的区别，循环介质在孔内的流动特征也有很大的差异。如图 2-6 所示为在竖直孔和水平孔中流动和携渣的差异，斜孔处于两种钻孔的中间状态，具有更多的不确定性。

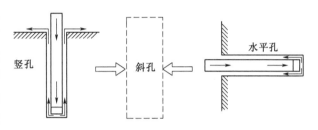

图 2-6 钻孔中泥浆流动和携渣示意图

在竖直孔中，泥浆一般充满钻杆与孔壁间的环空，孔壁存在较大的液柱压力，满足一定的泵量和流速条件，携渣能力就能得到提高。目前能实现正反循环钻进，泥浆体系研究完善，护壁效果明显。

在水平孔中，泥浆不一定充满环空，基本不存在液柱压力，护壁效果差，岩屑重力方向与流动方向正交，随水平向流动，孔壁稳定性差。

根据理论，若岩屑在竖直孔中能够上返至地面，只要满足泥浆的上返流速大于岩屑的相对下沉流速，则这两个速度的和矢量即为岩屑终速度，方向向上。但对大斜度钻孔而言，轨迹与流速方向成一定角度，岩屑在重力作用下，有沉向重力低边的运动趋势，极易形成岩屑床，它将给钻探带来一系列复杂问题。钻进时，会增大扭矩。接单根起下钻时，由于"岩屑床"占据了钻孔的有效截面积，接箍、扶正器和钻头就会遇阻遇卡。严重时，还会因"沉垫床"突然"滑坡"堆积卡钻，如图 2-7 所示。而且岩屑床大大改变了泥浆的流态，所以大斜度钻孔的携岩问题的研究和探索一直备受关注。

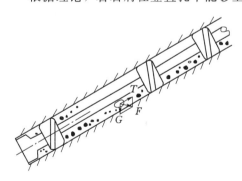

图 2-7 大斜度钻孔中钻屑流动示意图

不同于竖直孔，在水平孔中钻进，转速低、钻压大、钻速较快时，岩屑颗粒粗大，不易排出孔外，虽然钻杆回转可以形成液流的搅动，将钻屑旋甩起来，有利于减少它们的下沉，但由于钻杆与岩粉颗粒间摩擦力作用的差异，使钻杆左侧岩屑堆积较右侧多，形岩屑楔，易造成埋钻和抱钻等孔内事故。如图 2-8 所示。

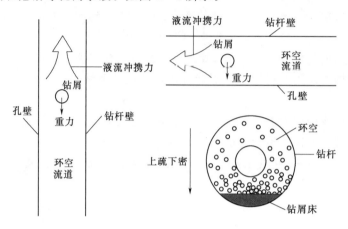

图 2-8 竖孔和水平孔中岩屑流动示意图

同时，岩楔迫使钻杆向右，使钻孔轨迹上仰并向右偏。岩屑楔对上仰孔起加大倾角弯强，对下斜孔起减小倾角弯强的作用。

分析可知，在斜孔中，因钻杆周围被冲洗液包围，且钻孔倾角越大，冲洗液在钻杆周围的流速分布越均匀，对排粉越有利；在水平孔中，受重力作用的影响，钻杆多处于钻孔的下帮，大颗粒岩屑也向钻孔下帮聚集，钻孔中冲洗液流速分布极不均匀，上部流速高，下部流速低，不利于岩屑排出，造成整泵。

### 2.4.2 斜孔岩屑运移影响因素

影响岩屑运移的因素的主要因素有：钻孔倾角、环空返速、钻杆转速、钻具偏心度、泥浆性能、岩屑的性质、钻进速度等。其中，随参数的增大对泥浆携岩效果很有利的是：环空返速、钻杆转速、泥浆黏度。钻具偏心度、钻进速度、岩屑性质对岩屑运移具有一般作用。分析如下。

1. 钻孔倾角

钻孔倾角是影响携岩作用的主要因素之一。钻孔倾角小时，岩屑不会沿孔壁滑落，易形成稳定的岩屑床。随钻孔倾角增大，环空浆液中的岩屑浓度略微增加。

2. 环空返速

在钻孔轨迹线、钻进速度、泥浆一定的情况下，只有具备足够大的环空返速，才有可能具备携带起岩粉的拖拽力，避免岩屑运移不及时导致严重的埋钻事故。定义达到钻孔清洁标准所需要的最小环空流速为岩屑运移的最小环空返速。一般来说，环空返速越高，携岩效率越高。

环空返速在改善泥浆的携岩效果上发挥着举足轻重的作用。环空返速增大，岩屑成床的几率变小且环空泥浆中岩屑的浓度降低，尤其是紊流状态下，虽然流态不规律，但岩屑运移的活动度最大，携渣效果最好。若已形成岩屑床的情况下，环空返速增加，岩屑床表层颗粒跃移、翻滚的概率和数量均增加，越来越多的颗粒进入悬浮层，岩屑床的厚度减小。环空返速继续增大至岩屑床被破坏的程度，大部分颗粒均匀分散在环空泥浆中，是最理想的状态。由石油领域的实验数据可知，在钻孔倾角 30°～90°范围内环空临界流速为

0.8~1.0m/s。

3. 钻杆转速

工程实践表明，在大斜度孔和水平孔中，钻杆的旋转非常有利于泥浆携带钻渣。旋转钻杆一方面带动泥浆的紊流脉动，直接增大了钻渣被扰流悬浮、带动的机会，对于一个泥浆体系，当钻杆钻速提高时，稳定岩屑床区域就会变小，尽管在非常高的流速和钻杆柱不旋转的情况下，岩屑床都不能被全部运移走。另一方面钻杆在偏心、旋转双重作用下将大颗粒岩屑挤压碾磨粉碎成细小颗粒，容易携带出环空。泥浆携岩屑存在一个临界流速，小于临界上返流速会造成排屑不畅，当钻杆柱旋转后，就能看到临界流速会明显地降低。当钻杆柱转速提高时在相同的流体流速下所产生的稳定岩屑床较小。

4. 钻具偏心度

钻具的偏心度直接关系到钻孔环空中泥浆的分布，包括流速、钻渣积聚位置等。大斜度孔和水平孔中，由于重力作用，钻杆均沉落在钻孔下部，长距离水平定向钻进的钻杆甚至直接落至下孔壁，此时，对岩屑顺利运送而言钻具偏心变得比较重要。钻具偏心导致钻孔环空空间的不均匀分布，对岩屑和孔壁的冲击力增强，由于能量损失和势能的增加，上部岩屑在低流速下被运移的性能变差，有可能在环空上部或钻杆上部形成岩屑床，如此，上部成床、下部被冲蚀，环空内流速分布情况异常复杂，对顺利携带岩屑出孔非常不利。实验结果显示，偏心度一定范围的增大，将导致环空中岩屑浓度的增大，岩屑厚度也呈递增趋势。

5. 泥浆性能

泥浆密度也是影响携岩作用的重要因素，适当增加泥浆的密度，对固相颗粒度的拖拽力和悬浮力均可得到不同程度的提高，有利于岩屑的悬浮移动。同时，泥浆密度的适度提高，也有利于平衡地层的坍塌应力，防止地层蠕变、塌陷和泥页岩的剥蚀掉块，降低环空中有害固相的含量，从而改善泥浆携岩环境。但是，从另一个角度讲，钻孔倾角过大，泥浆的密度越高，意味着要添加大量的加重剂，浆液体系中容易产生"垂沉"现象，反而会加剧岩屑床的形成。同时，密度过大也对泵压提出更高的要求。因此，密度过高不利于钻孔净化，在大斜度钻孔中要适宜降低泥浆的密度，防止加重剂成床。

泥浆黏度是考察泥浆悬浮携屑能力的主要指标。泥浆对颗粒的黏滞力通过吸附作用实现，而吸附作用主要是通过泥浆中高分子的链状吸附和其他材料的物理吸附和化学吸附实现的。吸附作用使泥浆成功将力作用在岩屑颗粒上，使举升、携带成为可能，悬浮能力的强弱则表现出吸附作用的持久性。泥浆黏度增大，增黏分子链包围、黏附于固相颗粒的交织力大，携带钻渣的能力增强。另外，相同的泥浆携屑性能要求下，黏度不同导致对最小环空返速大小的不同要求。相对而言，浆液黏度越大，满足孔内清洁或岩屑临界运移要求的环空返速也较小。且颗粒的沉降速度跟屈服值的大小有关，若屈服值超过某一定值后呈增加趋势，则颗粒的沉速减小，渐趋于零。

泥浆流态不同，速率分布不同，岩屑运移状态和轨迹规律不同，如图 2-9 所示。层流状态下，泥浆的黏滞力较大，携岩效果好，尤其是增加动塑比对提高携岩效果最有效；紊流状态下，环空内泥浆流速各方向都有，分布无特定规律，流变性能对携岩能力影响很小，岩屑得以运移主要是因为较高的速率。但泥浆呈紊流态时，对孔壁无规则、较大作用力的频繁冲刷，导致硬地层中孔壁岩层的破坏和垮孔、软地层中的扩径或葫芦形钻等问题，另外，该状态下流量较大，对泵等配套设备要求较高，实际工程中高黏度、高切力、低泵量的具有一定的限制。

图 2-9　不同流态下岩屑运移情况

在斜孔条件下，有学者提出改善的层流状态——平板层流。因为平板层流整体流速还是比较低的，也可以说流速梯度比较低，泥浆的网架结构较强，使得岩屑的下沉速度较为缓慢。同时，层流对孔壁的冲刷小，所以这些又体现了层流携带岩屑的优点。而尖峰型层流的流速在环空中部的高，而在环空边缘低，因此，岩屑在上升过程中受力不均匀：流速高产生的作用力大，流速低产生的作用力小，使岩屑受到一个力矩作用，在这个作用下，岩屑就会朝着流速低的方向发生翻转。翻转的岩屑被推向孔壁，而孔壁的流速低，使得岩屑开始下沉。在下沉的过程中，部分岩屑被贴于孔壁上，呈现出泥饼状。而还有一部分岩屑则受速度梯度影响，再次进入环空中部并且继续上升。如此往复，经过曲折的运动，泥浆才将岩屑带出孔口，这样就延缓了岩屑的返出，甚至一些岩屑根本无法返出至地面。这便是尖峰型层流携带岩屑的一个缺点。

在紊流流态下，流体质点互相撞击和掺混，运动方向总是杂乱无章的，但总体方向同去向孔口方向，流速在横流截面上的分布趋于均匀。于是在岩屑上升的过程中，岩屑的翻转现象不再出现，它抖动地向着孔口持续运移，又由于紊流的总体流速较高，使得岩屑上返的速度较快，几乎都能被带至地面，这是层流携带岩屑不能比拟的，是紊流携带岩屑的优点。当然，紊流携带岩屑对孔壁会产生严重冲刷，对孔壁稳定不利。只能说，孔壁稳定的斜孔中紊流是有利的。

总之，尖峰形层流对于携带钻屑是极为不利的，因为岩屑在不同流速的推动下会向孔壁翻转并沿着孔壁下滑，但对孔壁的冲蚀较轻；紊流携带岩屑虽不存在尖峰形层的缺点，但对孔壁冲蚀厉害，而且在相同排量情况下，岩屑滑落速度较层流大。因此，对于固相含量很高的泥浆体系，紊流携带岩屑比层流好，但是对于目前广泛使用的低固相泥浆，最理想的是改型层流，即平板型层流。它具有最好的携带能力和孔壁安全性。

实践表明，钻孔顶角角在 $0°\sim45°$ 时，层流比紊流净化速度高，携带岩屑效果更好；钻孔顶角在 $55°\sim90°$ 时，此时泥浆的流态对孔眼净化有较大影响，从层流过渡到紊流时，岩屑床面积急剧减小，紊流比层流钻孔净化效果好；钻孔顶角在 $45°\sim55°$ 时，两种流态的净化效果没有明显区别。

泥浆的切力包括静切力和动切力，静切力反应静止情况下浆液内部颗粒间引力的大小，对聚合物泥浆而言，取决于单位体积分子链的强度和数量，具有随时间而增大的特性。动切力反映浆液层流流动时形成交织结构的强度。静切力、触变性两指标能够直接表征泥浆悬浮岩屑的效果。在上卸钻杆或设备出现故障时，泥浆呈静止状态，此时，停止循环的浆液要能迅速形成空间网架结构，具备较大的静切力，则对内部岩屑的悬托能力强，及时将钻落的岩屑悬浮起来，避免沉屑回落到孔底造成埋钻、卡钻的事故。循环钻进时在水口处流速高的情况下，要求剪切稀释性良好，流动性强，这就是要求泥浆具有强的静切力和良好的剪切稀释性原因。

分别假设岩屑为柱形（见图 2-10）和球颗粒（见图 2-11），理想化切力在接触面的作用，可得到临界状态下静切力的近似计算式。

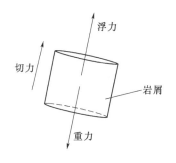

图 2-10　柱形模型图　　　　图 2-11　球颗粒模型图

（1）假设颗粒为球形，根据力的平衡可以得到

$$\frac{1}{6}\pi d_s^3 \rho_s g = \frac{1}{6}\pi d_s^3 \rho_f g + \pi d_s^2 \tau \tag{2-34}$$

式中：$d_s$ 为岩屑或加重剂颗粒的直径，m；$\rho_s$ 为岩屑或加重剂的密度，kg/m³；$\rho_f$ 为泥浆的密度，kg/m³；$\tau$ 为泥浆的静切力，Pa；$g$ 为重力加速度，取 10m/s²。

所以需要的静切力为

$$\tau = \frac{d_s(\rho_s - \rho_f)g}{6} \tag{2-35}$$

（2）假设颗粒为柱形，同样可有

$$\pi r^2 \rho_s g h = \pi r^2 \rho_f g h + 2\pi r h \tau \tag{2-36}$$

即

$$\tau = \frac{r(\rho_s - \rho_f)g}{2} \tag{2-37}$$

式中：$r$ 为柱形岩屑颗粒的半径，m；$h$ 为柱形岩屑长度，m。

**6. 岩屑性质**

岩屑性质是影响携屑效果的另一主要因素，包括颗粒的形状、大小及表面粗糙程度等，这些都直接影响它所受力的大小及其运移速度。

岩屑粒径对岩屑的运移影响很大，而岩屑粒径的大小同钻头类型、岩石类型、钻压、转速及岩屑运移效率密切相关。一般而言，地层强度越小，产生的岩屑粒径越大。钻具旋转、颗粒间碰撞及泥浆的冲蚀降低了岩屑尺寸。颗粒越细，运移效率越高。

钻进过程中，岩屑粒径大小不等，运移方式和形式也就不同。岩屑颗粒形状多样，且不规则的居多，各方向粒径相差较大。

对于相同形状但大小不同的颗粒，一般认为颗粒越大，下沉速度越大。颗粒直径与颗粒滑落速度之间的关系可以用曲线图来表示。在高黏度高切力的泥浆体系中，也有可能出现大颗粒的上升速度比小颗粒的上升速度快的现象，这是由于流体作用于颗粒上的黏滞力的增大，克服重力增值的结果造成的。

泥浆中的固相颗粒按其流动特性可分为以下四类：

(1) 超细颗粒：小于 $40\mu m$，以均匀悬浮的形式运动。

(2) 细颗粒：$40\mu m \sim 0.15mm$，以不均匀悬浮的形式运动。

(3) 中等粒径颗粒：$0.15 \sim 1.5mm$，以不均匀悬浮和跃移的形式运动。

(4) 粗颗粒：大于 $1.5mm$，以跃移形式运动。

一般认为，岩屑颗粒越接近球形，受力越均匀，环空中运动情况越规则，也更容易被携带出孔口。若形状不规则，如片状、柱状、棱角状等，奇形怪状或扁平的颗粒受力情况复杂，上升速度很不一致。

7. 钻进速度

钻进速度即单位时间内钻头破碎岩层前进的距离。钻进速度不同单位时间内向环空浆液中注入的岩屑量（岩屑注入速度）也不相同。若钻进速度过高，岩屑注入速度过快，造成环空岩屑浓度过大，岩屑不容易排除，只能拥堵于环空内形成岩屑床。所以，钻进速度也是影响岩屑运移的重要因素。

实际工程中要综合考虑各影响因素及因素的不同水平，合理调整相互配合，达到携屑、清孔的目的，尽量避免岩屑成床，防止孔内事故。

### 2.4.3 岩屑的运动形式

国内学者汪海阁、刘希圣等近 20 年来致力于泥浆携岩理论的研究，做了大量的室内实验，他们对实验数据进行回归分析，总结出水平孔段岩屑床高度经验模型和压耗经验公式。汪志明通过近 10 年来的研究，修正了 Gavignet 和 Sobey 于 1986 年提出的岩屑运移两层模型，并于 2007 年提出岩屑传输的三层模型，并随后提出了考虑时间因素的岩屑运移两层不稳定流动和三层不稳定流动。如图 2-12 所示，岩屑的运动方式分为：推移质运动和悬移质运动，其中推移质运动包括接触质运动、跃移质运动、层移质运动。

1. 推移质运动

在固液流动中，若液流作用于岩屑床表面的固相颗粒的拖曳力大于其所受的阻力时，岩屑就具有了滑动的趋势，而岩屑颗粒上下的压力差往往导致运动形式由滑动转化为滚动。不论滑动或滚动，岩屑始终保持与屑床的接触状态，称为接触质运动。

已具备滑动或翻滚状态的岩屑，若在其他外力作用下脱离岩屑床，即以跳跃的形式进入浆液。当整体动量较小时，跳起较小的距离后又回落到岩屑床。这种岩屑的间断跳跃的前进形式称为跃移质运动。

随着颗粒动能的增大，跳起高度增大，颗粒越发接近环空泥浆轴向流速区，在泥浆的携带作用下，岩屑颗粒的水平分速度也逐渐增加。当岩屑运动的水平分速接近泥浆轴向流速时，在视重力作用（重力与浮力的综合作用）下，岩屑难以保持沿轴向的水平运移又产生下落的趋势。回落的岩屑具有一定的动能，落回岩床时必定对床体上存在的附近的岩屑群颗粒产生冲击作用，该动量的大小与岩屑颗粒大小及回落速度有直接关系，而回落速度

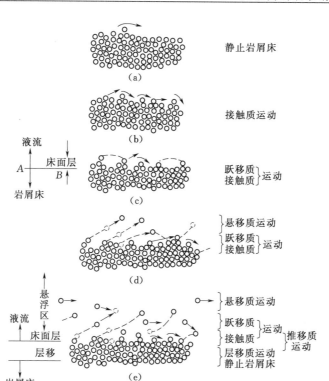

图 2-12 岩屑运移的形式图

又由岩屑颗粒的起跃高度和浆液的环空返速有关。当岩屑颗粒较大、起跃高度较大、环空返速较大时，岩屑本身具备较大的动量，则回落岩屑床后可能因为反力作用继续跃入浆液中，同时它给予附近床层颗粒较大的力量，导致表层颗粒也挑起进入悬浮层。当颗粒较小、起跃高度不大、环空返速又较小时，动量不足以带动附近颗粒运动，自己也有落到疏松岩屑床静止的可能。其中，能够跳起进入悬浮层地即为跃移质运动形式。

层移质运动是岩屑群的层状运动。岩屑床是由固相颗粒在泥浆流动状态下自然堆积形成，颗粒间作用力不大，存在一定规模的孔隙，相对松散、不密实，整个岩屑床的表层及内部的床颗粒间隙中都存在液流的作用，则几乎所有的床屑颗粒都受到液流的切力和黏滞力作用。在一定的液流速度下，岩屑床表层的固相颗粒运动形式主要是晃动、滑动和滚动，随流速增大，运动形式变化为翻滚、跃移，但由于屑床底部的固相颗粒受到上部固体颗粒空间的压制，依然保持原位置上的静止。液流速度继续加大，力的作用增强并向深层次发展，屑床被冲击、打散，带动岩屑床整体颗粒的全面运动。但由于颗粒位处岩屑床面以下，只能以类似液相层流运动的形式缓慢层移。

2. 悬移质运动

当泥浆流速较大，其液动雷诺数远大于临界雷诺数的时候，即以紊流形式流动。紊流时流线为杂乱无章的无规则曲线，这种状态的扩散作用决定了泥浆内部各流层之间既有动量的转移交换，也有质量即固相岩屑颗粒的转移交换。当泥浆径向紊流脉动大于岩屑沉降流速时，固相颗粒就不能沉集成床，主要以悬浮移动的形式存在并前进。

　　泥浆斜孔环空中，当流态呈现紊流时，岩屑床表层的岩屑被紊流猝发体以相对较低的流速黏滞并携带，脱离岩屑床层。当岩屑密度较大或颗粒形状复杂、粒径较大时，所受的重力也较大，很快在上升过程中克服低速液流的举升和上扬作用，转而下沉。下沉顺利到达岩屑床表层的既保持跃移质运动形式，又被液流悬扬上升保持在峰值流速附近盘旋。当岩屑所受的重力较小，沉降速度也较小时，就会随紊流猝发体一直上升，直至猝发体崩解，固相颗粒即达到它的纵向运移最高点，接下来岩屑颗粒或由于惯性作用继续保持悬浮状态，或随着流速梯度缓慢下沉、偏移到屑床表层，或下沉过程中又被高速浆液流所携带再次冲入高速峰值流带中，继续保持悬浮态。这是发生在悬移质与跃移质、接触质之间的物质能量交换形式与循环过程，在保持紊流状态的液流中，颗粒与液流之间保持着动态的平衡。最终，岩屑颗粒的运移速度大体与轴向流速相接近，而运移的轨迹仍是杂乱无章的，保持悬浮态可以位于水平孔的上部，或者接近岩屑床，或者直接存留在岩屑床上，但大部分颗粒整体的运动呈不间断的连续浮动。悬移质运动是固相颗粒保持的最理想的运移状态，此时浆液既可以保持良好的携岩性能，又能保持整个环空状态的均匀和稳定。

　　3. 波状运移

　　层移质、接触质、跃移质的运动状态保持动态稳定的情况下，整体的运动状态像沙漠里的波形沙丘，即波状运移。推移质发展规模越来越大，此时既有底部与岩屑床紧挨的颗粒的层移质、接触质缓慢运移，又有上部跃移质的跳跃、回床及与悬移质的颗粒交换，这样就在原本平整的床层形成下部运移慢、上部运移较快的不均匀活动，必然导致床层表面呈现凹凸不平，床面的不平整加上岩屑床层组成和移动的不均匀反过来又加剧了泥浆流速分布不均。凹坑处产生液流脉动，凸起处迎流面产生上坡的流速增大、冲刷，背流面形成环流脉动，环流下部由于小坡的作用产生加速区，对沙丘前部颗粒有一定的冲击迁移作用。由此，凸起处迎流面慢慢被冲蚀，颗粒积留在背流面，最终形成了"沙丘"的前移推进。沙波的延伸长度跟泥浆的流速有关，流速越大，颗粒翻滚、推移的距离越长，沙波延伸的长度也越大，凹凸越不明显，当泥浆流速达到一定限度后，沙波的凸起部分即被冲垮，"沙丘"消失。图 2-13 为水平孔段岩屑的波状运移示意图。

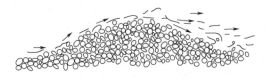

图 2-13　水平孔段岩屑的波状运移示意图

　　纵观以上岩屑的运动状态，以斜孔至水平孔极端条件为例，在不同的岩屑浓度和环空返速时，环空钻孔中可以以观察到四种不同的流动模型：

　　（1）拟均匀悬浮流动。在流速较高或岩屑浓度较小的情况下，无规则的紊流使得岩屑完全悬浮。颗粒在环空截面上分布相对均匀，固相、液相呈稳定的互混状态，称为拟均匀悬浮流动模型，如图 2-14（a）所示。

　　（2）非均匀悬浮流动。当流速降低、紊流脉动不强烈时，岩屑颗粒受到的外力减小，环空中少量颗粒沉到截面下部，整体固相岩屑仍保持悬浮态，但颗粒浓度在环空截面的分布不再均匀，而是环空上半部浓度较下半部浓度小，称为非均匀悬浮流动模型，如图 2-14（b）所示。

　　（3）移动床流动。流速进一步降低，颗粒不能保持稳定的悬浮，沉降到下孔壁，有的颗粒反弹回液流中。先形成小的沙丘，随后连续在一起形成移动床，环空上部仍然有效沉速的颗粒悬浮。随流体流动速度降低，移动床逐渐加厚，但所有岩屑仍然在运动，称为移动床流动模型，如图 2-14（c）所示。

（4）固定床流动。当环空流速非常小时，床表层的岩屑很难被携带悬浮，已形成岩屑床底部的颗粒周围空隙中浆液流动速度更小，扰动微弱，颗粒在几乎停滞的液流中更加不会产生翻滚或滑移的运动趋势，只剩部分小颗粒在上部悬浮层中流动，整个环空可划分为下部的移动床层和上部的流体层。速度减小，静止岩屑床逐渐增厚，悬浮和运动的颗粒越来越少，直至全部静止，称为固定床流动模型，如图 2-14（d）所示。

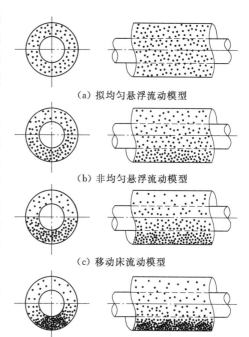

（a）拟均匀悬浮流动模型

（b）非均匀悬浮流动模型

（c）移动床流动模型

（d）固定床流动模型

图 2-14　不同的环空流态图

### 2.4.4　大顶角斜孔环空流分析与计算

在斜孔施工中，泥浆环空返速过小或过大都会导致事故的发生。如环空返速过小，不能有效地携带岩屑，致使环空中岩屑浓度过大，钻孔内不干净，可能导致卡钻；当浓度增大到泥浆的密度大于地层破裂压力时，会压漏地层。因此，合理地选择环空返速是确保优质、快速、安全钻进的关键，也是优化钻进规程参数的主要内容。

当环空内的岩屑向孔口运移时，有三个力作用于岩屑颗粒上。一个是竖直向下作用的重力，一个是向上的浮力，一个是方向向上由于泥浆黏性拖曳作用产生的力。当岩屑的速度一旦达到沉降速度时，作用于岩屑颗粒上的重力和浮力的合力一定会等于作用在颗粒上由于黏性拖曳作用产生的黏性摩擦力。

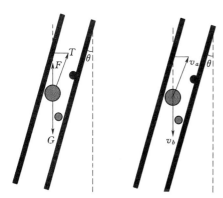

图 2-15　小斜度孔段颗粒受力和速度示意图

岩屑颗粒在运移到孔口的过程中主要受到 3 个力的作用，分别是竖直向上的浮力 $F$、向下的重力 $G$ 和平行于钻孔轴线向上方向的拖曳力 $T$。受力示意图如图 2-15 所示（为了直观省略了钻杆部分的绘制）。在垂直方向作用在岩屑颗粒上的力的合力效果可以表示为

$$T\cos\theta + F - G > 0 \qquad (2-38)$$

当钻孔顶角相对较小，为小斜度钻孔时，重力和浮力的合力在垂直于孔壁方向的分力较小，加上泥浆的紊流抵消效果，那么岩屑基本不会沉积在下孔壁。在顶角钻孔为 $0° \sim 30°$ 的小斜度孔段，岩屑基本不会沉积在下帮孔壁上形成岩屑床。在岩屑颗

粒的受力分析过程中，孔壁对岩屑颗粒的支持力和岩屑颗粒与孔壁产生的摩擦力可以忽略。在泥浆排量小于最小携岩排量时，岩屑颗粒会滑向孔底，造成孔内事故。

分析可知，岩屑颗粒将会在泥浆的带动与拖曳下产生一个沿钻孔轴线向上的速度 $v_a$。若把 $v_a$ 垂直向上方向的分速度记为 $v_s$，则 $v_s = v_a\cos\theta$，那么 $v_s$ 即环空中泥浆的实际上返速度。同时由于岩屑颗粒自身的重力和其排开泥浆体积所受到的浮力的作用，岩屑颗粒产生一个沉降速度 $v_h$。那么，在垂直于孔口方向上有两个速度，环空上返速度 $v_s$ 与岩屑颗粒的沉降速度 $v_h$。所以，当岩屑向孔口方向运移时，存在 $v_s > v_h$；当 $v_s < v_h$ 时，岩屑将会向孔底方向滑落。

显然，欲使岩屑获得一个向上的运移速度，被携带至地面，其必要条件为 $v_s > v_h$。

岩屑在泥浆中的沉降速度 $v_h$，一般使用《钻孔手册（甲方）》中推荐公式

$$v_h = \frac{0.0707 d_s(\rho_c - \rho_f)^{\frac{2}{3}}}{\rho_f^{\frac{1}{3}}\eta\mu_e^{\frac{1}{3}}} \tag{2-39}$$

式中：$v_h$ 为岩屑沉降速度，m/s；$d_s$ 为岩屑颗粒特征直径，cm；$\mu_e$ 为泥浆的有效黏度，Pa·s；$\rho_c$、$\rho_f$ 分别为岩屑密度和泥浆密度，g/cm³。

有效黏度计算

$$\mu_e = K\left(\frac{d_0 - d_i}{1200v_a}\right)^{1-n}\left(\frac{2n+1}{3n}\right)^n \tag{2-40}$$

式中：$d_0$、$d_i$ 为孔眼直径和钻柱外径，cm；$K$ 为钻孔液稠度系数，Pa·s$^n$；$n$ 为钻孔液流性指数，无量纲。

在钻探工程上，小斜度孔的泥浆携岩能力通常用岩屑举升效率（或称为岩屑运载比）来表示。岩屑举升效率是指岩屑在环空的实际上返速度与环空的上返速度之比，即

$$R_t = \frac{v_s - v_h}{v_s} = 1 - \frac{v_h}{v_s} = 1 - v_h\left(\frac{1}{v_a\cos\theta}\right) \tag{2-41}$$

式中：$R_t$ 无量纲；其余速度的单位均为 m/s。

根据以上各式可求得 $R_t$。钻孔工程上一般要求岩屑运载比大于 0.5，若所求得的 $R_t > 0.5$ 则所确定的钻孔参数可用；若所求得的 $R_t < 0.5$，则需要适当调整钻孔液性能或适当调整排量，以增加环空返速，确保 $R_t > 0.5$。

大斜度钻孔，如当钻孔顶角为 30°～60° 时，岩屑的运移规律发生了变化。许多专家学者都认为此时岩屑清洗的难度急剧增加。随着斜度的增大，泥浆环空实际返速 $v_a$ 在垂直方向的分量，即泥浆的上返速度 $v_s$ 逐渐变小。当 $v_s < v_h$ 时，岩屑颗粒会向下孔壁沉降，在下孔壁上形成岩屑床。因倾斜环空内的快速沉积而使绝大多数岩屑颗粒聚集在下孔壁上，只有少数岩屑分布在上层的液流层中。当液流层的流速变大时，处于岩屑床表面的岩屑颗粒由于扩散作用会向液流层中跃移。理论上，斜孔岩屑运移的双层模型，如图 2-16 所示。模型的上层为泥浆和分散在其中的岩屑颗粒构成的液流层，下层为堆积在下孔壁上的岩屑床层。一般认为岩屑床内的岩屑具有一定的体积浓度，体积浓度为 0.48～0.55。

岩屑运移双层模型的截面形状根据岩屑床厚度与钻孔偏心度的不同有多种形式，示例如图 2-17 所示。$r_o$、$d_o$、$r_i$ 分别表示钻孔的半径、直径以及钻柱的外半径；$A_c$、$A_f$ 为下部岩屑床层和上部液流层的截面面积；$S_c$、$S_f$ 分别代表下部岩屑床层以及上部液流层与

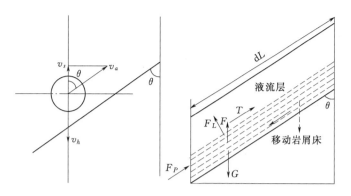

图 2-16 大斜度孔段颗粒流速与受力特征

钻孔圆周接触的弧长；$S_i$ 为岩屑床与液流层接触界面的公共弦长。其中，$r_o$、$d_o$ 可以用钻进该尺寸孔眼时所使用的钻头尺寸来近似替代。

岩屑床形成后，会在下孔壁上以多种形式运动或稳定。钻孔斜度大时，岩屑颗粒会发生沉降，同时岩屑颗粒间存在摩擦拖曳作用，整个岩屑床可以视作一个整体运动。理论上，岩屑床在下孔壁可能的运动形式有沿下孔壁向上滑动、静止于下孔壁上和沿下孔壁滑向孔底。岩屑床不同的运动形式取决于它的受力状态，在下孔壁上的岩屑床受到几个力的作用，分别是垂直向下的重力 $G$，排开泥浆体积而产生的垂直向上的浮力 $F$，由于液相的压差而产生的压差力 $F_P$，在上、下两层的界面上由于固相和液相的速度差而产生的平行于钻孔轴线斜向上的摩擦拖曳力 $T$，岩屑床与下孔壁的相对运动产生的摩擦力 $N$，以及岩屑床受到下孔壁向上的支持力 $F_L$。这些力，根据对岩屑床运动效果的不同，可以分为两类。一类是利于携岩的力，称为携岩动力；另一类是不利于或阻碍携岩的力，称为携岩阻力。将图 2-17 中的各个力在平行于

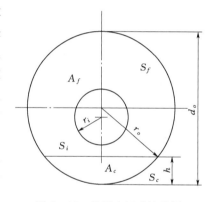

图 2-17 岩屑床运动计算图

钻孔轴线和垂直于轴线的方向进行分解，平行于轴线斜向上方向分力的力即可算作动力，反之即为阻力。动力包括压差力、摩擦拖曳力、浮力；阻力包括重力、摩擦力。当动力大于阻力时，岩屑床将沿下孔壁向上推移滑动，从而达到运移岩屑的目的；反之，岩屑床将沿下孔壁向孔底方向滑动，极易造成严重的孔内事故，应立即调整钻探规程参数。

$$
\left.
\begin{aligned}
S_i &= 2\sqrt{r_o^2 - (r_o - h)^2} \\[4pt]
S_c &= 2 r_o \arccos \frac{r_o - h}{r_o} \\[4pt]
S_f &= 2\pi r_o - S_c \\[4pt]
A_c &= r_o^2 \left[ \arccos \frac{r_o - h}{r_o} - \frac{(r_o - h)\sqrt{2 r_o h - h^2}}{r_o^2} \right] \\[4pt]
A_f &= \pi (r_o^2 - r_i^2) - A_c
\end{aligned}
\right\}
\tag{2-42}
$$

式中：$r_o$、$r_i$ 为孔眼半径和钻柱外半径，m；$h$ 为岩屑床厚度，m；$S_c$、$S_f$ 为岩屑床层和液流层与孔眼圆周接触的弧长，m；$S_i$ 为液流层与岩屑床层的公共弦长，m；$A_c$、$A_f$ 为岩屑床层和液流层的横截面积，$m^2$。

液流层的两相当量密度为

$$\rho_s = \rho_c C_a + \rho_f (1 - C_a) \tag{2-43}$$

式中：$\rho_s$ 为悬浮层的当量密度，$g/cm^3$；$C_a$ 为液流悬浮层岩屑颗粒的平均体积浓度，%。

岩屑床受力计算如下。

在该孔段的岩屑床体上取一个微元长度，记作 $dL$，单位为 m，如图 2-16 所示。那么，该微元所受到的重力和浮力可以表示为

$$W = A_C dL \rho_c C_b g \tag{2-44}$$

$$F = A_C dL \rho_f C_b g \tag{2-45}$$

式中：$\rho_c$、$\rho_f$ 为岩屑密度和泥浆密度，$g/cm^3$；$dL$ 为所取微元长度，m；$C_b$ 为岩屑床体中岩屑的体积浓度，无量纲；$g$ 为重力加速度，$m/s^2$。

岩屑床体所受到的沿孔壁向下的摩擦力和在双层模型界面上所受到的沿孔壁向上的剪切拖曳力可以用下列两式表示

$$N = \tau_c S_c dL \tag{2-46}$$

$$T = \tau_i S_c dL \tag{2-47}$$

式中：$\tau_c$ 为岩屑床体与下孔壁的剪应力，Pa；$\tau_i$ 为岩屑床层与位于其上的液流层产生的剪应力，Pa。

由于压差而产生的携岩动力记作 $F_p$，可以表示为

$$F_p = \Delta P A_c dL \tag{2-48}$$

式中：$\Delta P$ 为有岩屑床存在的斜孔环空压降，Pa。

剪应力的计算如下。

岩屑床与孔壁的接触剪应力产生的原因有两个：一是岩屑床内的泥浆的与孔壁间的摩擦作用；二是岩屑床内的固体颗粒与孔壁间的滑动摩擦作用。岩屑床内流体间的摩擦作用与雷诺数、泥浆密度以及岩屑床滑动速度有关。从数值上讲，后者要远大于前者，用公式可以表示如下：

$$\left.\begin{array}{l} \tau_{c1} = \dfrac{1}{2} f(Re_c) \rho_f V_c^2 \\[2mm] \tau_{c2} = \eta(\rho_c - \rho_f) g C_b d_s \sin\theta \\[2mm] \tau_c = \tau_{c1} + \tau_{c2} \\[2mm] \tau_f = \dfrac{1}{2} f(Re_f) \rho_f V_f^2 \end{array}\right\} \tag{2-49}$$

式中：$V_c$ 为岩屑床滑动速度，m/s；$\tau_{c1}$、$\tau_{c2}$、$\tau_c$ 为液相与孔壁的剪应力、固相与孔壁的剪应力、岩屑床与孔壁的总剪应力，Pa；$\eta$ 为岩屑颗粒与孔壁的动摩擦系数，无量纲；$d_s$ 为岩屑颗粒直径，m；$f(Re_c)$ 为岩屑床与孔壁的摩擦系数，无量纲；$f(Re_f)$ 为泥浆与孔壁的摩擦系数，是雷诺数的函数，它的大小取决于流动状态，无量纲。

在两层界面处，由于岩屑床的运动，使界面间的应力方向具有不确定性。如果岩屑床

沿孔壁向上运动，即 $V_f$ 与 $V_c$ 同向时，界面间的剪切应力表示为

$$\tau_i = \frac{1}{2} f_i \rho_f (V_f - V_c)^2 \tag{2-50}$$

如果岩屑床沿孔壁向下运动，即 $V_f$ 与 $V_c$ 反向时，则界面间的剪切应力表示为

$$\tau_i = -\frac{1}{2} f_i \rho_f (V_f - V_c)^2 \tag{2-51}$$

式中：$\tau_i$ 为两层界面处的剪切应力，Pa；$f_i$ 为两层界面处的摩擦系数，无因次量；$V_f$ 为液流层钻孔液环空返速，m/s。

上层扩散层在流体运移方向的力学平衡表达为

$$\Delta P A_f = \tau_f S_f \mathrm{d}L + \tau_i S_i \mathrm{d}L + A_f \rho_s g \cos\theta \mathrm{d}L \tag{2-52}$$

### 2.4.5 斜孔环空流岩屑浓度计算

忽略钻孔的偏斜，则可将泥浆在环空内的流动视为垂直管中液-固两相流动，可近似地导出环空中岩屑浓度与环空返速的关系。

设环空中岩屑颗粒的体积流量为 $Q_s$，岩屑颗粒在环空中的体积浓度为 $C_a$，泥浆的体积流量为 $Q_f$，环空截面积为 $A$，则泥浆在环空内的上返速度为

$$v_f = \frac{Q_f}{A(1-C_a)} \tag{2-53}$$

岩屑颗粒的上升速度为

$$v_c = \frac{Q_s}{AC_a} \tag{2-54}$$

泥浆流量与岩屑流量之比为

$$\frac{Q_f}{Q_s} = \frac{v_f(1-C_a)}{v_s C_a} \tag{2-55}$$

环空中混合物的流量为

$$Q_m = Q_f + Q_s \tag{2-56}$$

混合物流速为

$$v_m = \frac{Q_m}{A} = (1-C_s)v_f + C_a v_c \tag{2-57}$$

将式（2-57）与式（2-53）联解，得

$$v_f = v_m + C_a v_s \tag{2-58}$$

在稳定条件下，孔底产生岩屑的速率与孔口排出岩屑的速率相等。孔底产生岩屑的速率与混合物的流量之比为

$$C_e = \frac{Q_s}{Q_s + Q_f} = \frac{1}{1 + \dfrac{1-C_a}{C_a\left(1-\dfrac{v_s}{v_f}\right)}} \tag{2-59}$$

式（2-59）可整理为

$$\frac{v_f}{v_s} = \frac{1-C_e}{1-\dfrac{C_e}{C_a}} \tag{2-60}$$

或

$$C_a = \frac{\dfrac{v_f}{v_s} C_e}{\dfrac{v_f}{v_s} - 1 + C_e} \qquad (2-61)$$

联立式（2-58）及式（2-60），得

$$\frac{v_m}{v_s} = \frac{1 - C_a}{1 - \dfrac{C_e}{C_a}} \qquad (2-62)$$

上述分析均是以环空截面上各点流速相等的假设为前提的。但实际上，环空中泥浆的流速在径向上的分布是非均匀的。一般来说，在整个速度剖面上，中间部分的速度较大，能够携带岩屑，而靠近孔壁和钻杆处的钻探流速偏低，不足以携带岩屑。考虑到这种情况，将式（2-58）、式（2-60）及式（2-62）中的 $v_s$ 分别乘以一个速度修正系数 $k'$，则

$$v_f = \frac{1 - C_e}{1 - \dfrac{C_e}{C_a}} k' v_s \qquad (2-63)$$

$$v_f = v_m + C_a k' v_s \qquad (2-64)$$

$$\nu_m = \frac{1 - C_a}{1 - \dfrac{C_e}{C_a}} k' \nu_s \qquad (2-65)$$

对于紊流，因其速度剖面比较平缓，故可近似地取 $k' = 1$。对于层流，$k'$ 值取决于泥浆的流变性。

联立解式（2-64）及式（2-65），得

$$\nu_f = k' \nu_s + \frac{C_e}{C_a} \nu_m \qquad (2-66)$$

根据 $C_e$ 的定义，可得

$$C_e = \frac{R}{\nu_m \left[ 1 - \left( \dfrac{R_i}{R_0} \right)^2 \right]} \qquad (2-67)$$

将 $C_e$ 及 $\nu_s$ 的表达式代入式（2-66），得：

$$\nu_f = k' \frac{d_p}{\eta_\infty} \left[ 0.0702 g d_p (\rho_s - \rho_f) - \tau_0 \right] + \frac{R}{C_a \left[ 1 - \left( \dfrac{R_i}{R_0} \right)^2 \right]} \qquad (2-68)$$

式中：$R$ 为机械钻速；$R_0$、$R_i$ 分别为钻孔、钻杆的半径。

式（2-68）表示了泥浆环空速度与有关钻探参数的关系，并可由此式导出岩屑浓度的关系式为

$$C_a = \frac{R}{\left[ 1 - \left( \dfrac{R_i}{R_0} \right)^2 \right]} \frac{1}{\nu_f - k' \dfrac{d_p}{\eta_\infty} \left[ 0.0702 g d_p (\rho_s - \rho_f) - \tau_0 \right]} \qquad (2-69)$$

## 参 考 文 献

[1] 乌效鸣，蔡记华，胡郁乐. 泥浆与岩土工程浆材 [M]. 武汉：中国地质大学出版社，2013.
[2] 胡郁乐，张绍和，等. 钻探事故预防与处理知识问答 [M]. 长沙：中南大学出版社，2010.

［3］ 吉孟瑞，孙桂明，吴昌庆，等. 地下洞库勘察中的深斜孔钻探和压水试验技术［J］. 山东地质，2001，17（02）：56－60.

［4］ 蒋兵，刘勇. 东雷湾矿区复杂地层深斜孔钻探技术［C］//第十八届全国探矿工程（岩土钻掘工程）技术学术交流年会论文集. 哈尔滨：中国地质学会探矿工程专业委员会，2015：308－312.

［5］ 赵磊，喻广建. 复杂地形一地盘多孔大角度斜孔钻探技术研究［J］. 地下水，2017，39（02）：147－149.

［6］ 刘双亮. 大位移大斜度井井眼净化研究［D］. 荆州：长江大学，2012.

［7］ 金衍，陈勉，柳贡慧. 弱面地层斜井孔壁稳定性分析［J］. 石油大学学报（自然科学版），1999，23（04）：33－35.

［8］ 陈勉，金衍，张广清. 石油工程岩石力学［M］. 北京：科学出版社，2008.

［9］ 刘向君，陈一健，肖勇. 岩石软弱面产状对孔壁稳定性的影响［J］. 西南石油学院学报，2001（06）：12－13＋20－5＋4.

［10］ Lee H，Ong S H，Azeemuddin M，et al. A wellbore stability model for formations with anisotropic rock strengths［J］. Journal of Petroleum Science and Engineering，2012，S96－97（19）：109－119.

［11］ 马天寿，陈平. 层理页岩水平井井周剪切失稳区域预测方法［J］. 石油钻探技术，2014，42（05）：26－36.

［12］ Jaeger J C，Cook N G W，Zimmerman R W. Fundamentals of rock mechanics，4nd Edition［M］. Chicester：John Wiley and Sons Ltd，2007.

［13］ Zhang W D，Gao J J，Lan K，et al. Analysis of borehole collapse and fracture initiation positions and drilling trajectory optimization［J］. Journal of Petroleum Science and Engineering，2015，129：29－39.

［14］ 程远方，徐同台. 安全泥浆密度窗口的确立及应用［J］. 石油钻探技术，1999（03）：16－18.

［15］ 丰全会，程远方，张建国. 井壁稳定的弹塑性模型及其应用［J］. 石油钻探技术，2000，28（4）：9－11.

［16］ 徐同台，赵忠举. 21世纪初国外钻井液和完井液技术［M］. 北京：石油工业出版社，2004.

［17］ 李天太，高德利. 井壁稳定性技术研究及其在呼图壁地区的应用［J］. 西安石油学院学报（自然科学版），2002（03）：23－26＋4.

［18］ 高德利，陈勉，王家祥. 谈谈定向井井壁稳定问题［J］. 石油钻采工艺，1997，19（01）：1－4.

［19］ 王力，刘春雨，杨锐，等. 利用测井资料计算井壁稳定条件研究［J］. 西部探矿工程，2003（11）：59－60＋63.

［20］ 楼一珊，刘刚. 大斜度井泥页岩井壁稳定的力学分析［J］. 江汉石油学院学报，1997（01）：63－66.

［21］ 刘向君，叶仲斌，王国华，等. 流体流动和岩石变形耦合对井壁稳定性的影响［J］. 西南石油学院学报，2002（02）：50－52＋2.

［22］ 刘玉石，白家祉，黄荣樽，等. 硬脆性泥页岩井壁稳定问题研究［J］. 石油学报，1998（01）：95－98＋8.

［23］ 邓金根，张洪生. 钻井工程中井壁失稳的力学机理［M］. 北京：石油工业出版社，1998.

［24］ 李自俊译. 预测破裂压力梯度的新发展［J］. 国外钻井技术，1998（4）：39－44.

［25］ 梁何生，刘凤霞，张国龙，等. 一种地层破裂压力估算方法及应用［J］. 石油钻探技术，1999（06）：14－15.

［26］ 刘向君. 井壁力学稳定性原理及影响因素分析［J］. 西南石油学院学报，1995（04）：51－57.

［27］ 范翔宇，夏宏泉，陈平，等. 测井计算钻井泥浆侵入深度的新方法研究［J］. 天然气工业，2004（05）：68－70＋151.

［28］ 孔祥言. 高等渗流力学［M］. 合肥：中国科学技术大学出版社，1999.

［29］ Paslay P R，Cheatham J B. Rock Stresses Induced by Flow of Fluids into Boreholes［J］. Soc. Petvd. Engrs. J，1963，3（1）：85 - 94.

［30］ 刘玉石，黄克累. 孔隙流体对井眼稳定的影响［J］. 石油钻探技术，1995（03）：4 - 6＋11＋60.

［31］ 李敬元，李子丰. 渗流作用下井筒周围岩石内弹塑性应力分布规律及井壁稳定条件［J］. 工程力学，1997（01）：131 - 137.

［32］ 李建春，俞茂宏，王思敬. 井筒在孔隙压力和渗流作用下的统一极限分析［J］. 机械强度，2001（02）：239 - 242.

［33］ 董平川，徐小荷，何顺利. 流固耦合问题及研究进展［J］. 地质力学学报，1999（01）：19 - 28.

［34］ 熊伟，田根林，黄立信，等. 变形介质多相流动流固耦合数学模型［J］. 水动力学研究与进展（A 辑），2002（06）：770 - 776.

［35］ 梁冰，薛强，刘晓丽. 多孔介质非线性渗流问题的摄动解［J］. 应用力学学报，2003（04）：28 - 32＋161.

［36］ 杨立中，黄涛. 初论环境地质中裂隙岩体渗流-应力-温度耦合作用研究［J］. 水文地质工程地质，2000（02）：33 - 35.

［37］ 李晓江，张文飞. 井眼稳定的耦合解法［J］. 钻采工艺，1996（01）：17 - 20.

［38］ 尹中民，武强，刘建军，等. 注水井泄压对井壁围岩应力场的影响［J］. 岩土力学，2004（03）：363 - 368.

［39］ 徐志英. 岩石力学［M］. 北京：水利水电出版社，1993.

［40］ 刘平德，牛亚斌，王贵江，等. 水基聚乙二醇钻井液页岩稳定性研究［J］. 天然气工业，2001，21（06）：57 - 59.

［41］ 蒲晓林，黄林基，罗兴树，等. 深井高密度水基钻井液流变性、造壁性控制原理. 天然气工业，2001（06）：48 - 51＋115 - 116.

［42］ 程远方，徐同台. 安全泥浆密度窗口的确立及应用［J］. 石油钻探技术，1999（03）：16 - 18.

# 3 大顶角超深斜孔钻探工艺

## 3.1 钻孔结构设计和套管定向程序

大斜度钻孔的钻孔结构应根据地质要求、孔内物探和测井要求和经济技术要求进行设计。钻孔结构的确定，在满足勘探要求的前提下，还应遵循安全作业和经济性的原则。

由于深孔大斜度因素，钻遇的地层较多，可能包含断层带、构造带、破碎带，硬、脆、碎、软硬交互层；钻遇的地层的压力系统也会较多可能包含多压力体系地层和水敏性地层、多孔性地层等。加之大斜度钻孔的井壁稳定性差，就需要对钻孔结构进行综合考虑。合理的钻孔结构是减少压差、防止黏附卡钻的先决条件；良好的钻孔轨迹和泥浆性能及携砂效果是钻孔防卡的保障。设计时，一般 $\phi75mm$ 终孔，$\phi60mm$ 口径做备用。图 3-1 为典型钻孔结构。钻孔结构尽量考虑硬、脆、碎、涌、漏、坍塌、缩径等各种复杂地层状况，孔口应高精度安装导管，同时应满足经济性原则：

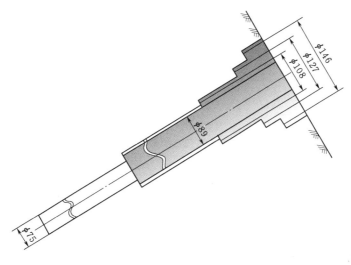

图 3-1　典型钻孔结构

（1）在满足安全、高效作业的前提下，减少套管层数。

（2）套管和钻孔尺寸的确定应考虑不同钻孔尺寸的钻进效率和材料消耗，以缩短钻进周期，降低钻探成本。

钻孔结构设计的依据为：

（1）钻孔的用途和目的。

（2）该地层的地质结构、岩石物理力学性质。

（3）钻孔的设计深度和钻孔的方位方向、顶角方向。

（4）必需的终孔直径。

（5）钻进方法、钻探设备参数。

同时，斜孔在钻孔结构设计的同时，还应综合考虑下列因素：

（1）地层孔隙压力。

（2）钻孔倾角及钻孔轨迹因素。

（3）裸眼孔段的长度。

（4）低压渗透性砂岩层厚度。

（5）斜孔换径处，特别是套管级差较大时，应设置换径导向装置，避免起下钻防挂。

大斜度深孔的钻孔结构设计无论采用自下而上还是自上而下的设计方法，钻孔结构设计均应保证同一裸眼段内满足压力平衡原则。需要考虑地层孔隙压力和地层破裂压力以及最大裸眼压差值，不至于因为压差过大而频繁卡钻。

钻孔结构设计的内容包括：

（1）确定各岩层的钻进方法。

（2）确定钻孔终孔直径。

（3）确定套管层次、下放深度和套管直径。

（4）拟定孔身直径和开孔直径。

（5）斜孔钻探套管柱强度必须校核。对于大斜度钻孔还应按 SY/T 5724—2008《套管柱结构与强度设计》和 DZ/T 0054—2014《定向钻探技术规程》校核套管柱弯曲强度、计算摩阻。

斜孔开孔的口径大一些比较适宜，因为斜孔正向扩孔比较困难，不仅速度慢，而且很易扩弯曲，所以要尽量避免扩孔这道工序。

斜孔钻孔结构设计时可参考直孔设计规范，典型钻孔结构推荐见表 3-1，复杂深孔孔钻孔结构推荐见表 3-2。

**表 3-1**　　　　　　　　　　**典型钻孔结构推荐表**　　　　　　　　单位：mm

| 钻 孔 结 构 | 地 层 简 单 | 地 层 复 杂 |
| --- | --- | --- |
| 开孔口径/导向管 | 110/108 | 150/146 |
| 第一层孔径/套管 | | 130/127 |
| 第二层孔径/套管 | 95/89 | 110/108 |
| 第三层孔径/套管 | | 95/89 |
| 终孔直径 | 75 | 75 |

**表 3-2**　　　　　　　　　　**复杂深孔钻孔结构推荐表**　　　　　　　　单位：mm

| 钻 孔 结 构 | 地 层 简 单 | 地 层 复 杂 |
| --- | --- | --- |
| 开孔口径/导向管 | 122/114 | 150/146 |
| 第一层孔径/套管 | | 122/114 |
| 第二层孔径/套管 | 96/91 | 96/91 |
| 终孔直径 | 76 | 76 |
| 终孔备用套管/备用口径 | 73/60 | 73/60 |

　　斜孔环状间隙的大小对钻进轨迹的影响较大，需要考虑钻具规格、套管规格，并结合钻头尺寸和套管尺寸级配关系，确定各层套管、钻孔规格以及级间间隔，套管与最小钻孔直径配合表见表 3-3，也可参考表 3-4。

表 3-3　　　　　　　　　　　　　　套管与钻孔直径配合表　　　　　　　　　　单位：mm

| 钻孔直径 | 76 (75) | (91、95) | 96 | (110) | 122 | (130) | 150 | 75 | 200 |
|---|---|---|---|---|---|---|---|---|---|
| 套管直径 | 73 | 89 | 91 | 108 | 114 | 127 | 140 (146) | 68 | 194 |

**注**　括号中的数据为非标数据。

表 3-4　　　　　　　　　　　　几种钻具标准工程口径及间隔对比　　　　　　　　单位：mm

| | 规格代号 | | R | E | A | B | N | H | P | S | U | Z |
|---|---|---|---|---|---|---|---|---|---|---|---|---|---|
| 普通金刚石钻具 | GB/T 16950—1997 | 公称口径 | 28 | 36 | 46 | 60 | 76 | 95 | 120 | 146 | | |
| | | 钻头外径 | 28 | 36.5 | 46.5 | 60 | 76 | 95 | 120 | 146 | | |
| | | 级间间隔 | | 12 | 10 | 14 | 16 | 19 | 25 | 26 | | |
| | DCDMA（1983 年版）ISO 3551-1（A 系列） | 公称口径① | 29 | 37 | 48 | 60 | 75 | 99 | 120 | 145 | 174 | 199 |
| | | 钻头平均外径 | 29.47 | 37.34 | 47.63 | 59.57 | 75.31 | 98.79 | 120.02 | 145.42 | 173.74 | 199.14 |
| | | 级间间隔 | | 8 | 11 | 12 | 15 | 24 | 21 | 25 | 29 | 25 |
| | ISO 3552-1（B 系列） | 公称口径 | 36 | 46 | 56 | 66 | 76 | 86 | 101 | 116 | 131 | 146 |
| | | 级间间隔 | | 10 | 10 | 10 | 10 | 10 | 25 | 15 | 15 | 15 |
| | ISO 8866（C 系列） | 公称口径 | | 35 | 46 | 59 | 76 | 93 | 112 | — | — | — |
| | | 级间间隔 | | | 11 | 13 | 17 | 17 | 19 | | | |
| 绳索取心钻具 | 长年 Q 系列 | 公称口径① | — | — | 48 | 60 | 75 | 96 | 122 | | | |
| | | 钻头平均外径 | | | 47.88 | 59.69 | 75.31 | 95.71 | 122.18 | | | |
| | | 级间间隔 | | — | 12 | 15 | 21 | 26 | | | | |
| | GB/T 16951—1997 | 公称口径 | | | 46 | 60 | 76 | 95 | 120 | | | |
| | | 级间间隔 | | | 14 | 16 | 19 | 25 | | | | |
| | ISO 10098（CSSK 系列） | 公称口径 | | | 46 | 59 | 76 | 93 | | | | |
| | | 级间间隔 | | | 13 | 17 | 17 | | | | | |

①　DCDMA 和 ISO 3551 并没有公称口径一说，这里是本书作者根据钻头平均外径圆整得出的。

　　斜孔钻孔结构中，孔口导向管即是定向管，孔口导向管的埋设和导向变径钻进示意图如图 3-2 所示。定向管多采取开挖埋设，也可以钻机开孔埋设。定向管的初级定向至关重要，上部差之毫厘，下部谬之千里。

　　斜孔钻探施工在施工时应总结分析对比已往施工历史数据，掌握钻孔弯曲规律和弯曲强度规律，确定以初级定向钻孔顶角和方位来安装导向管。钻孔初级定向角度一般上仰 1°~3°，如设计钻孔顶角 55°，一般安装成 52°，以削减钻孔在钻进过程中的下垂。同时考虑钻头钻进过程的右漂移趋势，应设置左向提前角，即在定向时把方位角定在孔底目标的左侧，以补偿钻头向右的方向漂移。

　　定向管的埋设：钻孔定位后，钻场需做必要的基础加固，以安装钻机和固定定向管，混凝土强度应为 C20 以上。安装定向管时，如表层为第四系松散层，需要浇筑混凝土基

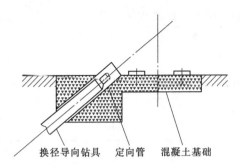

图 3-2　孔口导向管的埋设和导向
变径钻进示意图

础，在钻机安装定位后，通过人工挖槽埋设的方式埋设一定长度的定向管；如地表为岩石，埋设定向管时，需采用外出刃小的钻具开孔形成定向孔，再下入定向管，定向管外壁可通过包敷其他材料微调定向角度，最后在孔口浇筑定位。孔口浇筑采用高标号水泥砂浆或混凝土，将定向管外围固结，不小于 $100cm \times 100cm \times 80cm$（深）。定向管长度一般不少于 $1m$，第四系松散地层 $2.5 \sim 3m$ 较为可靠，用经纬仪测定定向管、主轴符合安装角度，且定向管、主轴、天车在同一直线内。孔口板的摆置比直孔的摆置复杂很多。要使主动钻杆可以垂直通过孔口板的中心点，因此要人工挖槽让孔口板的倾向与主动钻杆倾向成互余角度，同时还需要灌注水泥固定孔口板防止在钻进的过程中孔口板跑动。

在开孔前应根据不同地层的斜孔倾角变化规律，将钻机立轴角度按孔斜规律，稍微增大或缩小 $1° \sim 2°$ 的角度开孔。这样可以在一定程度上保持钻孔偏差不超出设计要求。同时为了预防钻孔发生过大弯曲，应当增加测孔斜频率，以便及时掌握钻孔轨迹的变化。边纠斜边钻进。

换径时采用小一级钻头开孔，导向钻具换径，开孔必须采用低压力、低转速。随钻孔加深逐渐加长导向钻具长度，把握好换径斜度。为控制斜孔精度，减小孔壁间隙，宜采用小出刃合金钻头和标准尺寸金刚石钻头。

采用绳索取心钻进时，扩孔必须有导正装置及小径导向钻具，扩孔钻具的连接顺序为钻杆—导正装置—扩孔钻头—小径导向钻具。扩孔时钻压均匀不宜过大，转速不能过高，以保证钻具回转稳定。在保证孔壁稳定的情况下尽量开大泵量循环，有利于及时排出孔内岩屑和岩粉，扩孔中如果速度突然减慢或扩不下时，应及时提钻检查，以防孔内事故的发生。

斜孔下套管时，因斜孔套管摩擦振动大，极易发生套管事故，要选择较新的套管与接箍，强化检查。当钻具在套管中下不去时，应分析原因，谨慎处理，禁止乱扫，防止发生严重套管事故。

在导向管内开孔，孔底先磨平或在埋设导向管时用砂浆找平。开孔后及时测定孔斜，如孔斜不合格，必须用水泥砂浆封孔后重新开孔。开孔尽量使用合金钻进，在钻进过程中，不能采用越级钻进。套管下入深度主要考虑复杂地层深度和各级孔段深度，套管柱必须安置在牢固的基岩上，钻进至完整基岩后下入下一级保护套管，下管前必须测量孔斜，如果孔斜、孔向偏差过大，采取在管脚焊接偏心片的方式纠斜。管脚、管口采取止水及可靠固定措施，防止保护管在钻进过程中晃动或丝扣松脱，必要时采用水泥浆或水泥砂浆将保护管固定。

对于任何套管柱下端来说，都必须把钻孔钻到薄弱接触带深不少于 $2 \sim 5m$ 处，才能下入套管。

按地质钻孔要求，一般每 $50m$ 测斜一次，在斜孔钻进中，宜增加测斜频次；重要换径孔段，宜每5m测斜一次，并做好分析及预测工作，根据测斜数及时调整钻进参数。最好采用两套仪器，同时进行对比、调试，防止误差过大。

为了控制斜孔精度，应采用"三环式"钻具，即上、下扩孔器、钻头外径依次递减0.3mm限定取芯外管长度为3m左右。此类钻具组合有较强的自定心和稳定性。同时，要求采用铅直度的高强度钻杆。应对全部钻杆进行检测，下入孔内钻杆单边磨损和双边磨损分别不得超过0.4mm和0.7mm，钻杆弯曲每3m不得超过1mm。

# 3.2 钻进工艺方法

## 3.2.1 斜孔钻进的特点

斜孔钻进是常规钻探的技术延伸，但斜孔钻进所发生的孔斜容易超差，这也是斜孔钻进的最主要特点之一。斜孔钻进应根据地层的具体情况，从钻进方法、技术规范等方面进行进一步研究，分析斜孔在不同地层的弯曲规律，提高钻进质量。

在硬岩层中，斜孔孔径超差且孔底携渣不畅时，轨迹易于上漂。在岩芯管长度不变的条件下，钻孔发生弯曲的可能性与孔壁环状间隙的增大成正相关关系。也就是说，孔壁环状间隙愈大，钻孔偏斜的几率越大、弯曲越严重。粗径钻具长度太短，在钻进中易于引起弯曲。正常钻进时，钻具尽可能采用长钻具，有利于防止钻孔过度偏斜，金刚石钻具必须配备金刚石扩孔器，并适时测量外径、更换，防止孔径过小夹钻。因此，采用短岩芯管钻进是不适宜的。钻进时，孔内岩屑不易排出，尤其是孔底不干净。并且，由于离心和重力作用，造成局部堆积，钻孔容易向

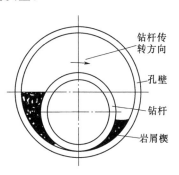

图3-3 斜孔孔内岩屑堆积

右上方移动，如图3-3所示。预防或处理硬岩层斜孔上漂除了控制钻进规程外，可以采用合理的钻具组合，如可以采取钻铤的方式，由于钻铤使钻杆柱呈伸张状态，在一定程度上消除了对粗径钻具的造斜能力，抑制了钻孔的上漂。

在软岩层钻进时（如4级以下岩层），斜孔孔身下垂现象较为常见。地层越软或越松散，钻孔下帮越易被磨毁而成为近似椭圆形的钻孔。主要由于钻杆柱受重力作用，在钻进中不断地敲击下孔壁，从而使钻孔不断向下扩大。其是离心力作用与重力作用叠加的结果。下垂时可以采取加大钻压为主、减少粗径钻具长度来减少下垂趋势。另外，在升降钻具过程中，斜孔孔身常受到钻具的拖磨作用，使钻孔下垂。

斜孔钻进，钻具摩擦力大，所需钻压亦大，钻压不仅起保证钻头切削压力，还需要考虑孔壁的摩阻力问题。钻压一般比竖直孔大，如采用$\phi$91金刚石单管钻进斜孔，钻压一般应比规程大100～200kg，即800～1200kg。

当然，钻头总压力应要适当控制，以避免钻杆弯曲造成的过度磨损。钻杆弯曲对钻孔轨迹影响极大。适当的钻压可防止钻孔弯曲。在钻进时，如果地层变化不大，各班组应采用相同压力，有利于保持孔斜度。

另外，压力过大，相对钻速加快，也易产生大颗粒岩屑，钻具倾斜，压力大又不易排

斜。此时，钻头下半部承压较大，使岩心柱变得粗细不一，再加斜孔中岩心柱倾斜靠于一旁，相比较直孔，岩芯柱易折断，斜孔所取得的岩芯容易破碎而且长度短，岩芯极易堵塞。因此，斜孔钻进钻压一定要均匀，切忌钻压忽大忽小或随意提动钻具，以防岩心堵塞。

斜孔钻进的转速不仅影响钻速，而且与岩屑楔也相关，转速低，岩屑楔形成相对容易，也易埋钻。

对于垂直孔来说，提高流体黏度或流速可以提高岩屑运移能力。然而，从垂直段到水平段之间，斜度的增加带来了额外的挑战，比如岩屑床的形成，因为受重力作用的影响，岩屑将会回滑，岩屑多处于钻孔的下帮，大颗粒岩屑也向钻孔下帮聚集。孔斜为 40°～60° 时孔眼清洗是最难的。同时，钻孔中冲洗液流速分布也极不均匀，上部流速高，下部流速低，不利于岩屑排出，因此，在斜孔中为了及时排屑，可适当加大泵量，提供较大的泵排量和更高的流速；或阶段性改变泵量，使孔内流动形成串动，当然应避免盲目加大泵量排屑而造成泵压过高，冲蚀或压漏地层。

深斜孔下部井段由于地层变硬，钻速慢，井眼净化显得比较重要，加之下部孔段逐渐扩大，为达到良好的携砂效果，应在一定条件下，尽量增加其泵排量，以实际岩屑上返效果来作为确定泥浆流变参数的依据。

斜孔钻进取芯方面：完整基岩宜采用金刚石单管钻进；针对断层、破碎带钻进，可采用金刚石单动双管钻进，但回次进尺应减少，遇堵塞必须提钻，以提高岩芯采取率和岩芯完整度。分析认为，一方面，单动双管钻具的钻头壁厚较大，钻进速度比单管慢；另一方面，由于是斜孔，单动双管的内管会产生不同心下垂，单动性能变差，甚至出现单动失效，容易造成岩芯堵塞。目前双管钻具主要是提高单动性能和扶正性能，以保障取芯效果。

影响岩矿芯采取率的主要因素有：斜孔倾角、钻孔轴线与岩层层理面夹角，转头与卡簧之间的合理搭配，操作人员的操作经验和技能水平，岩层的完整或破碎程度等。

斜孔取芯工艺应注重以下方面：

（1）在单管钻具取芯时，卡取岩芯的卡石直径应大一点，保证卡牢岩芯，避免脱落。因为斜孔的岩芯全部挤在岩心管下部，上边间隙很大，如投入小的卡石根本卡不住岩芯，在选择卡石时应注意。其次，斜孔中若扫除脱落岩芯很困难，尤其当岩芯掉于换径处时，如果该段岩石较软，很可能打出另一新的斜孔。因此，换径时应尽量选择在较硬地层中变换。

（2）施工大斜度钻孔时，如果钻孔轴线与岩层的层理面夹角太小，特别是小于 30°时，在岩层层理或节理发育的情况下，岩芯很容易产生楔子形或破碎，岩芯在重力作用和振动下很容易堵，钻进时磨掉岩芯，从而使岩芯采取率大大降低，因此，在设计斜孔时，要根据各岩层产状，尽量使该夹角大于 30°，以提高岩芯采取率。

（3）在使用钻头和卡簧时，要注意它们之间的合理搭配，一般要求卡簧自由内径必须比钻头内径大 0.3mm。在斜孔中由于岩芯磨损较大，卡簧内径要及时调整，甚至比钻头内径小，这样使用才能收到较好的效果。这也体现了操作人员的操作经验技能和判断能力。

（4）钻进时应保持恒钻速，避免钻进规程的随意变化，同时，保持斜孔孔内清洁是一个很重要的问题。因斜孔中的岩粉大多集中在钻孔井壁下帮，取粉管不易将砂粉捞干净，每次采取岩芯前要用大水冲孔，须把岩粉冲到上面来。

（5）应及时正确判断是否堵芯或者钻头不适应岩层。当在较硬的完整岩层中钻进时，如果各规程参数正常，而进尺缓慢，甚至不进尺，且孔口返浆岩屑少，则可能是钻头不适应该岩层，应提钻更换合适的钻头。如果水压力参数较大，其他参数正常，且孔口返浆相对浑浊，进尺缓慢，只可能是堵钻了，应提钻取芯；当在较软或破碎的岩层中钻进时，如果出现孔口水岩粉浓度很大，且水压力参数变动较大，进尺速度，较为缓慢，则很有可能堵钻了，此时不立即提钻取芯，继续转进，很容易磨掉岩芯。控制回次长度，缩短回次进尺是斜孔钻进保证岩芯采取率的主要手段，回次长度一般不宜超过 1.5m。

### 3.2.2 斜孔钻进工艺的选择

钻探工艺可有效借鉴常规钻探。通常的钻进工艺方法包括：硬质合金钻进、金刚石钻进、冲击回转钻进、牙轮钻进、复合片 PDC 钻进以及定向钻进和绳索取心钻进等。选择钻进方法的主要依据是被钻进地层的地质条件、孔深、孔径和钻孔剖面以及施工位置的自然地理条件。还应根据已完工钻孔的统计资料分析结果。若施工地区未曾钻过一个孔，则在选择钻进方法时，应考虑相近地质条件的其他地区的经验和情况。

1. 确定钻进方法的基本原则

（1）应满足地质要求和任务书（合同）确定的施工目的。

（2）在适应钻进地层特点的基础上，优先采用先进的钻进方法。

（3）以高效、低耗、安全、环保为目标，保证钻探质量、降低劳动强度，争取好的经济和社会效益。

（4）适应施工区的自然地理条件。

2. 钻进方法的选择

针对主要岩层特点，依据岩石硬度、研磨性及完整程度，结合钻孔口径和深度等，选定钻进方法。

（1）一般可钻性 5 级及以下岩石选用硬质合金钻进方法，6 级及以上岩石应以金刚石钻进方法为主；金刚石复合片及聚晶金刚石钻进适用于 4～7 级、部分 8 级岩石；坚硬致密打滑地层宜采用冲击回转钻进方法。依据岩石钻进特性选择主要钻进方法见表 3-5。

表 3-5　　　　　　　　依据岩石钻进特性分类的主要钻进方法

| 岩石特性 | | 岩石硬度 | 软 | 中硬 | | | 硬 | | | 坚硬 | | |
|---|---|---|---|---|---|---|---|---|---|---|---|---|
| | | 岩石可钻性级别 | 1～3 | 4～6 | | | 7～9 | | | 10～12 | | |
| | | 岩石研磨性 | 弱 | 弱 | 中 | 强 | 弱 | 中 | 强 | 弱 | 中 | 强 |
| 钻井方法 | | 硬质合金钻进 | ● | ● | ● | ● | | | | | | |
| | 金刚石钻进 | 表镶钻头 | | | ● | ● | ● | | | | | |
| | | 孕镶钻头 | | | ● | ● | ● | ● | ● | ● | ● | ● |
| | | 复合片、聚晶钻头 | | ● | ● | ● | ● | | | | | |
| | 冲击回转钻进 | 硬质合金钻头 | | ● | ● | ● | ● | | | | | |
| | | 金刚石钻头 | | | | | ● | ● | ● | ● | ● | ● |

（2）中深孔、深孔钻进位减少提下钻次数，宜采用金刚石绳索取芯钻进方法。

（3）高精度斜孔宜采用定向钻进方法。

（4）牙轮钻进适用于不用取芯的定向钻孔。

### 3.2.3 硬质合金钻头钻进

硬质合金钻头及其参数应根据钻头直径和地质特性等进行选择。

钻头体应用 ZT380 或 ZT490 地质钻探用无缝钢管制成，硬质合金镶嵌的技术参数见表 3-6～表 3-8。钻头镶焊合金的内、外和底出刃应对称，钻头体镶嵌合金的槽与合金之间应留的间隙为 0.1～0.2mm，铜焊液应充满间隙，内、外和底出刃应对称，唇部水口高度 10～15mm。钻头水口数量和大小应满足冲洗液畅通、冷却钻头和排除岩粉的需要，并能保证钻头强度，水口的总面积大于或等于钻头外环空间（包括回水槽）的面积。针状硬质合金胎块镶焊在钻头上的嵌入深度应是针状硬质合金胎块长度的 1/2。取芯钻头上的合金应镶嵌牢固，不允许用金属锤直接敲击合金，超出外出刃的焊料应予以清除，出刃要一致。

表 3-6            **硬 质 合 金 镶 嵌 数 量**          单位：颗

| 钻孔口径 | | 76 | 96（91、89） | 122（130） | 150 |
|---|---|---|---|---|---|
| 岩石可钻性级别 | 1～3 | 6～8 | 8～10 | 8～10 | 10～12 |
| | 4～6 | 8～10 | 9～12 | 10～14 | 14～16 |
| 卵砾石层 | | 9～12 | 12～14 | 14～16 | 16～18 |

**注**  括号中的数据为非国际通用标准地质岩芯钻探口径数据。

表 3-7         **硬质合金镶嵌角（切削角）及刃尖角**       单位：（°）

| 岩 性 | 镶 嵌 角 | 刃 尖 角 | 岩 性 | 镶 嵌 角 | 刃 尖 角 |
|---|---|---|---|---|---|
| 1～4 级均质 | 70～75 | 45～50 | 7 级均质 | 80～85 | 60～70 |
| 4～6 级均质 | 75～80 | 50～60 | 7 级非均质、裂隙地层 | 90～105 | 80～90 |

表 3-8         **硬质合金钻头切削具出刃规格**       单位：mm

| 岩 性 | 内 出 刃 | 外 出 刃 | 底 出 刃 |
|---|---|---|---|
| 松软、塑性、弱研磨性 | 2.0～2.5 | 2.5～3.0 | 3.0～5.0 |
| 中硬、强研磨性 | 1.0～1.5 | 1.5～2.0 | 2.0～3.0 |

一般软岩用直角薄片或方柱状合金钻头，中硬岩用不同规格的八角柱状合金钻头；胶结性的砂岩、黏土、泥岩及风化岩层，遇水膨胀或缩径地层，宜选用肋骨钻头或刮刀钻头；3～5 级中弱研磨性地层、铁质和钙质地层、大理石等，宜用直角薄片或单双粒"品"字形钻头；研磨性强、非均质较破碎、稍硬地层，如石灰岩等用犁式密集钻头或负前角斜镶钻头；较硬不均、破碎及强研磨性的岩层，如砾岩等宜用大八角钻头；砂岩、砾岩等也可用针状合金钻头。

硬质合金钻进工艺参数主要指钻压、转速和冲洗液量。转速和冲洗液量参照表 3-9、表 3-10 执行。

表 3 - 9                                          硬 质 合 金 钻 进 转 速

| 岩石性质 | 圆周速度/(m/s) | 钻 头 直 径/mm | | | | |
|---|---|---|---|---|---|---|
| | | 150 | 130 | 110 | 96 | 76 |
| | | 转速/(r/min) | | | | |
| 弱研磨性软岩 | 1.2～1.4 | 150～180 | 180～210 | 210～250 | 250～300 | 300～350 |
| 中等研磨性的中硬岩石 | 0.9～1.2 | 100～120 | 120～150 | 150～200 | 200～250 | 250～300 |
| 强研磨性的、硬性裂隙岩石 | 0.6～0.8 | 80～100 | 100～120 | 120～160 | 140～160 | 160～180 |

表 3 - 10                                          硬 质 合 金 钻 进 冲 洗 液 量

| 岩 石 性 质 | 钻 头 直 径/mm | | |
|---|---|---|---|
| | 76 | 96 | 110 |
| | 冲洗液量/(L/min) | | |
| 松软、易碎、易冲蚀 | <60 | <70 | <80 |
| 塑性、弱研磨性、均质 | 100～120 | 120～150 | 150～180 |
| 致密、强研磨性 | 80～100 | 100～120 | 120～150 |

（1）钻压。取心硬质合金钻头宜镶嵌合金型号、数量确定钻压值，一般每颗取 0.5～1kN。中硬完整岩层取较大值，较软及破碎地层选用较小值。刮刀钻头钻压可稍大。

（2）转速。线速度以 0.5～1.5m/s 为宜，针对不同口径和岩层硬度以及产状差异，选用不同转速。中硬、完整、致密岩层可选较大值，较软破碎岩层选小值。

（3）泵量。应满足冲洗液上返速度要求，一般以 0.2～0.6m/s 为宜。钻速快、岩屑颗粒大的选大值，反之可减小泵量。

新钻头入孔前，要严格检查钻头的镶焊质量。按外径由大到小，内径由小到大顺序分组排队使用。

钻具下入孔内，应在钻头距离孔底大于 0.5～1m 以上开泵送水，采用轻压、慢转的参数扫至孔底。开始钻进时，先采用轻压、慢转和适量的冲洗液钻进 3～5min，待钻头工作适应孔底情况后，可将钻进压力、转速等增加到正常值。在钻进过程中，钻遇软岩石应采取高转速、低钻进压力、大泵量的钻进参数；对研磨性较强的中硬及部分岩石，应大钻进压力、低转速、中等泵量的钻进参数。合理掌握回次提钻时间，每次提钻后，要检查钻头的磨损情况，改进下回次的钻进技术参数。要选择合适的取芯卡料或卡簧。投入卡料后应冲孔一段时间，待卡料到达钻头部位后再开车。采芯时不应频繁提动钻具。当采用干钻取芯时，干钻时间不得超过 2min。在水溶性或松软地层钻进取芯，应采用单动双管取芯钻具，并控制回次进尺长度。

钻进过程中应注意保持孔内清洁，孔底有崩落的合金时，应将合金捞尽或磨灭后，再下入合金钻头进行钻进。在松软、塑性地层使用肋骨钻头或刮刀钻头钻进时，应消除孔壁上的螺旋结构或缩径现象，每钻进一段后，及时修整孔壁。合理掌握回次提钻时间，每次提钻后，要检查钻头的磨损情况，改进下回次的钻进技术参数。钻头切削器具磨钝、崩刃、水口减小时，应进行修磨。

由于复合片兼有硬质合金和金刚石的优势，随着复合片技术发展，金刚石复合片钻头目前有代替硬质合金钻头的趋势。复合片钻头 PDC 适用于 1～6 级研磨性不强的岩层钻进，其钻进参数见表 3-11。

表 3-11　　　　　　　　　　复合片钻进技术参数

| 钻头直径/mm | 钻压/kN | 转速/(r/min) | 泵量/(L/min) |
|---|---|---|---|
| 76 | 5～12 | 200～300 | 150～200 |
| 96 | 7～16 | 150～250 | 200～250 |
| 122 | 9～25 | 120～200 | 200～350 |
| 150 | 15～30 | 100～200 | 350～850 |

（1）复合片钻头钻进压力按每个复合片 0.5～1.0kN 计算，随着复合片磨钝，接触面积增加，钻压可适当增大。

（2）对于复合片钻头，泥岩、页岩等弱研磨性地层可提高转速，砂岩等研磨性强的地层应适当降低转速。

（3）采用复合片钻进时，应根据地层、设备工艺等情况合理选择金刚石复合片钻头的冠部形状、切削齿位置、数量和方向、水力结构参数等。使用金刚石复合片钻头时，应使用带扶正器钻具组合。

### 3.2.4　金刚石钻进

金刚石钻进适用于可钻性级别 4～12 级的岩石，通常采用孕镶金刚石钻进。金刚石钻头和扩孔器应根据岩石的可钻性、研磨性和完整程度进行选定，详见表 3-12。应合理选择钻杆柱、钻头、卡簧、扩孔器的级配，卡簧的自由内径应比钻头内径小 0.3～0.4mm；扩孔器的直径应比钻头直径大 0.3～0.5mm，钻硬岩石时取小值，钻软岩石时取大值。金刚石钻进技术参数见表 3-12。

表 3-12　　　　　　　　　金刚石钻头和扩孔器的选择

| 可钻性 | | 类别 | 软 | 中硬 | | | 硬 | | | 坚硬 | | |
|---|---|---|---|---|---|---|---|---|---|---|---|---|
| | | 级别 | 1～3 | 4～6 | | | 7～9 | | | 10～12 | | |
| 研磨性 | | | 弱 | 弱 | 中 | 强 | 弱 | 中 | 强 | 弱 | 中 | 强 |
| 孕镶金刚石钻头 | 金刚石粒度/目 | 20～40 | √ | √ | √ | √ | √ | | | | | |
| | | 40～60 | | | √ | √ | | √ | √ | | | |
| | | 60～80 | | | | | √ | √ | √ | | √ | |
| | | 80～100 | | | | | | √ | √ | √ | √ | √ |
| | 胎体硬度HRC | 10～20 | | | | | | | | √ | | |
| | | 20～30 | | √ | | | √ | | | | | |
| | | 30～35 | | | √ | √ | √ | √ | | | | |
| | | 35～40 | | | √ | | | √ | | | | |
| | | 40～45 | | | | √ | | √ | √ | | | |
| | | ＞45 | | | | | | | | | | √ |
| 扩孔器 | 表镶 | | √ | √ | √ | √ | √ | √ | | | | |
| | 孕镶 | | | | √ | √ | √ | √ | √ | √ | √ | √ |

（1）钻压。根据岩石的可钻性、研磨性、完整程度，以及钻头底唇面面积和金刚石粒度、品级、数量选择钻压。表镶和孕镶金刚石钻头按表 3-13 执行。同时应考虑以下因素：在软岩和弱研磨性岩层应用较小钻进压力；在完整、中硬到坚硬或强研磨性岩层钻进应适当加大钻进压力；在裂隙、破碎和非匀质岩层钻进，应视裂隙程度适当减小钻进压力。

表 3-13　　　　　　　　　表镶和孕镶金刚石钻头适用钻压　　　　　　　　单位：kN

| 钻 头 种 类 | | 钻 头 规 格 | | | | | |
|---|---|---|---|---|---|---|---|
| | | A | B | N | H | P | S |
| 表镶钻头 | 初压力 | 0.5～1.0 | 1.0～2.0 | | 2.5 | 3.0 | 3.5 |
| | 正常压力 | 3～6 | 4～7.5 | 6～10 | 8～11 | 10～13 | 11～14 |
| 孕镶钻头 | | 4～7 | 4.5～8.5 | 6～11 | 8～15 | 12～17 | 14～19 |

（2）转速。根据岩石性质、钻孔结构及设备能力等选择转速，按表 3-14 执行，同时应考虑如下因素：

表 3-14　　　　　　　　　表镶和孕镶金刚石钻头适用转速　　　　　　　单位：r/min

| 钻 头 种 类 | 钻 头 规 格 | | | | | |
|---|---|---|---|---|---|---|
| | A | B | N | H | P | S |
| 表镶钻头 | 500～1000 | 400～800 | 300～550 | 250～500 | 180～350 | 150～300 |
| 孕镶钻头 | 750～1500 | 600～1200 | 400～850 | 350～700 | 260～520 | 220～440 |

1）中硬完整岩层应采用高转速；岩层破碎，裂隙发育，软硬不均，应视破碎程度，适当降低转速。在软岩钻进效率很高时，应限制转速。

2）钻孔越深、钻具重量越大、受力情况越复杂，应合理限制转速。在浅孔段可采取较高转速。

3）钻孔结构简单，钻杆与孔壁间隙小，可用高转速；钻孔结构复杂时，则不宜开高转速。

4）表镶和孕镶粗粒钻头的转速应低于细粒钻头转速。

5）设备性能好，功率大，钻具强度高，冲洗液润滑减阻作用好，则可采用较高转速，否则应降低转速。

（3）泵量。泵量依据所要求的冲洗液上返速度确定，上返速度应大于 0.3～0.7m/s，钻进不同口径的适用泵量见表 3-15。同时应考虑如下因素：

表 3-15　　　　　　　　　　金刚石钻进适用泵量　　　　　　　　　单位：L/min

| 钻头规格 | A | B | N | H | P | S |
|---|---|---|---|---|---|---|
| 泵量 | 25～40 | 30～45 | 40～65 | 50～80 | 60～100 | 80～120 |

1）孕镶金刚石钻头可用较大泵量；表镶钻头可以用较小泵量。

2）岩石性质、环空间隙、胎体性能、金刚石粒度、钻头水口、钻速、转速、钻进压力等，都对冲洗液及其泵量的选择有影响，确定冲洗液及其泵量时应综合考虑。

金刚石钻进一般采用单动双管取心钻具，异径接头、扩孔器、钻头、短接和卡簧座等零部件连接应同心，装配好的钻具应使卡簧座底端与钻头内台阶之间保持3～4mm的距离。钻头应排队和轮换使用，每回次提钻应测量钻头内外径尺寸，钻具丝扣处要涂丝扣油，下钻之前应做好孔底的清理和修整工作，确保孔底无异物。新钻头应进行初磨，进尺0.2～0.3m后逐渐采用正常参数钻进，下钻遇阻时不得猛墩强扭。钻具下钻距孔底1m左右应开泵送水，距孔底0.3m时缓慢下放，轻压慢转至孔底。钻进时不得随意提动钻具，倒杆时要适当调小泵压，以防钻具浮起而造成岩芯堵塞或折断。岩层变化时调整钻进技术参数，岩层由硬变软时进尺速度过快，应减小钻进压力；岩层由软变硬是钻速变慢，不得任意增大压力。在非均质岩层中钻进，应控制机械钻速。钻进时应随时观察冲洗液量大小和泵压变化，发现异常情况及时处理。钻进中发现岩芯轻微堵塞时，应调整钻压、转速。若处理无效应及时提钻。正常钻进时，应使用卡簧采取岩芯，不允许投放卡料取芯和干钻取芯。卡簧卡取岩心时，应停止回转，将钻具上提拉紧扭断岩芯。孔内残留岩芯长度较大时，应专门捞取。拧卸钻具应使用多触点钳或摩擦式内钳，并注意钳牙不得触及钻头或扩孔器胎体部位。应采用水压出心法退出岩芯，或采用橡胶棒、木锤敲打内管，不得用铁锤直接敲打内外管。

### 3.2.5　金刚石绳索取心钻进

绳索取心由于有孔壁间隙小、满眼钻进的特点，在深度较大的斜孔中具有一定的优势。其钻进参数如下：

(1) 钻压。绳索取芯钻进的钻压比普通金刚石钻进所需钻压大25%左右。使用常规表镶和孕镶金刚石钻头时的钻进压力范围见表3-16。钻进节理发育岩层和产状陡立、松散破碎、软硬互层、强研磨性等地层及钻孔弯曲、超径的情况下，应适当减压。

表3-16　　　　　　　　　　绳索取芯钻进钻压适用值　　　　　　　　　　单位：kN

| 钻头规格 | | A | B | N | H | P | S |
|---|---|---|---|---|---|---|---|
| 表镶钻头 | 最大压力 | 8 | 10 | 12 | 15 | 17 | 19 |
| | 正常压力 | 4～6 | 6～8 | 7～9 | 8～12 | 10～14 | 12～16 |
| 孕镶钻头 | 最大压力 | 10 | 12 | 15 | 18 | 20 | 22 |
| | 正常压力 | 6～8 | 8～10 | 10～12 | 12～15 | 14～18 | 16～20 |

(2) 转速。转速范围见表3-17。钻进坚硬弱研磨性、裂隙破碎地层、软硬互层及产状陡立易斜地层时，应适当降低转速。钻杆与孔壁间隙小时，宜采用高转速，钻孔结构复杂、换径多、环空间隙大时，不宜开高转速。

表3-17　　　　　　　　　　绳索取芯钻进转速适用值　　　　　　　　　　单位：r/min

| 钻头规格 | A | B | N | H | P | S |
|---|---|---|---|---|---|---|
| 表镶钻头 | 400～800 | 300～650 | 300～500 | 220～450 | 170～350 | 140～300 |
| 孕镶钻头 | 600～1200 | 500～1000 | 400～800 | 350～700 | 250～500 | 200～400 |

(3) 泵量。绳索取芯钻进表镶钻头适用泵量见表3-18。泵量应保持泥浆上返流速在0.5～1.5m/s范围内。表镶钻头采用的泵量应比孕镶钻头稍小。钻进坚硬、颗粒粗的岩

层，泵量可小些。钻进软及中硬岩层，泵量应大些。钻进裂隙、有轻微漏失的地层，泵量应稍大于正常情况。钻进强研磨性岩层，泵量可增大。

表 3 – 18　　　　　　　　绳索取芯钻进表镶钻头适用泵量　　　　　　　单位：L/min

| 钻 头 规 格 | A | B | N | H | P | S |
|---|---|---|---|---|---|---|
| 泵量 | 25～40 | 30～50 | 40～70 | 60～90 | 90～110 | 100～130 |

绳索取芯钻具和钻杆（详见第 6 章）的使用和维护保养应按说明书要求，以及地层情况、钻孔结构、设备条件及质量要求，选配钻具组合，装配和拆卸绳索取芯钻具总成，并及时做好钻具、钻杆、打捞器的维护保养。使用的冲洗液应能减轻或防止钻杆内壁结垢，如发现钻杆内壁结垢应及时清除。钻进完整中硬岩层时，内管长度以 3m 为宜；钻进较完整松软岩层时，内管可加长至 4m、5m、6m 乃至 9m；钻进松软破碎、易溶等难以取芯的地层及易斜地层时，内管长度应适当减小。

钻进过程中应准确掌握开始扫孔钻进的时间。内管总成从钻杆柱中投放下去，当确认已坐落到外管总成中的预定位置后，开始扫孔钻进。当岩芯充满内管后，泵压会明显上升，应将钻具提离孔底一小段距离，卡断岩芯，投放打捞器。若发生岩芯堵塞，应立即停止钻进，捞取岩芯，不得采用上下窜动钻具、加大钻进压力等方法继续钻进。打捞内管时，当打捞器到达孔底时可缓慢地提动钢丝绳，冲洗液由钻杆中溢出时，说明打捞成功，否则需再次下放打捞器。若打捞成功，则将内管提出。内管提出后，应缓慢放下摆平。当判明外管和钻杆内无岩芯时，将另一套备用内管总成从孔口下入钻杆内。在干孔中或孔内水位很低时，不得直接把内管总成投入钻杆中，应采用打捞器送入，或在钻杆柱内注入冲洗液，然后投入内管总成。

下钻时，应先下外管，再下内管总成。控制提钻、下钻速度，在复杂地层应放慢提钻、下钻速度。

斜孔绳索取芯钻进的钻孔结构、内管投放、钻进及取芯的操作等与直孔基本相同，区别是：①操作不如直孔方便，提下钻较费力；②钻压损失比直孔略大，回转和升降功率消耗较大；③内管到位时间比直孔慢，100m 内约需 5min，200m 内需 8～10min。

当斜孔（特别是水平孔段）投放内管和打捞器困难时，需使用专门的输送装置，如图 3 - 4 所示。该装置由打捞器输送器、密封接头等组成。当投放内管时，将内管塞入钻杆内孔后，再塞进输送器，然后接上密封接头，启动水泵，借助水的压力推动输送器的活塞，将内管总成送到位后，提出输送器，合上机上钻杆，进行钻进，回次终了，将卸去加重杆的打捞器接在输送器上塞入钻杆内孔，接上密封接头，启动水泵，借助水的压力推动活塞，将打捞器送达内管总成的捞矛头上，将捞矛头扣住，拉出内管总成，进行取芯。

### 3.2.6　液动冲击回转钻进

液动冲击回转钻进的一般规定如下：

（1）可钻性级别为 5～12 级岩层，可选用液动冲击回转钻进的方法。硬质合金液动冲击回转钻进适用于可钻性 5～6 级和部分 7 级岩层。金刚石液动冲击回转钻进适用于可钻性 6～12 级岩层，对坚硬、致密的"打滑"岩层具有较好的适应性。

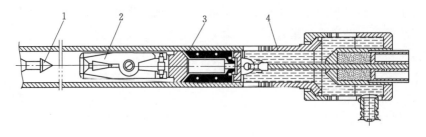

图 3-4 投放输送装置
1—内管总成；2—打捞器；3—输送器；4—密封接头

（2）金刚石液动冲击回转钻进应根据岩石可钻性、研磨性和完整性选择钻头和扩孔器类型、金刚石粒度和浓度及胎体硬度。要求胎体耐磨能力强、抗冲击性能好、抗弯强度高、金刚石包镶性能好。钻头底唇形状宜采用大通水断面。扩孔器外径应比钻头外径大 0.5～0.7mm，岩石坚硬时应取下限值。卡簧的自由内径应比钻头内径小 0.3～0.4mm。

（3）硬质合金液动冲击回转钻进应根据钻头直径、岩石性质选择钻头类型及其切削具的数量、出刃大小、镶焊角和刃尖角。

（4）要求冲击器（详见第 4 章）和钻孔结构相配套。冲击器的工作性能参数与所采用的钻进方法、岩石性质及设备工具能力相适应。冲击器的结构和特点能适应孔内的工作环境和要求。

（5）液动冲击器可与绳索取芯钻具配套使用。

（6）应根据钻进方法、钻孔深度、钻孔直径、地层特性以及冲洗介质类型等合理选用液动冲击器。硬质合金液动冲击回转钻进宜选用低频高功型冲击器，金刚石液动冲击回转钻进宜选用高频低功型冲击器。

（7）液动冲击回转钻进应选择转速调节范围较大、钻压控制精度较高的岩芯钻机。硬质合金液动冲击回转钻进钻机的最低转速不高于 40r/min。

（8）应选择泵压较大（4～6MPa）、泵量可调节的泥浆泵，并配抗振压力表和心轴通孔直径较大、密封性好、耐高压的水龙头，以及高压胶管。在泥浆泵输出管与水龙头高压胶管之间通常设置稳压罐。

（9）施工机台应配备旋流除砂器、离心机等固相控制设备。

（10）冲洗液量直接影响液动冲击器的冲击功和冲击频率。在稳定地层中，应以满足冲击器的额定泵量为主。

液动冲击回转钻进钻头的选择与使用应符合下列规定：冲击回转钻进宜采用硬质合金钻头和金刚石钻头。钻头切削具的抗冲击强度应大于冲击器的输出冲击力，宜进行地面试验。可增加钻头的水口、水槽、过水断面。孕镶钻头的金刚石粒度宜大于 60 目。

金刚石液动冲击回转钻进的钻进参数一般与金刚石钻进相近。在钻进硬度不大、弱研磨性岩石时，应采用较大钻进压力。在钻进坚硬、强研磨性岩石时，钻进压力可相对小些。转速原则上取金刚石钻进的下限。泵量原则上比金刚石钻进大 10～20L/mm。

液动冲击回转钻进技术参数应符合表 3-19 的规定。

表3-19                     液动冲击回转钻进技术参数表

| 钻头规格 | 钻压/kN | 转速/(r/min) | 泵量/(L/min) |
|---|---|---|---|
| B | 4～8 | 400～800 | 50～80 |
| N | 10～12 | 400～600 | 70～110 |
| H | 12～15 | 300～500 | ＞150 |

硬质合金液动冲击回转钻进可采用低转速、适当钻压的钻进参数。

液动冲击回转钻进宜采用清水或低固相冲洗液，并使用旋流除泥器、离心机等净化处理设备对冲洗液净化处理。送水管应采用耐压、轻型的钢丝编织胶管。水泵性能应能满足所用液动冲击器的技术参数，泵压表应精确且具备抗振功能。冲击器下孔前应检查各部件的配合安装，启用新的冲击器时，应先在孔口进行压水冲击试验，如发现工作不正常，应重新进行检查调整。启动冲击器时，应缓慢逐步增大水量。钻进时要注意观察冲洗液量和水泵压力的变化，并据此判断孔内情况。遇到异常情况应及时提钻检查。发生岩芯堵塞时应立即提钻，不应频繁窜动钻具或加压处理。

### 3.2.7 牙轮钻进

牙轮钻进的一般规定如下：

（1）牙轮钻进一般不用于取芯钻进。

（2）斜孔牙轮钻头一般选用单牙轮、双牙轮或三牙轮钻头。

（3）根据钻进直径和被钻岩石的特性，钻进大斜度小口径钻孔时推荐钻头＋加重钻杆＋钻杆；针对破碎岩层推荐钻具组合为：钻头＋闭式取粉管＋加重钻杆＋钻杆。

（4）牙轮钻进技术参数主要有孔底轴心压力、钻头的回转速度和冲洗液量，小直径牙轮钻头的钻进技术参数见表3-20。

表3-20                     小直径牙轮钻头的钻进规程参数

| 钻头类型 | 钻头直径/mm | 加重钻杆直径/mm | 岩石可钻性等级 | 钻头轴心压力/N | 钻头回转数/(r/min) | 冲洗液量/(L/min) |
|---|---|---|---|---|---|---|
| M型钻头 | 112 | 89 | 1～3 | 150～250 | 100～300 | 300～400 |
| | 132 | 108 | | 200～300 | 100～300 | 350～450 |
| | 151 | 127 | | 250～300 | 100～300 | 450～550 |
| C型钻头 | 93 | 73 | 4～5 | 150～250 | 150～350 | 180～230 |
| | 112 | 89 | | 200～300 | 150～300 | 200～280 |
| | 132 | 108 | | 250～300 | 150～250 | 250～350 |
| | 151 | 127 | | 300～500 | 150～200 | 300～400 |
| T型钻头 | 93 | 73 | 6～7 | 200～250 | 150～350 | 180～230 |
| | 112 | 89 | | 250～300 | 150～300 | 200～280 |
| | 132 | 108 | | 250～300 | 150～250 | 250～350 |
| | 151 | 127 | | 300～600 | 70～200 | 300～400 |

续表

| 钻头类型 | 钻头直径<br>/mm | 加重钻杆直径<br>/mm | 岩石可钻性<br>等级 | 钻头轴心压力<br>/N | 钻头回转数<br>/(r/min) | 冲洗液量<br>/(L/min) |
|---|---|---|---|---|---|---|
| K 型钻头 | 59 | — | 8～9 | 120～180 | 150～300 | 80～100 |
| | 76 | — | | 150～250 | 150～·300 | 100～120 |
| | 93 | 73 | | 200～300 | 150～250 | 120～150 |
| | 112 | 89 | | 250～300 | 150～250 | 150～180 |
| | 132 | 108 | | 300～350 | 75～200 | 200～250 |
| | 151 | 127 | | 350～600 | 75～200 | 250～300 |

1）孔底轴心压力由加重钻杆的重量来建立，而钻杆处于拉伸状态，用加重钻杆的重量来调节孔底轴心压力的大小。孔底轴心压力根据岩石物理力学性质和钻头类型来选取，最小值适用于钻进塑性和裂缝性岩石。随着岩石硬度和研磨性的增大，应适当提高孔底轴心压力。

2）一般情况下，钻头回转速度不超过 300r/min。钻进低研磨性岩石，推荐圆周速度在 1～2m/s 的范围内。而研磨性岩石回转速度不超过 1m/s，否则钻头磨损增大。

3）冲洗液的上升流速：钻进软岩时应不小于 0.8m/s，钻进硬岩时应不小于 0.4m/s。

牙轮钻头进货时，应仔细检查和测量外径，新钻头应没有明显的缺陷——裂缝、断裂、焊缝处出现裂缝、挤坏丝扣等。新钻头牙轮的活动间隙不应超过说明中规定的最大允许值。钻头下入孔内前，应该检查钻头是否适用于该井段钻进。在换径和孔径缩小处，应降低下降速度，以避免钻头碰撞。当钻头下降困难时，应详细检查相应的孔段，用不超过规定轴心压力的 1/3 的压力进行孔壁检查。为防止钻头在接近孔底处被卡住，最后 1.5～2m 必须用较小的速度下降，最后接上主动钻杆，开动回转器和冲洗泵，慢慢下到孔底。每一个新钻头在正常钻进前，都应以较小的轴心压力（正常值的 10%～20%）和最小的圆周速度下磨合 10～15min，然后平稳地转入最优规程。当钻进被迫中断或回次终了时，钻孔停止加深，钻头提离孔底回转，同时继续冲洗直到孔底完全清除岩屑为止。

如出现以下情形，可判定牙轮钻头已在孔底磨损：

（1）机械钻速急剧降低，完全停止进尺，并且钻头回转不均匀（带有跳动），这表示牙轮轴承卡住或钻头已完全磨损。

（2）均质岩石中机械钻速逐渐下降，若增加轴心压力而钻速不增长，则表明牙轮已磨损。

当难以按钻头磨损确定回次终了时，可按钻头在孔底的工作时间来确定提升钻头的时刻，或按计算或参照矿区已用钻头的资料来确定钻头在孔底的工作时间。

在以下情况须及时更换或报废牙轮钻头：

（1）钻头上的硬质合金齿磨损大于 80% 或牙齿高度磨损 2/3。硬质合金齿脱落（达 10%～20%）或个别铣齿折断不能做钻头使用。

（2）对于 59mm 和 76mm 钻头，轴承活动间隙大于 4mm；对于 93mm 钻头，为 5mm；对于 112mm 和 132mm 钻头，为 6mm；对于 151mm 钻头，为 7mm。

（3）牙轮齿圈完全磨损。

（4）钻头直径磨损大于 3mm。

### 3.2.8 定向钻进

所谓定向钻进技术是指为了钻进到一个预定的地下目标，使钻孔轨迹在特定方向偏斜的工艺技术方法。斜孔钻进是定向钻进的一种。

1. 定向钻进机具

定向钻进需要采用专用定向仪或具有定向功能的测斜仪，测量或指示出造斜机具在孔内的工具面向角，并通过地表旋转钻柱等方法将工具的面向角调整到需要的角度。定向钻进通常需借助于专用机具，主要有偏心楔（又称斜向器）、机械式连续造斜器、液动螺杆钻具等。偏心楔是采用偏转一定角度的导斜槽引导钻头偏斜钻进，使钻孔轨迹自楔顶位置发生折线式弯曲，其工艺过程较为复杂，一次纠正钻孔弯曲的角度也有限，常用于较小的全弯曲角改变量钻孔纠斜、钻孔侧钻偏斜或补取岩芯等。基于连续造斜器和螺杆马达的定向钻进技术可方便用于增减钻孔顶角、方位角，使钻孔轨迹按设计方向偏斜。螺杆马达定向钻进具有随钻纠斜和控斜的优势。

造斜方法与造斜机具的选择应符合下列要求：

（1）全孔取芯定向钻孔宜采用地面动力钻杆驱动、单点造斜钻进方法进行定向孔钻进。单点造斜工具宜采用偏心楔进行。

（2）造斜段不要求取芯的定向孔，可采用连续造斜器连续造斜进行定向孔钻进。连续造斜器可由地面动力钻杆驱动，也可由螺杆马达孔底驱动。

（3）根据岩石可钻性，造斜钻头应选用专用的硬质合金、复合片或金刚石造斜钻头。

2. 定向钻孔设计

在定向钻孔设计前，应充分了解钻孔地层条件，收集的资料应包括下列内容：

（1）定向钻孔所穿过的岩层结构、地质构造、岩石硬度、可钻性。

（2）现场环境条件对定向钻孔开孔位置与轨迹参数的限定条件。

（3）已有钻孔偏斜规律、防斜措施、测斜资料。

（4）造斜机具的造斜能力。

定向钻孔的设计应充分参考同一地区既有邻孔的钻进经验，在不增加钻进难度前提下，尽量减少钻进总进尺，同时要有利于安全、优质、快速钻进的作业要求。定向钻孔设计包括下列内容：

（1）定向钻孔开孔的孔位坐标及开孔顶角与方位角。

（2）定向孔结构形式，钻孔轴线轨迹参数，各孔段起始点顶角与方位角及起始点坐标值。

（3）定向钻孔设计轨迹二维投影图或三维图。

（4）定向钻孔护壁及固孔。

（5）定向钻孔方法与造斜工艺。造斜点位置宜选择在稳定的中硬岩层部位，应避开硬、脆、碎岩层以及断层带、岩溶发育区等。如果造斜点选在孔底，应先进行孔底清理；如果造斜点选在钻孔中部，应预先进行人工架桥，建立人工孔底。

3. 定向方法

定向钻孔测斜仪器、定向仪应根据测斜精度要求、造斜机具、定向精度、是否有磁场干扰等因素进行选择。依据不同的定向测量原理，定向方法可分为直接定向法和间接定向法。直接测量工具面向的方位角（当采用磁性定向仪时，该角度又称磁工具面角）并将工具面向方位角定位到设计方位角度的定向方法，称为直接定向法。以原钻孔重力高边为基准，在垂直于倾斜钻孔轴线的平面上，测量工具面向与钻孔重力高边之间角度（该角度又称重力工具面角）的方位角并将工具面向方位角定位到设计方位角度的定向方法，称为直接定向法。直接定向法、间接定向法的适用条件如下：

（1）当钻孔是垂直孔时，由于无倾斜方位，所以，只能用直接定向法。

（2）原钻孔是斜孔，且钻孔顶角较大（一般要求钻孔顶角大于 3°），定向仪的重力敏感元件对钻孔重力高边有精确反应，直接定向法、间接定向法均能使用。

（3）原钻孔是斜孔，但钻孔顶角较小（一般钻孔顶角小于 3°）时，尽可能采用直接定向法。

（4）当使用磁性定向仪时（直接定向法），必须在造斜工具上端连接 5～10m 的无磁性钻杆或无磁钻铤。

4. 工具面角的确定

工具面角的确定与造斜点上部孔段的顶角、方位角以及目标靶点与造斜点垂深、水平距有关，可采用作图法和计算法。

（1）作图法确定工具面角。假设已有的钻孔顶角 $\theta_1$、方位角为 $\alpha_1$，造斜后钻孔顶角 $\theta_2$、方位角为 $\alpha_2$，作图法求解重力工具面角 $\beta$（造斜工具在孔内的安装角）的步骤如下：

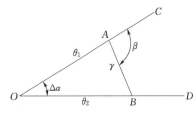

从某 $O$ 点引方向线 $OC$、$OD$，使 $\angle COD = \alpha_2 - \alpha_1$，在 $OC$ 线上按设定比例 $k$ 截取 $\theta_1$ 的长度〔通常，$k$ 的单位为（°）/cm〕，得点 $A$，在 $OD$ 线上按同样比例 $k$ 截取 $\theta_2$ 的长度，得点 $B$，连接 $AB$，量取 $\angle CAB$ 即为所需要重力工具面角 $\beta$，$AB$ 线段长度按设定比例 $k$ 换算的角度即为达到目标顶角 $\theta_2$ 和方位角 $\alpha_2$ 所需的造斜全弯曲角 $\gamma$，如图 3-5 所示。

图 3-5　作图法确定工具面角

依据同样原理，已知造斜点原钻孔顶角 $\theta_1$、方位角为 $\alpha_1$、造斜目标顶角 $\theta_2$、全弯曲角 $\gamma$，可以作图求解出安装角 $\beta$，造斜后的钻孔方位角。

确定工具面角的作图法是一种近似方法，其适用于钻孔顶角较小（一般钻孔顶角小于 16°），且造斜全弯曲角 $\gamma$ 不大的情况。

（2）计算法确定工具面角。已知造斜之前的钻孔顶角 $\theta_1$、方位角为 $\alpha_1$，造斜后的目标顶角 $\theta_2$、方位角为 $\alpha_2$，依据斜面圆弧造斜段钻孔轨迹模型，造斜目标的安装角 $\beta$ 可采用公式（3-1）计算。

$$\tan\beta = \frac{\sin(\alpha_2 - \alpha_1)}{\cos\theta_1\cos(\alpha_2 - \alpha_1) - \sin\theta_1\cot\theta_2} \tag{3-1}$$

实际定向时，根据所选择的造斜工具类型的不同，计算（作图法）得出的安装角 $\beta$ 还必须考虑造斜机具的组合差和孔底动力钻具的反扭转角的影响，并加以补偿修正。

5. 造斜机具操作方法

定向作业前，定向钻进作业人员应熟悉和掌握造斜机具、造斜定向仪器的结构、原理、性能以及操作方法和维护保养技术。对造斜机具或定向仪器进行性能检查与定向精度确认。

造斜钻进前，应先计算确定造斜机具工具面角，根据造斜方法选定合适规格的造斜机具。造斜机具下入造斜点后应严格按照计算的工具面角进行孔内定向与固定。

造斜钻进时，导斜钻具组宜配置弹性钻杆或万向接头，也可用直径小一级的钻杆作为柔性钻杆。导斜钻具宜采用比原钻孔小一级的直径，钻具长度应小于1.0m。

开泵时应将导斜钻具提离导斜槽，轻压慢转进行导斜钻进，过导斜面1/2长度后，方可进入正常钻进。导斜钻进应严格控制钻进速度，钻进时应经常提动钻具，以便修正孔径，减少钻进阻力。

导斜钻进时，每回次进尺应小于钻具长度，不得使导斜钻具上端超过楔脚。导斜钻进孔段长度达到1~2m后，应进行孔内清洗与造斜孔段测斜，确认符合设计要求后再继续造斜钻进，直至分段导斜钻进结束。

定向钻孔造斜孔段应均匀造斜，采用偏心楔单点造斜或钻杆驱动连续造斜钻进时，造斜强度宜为0.2~0.5(°)/m；采用螺杆马达孔底驱动进行造斜钻进时，造斜强度宜为0.5~1.0(°)/m，并应保证钻杆组顺利通过和回转钻进工作安全。可以通过钻速变化来判断所钻地层岩性的变化，选择合理的孔底动力钻具组合，可获得可靠的造斜率，有利于轨迹控制。造斜率应尽量控制在小于2°/30m范围内，避免形成"狗腿"现象。

当造斜率偏低，达不到设计要求，应分析原因，及时采取相应的措施。若软地层钻头无法获得足够的钻压，工具增斜效果降低，则应降低排量，减少井眼冲蚀。若工具面不稳定，无法获得稳定的造斜率，则应采用均匀送钻、稳定排量等措施加强工具面控制。若钻具刚性过强，无法产生足够的侧向力，则应考虑降低钻具刚性。若采用马达造斜且以上措施无效时，可以考虑调整弯壳体马达的角度或更换弯度更大的弯接头。

造斜孔段导斜钻进完成后，进入新孔正常钻进前，应对导斜孔段进行扩孔。扩孔钻具钻头应根据偏心楔安装固定方式并结合岩石可钻性进行选择与配置，导向杆长度宜为0.5~1.0m。

扩孔完毕后，应用岩芯管长度为1.5m的金刚石钻具钻进一个回次，清除孔中岩粉后，按照钻孔结构定向要求钻进后续孔段。

6. 定向钻孔测量

定向钻孔测量与轨迹计算应符合下列规定：

（1）根据定向钻孔设计要求和地层特性选择合适的测量方法和测量仪器。

（2）孔斜测量宜从孔口开始向孔底逐点测量，直线孔段测点间距可为10~20m，造斜孔段测点间距宜为5m，可根据需要缩短测点间距；同一测点至少测量两次，若两次测量读数差较大时，宜重新测量。

（3）造斜钻进应进行记录。

（4）定向钻孔轨迹测量成果可按表3-21规定的内容填写，并计算钻孔轴线上各测点的坐标值，绘制实际定向孔内轴线轨迹图。

表3-21　　　　　　　　　　　　定向钻孔轨迹测量成果

| 序号 | 段长 | 孔深 | 顶角 | 方位角 | $X$坐标 | $Y$坐标 | $Z$坐标 |
|------|------|------|------|--------|---------|---------|---------|
| 0 | $L_0$ | $H_0$ | $\theta_0$ | $\alpha_0$ | $X_0$ | $Y_0$ | $Z_0$ |
| 1 | $L_1$ | $H_1$ | $\theta_1$ | $\alpha_1$ | $X_1$ | $Y_1$ | $Z_1$ |

| 序号 | 段长 | 孔深 | 顶角 | 方位角 | $X$ 坐标 | $Y$ 坐标 | $Z$ 坐标 |
|------|------|------|------|--------|----------|----------|----------|
| 2 | $L_2$ | $H_2$ | $\theta_2$ | $\alpha_2$ | $X_2$ | $Y_2$ | $Z_2$ |
| 3 | $L_3$ | $H_3$ | $\theta_3$ | $\alpha_3$ | $X_3$ | $Y_3$ | $Z_3$ |
| 4 | $L_4$ | $H_4$ | $\theta_4$ | $\alpha_4$ | $X_4$ | $Y_4$ | $Z_4$ |
| 5 | $L_5$ | $H_5$ | $\theta_5$ | $\alpha_5$ | $X_5$ | $Y_5$ | $Z_5$ |
| ⋮ | ⋮ | ⋮ | ⋮ | ⋮ | ⋮ | ⋮ | ⋮ |
| $i$ | $L_i$ | $H_i$ | $\theta_i$ | $\alpha_i$ | $X_i$ | $Y_i$ | $Z_i$ |

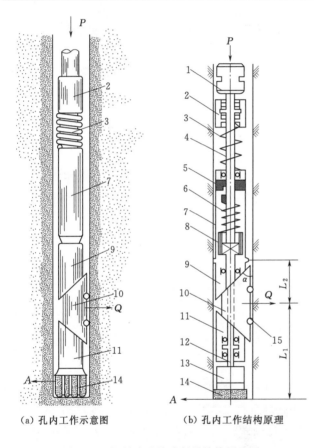

（a）孔内工作示意图　　（b）孔内工作结构原理

图 3-6　机械式连续造斜器结构原理图

1—接头；2—上轴承室；3—传压弹簧；4—上半轴；5—离合机构；
6—复位弹簧；7—外壳；8—花键轴套；9—上半楔；10—滑块；
11—下半楔；12—下半轴；13—短管；14—钻头；15—滚轮

**7. 造斜和纠斜**

斜孔钻进的造斜和纠斜建议采用机械式连续造斜器或液动螺杆钻具。

（1）机械式连续造斜器结构工作原理。如图 3-6 所示，机械式连续造斜器是一种以侧向力切削井壁为主连续造斜机具，其结构由转子和定子两大部分组成，定子部分主要包括上轴承室、传压弹簧、外壳、上半楔、滑块、下半楔等，转子部分主要包括接头、上半轴、复位弹簧、花键轴套、下半轴、短管、钻头等。机械式连续造斜器造斜钻进时，回转动力由地表钻机提供，通过钻杆柱传递扭矩、钻压给孔底造斜器转子部分钻进碎岩，利用造斜器定子部分的滑块机构，使造斜器在孔内产生固定方向的侧向造斜力，并随钻进过程与钻头同步滑行，实现连续造斜。

依据机械式连续造斜器结构工作原理，孔内造斜钻进时，可推导得出滑块机构滑出对孔壁施加的卡固力 $Q$ 和钻头的侧向力 $A$ 计算式（3-2）、式（3-3）。

$$Q=\frac{2P(\cos\alpha-f\sin\alpha)}{\sin\alpha+f\cos\alpha+f_1\cos\alpha-ff_1\sin\alpha} \tag{3-2}$$

$$A=\frac{QL_2}{L_1+L_2} \tag{3-3}$$

式中：$P$ 为钻压，kN；$\alpha$ 为滑块楔角，(°)；$f$ 为钢与钢的摩擦系数；$f_1$ 为钢与岩石的摩擦系数；$L_1$ 为滑块轴向中截面与钻头底端面的距离，cm；$L_2$ 为滑块轴向中截面与上半楔凸环的距离，cm。

机械式连续造斜器使用要点如下：

1）机械式连续造斜器主要用于钻孔纠斜、定向孔造斜分支，增、减顶角与增、减方位角均可，但以增顶角效果最好，此时，滑块位于钻孔下帮，定子卡固位置最稳定，不易产生偏转。

2）造斜钻进孔段应选择在 5～8 级完整中硬地层，地层太软，滑块定位卡固时，滚轮吃入孔壁岩石，不能随进尺同转子同步下行，产生"悬挂"现象。

3）造斜器连接钻杆下入孔内造斜位置上 0.2～0.5m 处，定向后，下放到孔底（不回转），加压使离合机构分离，滑块滑出定位后，才能开动钻机回转钻进。

4）造斜钻头一般选用全面合金或金刚石不取芯钻头（或取细小岩芯）。粗岩芯与钻头内径之间有导正作用，不利于钻具的侧向切削和不对称破碎孔底岩石。

5）造斜完毕后，一般还需用锥形钻头修扩孔。

6）机械式连续造斜器的造斜强度在一定范围内可调 [0.3～2.0(°)/m]，选用不同长度的短管可实现造斜强度的调节，加长短管，造斜强度减小。

（2）螺杆马达造斜原理。螺杆马达能够用来实现定向钻进基于钻头回转碎岩而钻杆柱不回转；可连接不同定向弯外管；可随钻进行倾角和方位角测量。其原理是通过选用或调节不同的定向弯外管（见图 3-7）或弯接头，来达到定向目的。

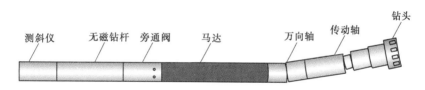

图 3-7 螺杆钻具弯外管定向原理示意图

根据设计的钻孔轨迹，在钻孔施工过程中，通过随钻测斜数据来调整弯外管的工具面向角，从而使钻孔的倾角和方位基本达到预定目标。通过调节泵量可控制钻头的转速，此时依据泵压可判断孔底工况，泵压可反映扭矩的大小（即钻压的相对大小）。

螺杆马达定向钻进工艺流程如图 3-8 所示。

液动螺杆钻具定向钻进技术要点为：

1）螺杆钻具应用于定向钻进时需在钻具上配置造斜件，常用的造斜件主要有弯接头、外壳体等，必须根据所需要的造斜强度适当选择。

2）清水、卤水、泥浆等冲洗液都可使螺杆钻具有效地工作，但冲洗液应尽量洁净，其含砂量应低于 0.5%，颗粒直径应小于 0.3mm。

3）第四系松软地层造斜钻进配用 2°弯接头或 1.5°弯外管，同时在钻杆柱与弯接头之间接一个长 1.5～2.0m、直径与钻孔直径相同的稳定器。

4）螺杆钻具工作时，螺杆马达定子会产生一个逆时针方向的反扭矩，因此，螺杆钻具在孔内的定向的工具面向角必须补偿该反扭矩所产生的反扭角。

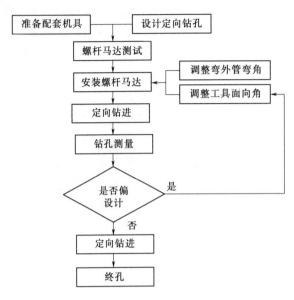

图 3-8 螺杆马达定向钻进工艺流程图

5）在单一的稳定的地层中，造斜钻进可连续地集中完成；在软硬互层或是易斜地层，造斜钻进可分段进行；在坚硬地层中，为了减少造斜工作量，有时需加大造斜强度，可采用交替钻进法。

6）根据岩石可钻性选择造斜钻头，Ⅴ级以下的岩石可选用硬合金造斜钻头，Ⅵ级以上的岩石则选用金刚石造斜钻头。

7）螺杆钻具下钻过程中必须将钻杆接头螺纹上紧，以防止螺杆钻具工作时反扭矩上紧螺纹所造成的工具面向角误差。

8）螺杆钻具在孔内定向结束后，必须在无载荷条件下启动，缓慢扫孔到底后，逐渐加钻压直到正常工作钻压。

9）造斜钻进时，操作者应时刻观察水泵压力的变化。如泵压稳定，说明螺杆钻工作正常，孔内情况也正常。如泵压突然升高，钻杆柱上的反扭矩明显增加，应立即减小钻压或用钻机立轴提升钻具。

10）每一个造斜钻进回次结束后，必须对造斜孔段进行修孔，修磨孔壁可采用锥形硬合金钻头和锥形金刚石钻头。

### 3.2.9 跟管钻进

跟管钻进是一种特殊钻进方法，即一边钻进一边压入或旋转下入套管，或套管超前压入或旋转下入，然后钻具跟着钻进。这种方法可以防止钻进过程中的孔壁坍塌或流砂充塞钻孔，适用于钻进松散地层和流砂层。广义的跟管钻进方法有多种，这里主要介绍气动潜孔锤同心跟管钻进工艺和偏心跟管钻进工艺。

1．潜孔锤偏心跟管钻进法

钻具根据偏心机构原理，依靠导向钻头带动一只偏心扩孔器，在潜孔锤进行钻进的同时，导向部分带动偏心扩孔器进行扩孔钻进，钻成的孔径比套管外径稍微大一些，使套管同步随钻头下入孔内。套管无独立的驱动装置，为使套管能顺利跟进，在套管鞋和钻具上安装一种迫使套管和钻头同步跟进的装置，跟进的套管具有稳定孔壁和保护孔口的作用，而且钻进、排渣和护壁3个工序同时进行，使钻孔工作得以顺利进行，这是一种既发挥了潜孔锤碎岩效率高的优点，又克服了其护壁性能差而采取的一种工艺措施。但是，由于采用单偏心的扩孔机构，钻进时钻杆和套管常常不同心，易产生孔斜，且由于钻具根部受力不均匀，容易产生断裂。由于钻进时套管无单独驱动装置，因而在紧密地层中套管的跟进深度受到限制，并且存在偏心钻头的偏心机构有时由于被岩屑卡住不能正常回收，而使钻孔报废的缺点。

潜孔锤偏心跟管钻进参数应以"低转速、低钻压、高上返气速"为原则。钻进过程中，应注意观察套管的跟进情况及孔内排粉情况，并每钻进一段距离应该强吹排粉，以保持孔内清洁。吹孔时，钻具向上提动距离严加控制。国产 SP 系列潜孔锤偏心跟管钻具分低气压（0.8MPa 以下）和中高气压（0.8～2.5MPa），主要取决于配套使用的潜孔冲击器。目前在我国大部分地方使用的是低气压跟管钻具，使用中高气压跟管钻具是发展趋势。

钻压是潜孔锤偏心跟管钻进的关键参数。当正常钻进时，其钻压从理论上讲由钻具钻压 $P_1$ 和跟管钻压 $P_2$ 组成。对钻具钻压 $P_1$ 来讲，当保持足够钻压时，可防止钻具在冲击时反弹，使钻具紧密地与孔底岩石接触，对传递冲击功、提高破碎效率是十分重要的。实践证明，在一定范围内，随着钻具钻压增大，机械钻速随之增高，但过大的钻具钻压不仅会使钻头冲击刃齿过快磨损，而且容易产生事故。据实验和生产总结，用于钻进的钻压，以每厘米钻头直径 0.5～0.9kN 为宜。跟管钻压 $P_2$ 是决定潜孔锤跟管钻进跟管深度的主要因素，在设计确定潜孔锤跟管深度时，原则上应以钻具或套管允许施加的钻压为依据，对钻具来说：

$$P = P_1 + P_2 \leqslant S[R] \tag{3-4}$$

式中：$S$ 为钻具组合中最弱环节杆件的断面积（通常是钻杆）；$[R]$ 为该杆件材质的许用抗压强度。

从式（3-4）中，即可求解出最大的跟管钻压 $P_2$。对套管来说：

$$P_2 \leqslant S'[R]' \tag{3-5}$$

$$P = P_1 + P_2 \leqslant P_1 + S'[R]' \tag{3-6}$$

式中：$S'$ 为套管的断面积；$[R]'$ 为套管材质的许用抗压强度。

上述可求得两个不同值的跟管钻压 $P_2$，取其小值作为施加的最大跟管钻压。在生产中，跟管的阻力是随着跟管深度的增加而增大的，因此，跟管钻压也应大致与之相适应，在设计跟管深度时，应尽可能使所用的跟管钻压达到设计跟管深度。

**2. 潜孔锤同心跟管钻进**

潜孔锤同心跟管钻进是在破碎松散地层中采用气动潜孔锤钻进，并用套管护壁，一边钻进，套管一边随钻头下入孔内。跟进的套管具有稳定孔壁和保护孔口的作用，而且钻进、排渣和护壁同时进行，可以很好地解决卵砾石等复杂地层钻进中护壁难的问题。

由于潜孔锤的碎岩方法改变了传统回转方法的碎岩机理（切削、研磨、压裂），在潜孔锤做功时产生了动载和应力集中，致使可钻性、研磨性极强的卵砾石产生粗颗粒（2～3cm）的体积破碎，加之套管跟进封闭隔绝了空气在卵石层的泄漏，在套管与钻具的间隙间产生高速气流（15m/s），迅速将破碎后的岩屑排出孔外，避免了重复破碎。此外，对难以及时破碎的卵石，在回转压力作用下钻具可将它挤向孔壁，有利于向下继续破碎。

潜孔锤同心跟管钻进施加钻压、风量、风压一般比潜孔垂偏心跟管钻进小。

# 3.3 斜孔钻探泥浆技术

泥浆是钻探工程中的一个重要组成部分。人们常用"泥浆是钻进的血液"形象地比喻其在钻进作业中的重要地位。它具有清洗孔底、携带和悬浮岩屑，冷却钻头，保护孔壁和实现平衡钻进，润滑钻具和参与碎岩等功能。钻探对泥浆的基本要求如下：

（1）应能在较大的范围内进行调节，以便用于钻进各种复杂地层。

（2）应有良好的冷却散热能力和润滑性能，以延长钻头寿命和提高钻进效率。

（3）在使用中应能抗各种外界干扰（盐侵和钙侵、黏土侵、水泥侵等影响），其性能基本稳定。

（4）应不妨碍或利于取芯、防斜、测井等工作的进行。

（5）无毒和不污染环境。

## 3.3.1 泥浆分类

按适用条件，可以把泥浆分为：①用于砂层、砾卵石层、破碎带等分散地层的泥浆，简称松散层泥浆；②用于土层、泥岩、页岩等水敏性地层的抑制性泥浆，简称水敏抑制性泥浆；③用于岩盐、钾盐、天然碱等水溶性地层的泥浆，简称水溶抑制性泥浆；④用于较为稳定、漏失较小的硬岩钻进的泥浆，简称硬岩钻进泥浆；⑤用于异常低压或异常高压地层的低相对密度泥浆或加重泥浆等。

按泥浆体系分类有：清水乳化液、无固相泥浆、低固相膨润土泥浆体系、FCLS泥浆、钙基泥浆、盐水泥浆、聚合物-MMH泥浆、聚合醇泥浆、甲酸盐泥浆、合成基泥浆、泡沫泥浆等，如果地质上没有特殊要求，可借鉴用于斜孔钻进。多数斜孔钻进直接使用清水作为泥浆，流动性良好，但不能起到有效的携渣、护壁、润滑效果作用，而且一般斜孔地层穿越复杂地层较多，应根据实际情况选用，确保安全钻进。例如，水敏性极强的泥页岩属于典型的易膨胀强分散的地层，对这类地层，发生孔壁不稳定的主要原因是泥页岩中蒙脱石和伊/蒙混层的吸水膨胀、分散以及缩径，然后在地应力或外力作用下发生掉块、坍塌。这就要求泥浆必须具备滤失量小、抑制性强、合适的黏切力和动塑比等。

按照美国石油学会（API）和国际钻井承包商协会（IADC）的分类方法，泥浆可分为以下几种体系：

（1）不分散体系。该体系包括开孔泥浆、自然原浆和其他通常用于浅孔或上部孔段的体系，不需要添加稀释剂和分散固相、黏土颗粒的分散剂。

（2）分散体系。在较深孔段，需要泥浆密度较高或孔壁条件可能比较复杂时，泥浆通常需要分散，典型的分散剂有木质素磺酸盐、褐煤或单宁等有效的反絮凝剂和降滤失剂。经常使用一些含钾化学品可提高泥岩和页岩稳定性。添加专门的化学品可调节或保持特定的泥浆性能。

（3）钙处理泥浆体系。在淡水泥浆中加入钙、镁离子，能抑制地层黏土和页岩膨胀。高浓度可溶性钙盐用来控制坍塌性页岩和扩径，防止地层损害。熟石灰（氢氧化钙）、石膏（硫酸钙）和氯化钙是钙处理体系的主要组分。

石膏体系通常pH值为9.5~10.5，过量浓度石膏钙含量为0.6~1.2g/L。典型的石灰体系有两种，对于低浓度石灰体系，pH 值为 11～12，石灰过量浓度为 0.3～0.6g/L；对于高浓度石灰体系，石灰过量浓度为 1.5～4.5g/L。钙处理泥浆能抗盐和硬石膏污染。

（4）聚合物泥浆体系。长链高分子量聚合物在泥浆中用于包被钻孔固相以防止其分散，或覆盖泥页岩以提高其抑制性或提高黏度和降低滤失量。对此可使用不同类型的聚合物，包括丙烯酰胺类、纤维素和天然植物胶类产品，还经常使用像氯化钾和氯化钠这样的抑制性盐来增强页岩的稳定性。这些体系通常膨润土含量很少，对钙、镁这样的二价阳离子比较敏感。

（5）低固相泥浆体系。该体系的固相体积含量和类型受到控制，总的固相体积含量不能超过 6%～10%。黏土固相体积含量不超过 3%。该体系是不分散体系，通常使用结合添加剂作增粘剂和膨润土增效剂。该体系的一个最显著优点是能极大地提高钻孔速度。

（6）盐水泥浆体系。包括几种泥浆体系。用于钻含盐地层的饱和盐水体系中，氯化物的浓度接近 190g/L。一般盐水体系中氯化物的浓度为 10～190g/L。浓度较低的体系通常指咸水和海水体系。盐水泥浆通常是由咸水、海水或产出水配制的。

该类泥浆用淡水或盐水配制，加入干的氯化钠达到要求的矿化度（也使用氯化钾以抑制页岩膨胀）。凹凸棒土、羧甲基纤维素和淀粉等其他一些专用产品可用来增加泥浆的黏度以提高孔内净化能力，降低滤失量。

根据水利水电钻探规程，冲洗液或泥浆按表 3-22 和表 3-23 选择。

**表 3-22** 按钻孔目的选择冲洗介质种类

| 钻孔目的 | 冲洗介质 | 钻孔目的 | 冲洗介质 |
| --- | --- | --- | --- |
| 取芯 | 泥浆、无固相冲洗液、清水 | 孔内测试 | 清水、泥浆 |
| 水文试验、孔内摄像 | 清水 | | |

**表 3-23** 按地层特点和钻进方法选择冲洗介质种类

| 地层特点 | | 冲洗介质种类 | 备 注 |
| --- | --- | --- | --- |
| 岩石 | 完整、较完整 | 清水/空气 | 金刚石钻进浅孔也可使用清水 |
| | | 乳化液 | |
| | 完整性较差 | 泥浆、无固相冲洗液 | 泡沫液用于漏失层或缺水地区 |
| 覆盖层 | | 清水、泥浆 | —— |
| | | 无固相冲洗液 | |

不同地层对低固相泥浆主要性能的要求宜符合表 3-24 的规定。

**表 3-24** 不同地层对低固相泥浆主要性能的要求

| 性能指标 | 地层特点 | | | | |
| --- | --- | --- | --- | --- | --- |
| | 坍塌掉块地层 | 水敏性地层 | 漏失层 | 涌水层 | 卵砾石层 |
| 漏斗黏度 $T/s$ | 23.00～30.00 | 18.00～25.00 | 30.00～60.00 | ＞30.00 | ＞40.00 |
| 相对密度 | 1.03～1.08 | 1.03～1.05 | 1.03～1.05 | 根据水头计算 | 1.03～1.08 |

续表

| 性能指标 | 地 层 特 点 | | | | |
|---|---|---|---|---|---|
| | 坍塌掉块地层 | 水敏性地层 | 漏失层 | 涌水层 | 卵砾石层 |
| 失水量 $q$/(mL/30min) | 15.00 | <10.00 | 15.00 | 15.00 | <15.00 |
| 静切力/($10^{-5}$N/cm²) | 25.00~50.00 | 0~5.00 | 30.00~80.00 | 25.00~50.00 | 30.00~50.00 |
| 含砂量/% | <0.50 | <0.50 | <0.50 | <0.50 | <1.00 |
| 动塑比 ($\tau_0/\eta_0$) | >3.00 | >3.00 | >3.00 | >3.00 | >3.00 |
| pH 值 | 8.00~12.00 | 8.00~12.00 | 8.00~12.00 | 8.00~12.00 | 8.00~12.00 |

**注** $\tau_0$ 为动切力（mPa·s 或 cP）；$\eta_0$ 为塑性黏度（mPa·s 或 cP）。

常用的处理剂主要包括增黏剂、润滑剂、降失水剂、降黏剂、絮凝剂等，见表3-25。

表 3-25 常 用 冲 洗 液 处 理 剂

| 分　类 | 处 理 剂 品 种 |
|---|---|
| 增黏剂 | Na-CMC、植物胶、水解聚丙烯酰胺 |
| 润滑剂 | 皂化溶解油、太古油 |
| pH 值控制剂 | 烧碱、纯碱、石灰 |
| 降失水剂 | Na-CMC、单宁酸钠、煤碱剂、聚丙烯酸钠、水解聚丙烯酰胺、植物胶 |
| 水敏抑制剂 | 石灰、石膏、氯化钙 |
| 降黏剂、稀释剂 | 单宁酸钠、栲胶碱液、煤碱剂、木质素磺酸钠、腐殖酸钾 |
| 絮凝剂 | 水泥、石灰、石膏、氯化钙、水玻璃、水解度30%聚丙烯酰胺、醋酸乙烯酯与顺丁烯酸酐共聚物 |

水利水电钻探采用乳化类冲洗液时推荐的种类和用量见表3-26。

表 3-26 乳化类冲洗液采用的乳化剂种类和用量

| 种　类 | 品　　种 | 体积加量/% | | 备　注 |
|---|---|---|---|---|
| | | 清水 | 泥浆 | |
| 阴离子型 | 太古油 | 0.1~0.5 | 1.0~5.0 | |
| | 皂化溶解油 | 0.3~0.5 | 1.0~5.0 | |
| 复合型 | 皂化溶解油+OP-10 | (0.3~0.5)+0.1 | — | 有较强抗钙能力 |

**注** 1. 皂化溶解油+OP-10中复合比为阴离子：非离子=3:1~4:1。
2. OP-10为聚氧乙烯辛基苯酚醚。

水利水电钻探在钻进复杂地层时，一定程度上允许采用不分散低固相泥浆和无固相泥浆体系。允许采用优质黏土配制不分散低固相泥浆；允许在破碎岩层中使用聚丙烯酰胺无固相泥浆，分子量一般小于（2.0~3.0）×$10^6$，水解度宜为30%，加量一般大于700×$10^{-6}$。植物胶类无固相泥浆的植物胶干粉加量一般为1%~4%，纯碱加量一般为植物胶重量的5%。

斜孔施工时，由于孔壁安全性差，对泥浆要求应在以上原则的基础上提升安全级别，要求更高，以满足斜孔钻探安全工作要求。同时要求泥浆原料来源广泛，性价比高。

### 3.3.2 斜孔钻进中的泥浆问题

斜孔井壁的稳固性远不如直孔，掉块与坍塌的发生机会也较多。斜孔钻进孔底携渣能力减弱，容易沉积，形成岩屑床。斜孔中高效、及时清除钻落的岩屑是个难题。斜孔钻进施工，钻具回转阻力大，转速上不去且钻杆磨损严重，对孔壁的破坏作用增大。因此，从钻孔稳定和携渣能力来说，斜孔用泥浆应采取以下针对性措施：

（1）提高密度、黏度和切力，平衡地层的同时，解决携渣难题；除了钻进工艺上的考量以外，泥浆的携屑效能也不可忽略。为了提高泥浆的携屑能力，对黏度和切力提出了更高的要求，静止悬浮的能力体现在 $\phi_6$、$\phi_3$ 两个参数上。

（2）工程上，在保证孔壁安全条件下，应该提供较大的泵排量，尽可能消除钻屑沉积床。

（3）斜孔中，钻具在成孔中的运动形态、受力情况也与常规不同，钻进中的摩擦阻力较大，泵压高，超过仪器的使用负载，机具、器材损耗严重，寿命减小。因此，泥浆的润滑性能非常关键，可采用乳化油或乳化水溶液，如采用皂化油（加量 0.5%）润滑钻具和钻头。对于漏失较大的地层采用钻杆涂抹油脂和小泵量环隙注入清水或乳化油冲洗液方法解决钻具回转阻力大和磨损问题。

（4）斜孔施工中，泥浆的固相含量、失水量以及泥饼性能对卡钻影响很大，良好的泥浆性能应是固相含量低、滤失小、泥饼厚度薄而致密，减小钻杆柱与孔壁的黏附系数，从而使钻柱活动阻力和泥饼剪切屈服力减小，使钻柱可以静止的时间增大。有效的泥饼能控制固相颗粒进入地层，同时将滤失量控制在比较小的范围。而泥饼性能的调整方法主要是使用合适的封堵剂和降滤失剂。如采用碳酸钙或重晶石可以封堵在高渗透率的地层的孔喉，减少黏附卡钻的风险。使用 CMC 等降滤失剂，减小泥浆的滤失量，减小泥饼的厚度，形成薄而致密的泥饼，从而减小钻柱自由运动的阻力。

### 3.3.3 斜孔泥浆的设计

泥浆设计的基本流程是：设计泥浆的相对密度、流变性、降失水性等主要技术指标；确定泥浆的胶体率、允许含砂量、固相含量、pH 值、润滑性、渗透率、泥皮质量等重要参数；选择造浆黏土和处理剂；进行泥浆处理剂配方设计；泥浆材料用量计算；确定泥浆的制备方法；拟订泥浆循环和净化管理措施。

（1）按平衡地层压力的要求计算泥浆的相对密度 $\rho$。即 $\rho H = P_c$ 或 $\rho h = P_0$。$P_c$、$P_0$ 分别为孔垂向深 $H$ 处的地层侧压力或地层空隙流体压力。那么，究竟是按 $P_c$ 还是按 $P_0$ 计算，要视实际情况下平衡哪一种压力更为重要来定。如果两者都需要平衡，就应该分别计算出两种结果，权衡出介于两者之间的某值。一般泥浆的相对密度为 1.02～1.40。

（2）考虑悬排钻渣、护壁堵漏的要求确定泥浆的流变性。流变性的指标主要是黏度 $\eta$ 和切力 $\tau$。应视不同钻井情况具体确定。另外，在一些情况下，还要考虑泥浆的剪切稀释作用和触变性。

（3）泥浆的其他设计指标的参考范围为：失水量一般应不大于 15mL/30min，含砂量不大于 8%，胶体率不小于 90%，pH 值视不同泥浆在 6～11 变化。

（4）泥浆采用多组分、多功能的复配技术，如添加防塌剂、乳化剂、降滤失剂、流型调节剂、降黏剂、润滑剂等组分；地表采用多形式的固控技术，如采用振动筛、旋流除砂器、除泥器以及离心机等，除掉劣质固相，保持泥浆性能。

根据钻进目的、地层特点、钻进工艺方法的不同，泥浆设计重点也不一。例如，在钻渣粗大及井壁松散的地层中钻进斜孔，泥浆的黏度和切力等流变性指标成为设计重点；在稳定的坚硬岩中钻进，泥浆设计的重点是针对钻头的冷却和钻具的润滑，而此时护壁和排粉等则处于次要位置。又如在遇水膨胀塌孔的地层中钻进，泥浆的设计重点则应放在降失水护壁上；在对压力敏感的地层中，泥浆的相对密度设计又显得尤为重要。因此，针对特定的钻进情况，在全面设计中找出相应的设计要点，是做好泥浆设计的关键所在。

在泥浆性能设计中可能会遇到一些相互矛盾的情况，满足一些设计指标时，另一些指标则得不到满足。对此，应该抓住主要问题，兼顾次要问题，综合照顾全面性能。

在一些要求不高的场合，可以酌情精简对泥浆性能的设计，适当放宽对一些相对次要指标的要求，以求得最终的低成本和高效率。

泥浆设计举例如下。

(1) 无固相泥浆：主要是在清水或盐水中添加聚合物，使钻屑不在水中分散，这样钻屑几乎全部能在地面被清除掉，有利于斜孔钻探。已经成功用于坍塌孔段，成功用于硬地层快速钻进。该体系是一种具有较好抗盐、抑制性、润滑性、动态携砂与静态携砂能力和较低的剪切黏度，有效抑制了岩屑床的形成，井眼通畅，能够满足长斜孔施工要求。典型实例泥浆配方：淡水 $+0.1\%$ NaOH $+0.15\%$ $Na_2CO_3$ $+0.5\%\sim0.7\%$ XC（黄原胶）$+0.15\%$ 80A51（聚合物增黏剂）$+1.5\%$ HFLO（降滤失剂）$+1.5\%$ HPA（聚胺）$+2\%$ HLB（润滑剂）$+0.05\%$ HGD（除氧剂）$+0.07\%$ HCA（杀菌剂）$+5\%$ KCl $+2\%$ HAR（防水锁剂）$+5\%$ QWY（酸溶性暂堵剂）。

(2) 无固相聚合物泥浆：如使用聚丙烯酰胺作为絮凝剂，要求分子量大于100万，最好超高200万，水解度应小于 $40\%$。非水解聚丙烯酰胺的优点是，一旦絮凝就再不容易分散，缺点是用量较大，提黏与防塌效果较差。水解度 $30\%$ 的 PHPA 则相反，用量较少，提黏与防塌效果均比非水解聚丙烯酰胺好，缺点是絮凝物结构比较松散，对浓度敏感，浓度过大，絮凝效果变差，尤其是遇到含蒙脱土较多的水敏地层时絮凝效果就更差。为了克服此缺点，常在泥浆中加入适量的无机离子，如可溶性钙盐、钾盐、铵盐和铝盐。这些无机盐有助于絮凝分散好的黏土，同时可提高防塌能力。其基本组成：聚丙烯酰胺或多元乙烯基共聚物类絮凝剂、无机盐等。特点是絮凝剂可有效地絮凝钻进过程所产生的岩屑。典型配方：

1) $H_2O+0.1\%\sim0.3\%$ PHP $+0.1\%\sim0.2\%$ $CaCl_2$ 或 $0.5\%\sim1\%$ KCl。

2) $H_2O+0.07\%\sim0.14\%$ CPAM $+0.1\%\sim0.3\%$ TDC-15（低分子量有机阳离子）$+0.2\%$ $CaCl_2$。

3) $H_2O+0.1\%\sim0.3\%$ FA-367 $+0.1\%\sim0.2\%$ $CaCl_2$ 或 $0.5\%\sim1\%$ KCl。

适用范围：层理裂隙不发育、正常孔隙压力与弱地应力、中等分散砂岩与泥岩互层、井壁稳定的地层等。

(3) 聚合物乳化泥浆：在某种水基泥浆的基础上，采用混油（柴油、原油、白油等）并加入表面活性剂及减阻材料（石墨粉、塑料小球等），使其具有润滑、防卡兼有防塌特点。可用于大长度斜孔钻进。主要组分：低密度固相含量，不大于 $10\%$；聚合物，$0.3\%\sim0.5\%$；油类，$10\%\sim15\%$；表面活性剂，$0.1\%\sim0.5\%$；NaOH，$1\%\sim2\%$；FCLS，$1\%\sim2\%$；KCl，根据地层需要确定加否和加量；按设计密度加重，性能指标为密度、非加重泥浆不大于 1.15；漏斗黏度，30～50S；API 失水，7～5mL；静切力，3～7/5～10Pa；含砂量，<0.5%，pH 值，淡水 9～10，咸水 10～11；塑性黏度，12～20mPa·S；动切力，5～10Pa。

（4）聚合物钾盐泥浆：是以聚合物及氯化钾为主的一种防塌体系。通过调节 KCl 和聚合物的量，达到抑制不同类型的泥页岩水化膨胀及坍塌的目的，具有适应范围广泛、防塌、抗盐、抗污染等特性。常用的高聚物有聚丙烯酰胺及其衍生物。适用于水敏性较强、易坍塌的泥页岩孔段；含盐、膏层孔段；裸眼段较长的深孔。由于 $K^+$ 本身对黏土水化有抑制作用，再加上长链高分子的抑制效果，该种体系的防塌能力很强；由于使用了聚合物，泥浆密度不能高于 1.68g/cm³，且抗 $Ca^{2+}$ 能力有限，$Ca^{2+}$ 含量不能超过 $400×10^{-6}$，一般在 $50～150×10^{-6}$ 最合适。也可用 XC 聚合物代替聚丙烯酰胺。近几年来，KCl 不分散泥浆中所用聚合物已由单一的 PAM 或 XC 而发展成复配型聚合物。研究发现，两种聚合物同时使用，泥浆的防塌效果更好。主要组分：预水化搬土浆为基浆，黏土含量不大于10%，聚合物 0.5%～2%（按具体配方选择聚合物种类），KCl 3%～15%（按泥页岩类型选择），FCLS 适量，KOH 适量、降失水剂 0.5%～1%，NaCl 按需要（盐水及饱和盐水钻井液使用）、消泡剂、防腐剂适量；按设计密度加重。

（5）氯化钾聚磺泥浆：利用 KCl 中钾离子和聚合物的协同作用，可有效抑制蒙皂石或伊蒙无序间层矿物水化膨胀，防止地层坍塌。适用范围：蒙皂石或伊蒙无序间层矿物含量高的强水敏易坍塌地层。基本组成：KCl、聚合物、降粘剂、磺化酚醛树脂类产品、磺化沥青类产品等。典型配方：膨润土浆＋0.5%～1% PAC－141＋0.5%～1% SK 系列产品＋3%～7% KCl（或 2%硅酸钾，0.2%磷酸钾，0.5%醋酸钾）＋1%～3% SMP＋1%～2% PSC＋3%～5%磺化沥青类产品＋0.1%～0.5% KOH。

（6）钾钙沥青质聚合物防塌泥浆：适用范围为高陡构造高地层倾角井（地层倾角＞45°）、大斜度孔、易塌孔段以及事故处理阶段用浆等。体系中 KHm、K－PAM、CaO、KOH、KCl 主要是为体系提供 $K^+$、$Ca^{2+}$，增强体系滤液防塌抑制能力，主体聚合物用来选择性絮凝包被防塌，沥青类和聚合醇类处理剂提供变形粒子实现机械封堵、化学抑制、胶结防塌，树脂类和聚合物降失水剂主要作用是提高抗污染能力和造壁性，辅以恰当的密度平衡地层。因此，根据地层具体情况有的放矢地提高某类处理剂的含量，使体系防塌更具有针对性。

搬土 25～35g/L＋0.05%～0.08%K－PAM＋1%～3%KHm（SMC、RSTF、SHR、SPNH）＋聚合物类降失水剂（CMC－LV、CPF、LS－2 等）0.5%～1%＋稀释剂 SMT（TX、TM－8）0.5%～1.5%＋聚合醇抑制剂（MSJ、HY－Y90 等）1%～2%＋沥青类防塌剂（FRH、NRH、SEB）2%～4%＋树脂类（SMP、SRP、JD－6）3%～5%＋润滑剂类（FK－10、CA－8、SF－3 等）3%～5%＋生石灰 0.5%～0.8%＋氢氧化钾 0.3%～0.5%＋柴油 2%～4%＋加重剂。

### 3.3.3.1　泥浆材料用量计算

1. 泥浆总体积的计算

所需泥浆总量 $V$ 是钻孔内泥浆量 $V_1$、地表循环净化系统泥浆量 $V_2$、漏失及其他损耗量 $V_3$ 的总和

$$V = V_1 + V_2 + V_3 \tag{3-7}$$

其中，地表循环净化系统泥浆量为泥浆池、沉淀池、循环槽和地面管汇的体积之和。漏失及其他损耗量，应根据实际情况确定。

2. 黏土粉用量计算

配制 $1\text{m}^3$ 体积的泥浆所需黏土重量 $q$ 按以下过程推导计算

$$q = \frac{\gamma_1(\gamma_2 - \gamma_3)}{\gamma_1 - \lambda_3} \times 1000 \tag{3-8}$$

式中：$\gamma_1$ 为黏土的相对密度，$2.6 \sim 2.8$；$\gamma_2$ 为泥浆的相对密度；$\gamma_3$ 为水的相对密度。

3. 配浆用水量计算

配制 $1\text{m}^3$ 体积的泥浆所需水量 $V_w$ 为

$$V_w = 1000 - \frac{q}{\gamma_1} \tag{3-9}$$

4. 增加相对密度加土（或重晶石）量的计算

配制加重泥浆时，加重 $1\text{m}^3$ 泥浆所需加重剂的重量 $W(\text{kg})$ 为

$$W = \frac{\gamma_B(\gamma_2 - \gamma_0)}{\gamma_B - \gamma_2} \times 1000 \tag{3-10}$$

式中：$\gamma_B$ 为加重剂的相对密度；$\gamma_2$ 为加重泥浆的相对密度；$\gamma_0$ 为原浆的相对密度。

5. 降低泥浆相对密度所需加水量 $x(\text{m}^3)$

$$x = \frac{V(\gamma_1 - \gamma_2)}{\gamma_2 - \gamma_3} \tag{3-11}$$

式中：$V$ 为原浆体积，$\text{m}^3$；$\gamma_1$ 为原浆相对密度；$\gamma_2$ 为加水稀释后的泥浆相对密度；$\gamma_3$ 为水的相对密度。

6. 泥浆处理剂的用量计算

在斜孔中，泥浆处理剂的应用非常重要。按其在泥浆中所起的作用，可分为：①碱度和 pH 值控制剂；②降失水剂；③絮凝剂；④表面活性剂；⑤乳化剂；⑥消泡剂；⑦润滑剂；⑧页岩稳定剂；⑨稀释和分散剂；⑩增黏剂；⑪加重剂等。总的来看，处理剂在泥浆中的加量较少，按体积含量计一般只占泥浆总体积的 $0.1\% \sim 1\%$。具体数值由不同的配方决定。值得注意的是，要澄清处理剂的加量单位，粉剂一般是以单位体积泥浆中加入的重量来计，而液剂则是以单位体积泥浆中加入的体积量来计。

**3.3.3.2　泥浆的配制**

现场制备泥浆的设备有两种：一种是用泥浆搅拌机（卧式或立式的）；另一种是用水力搅拌。

斜孔岩心钻探用的泥浆搅拌机，卧式的容量一般为 $0.3 \sim 0.5\text{m}^3$，立式的容量一般为 $0.5 \sim 1\text{m}^3$（见图 3-9）。搅拌机速度一般为 $80 \sim 100\text{r/min}$。

使用黏土粉造浆时，最好采用水力搅拌器（见图 3-10）。黏土粉加入漏斗中，并利用水泵排出管的液流与黏土粉在混合器中混合，混合液在混合器中沿螺旋线上升至容器上部，输出泥浆。反复循环几次后，便可配得所需性能的泥浆。

为使泥浆有较好的性能，用黏土粉配得的泥浆最好在储浆池中陈化一天，然后放入循环系统中，由水泵送入孔内使用。

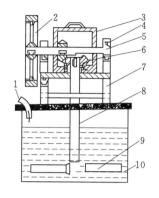

图 3-9　立式泥浆搅拌机

1—输水管；2—工作轮；3—齿轮箱；

4—轴承；5—传动轴；6—伞齿轮；

7—机架；8—搅拌轴；

9—搅叶；10—搅拌桶

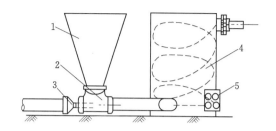

图 3-10　泥浆水力搅拌器

1—漏斗；2—三通管；3—喷嘴；

4—容器；5—钢板

#### 3.3.3.3　水利水电行业斜孔聚合物泥浆的应用价值分析

水利水电行业有时由于压水和注水测试的需要，通常会对泥浆的固相含量要求很严格，甚至不允许采用有固相泥浆，只能采用清水和无固相泥浆体系。但斜孔的特殊性对泥浆提出了更高的要求，清水往往无法满足复杂地层钻进要求。因此低固相或无固相泥浆以适宜的黏度和良好的抑制性被广泛应用于斜孔钻进。

1. 聚合物泥浆体系

泥浆的类型、组成和性能是直接影响钻进速度和成本的重要因素。尤其是泥浆中的固相是影响钻进速度和成本的关键因素。聚合物泥浆是自 20 世纪以来普遍推广应用的泥浆体系。凡是使用线型水溶性聚合物做处理剂的泥浆体系都可称为聚合物泥浆。聚合物泥浆的关键就是利用高分子聚合物对钻屑的抑制作用，尽量减少细颗粒的数量，即保证钻屑不分散实现低固相，再结合特殊的流变特性，实现快速钻进。该体系泥浆具有良好的流变性，主要表现为较强的剪切稀释性和适宜的流型。由于聚合物水溶液为典型的非牛顿流体，剪切稀释性好，卡森极限黏度低，悬浮携带钻渣能力强，洗孔效果好。另外，聚合物泥浆具有较强的触变性。在泥浆停止循环后，岩屑悬浮，不易卡钻，下钻也可一次到底。在易坍塌地层，通过适当提高泥浆的相对密度和固相含量，可取得良好的防塌效果。聚合物泥浆有利于预防钻孔漏失。对于不十分严重的渗透性漏失地层，采用聚合物泥浆可使漏失程度减轻甚至完全停止。一方面，这是由于聚合物泥浆一般比其他类型泥浆的固相含量低，在不使用加重材料的情况下，泥浆的液柱压力就低得多，从而降低了产生漏失的压力。另一方面，聚合物泥浆在环形空间的返速较低，泥浆本身又具有较强的剪切稀释性和触变性，因此泥浆在环形空间具有一定的结构，一般处于层流或改型层流的状态，使泥浆不容易入地层孔隙，即使进入孔隙，渗透速度也很慢，泥浆在孔隙内易逐渐形成凝胶而产生堵塞。另外，聚合物分子在漏失孔隙中可吸附在孔壁上，连同分子链上吸附的其他黏土颗粒一起产生堵塞；当水流过时，这些吸附在孔壁上的亲水性大分子有伸向空隙中心的趋势，形成很大的流动阻力。不分散聚合物泥浆体系的主要特点如下：

（1）相对密度低，压差小，钻速快。

（2）亚微米颗粒的含量低于10%，而分散泥浆中亚微米颗粒可达70%。

（3）高剪切速率下的黏度低，钻速快。

（4）触变性好，剪切稀释性较强，具有较强的携砂能力。

（5）用高聚物作主处理剂，具有较强的包被作用，可保持孔壁的稳定性。

（6）可实现近平衡钻进，且黏土含量低，滤液对地层有抑制膨胀作用。

不分散低固相泥浆一般由淡水、坂土、高聚物（选择性絮凝剂）组成。其性能（见表3-27）控制指标如下：

表3-27 不分散低固相聚合物泥浆基浆性能

| 项目 | 漏斗黏度/s | 塑性黏度/(mPa·s) | 动切力/Pa | 静切力（初/终）/Pa | API滤失量/mL |
|------|-----------|------------------|-----------|-------------------|--------------|
| 指标 | 30~40 | 4~7 | 4 | 1~2/1~3 | 15~30 |

（1）总的低相对密度固相（包括黏土和钻渣）含量在4%（体积）以下，大约相当于泥浆相对密度在1.07以下。

（2）钻屑含量与坂土含量的比值不超过2:1。

（3）动切力达到1.5~2.9Pa，能够携带岩屑和悬浮重晶石。典型配方：膨润土浆+0.1%~0.3% KPAM+0.4%~0.5% NPAN。

（4）动塑比值达到0.48。当动塑比值达到0.48以上时，泥浆的流态、携带岩屑的能力可满足施工的需要。

（5）失水量以保证孔壁稳定、井下正常为宜。聚合物泥浆具有较强的防塌能力，失水可比普通分散泥浆放宽1倍。

（6）pH值为7~8.5。pH值过高会造成孔壁水化膨胀，过低不足以发挥坂土的分散作用。

聚合物泥浆的关键是通过岩屑的不分散实现低固相。抑制岩屑不分散有两种途径：第一种是加入无机盐（如KCl、$CaCl_2$等）；第二种是加入分子结构适当的高分子化合物进行选择性絮凝剂。所谓选择性絮凝剂是指具有选择性絮凝作用的处理剂。对已经分散变细的劣土粒子，有较强的絮凝作用，能使之聚沉；而对膨润土造浆率和配浆性能则无不良影响，有的还能提高膨润土的造浆率。聚合物泥浆的配制原理是：①采用预水化优质膨润土配浆，用量在1.5%~2.0%就足以维持所需要的泥浆性能；②使用选择性絮凝剂，一方面形成聚合物——黏土空间网架结构，帮助膨润土建立泥浆必需的泥浆性能，另一方面抑制岩屑分散并使已分散的岩屑絮凝。

2. 高聚物的主要作用

（1）絮凝作用及选择性絮凝作用。

长链高聚物分子中的—$CONH_2$或—OH能与黏土表面的氧开成氢键而发生多点吸附，高聚物分子链很长，可以同时吸附在几个黏土颗粒上使它们桥联在一起，吸附了几个黏土颗粒的长链分子，相互间还可通过共同吸附黏土颗粒或互相缠绕而彼此桥联在一起，形成絮凝团块（或团粒）。实验证明，部分水解聚丙烯酰胺PHP具有只絮凝劣土不絮凝膨润土的选择性絮凝作用。

（2）包被作用。

包被作用是指高聚物在钻屑表面吸附，把整个岩屑包围起来，防止其水化分散。包被作用是 20 世纪 80 年代提出的概念，用来代替絮凝作用和选择性絮凝作用。这是思路和机理上的一种进步，因为用聚合物对钻屑的包被作用来解释其对钻屑水化分散的抑制作用，可以摆脱抑制性和配浆性的矛盾。由于包被作用的机理与絮凝机理不同，聚合物包被作用增强，其絮凝作用不一定增加，因此，提高聚合物对岩屑水化分散的抑制性，不一定要以牺牲体系必要的性能为代价。就是说，可以在提高抑制性的同时，改善泥浆的其他性能。

（3）抑制与防塌作用。

聚合物的一个重要作用就是能够防止孔壁垮塌。试验结果表明，PHP 分子量在 50 万～1100 万，水解度 10％～45％范围内，水解度以 30％左右时防塌性能为最佳；而分子量越高，则防塌效果越佳。

关于聚合物防塌的作用机理，可能有两方面的途径：①长链聚合物在泥页岩孔壁表面发生多点吸附，封堵了微裂缝，防止泥页岩剥落；②聚合物浓度较高时，在泥页岩孔壁形成较为致密的吸附膜，可以阻止或减缓水进入泥页岩，因而对泥页岩水化膨胀表现出一定程度的抑制作用。如果复配一定的无机盐，由于提高了泥浆中 $K^+$、$NH_4^+$、$Na^+$ 等阳离子的浓度，也就削弱了泥页岩水化膨胀的趋势。当 KCl 浓度超过 2％时，可以增大聚合物在页岩上的吸附量，这些都有利于增强聚合物的防塌作用。

（4）增黏作用。

增黏剂多用于低固相和无固相水基泥浆，以提高悬浮力和携带力。增黏作用的机理，一是游离（未被吸附）聚合物分子能增加水相的黏度；二是聚合物的桥联作用形成的网络结构能增强泥浆的结构黏度。常用的增黏剂有相对分子质量较高的 PHPA 和高黏度型羧甲基纤维素（CMC）等。

（5）降滤失作用。

泥浆滤失量的大小主要决定于泥饼的质量（渗透率）和滤液的黏度。降滤失作用主要是通过降低泥饼的渗透率来实现的。聚合物降滤失剂的作用机理主要有以下几个方面：

1）保持泥浆中的粒子具有合理的粒度分布，使泥饼致密。聚合物降滤失剂通过桥联作用与黏土颗粒形成稳定的空间网架结构，对体系中所存在的一定量的细颗粒起保护作用，在孔壁上可形成致密的泥饼，从而降低滤失量。有时为了使体系中固体颗粒具有合理的粒度分布，可加入超细的惰性物质如 $CaCO_3$ 来改善泥饼质量。另外，网络结构可包裹大量自由水，使其不能自由流动，有利于降低滤失量。

2）提高黏土颗粒的水化程度。降滤失剂分子中都带有水化能力很强的离子基团，可增厚黏土颗粒表面的水化膜，在泥饼中这些极化水的黏度很高，能有效地阻止水的渗透。

3）聚合物降滤失剂的分子大小在胶体颗粒的范围内，本身可对泥饼起堵孔作用，使泥饼致密。

4）降滤失剂可提高滤液黏度，从而降低滤失量。

（6）降黏作用。

聚合物泥浆的结构主要由黏土颗粒与黏土颗粒、黏土颗粒与聚合物和聚合物与聚合物之间的相互作用组成，降黏剂就是拆散这些结构中的部分结构而起降黏作用。

3. 高聚物的性能特点

近几年，国内高聚物发展很快，出现了多种大分子包被剂，但其主要单体为丙烯酰胺和丙烯酸，只是其聚合度、水解度不同，分子量大小不同。下面以阴离子聚合物泥浆为例介绍其性能特点和推广价值。

(1) 聚合物处理剂。

聚丙烯酰胺（Polyacrylamide）及其衍生物是用得最多且比较理想的一类处理剂。除最常使用的 PHPA 外，还发展了其他各种类型的处理剂。如德国的 B40（丙烯酸和丙烯酰胺共聚物）和 ANTISOILHT（丙烯酸、丙烯酰胺、丙烯腈共聚物）；苏联的 MLTAS（甲基丙烯酸和甲基丙烯酰胺共聚物）、M14（甲基丙烯酸和甲基丙烯酸甲酯共聚物）和 NA-KPNC-20（甲基丙烯酸、甲基丙烯酸甲酯等共聚物加交联剂）；英国的丙烯酸盐、羟基丙烯酸盐和丙烯酰胺共聚物。

我国聚合物处理剂发展很快，如相继研制开发了 80A 系列、SK 系列和 PAC 系列处理剂，得到广泛应用，取得了良好效果。

80A 系列是由丙烯酸和丙烯酰胺共聚制得的系列特征黏度不同的高聚物，代表性的有 80A44、80A46 和 80A51，具有降滤失和流变性调节等功能。

SK 系列是丙烯酰胺、丙烯酸、丙烯磺酸钠、羟甲基丙烯酸的共聚物，粉剂商品名为 SK-1、SK-1 和 SK-正，抗高盐和抗钙镁能力较强，是性能良好的降滤失剂和流型调节剂。PAC 系列是具有不同取代基的乙烯基的共聚物，分子中带有数量不等的羧基（—COOH）、羧钠基（—COONa）、羧钾基（—COOK）、羧铵基（—COONH$_4$）、羧钙基（—COOH/2Ca）、酰胺基（—CONH$_4$）、腈基（—CN）、磺酸基（—SO$_3$）和羟基（—OH）等多种基团，因而也称为复合离子聚合物。通过调整官能团的种类、数量、比例、聚合度和分子构型等，可分别制备出具有增黏、改善流型和降滤失等作用的处理剂。目前应用较广的有 PACl41、PACl42 和 PACl43 等。

(2) 不分散低固相聚合物泥浆。

不分散低固相聚合物泥浆由淡水、膨润土和高聚物组成，聚合物可以是聚丙烯酰胺及其衍生物，如 80A 系列、SK 系列、PAC 系列，也可以是两性离子聚合物，如 FA367 等。

所谓"不分散"具有两个含义：一是指组成泥浆的黏土颗粒尽量维持在 $1\sim30\mu m$ 的范围，不向小于 $1\mu m$ 的方向发展；二是指混入泥浆体系的钻屑不容易分散变细。所谓"低固相"是指低密度固相（主要指黏土矿物类）的体积分数要在钻进工程允许的范围内维持到最低。要求达到的性能指标如下：

1) 固相含量（主要指低密度固体—膨润土和钻屑），一般不超过 5%（体积比），大约相当于原浆密度小于 $1.06g/cm^3$。这是不分散低固相的核心目标，是提高钻速的关键。

2) 岩屑膨润土含量之比（以亚甲蓝法测定数值为准），即 $D/B$ 值，不超过 2∶1。虽然泥浆中的固相是越少越好，但是完全不要膨润土，则不能建立泥浆所必需的各种性能，特别是不能保证净化井眼所必需的流变性能，以及保护孔壁和减轻油层污染所必需的造壁性能。因此，必须有一定量的膨润土。其用量以保证建立上述各项泥浆所必需的性能为准，不能少于 1%，以 1.3%～1.5% 比较合适。岩屑的量最好为 0，在钻进过程中要做到岩屑绝对不分散，全部被清除，并不现实。岩屑量不超过膨润土的 2 倍是实际可以接受的范围。

3）动切力（Pa）与塑性黏度（mPa·s）的比值为 0.48。这是为了满足低返速（如 0.6m/s）带砂的要求，保证泥浆在环空中实现平板型层流而规定的。

4）对非加重泥浆来说，动切力应维持在 1.5～3Pa。动切力是泥浆携带岩屑的关键因素，为保证泥浆具有较强的携带能力，仅仅控制动塑比是不够的，首先必须满足动切力的要求才有意义。

5）滤失控制应具体情况具体分析。在稳定地层，应适当放宽，以利提高钻速。在坍塌地层应当从严，进入油层后，为减轻污染应控制得尽量低些。

6）滤失量的控制：在稳定孔壁的前提下，可适当放宽，以利于提高钻速；在易坍塌地层，必须严格控制；进入储层后，为减轻污染也应控制得低些。

不分散低固相聚合物泥浆的典型性能参数见表 3-28。

**表 3-28          不分散低固相聚合物泥浆的典型性能参数**

| 密度 /(g/cm³) | 膨润土含量 /(g/L) | 固相含量 /(g/L) | 岩屑：膨润土 | 动切力 /Pa | 塑性黏度 /(mPa·s) | 动塑比 /[Pa/(mPa·s)] |
|---|---|---|---|---|---|---|
| 1.03 | 57.0 | 28.5 | 1：1 | 1.5 | 3 | 0.5 |
| 1.04 | 77.0 | 34.2 | 1.3：1 | 2.0 | 4 | 0.5 |
| 1.05 | 96.9 | 39.5 | 1.4：1 | 2.0 | 6 | 0.4 |
| 1.07 | 116.9 | 42.8 | 1.7：1 | 2.5 | 8 | 0.4 |
| 1.08 | 136.8 | 45.8 | 2：1 | 3.0 | 10 | 0.3 |

#### 3.3.3.4 泥浆性能及其测试方法

泥浆的性能是泥浆的组成体系及各组分间物理化学作用的宏观反映，是说明泥浆质量好坏的具体指标。泥浆性能及其变化直接影响机械钻速、钻头寿命、孔壁稳定、悬浮、携带与清除岩屑和孔内事故等一系列钻进工艺问题。性能指标主要包括：泥浆的相对密度、固相含量，泥浆的流变性（泥浆黏度、切力等），泥浆滤失量性能（泥浆失水量和泥饼厚度），以及泥浆的含砂量、润滑性、胶体率和 pH 值等。

1. 相对密度的测试

（1）仪器。

1002 型比重秤由泥浆杯、横梁、游动砝码和支架组成，在横梁上有调重管和水平泡，其结构如图 3-11 所示，实物如图 3-12 所示。

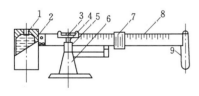

图 3-11　泥浆比重秤（结构图）　　　　图 3-12　泥浆比重秤（实物图）

1—杯盖；2—泥浆杯；3—水平泡；

4—主刃口；5—主刀垫；6—支架；

7—游码；8—杠杆；9—金属颗粒

（2）测定步骤。

1）校正比重秤。先在泥浆杯中装满清水，盖好杯盖，使多余清水从盖上小孔溢出，擦干泥浆杯周围的水珠，把游码移到刻度1，如水平泡位于中间，则仪器是准确的；如水平泡不在中间，则可在调重管内取出或加入重物来调整。

2）倒出清水，擦干，将待测泥浆注入杯中，盖好杯盖，让多余泥浆溢出，擦净泥浆杯周围的泥浆，移动游码使横梁成水平状态（水平泡位于中间）。游码左侧所示刻度即为泥浆相对密度。

图3-13 马氏漏斗黏度计

**2. 漏斗黏度的测试**

（1）ZMN型马式漏斗黏度计。

1）仪器结构。ZMN型马式漏斗黏度计由锥体马式漏斗、6孔/cm（16目）滤网和1000mL量杯组成，如图3-13所示。锥体上口直径152mm，锥体下口直径与导流管直径4.76mm，锥体长度305mm，漏斗总长356mm，筛底以下的漏斗容积1500mL。

2）测定步骤。用手握住漏斗呈直立位置，食指堵住导流管出口。取被测泥浆试样，经滤网注于漏斗锥体内直到泥浆的水平面至达筛网底面止（刚好为1500mL时）。放开食指，同时启动秒表计时，直到观察标准946mL量杯刻线时止，记录流出泥浆的秒数，以秒数记录漏斗黏度结果。

3）校验。马式漏斗使用一段时间后，必须进行必要的校验，其校验方法按使用方法步骤进行。在（21±3）℃条件下将清水1500mL注于漏斗内，若流出946mL的清水为（26±0.5）s，或流出1000mL的清水为（28±0.5）s，即为合格。

（2）苏式野外漏斗黏度计。

1）仪器结构。该黏度计由漏斗和量筒组成，如图3-14所示。量筒由隔板分成两部分，大头为500mL，小头为200mL，漏斗下端是直径为5mm、长为100mm的管子。

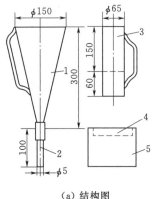

（a）结构图　　　（b）实物图

图3-14 苏式野外漏斗黏度计
1—漏斗；2—管子；3—量杯；4—筛网；5—泥浆杯

2）测定步骤。漏斗呈垂直，用手握紧并用食指堵住管口。然后用量筒两端，分别装200mL和500mL泥浆倒入漏斗。将量筒500mL一端朝上放在漏斗下面，放开食指，同时启动秒表计时，记录流满500mL泥浆所需的时间，即为所测泥浆的黏度。

仪器使用前，应用清水进行校正。该仪器测量清水的黏度为（15±0.5）s。若误差在±1s以内，可用式（13-12）计算泥浆的实际黏度。

$$实际黏度 = \frac{15 \times 实测泥浆黏度}{实测清水黏度} \qquad (3-12)$$

3. 流变性指标的测试

旋转黏度计有手摇两速、电动两速和电动六速三种，主要用于测量泥浆的流变参数。ZNN 型电动六速旋转黏度计如图 3-15 所示。

（1）仪器结构。

1）动力部分。双速同步电机转速为 750r/min　1500r/min；电机功率为 7.5W、15W；电源为 220V×（1±10%），50Hz；

2）变速部分。可变六速，转速分别为 3r/min、6r/min、100r/min、200r/min、300r/min、600r/min。

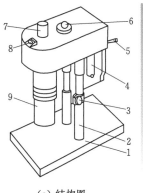

（a）结构图　　　　（b）实物图

图 3-15　ZNN 型旋转黏度计
1—底座；2—立柱；3—锁紧螺钉；4—马达；5—开关；
6—调速杆；7—调节器保护盖；8—刻度
视窗；9—内外筒总成

3）测量部分。扭力弹簧、刻度盘与内外筒组成测量系统。内筒与轴锥度配合，外筒采用卡口连接。

4）支架部分。采用托盘升降被测容器。

（2）工作原理。

液体放置在两个同心圆筒的环隙空间内，电机经过传动装置带动外筒恒速旋转，借助于被测液体的黏滞性作用于内筒一定的转矩，带动与扭力弹簧相连的内筒旋转一个角度。该转角的大小与液体的黏性成正比，于是液体的黏度测量转换为内筒转角的测量。

（3）操作程序。

1）准备。

a. 将仪器与电源相接，启动马达，变更调速杆位置。检查传动部分运转是否良好，有无晃动与杂音，以及调速机构是否灵活可靠。

b. 卸下外筒，检查内筒是否上紧，内外筒表面有无杂物，是否清洁。检查无误后，再将外筒装好。

c. 按下键钮，以 300r/min 和 600r/min 观察外筒的偏摆量，如偏摆量大于 0.5mm，则取下外筒，三卡口调换重装。

d. 检查刻度盘 0 位，如指针没有对准刻度盘 0 位，松开固定螺钉，调 0 后将螺丝固紧。

2）操作。

a. 将刚搅拌好的泥浆倒入样品杯刻度线处（350mL），立即放置于托盘上，上升托盘使液面至外筒刻度线处。拧紧手轮，固定托盘。筒底部与杯底之间不应低于 1.3mm。

b. 迅速从高速到低速进行测量，待刻度盘读数稳定后，分别记录各转速下的读数。

c. 测静切力时，应先用 600r/min 搅拌 10s，静置 10s 后将变速手把置于 3r/min，读出刻度盘上最大读数，即为初切力。再用 600r/min 搅拌 10s，静置 10min 后将变速手把置于 3r/min，读出刻度盘上最大读数，即为终切力。

d. 试验结束后，关闭电源，松开托盘，移开量杯。

e. 轻轻卸下内外筒，清洗内外筒并且擦干，再将内外筒装好。

（4）数据处理。

1）符号。$\Phi$：在给定转速下所测得仪器内筒转角，即仪器刻度盘上读到的格数。$\Phi_{600}$、$\Phi_{300}$、$\Phi_3$ 代表外筒转 600r/min、300r/min、3r/min 从仪器刻度盘上读到的格数。其余依此类推。

2）牛顿流体。

绝对黏度：$\eta = \Phi_{300}$（mPa·s）

3）塑性流体（mPa·s）。

表观黏度：$\eta_A = \dfrac{1}{2}\Phi_{600}$（mPa·s）

塑性黏度：$\eta_P = \Phi_{600} - \Phi_{300}$（mPa·s）

动切力：$\tau_d = 0.511(\Phi_{300} - \eta_P) = 0.511(2\Phi_{300} - \Phi_{600})$（Pa）

静切力：$\tau_{初} = 0.511\Phi_3$（Pa）

$$\tau_{终} = 0.511\Phi_3（Pa）$$

4）假塑性（幂律）流体。

流性指数：$n = 3.322\lg\dfrac{\Phi_{600}}{\Phi_{300}}$（无量纲）

稠度指数：$K = \dfrac{0.511\Phi_{300}}{511^n}$（Pa·s$^n$）

5）黏塑性（卡森）流体。

极限高剪黏度：$\eta_{\infty}^{\frac{1}{2}} = 1.195(\Phi_{600}^{\frac{1}{2}} - \Phi_{100}^{\frac{1}{2}})$

卡森动切力：$\tau_c = \{0.4932[(6\Phi_{100})^{\frac{1}{2}} - \Phi_{600}^{\frac{1}{2}}]\}^2$

（5）注意事项。

1）外筒装卸。一手握住外转筒，另一手握住外筒顺时针转动，使外筒的卡口对准外转筒内的销子后取下外筒。装上外筒时，应使外筒的槽口对准外转筒内的销子后，在逆时针旋转外筒即可，切忌碰撞内筒。

2）内筒装卸。一手紧握内筒轴，一手内旋内筒装卸，切勿弄弯内筒轴。

3）长途搬运。一定要卸下内筒，装好外筒，以防止内筒轴被撞弯。

4）扭力弹簧刚度的调整不准随意进行。

4. 泥浆失水量的测试

一般采用 ZNS 型泥浆失水量仪，该仪器是将泥浆用惰性气体（二氧化碳、氮气或压缩空气）加压的情况下，测量泥浆的失水量。当泥浆在 0.69MPa 压力的作用下，30min 内通过截面为 $(45.6 \pm 0.5)\text{cm}^2$ 过滤面渗透出的水量，以 mL 表示。同时，可以测得泥浆失水后泥饼的厚度，以 mm 表示。

（1）仪器结构。

ZNS 型失水量测定仪主要由气源、减压阀、放空阀、泥浆杯、量筒、支架等组成，其结构如图 3-16 所示，实物图如图 3-17 所示。

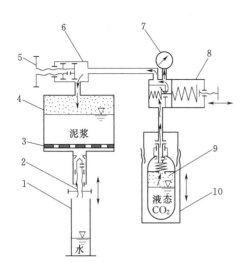

图 3-16  ZNS 型失水量测定仪结构图
1—量杯；2—放水伐；3—过滤板；4—泥浆杯；
5—放空阀旋钮；6—放空阀；7—压力表；
8—减压阀；9—CO₂ 气瓶；
10—气源总体端溢

图 3-17  ZNS 型失水量测定仪实物图

（2）测定步骤。

1）先将支架放在平稳的台面上。

2）将减压手柄退出，使减压阀处于关死状态，此时无输出，然后关死放空阀。

3）装好气瓶并拧紧盖，顺时针旋转减压阀手柄，使压力表指示 0.5～0.6MPa。

4）以左手拿住泥浆杯，用食指堵住泥浆杯气接头小孔，倒入被测泥浆，高度刻度以低于密封圈高度刻度 2～3mL 最好，放好密封圈，铺平一张滤纸，拧紧泥浆杯盖，然后将泥浆杯连接在三通接头上，将 20mL 量筒放在泥浆杯下面，对准出液孔。

5）按逆时针方向缓缓旋转放空阀手柄，同时观察压力表指示。当压力表稍有下降或听见泥浆杯有进气声响时，即停止旋转放空阀手柄，微调减压阀手柄，使压力表指示为 0.69MPa，泥浆杯内保持 0.69MPa 的恒定状态，当见到第一滴滤液开始计时，30min 时取下量筒，退出减压阀手柄，关死减压阀，顺时针旋转放空阀，泥浆杯内余气放出。取下泥浆杯，打开泥浆杯盖取出滤纸，洗净泥饼上的浮浆，测量泥饼厚度。

6）冲洗擦干泥浆杯、杯盖、密封圈（晾干或烘干杯盖滤网）。

7）记录下量筒内失水量。为缩短时间，一般可测 7.5min 失水量并乘以 2，必要时则需测 30min 失水量。

5．固相含量的测定

（1）ZNG 型泥浆固相含量测定仪结构和工作原理。该仪器根据蒸馏原理，取一定量（20mL）泥浆，用高温（电加热）将其蒸干，然后固相称重，算出固相成分之重量或体积的百分含量。

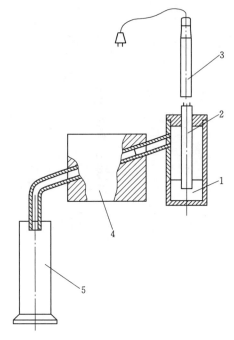

图 3 - 18  ZNG 型泥浆固相含量测定仪
1—蒸馏器；2—加热棒；3—电线接头；
4—冷凝器；5—量筒

仪器主要由蒸馏器、加热棒、电线接头、冷凝器、量筒等部分组成（见图 3 - 18）。

（2）操作步骤。

1）拆开蒸馏器，放开泥浆杯，将充分搅拌过的泥浆倒入泥浆杯，盖上杯盖，让多余泥浆溢出，擦干溢出的泥浆，再轻轻取下杯盖，然后将粘附在杯盖底面的泥浆刮回泥浆杯中［此时泥浆杯中的泥浆为（20±0.2）mL］，为防止蒸馏过程中泥浆沸溢，向泥浆杯中加入 3～5 滴消泡剂，然后扭上套筒。

2）将加热棒旋紧在套筒上部（应直立放置），将蒸馏器插入泥浆箱后面的小孔内，并将 20mL 百分刻度量筒夹在冷凝器导流管口处，以收集冷凝液。

3）连接电路进行蒸馏，同时计时，通电 3～5min，第一滴冷凝液流出，直到泥浆被蒸干不再有冷凝液流出（需 20～40min）。

4）拔除电线插头，切断电源，用环架取下蒸馏器淋水冷却，拆开蒸馏器，用刮刀刮下泥浆杯及加热棒、套筒上的固相成分，然后称重，计算出固相百分含量。

5）记下量筒冷凝液的体积，用于计算和参考。若冷凝液水与油分层不清，可加入 2～3 滴破乳剂。

（3）注意事项。

1）用完后清洗蒸馏器和冷凝器孔，擦干加热棒，将其风干。

2）电源电压为交流 220V，波动范围在 180～230V，注意不能超压。

3）通电时间不要太长，一般 30min 左右，蒸干即可。

4）使用一段时间后，要检查一下电线接头和电源插头，防止短路和断路。

6. 含砂量的测试

（1）泥浆含砂量是指泥浆中不能通过 200 号筛网（相当于直径大于 0.74mm）的砂子的体积百分比。

（2）LNH 型泥浆含砂量测定器由过滤筒、漏斗和玻璃量筒组成，结构图和实物图如图 3 - 19 所示。

（3）测定方法。

1）在玻璃量筒内加入泥浆（20mL 或 40mL），再加入适量水（不超过 160mL），用手指盖住筒口，摇匀，倒入过滤筒内，边倒边用水冲洗，直到泥浆冲洗干净，网上仅有砂子为止。

2）将漏斗放在玻璃量筒上，过滤筒倒置在漏斗上，用水把砂子冲入玻璃量筒内，等

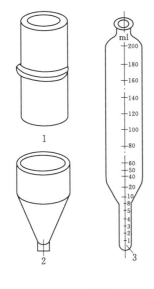 

（a）结构图　　　　　　　　　　（b）实物图

图 3-19　LNH 型泥浆含砂量测定器
1—过滤筒；2—漏斗；3—玻璃量杯

砂子沉淀到底部细管后，读出含砂量体积，计算出砂子的体积百分含量。

7. 胶体率的测定

（1）胶体率表示泥浆中黏土颗粒分散和水化的程度。

（2）仪器：胶体率测定瓶（也可以用 100mL 量筒代替）。

（3）测定步骤。

1）将 100mL 泥浆装入胶体率测定瓶中，将瓶塞塞紧，静止 24h 后，观察量筒上部澄清液的体积（mL 读数）。

2）胶体率以百分数表示

$$胶体率(\%)=\frac{100-澄清液体积}{100}$$

8. pH 值的测定方法

用广泛试纸。撕下一小条 pH 试纸，浸入泥浆滤液或泥浆中，观察其颜色变化，并与比色板颜色相比，相一致即为泥浆的 pH 值。

9. 润滑性的测试

通常采用 EP 型泥浆润滑性测定仪。

（1）主要技术参数。

1）润滑系数量程：0～0.5。

2）磨合后用蒸馏水校正的润滑系数为 0.33～0.37。

3）扭力扳手读数范围±17N·m。

4）电源电压：交流 220V。

5）电机电压：直流 110V。

6）主轴转数：60r/min。

（2）仪器结构及工作原理。

仪器由试环、试块、扭力扳手、电极、测试电路等组成，如图 3-20 所示。

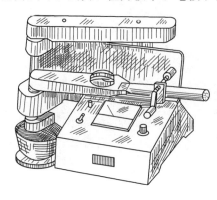
（a）结构图

（b）实物图

图 3-20 EP 型极压润滑仪

用试块和试环分别模拟钻杆和孔壁，使两者浸没在被测试的泥浆中，电极带动主轴上的试环回转，扭力扳手给试环和试块施加正压力。

扭矩公式为

$$M_K = NL, N = \frac{1}{L}M_K$$

式中：$M_K$ 为扭力扳手的扭矩的读数；$N$ 为作用在试环上的正压力；$L$ 为杠杆的力臂。

电极的扭矩为

$$M_f = FR, F = \frac{1}{R}M_f$$

式中：$R$ 为试环的半径；$F$ 为试块与试块间摩擦阻力。

根据摩擦定律 $f = \frac{F}{N}$，则 $M_f = f\left(\frac{R}{L}\right)M_K$，即电极扭矩与外加扭矩成正比。

因为 $L$、$R$、$M_K$ 都是已知的，而电极的扭矩又与电流存在函数关系，因此，只要知道电极的扭转特性曲线就可以求出润滑系数。表头的满量程为 50mA，表头的满量程的润滑系数 $\alpha$ 值为 0.5。按 $\alpha = 0.1I$（$I$ 为电流表指示读数），即可计算出润滑系数。

（3）操作步骤。

1）仪器的标定。

仪器出厂时已经标定但在使用过程中应定期标定，其步骤如下：

a. 使仪器侧倒放置，卸下扭力扳手，使试块脱离试环。

b. 开动电机，运转 5min 以上，使电机及主轴承润滑油温度稳定，以确保电机空载电流稳定。

c. 在主轴上装好量秤杆，用螺钉固定，使其处于平衡临界状态（即主轴的转矩与平衡杆自重所产生的转矩平衡）。调节零旋钮，使电表指针指零。

d. 在量秤杆的一端加一定砝码，电表的读数应符合下列规律，见表 3-29。

| 悬挂砝码重/g | 102 | 170 | 204 | 255 | 328 | 426 |
|---|---|---|---|---|---|---|
| 电表读数 | 0.12 | 0.20 | 0.24 | 0.30 | 0.385 | 0.5 |

表 3-29　　　　悬挂砝码重与电表读数对应关系

如果电表读数不符合上述数值，可调节 33K 电位器，然后反复测定其中任意两点。在卸下砝码后，量秤杆处于临界状态时，电表指针应仍指零。

2）试环与试块的标定。

a. 清洗试环与试块，要求其接触表面不得有任何杂质油污。

b. 将清洗后的试块安装在主轴上，用螺母固定，将试块安放在托架上。检查试环与试块的圆弧是否吻合，如不吻合，使之吻合。

c. 在试环内装约 300mL 的蒸馏水，试环与试块浸在液面以下，在无负载下，开动马达转至电流表指针稳定，用调零旋钮调指针指零。

d. 扭力扳手放在托架上，调扭力扳手读数刻度盘使指针指零，在运转情况下，扭力扳手缓慢加压至 5.67N·m，运转 5min，此时的电表读数应在 33～37，蒸馏水的润滑系数在 0.33～0.37。

e. 若蒸馏水的润滑系数值小于 0.33，则检查水中是否有油污，要反复检查试环、试块，换蒸馏水再测，若蒸馏水的润滑系数值大于 0.37，则检查试环、试块表面，当确实清洁无它物时，用研磨膏或金相砂纸打磨，在 5.67N·m 负载下运转，使其合乎要求。

3）泥浆润滑系数的测定。

a. 对蒸馏水标定合格后，将被测试的泥浆装入试样杯中。

b. 在无负载下开动马达，运转至电流表指针稳定。

c. 用扭力扳手缓慢加压至 221.97N，运转 5min，至电流表指针稳定，记下电表读数乘以 0.01，即为被测试的泥浆的润滑系数值。

d. 松开加压手柄，倒出被测泥浆，清洗试环和试块，涂上防锈油。

4）注意事项。

a. 一定要在无负载的情况下开动电机，运转正常后才能逐渐加压，严禁在负载下启动。

b. 试环与试块是仪器的关键部件，必须保持其表面光洁，每次用完后必须清洗干净，涂上防锈油。

# 3.4　孔内事故的预防与处理

钻探是一项隐蔽的地下工程，存在大量的模糊性、随机性和不确定性，是一项真正的高风险作业。处理孔内复杂情况和孔内事故的时间一般约占钻井施工总时间的 4%～8%，有的达 20% 以上。斜孔钻探工程不同于石油钻井、固体钻探等，斜孔稳定性相对较差，排渣不畅，钻杆回转接触孔壁。所以，钻探过程中经常遇到各种不同类型的孔内事故，特别是复杂地层事故就更加频繁。任何一个条件的改变，都可能诱发孔内事故的发生，而任何一个孔内事故的发生，如果处理不当，又都存在着事故进一步恶化的危险。特别是事故往往很难直接观察，对事故的具体情况只能依靠经验进行推理、判断，这就使得处理事故的决策异常困难。通过处理不同类型的孔内事故所得出的经验虽然不能在新的事故发生时完全照搬，但处理相近类型事故的基本原理与基本原则应该是一致的。而通过对事故发生的原因进行的分析、总结，又可形成一系列事故预防措施乃至规程，从而最大限度地减少孔内事故的发生。一旦发生事故，又可根据过去的成功经验进行快速决策和作业，以把事故的损失降到最低程度。

斜孔钻探返浆需要克服岩屑重力分量，容易产生岩屑床，发生沉渣卡钻，一旦发生事故，应做到处乱不惊，根据预案，结合具体情况进行综合分析研究，将预案转化成系列方案，按部就班严格执行，并随时根据实施过程中发生的新情况及时调整处理方案。只要判断准确，决策及时，措施到位，管理规范，就可以把事故所造成的损失减少到最低限度。

斜孔起下钻时，摩阻力大，需要借助钻柱的"推动"才能向前移动。地面显示管柱悬重与实际悬重相差较大，造成打捞、磨钻冲洗等事故处理时，钻压不易掌握，打捞成功与否不易判断；管柱拉力和扭矩损耗大，不能最大限度地传递到卡点上；管柱中和点无法准确掌握，倒扣时也无法准确掌握中和点，倒扣打捞落鱼长度短，起下打捞工具次数多等。

### 3.4.1 孔内事故的分类

（1）卡钻事故。卡钻是指钻具在孔内失去活动自由，既不能转动又不能来回起下，是斜孔钻孔常见的钻孔事故。卡钻原因主要是由于地层不稳定、钻孔结构设计不合理、工艺选择不当以及突发事件等造成。卡钻按其性质分为沉渣卡钻、黏吸卡钻、坍塌卡钻、砂桥卡钻、缩径卡钻、键槽卡钻、泥包卡钻、落物卡钻和钻头干钻卡钻等。斜孔钻进中，除落物卡钻相对较少外，其他卡钻事故的频率较高。

（2）钻具事故。孔内钻具折断、脱扣、坠落等。

（3）套管事故。套管整体下滑、中间断开、管壁损坏等。

（4）孔内落物事故。孔内掉入钻头、工具等坚硬小物件。

（5）固孔和注浆作业事故。

（6）测孔事故。

### 3.4.2 孔内事故预防的基本要求

（1）加强钻探生产技术管理，增强工作人员责任心，认真执行各项规章制度，严格遵守施工设计和操作规程，杜绝违章作业。

（2）全面了解区域环境与地质情况，制定孔内事故防治预案。

（3）注意钻探设备、钻具、机具、仪表的检查维护，确保运行正常、工作可靠。

（4）注重泥浆性能的调配和维护。

（5）在深孔或复杂地层施工应制定专门的安全技术措施。

（6）采用高效钻进技术快速通过不稳定地层。

### 3.4.3 孔内事故处理的基本原则和要求

#### 3.4.3.1 基本原则

1. 安全原则

孔内复杂与事故多种多样，孔下情况千变万化，处理方法、处理工具多种多样。总原则是将"安全第一"的思想，贯彻到事故处理全过程。制定处理方案、处理技术措施、处理工具的选择以及人员组织等均应有周密的策划，避免事故恶化。操作人员应熟知入孔打捞工具的结构和正确使用方法。处理方案中还应包括人员设备的防护和环境保护等措施。

2. 快捷原则

复杂与事故随着时间的推移而恶化，要求在短期内进行处理，不能延误时间。快捷原则体现在迅速决策制定处理方案。应制定多套处理方案，迅速组织处理工具与器材，加快处理作业进度，协调工序衔接，减少组织停工。同时有几套处理方案时应优选其中最有把握、最省时、风险最小的方案。

3. 科学诊断原则

科学诊断原则就是还原复杂与事故的本来面貌，科学分析，去伪存真，准确地描绘孔下情况，切忌主观臆断，或仅凭以往的经验，武断做出结论，以少犯错误，加快处理进度，减少经济损失。

4. 经济原则

根据事故性质、现场环境条件、地质条件、工具、器材供应状况、技术手段等，全面分析、评估事故处理的时间与费用。根据处理方案对比，若经济合算，则继续处理下去；若处理时间长，费用太高，则停止处理，另想其他办法，如条件许可，移孔位重钻或原孔眼填孔侧钻等。

**3.4.3.2 基本要求**

（1）事故发生后，应查清并详细记录事故发生的孔深，机上余尺，事故钻具的位置、规格类型和数量，并根据事故钻具损坏情况，正确分析判断孔内情况，采取相应的处理措施。

（2）在遇到孔壁不稳定、不能连续排除事故时，应先用优质泥浆护孔，保持孔壁稳定后再处理事故，防止孔内事故复杂化。

（3）用升降机提拉孔内事故钻具前，应对钻塔、钻机固定螺丝和提升系统进行全面检查。

（4）用钻机油缸和升降机同时顶拉事故钻具时，先以油缸最大额定上顶力将钻具顶紧，再用升降机提拉。卸载时，先松升降机，后打开油缸回油阀，不允许用升降机承受全部载荷。

（5）钻进中发生钻具折断或脱落事故，用丝锥对好后，应立即提钻，不允许继续钻进和卡取岩芯。

（6）任何时候均应盖好或遮严孔口，防止落物掉入。

（7）交接班时，交班班长要将本班采用的工具、方法、步骤以及取得的进展等情况详细向接班班长交代清楚。处理事故时，各岗位要按人员的技术熟练程度明确分工，密切配合，防止事故复杂化。

（8）复杂事故由机长主持处理。短期内不能排除的重大事故可由上级部门召开处理事故会议，确定处理方案，由机长遵照执行。

（9）短时间难以处理好的复杂事故，可封闭事故上方，采用侧钻绕障的方法处理。

**3.4.4 孔内事故处理的步骤和主要工具**

**3.4.4.1 孔内事故处理的步骤**

处理事故应按照先简易、后复杂的步骤进行，顺序如下：

（1）从提、打、振、捞、冲、抓、吸、粘、窜、顶等较简单易行的方法中选取。

（2）用反、套、切、钩等方法。

（3）用剥、穿、扫、泡等方法。

（4）用炸、绕等方法。

#### 3.4.4.2　孔内事故中处理的主要工具

（1）打捞锥类工具：孔内钻具折断、脱扣、滑扣以及钻具倒扣作用。孔内打捞工具最常用的是公锥、母锥、卡瓦打捞筒、卡瓦打捞矛等打捞工具。

（2）倒扣、切割工具：倒扣或切割是在浸泡、振击之后仍不能解除卡钻的条件下进行的下一步处理事故程序。外切割和倒扣一般用于被卡的钻柱或钻铤，而内切割一般用于管径较大的被卡管柱，如套管等。倒扣工具有测卡仪、爆炸松扣、反扣钻杆、倒扣接头、倒扣捞矛与倒扣打捞筒等；切割工具包括各种割刀。

（3）套铣工具：常见的套铣工具有铣鞋、磨鞋、铣管、防掉接头、套铣倒扣器等。

（4）其他孔底落物打捞工具：打捞孔底落物工具常见的有一把抓、打捞杯、打捞篮、打捞筒、壁钩或弯钻杆、可变弯接头、铅模以及缆刺等。

#### 3.4.4.3　卡钻事故的预防和处理

##### 1．卡钻事故的预防

斜孔清洗效果受环形空间泥浆上返速度和流变参数等因素的影响，随倾角的不同携砂效果也不一样，国内外对此问题也有较明确的论述。目前在深斜孔施工中，确实存在着孔眼清洗效果不好的问题，主要表现在以下几点：

（1）随着钻孔深度的不断加深，孔内返出岩屑逐渐减少，严重时只有进尺而无岩屑返出。

（2）下钻中的钻杆拖曳或钻进过程中的循环，极易形成"砂桥"。

（3）电测时，不定点遇阻、遇卡，必须通孔携砂，严重时需要划眼，清除孔内岩屑。

孔内存在大量的岩屑，无疑造成了孔内复杂情况增多，无法维持良好的泥浆性能，滤饼质量不好，增加了卡钻的几率，这也是引起深斜井卡钻多的又一重要原因。

施工措施不当也是造成卡钻的重要原因之一，如：

（1）泥浆性能方面：①泥浆性能维护不好，黏切高，失水量大；②润滑材料加入量少或效果差；③固控设备不配套，使用效果不好，造成泥浆固相含量高，含砂量大。

（2）其他措施方面：①钻具结构组合不合理，无防卡效果；②钻具在孔内静止时间长；③泵排量小，携砂不好；④携砂效果不好时，没有采取有效的清除孔内岩屑的措施（如短起下钻等）。短起下钻是清除岩屑沉积、净化孔眼和观察孔内压力平衡情况的主要手段，但是又增加了钻具对孔壁的摩擦效应，应综合考虑选择短起下时机；通过强化孔眼净化和使用润滑材料来实现泥浆的润滑性，极压润滑剂可以起到防卡和润滑的双重效果。

为确保钻探安全施工，必须通过制定和执行严密的技术措施来实现。

在轨迹设计和控制方面，根据施工现状应注意下列几点：

（1）重视"易卡孔段"的轨迹质量，采取跟踪测斜的措施，有条件的应使用导向钻井技术，防止出现孔斜角和方位角变化过大而形成的波浪形轨迹。

（2）地层层位、岩性、断层、岩石可钻性等变化情况对钻孔轨迹影响很大，应予以充分考虑。当钻孔轨迹没有控制好，对下步安全施工产生威胁时，应尽早采取果断措施，填孔重钻。

在泥浆方面，应对泥浆流变参数进行优选。大斜度深孔防卡对泥浆有如下要求：

（1）具有良好的携岩效果，保证孔内清洁，控制环空岩屑浓度。

（2）具有良好的润滑性，井内钻具摩擦阻力超过钻具悬重 30％时，加入固体润滑材料。

（3）防止易塌地层被冲蚀，保持孔壁稳定。

（4）有利于加快机械钻速。

**2. 卡点位置的计算**

卡钻事故一般发生在钻进、接单根和起下钻过程中。因孔壁掉块、键槽或缩径，冲洗液黏滞、钻柱落孔等使孔内钻具回转和提降受阻的孔内事故。卡钻事故处理前要准确确定出卡点位置，一般按如下公式估算：

$$L = \frac{\lambda EF}{P} = K\frac{\lambda}{P} \tag{3-13}$$

式中：$L$ 为卡点深度，m；$F$ 为被卡钻具的截面积，$cm^2$；$P$ 为上提拉力，kN；$E$ 为钢材的弹性系数，$2.1 \times 10^5 MPa$；$\lambda$ 为管柱平均伸长量，cm；$K$ 为计算系数。

侧卡具体操作步骤如下：

（1）检查钻机提升系统及指重表。

（2）上提管柱，当上提拉力比孔（井）内悬重稍大时，停止上提，使管柱保持静止状态，记录第一次上提拉力，记为 $P_1$。

（3）在与孔（井）口平齐处的管柱上做第一个标记，记为 $A$ 点，此位置作为基准位置。

（4）以 $A$ 点为基准点，在弹性伸长允许的范围内，上提管柱到位置 $B$ 点，位置 $C$ 点，位置 $D$ 点。

（5）量取基准点到这三个位置点的伸长量，记为 $\Delta\lambda_1$、$\Delta\lambda_2$、$\Delta\lambda_3$。

（6）对应记录上提拉力增量为 $\Delta P_1$、$\Delta P_2$、$\Delta P_3$。

（7）求取伸长量的平均值 $\lambda = (\Delta\lambda_1 + \Delta\lambda_2 + \Delta\lambda_3)/3$。

（8）计算拉力平均值 $P = (\Delta P_1 + \Delta P_2 + \Delta P_3)/3$。

（9）带入公式进行计算，算出卡点位置。

**3. 岩屑床沉渣卡钻**

岩屑在斜孔中的运移情况与它在直井中的运移情况不一样。在斜孔中，由于泥浆液流冲击力和重力构成的合力把岩屑推向下孔壁，所以，岩屑被运带过程中靠近下孔壁走，有的被携带出孔，有的就沉降在钻孔壁。随着斜度的增大，这一问题越来越严重，甚至造成岩屑床沉渣卡钻。另外，复杂松散地层岩屑颗粒较大，给进速度过快、泵量过小、没有定期冲孔作业，将产生大量的大颗粒岩屑，不易排出，特别是在深下斜孔钻进中钻进速度较快，产生的岩粉未能迅速及时排出孔口，造成卡钻。

斜孔中岩屑堆积形成砂桥式沉沙卡钻，特别是当泥浆切力低、钻孔漏失、钻速较快时容易砂桥卡钻。提钻前应充分循环，防止停止循环后，钻屑沉积在小孔眼处，造成卡钻。

由于不同地层的岩石硬度不同，钻进过程中不易掌握钻进压力和给进压力，遇到软岩时推进过快，造成钻孔内积聚的岩粉不能及时排出，导致卡钻。或者钻进过程中由于突然停电等原因停泵时间较长，钻具未能及时提至安全孔段等，导致大量的岩粉沉淀到孔底埋住孔底段钻具。

具体预防和解决措施如下：

（1）使用高黏度、高切力的泥浆。提高其携带和悬浮岩屑的能力，以使降低岩屑在输送过程中的下沉速度，达到减缓岩屑床形成速度的目的。

（2）坚持每次接单根前循环一周，尽可能把岩屑带出，减少孔内岩屑的浓度，从而减少停止循环后下沉到下井壁的沉垫床。

（3）在不影响孔壁稳定的情况下，尽量开大泵排量，使之成紊流，有利于岩屑的输送。

（4）钻进中使用螺旋钻杆和钻铤。螺旋钻具旋转时与孔壁组成一部"螺旋输送机"，它可把下孔壁沉积的岩屑往上赶，并可使岩屑翻滚。使之卷入环形空间高速流中去。因而，螺旋钻具是预防和清除沉垫床的有力工具。

（5）进行短程起下钻清砂，或下专门的清砂钻具进行清砂。清砂的目的就是要清除已形成的沉垫床。

4. 吸附卡钻

深斜孔易发生吸附卡钻的主要原因是压差大、钻具侧向力大、孔眼清洗效果差等造成。在冲洗液柱压力与地层孔隙压力的共同作用下，以孔壁泥皮为媒介，钻具与孔壁局部发生吸附导致的卡钻事故。斜孔钻探由于钻杆和孔壁接触面积大，钻具紧贴孔壁，在钻具侧向作用力大的孔段，钻具始终与井壁接触，侧向作用力越大，接触越紧密，越易形成封闭区。若处于渗透性砂岩孔段，一旦停止活动，在压差和钻具侧向力的共同作用下，短时间内即可发生吸附卡钻，泥浆性能不好，排渣不畅时，孔壁泥饼皮过厚，均易产生吸附卡钻。当钻孔结构在施工中已被认为不合理、压差值过大时，采取封堵渗透性低压层的方法来降低渗透性和提高承压能力。

钻孔轨迹是斜井施工的关键技术，不仅关系到能否准确中靶，达到地质要求，而且决定着钻具在孔内侧向力的大小，是大斜度深孔吸附卡钻的重要因素。

5. 坍塌卡钻

坍塌主要由于孔壁失稳造成，由于斜孔不同于直孔，孔壁稳定性较差，加之钻杆的回转敲击，特别在钻遇地层强度低、节理发育、钻穿后，孔壁产生自由面，应力重新分布或泵量太大，冲蚀严重，造成松散岩从孔壁剥落或脱落造成坍塌。其预兆不明显、突发性强。这种事故占钻探事故的50%以上。另外，因冲洗液性能不佳、提下钻时压力激动与抽吸作用导致孔壁坍塌、掉块，进而造成卡钻事故。地质构造、岩石应力和岩石种类等地质因素是造成坍塌卡钻的客观因素。根据研究，沉积岩中的70%的成分是泥页岩，而泥页岩是一种亲水性物质，泥页岩在吸水后，强度会大幅度下降，导致坍塌。一旦坍塌卡钻宜采取以下措施：

（1）活动解卡：在钻柱和设备能力范围内，采用上下提放的方式，重复操作该动作，直到解卡。但是如果此时的钻具已经被卡住，应在最大程度上保持循环同时结合钻具的性能，注意不能强行拔出，最好在卡钻初期进行解卡，这样才能最大程度上降低损失。

（2）振击解卡：卡钻后首先要准确在卡点周围进行具有一定的频率的振击，结合钻柱和其他工具进行解卡。

（3）倒扣与切割解卡：先判断卡点位，然后再利用反扣钻具和反扣工具（如公母锥、捞筒、安全接头等）进行倒扣操作。还可以采用爆炸松口和局部机械切割等配合倒扣作业。

（4）钻磨铣套法：通常是先取出卡点以上杆柱，然后再使用合适的钻头、磨铣鞋、套铣筒等硬性的工具处理，如对电缆、钢丝绳、粗径钻具等都进行钻磨、套铣、清除，最终完成卡阻的解卡工作。

**6. 缩径卡钻**

钻遇遇水膨胀地层、蠕变地层；或钻遇地层渗透性强、泥浆性能滤失性能不能满足要求，可能导致缩径卡钻事故。钻进期间如遇到软岩时，应慢速钻进，穿过软岩后，应反复扫孔，防止缩径卡钻。

**7. 键槽卡钻**

在地层可钻性级别低、钻孔顶角和狗腿度较大的情况下，非外平钻杆柱在提下钻过程中反复摩擦孔壁下帮，可能在狗腿度大的孔段拉出键槽，引起卡钻。斜孔钻进，在钻具侧向力的作用下，钻具无论是转动还是上下活动都与孔壁发生摩擦，这种摩擦效应导致在松软地层孔段形成键槽，特别是钻具接头和钻柱管体旋转摩擦孔壁，使孔壁出现凹槽，从而增大了钻具与孔壁的接触面积。键槽越严重，接触面积越大，键槽卡钻越严重。斜孔中的孔内清洗效果本身就比直孔差，键槽因素又造成孔径扩大，环空上返速度变慢，易造成岩屑沉积，造成孔壁滤饼质量差，摩擦系数大，形成恶性循环。

**8. 泥包卡钻**

由于地层松软水化成泥团附在钻头、扩孔器、扶正器等粗径处，加之泥浆性能差，滤饼泥皮松软，导致泥包卡钻。

**9. 干钻卡钻**

由于钻头设计不合理、糊钻、堵塞或冲洗液循环短路、泵量不足、冷却不足等原因引起干钻烧钻或楔死，形成卡钻。

**10. 卡钻事故的处理程序**

卡钻事故的处理遵循以下 6 个处理程序：

（1）一通。保持水眼畅通，恢复冲洗液循环；卡钻后，尽可能维持泥浆循环，保持循环畅通。一旦循环丧失，就失去了浸泡、爆炸松扣的可能，并诱发塌孔和砂桥的形成，加重卡钻事故处理的难度。

（2）二动。活动钻具，上下提拉或扭转，以提拉为主；卡钻后，开始以提、窜为主，继而用拉顶结合或增加工作钢丝绳数来增大提升能力；在提拉、扭转钻柱时，不能超过钻杆的允许拉伸负荷和允许扭转圈数，保持钻柱的完整性。一旦钻杆被拉断和扭断，断口不齐，会造成打捞工具套入困难，同时下部钻柱断口会被钻屑和孔壁落物堵塞，给打捞作业造成极大困难。

（3）三泡。注入解卡剂，对卡钻部位进行浸泡；处理泥包、泥皮黏附卡钻和岩粉埋钻可以采用油浴或盐酸浴解卡法，首先降低冲洗液密度，再将一定数量的石油、废柴油或废机油通过泥浆泵压注到卡钻事故孔段，浸泡 $8\sim16h$，每隔 $1.5\sim2h$ 上下活动钻具一次；盐酸浴解卡法是生物岩、碳酸岩等地层解卡的有效方法，将 $3\%\sim5\%$ 浓度的稀盐酸溶液通过钻柱或孔口注入孔内，浸泡 $1\sim2h$，并辅助活动钻具，配合拉顶一般可以解卡。

（4）四振。使用振击器振击（单独振击或泡后振击）；提、顶、窜无效时，应采用振、打等方法解卡。

（5）五倒。套铣、倒扣；上述方法处理无效后，将钻杆全部返回，再用削、磨钻头，将孔内事故遗留钻具消灭。

（6）六侧钻。在鱼顶以上进行侧钻。

### 3.4.4.4 事故处理方法

事故处理时，需要根据实际情况采用不同的打捞工具。打捞工具的选择应遵循"下得去、抓得住、起得出、有退路"的原则。

一般斜孔需要设计特殊的接头和工具进行打捞，选择工具接头及配合接头的最大外径与预捞管柱外径基本一致，以便有利于抓捞落物。打捞工具与落鱼的偏心距基本一致，中心线基本一致，尽可能采用与落鱼尺寸接近的打捞钻柱，这样就只需小量调整或不需调整钻柱偏心距和中心线，否则应给予调节。常见的打捞工具有卡瓦打捞筒、丝锥、磁力打捞器等。内捞工具端部有引锥，外捞工具端部要有外倒角，外表面无死台阶，防止挂卡现象发生。

斜孔打捞工具受重力影响而靠孔壁低边，其中心与落鱼中心将自然形成一定的偏心距，如何解决偏心距问题，就成了工具能否顺利入鱼从而实现成功打捞落鱼的关键。

#### 1. 卡瓦打捞筒打捞

卡瓦打捞筒是最常用的打捞工具，其最大特点是安全、可靠，受力大，不会使事故复杂化。它是从落鱼外部进行打捞，主要用于打捞钻杆、钻铤等外径平滑的管类落鱼。捞后还可以憋压循环以便于解卡，如落鱼被卡死，还可以退出打捞筒，且操作也很容易。卡瓦打捞筒的基本结构如图 3-21 和图 3-22 所示。在使用卡瓦打捞筒打捞时，应首先根据落鱼抓捞部位尺寸选用卡瓦、控制圈、密封元件，并按要求组装好，确定好卡瓦打捞筒的下入位置。另根据需要，还配有加长节、壁钩、加大引鞋等附件，可用来打捞倚靠井壁的落

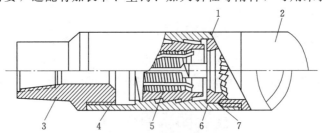

图 3-21 篮式卡瓦打捞筒

1—篮卡控制圈；2—引鞋；3—上接头；4—外筒；
5—篮式卡瓦；6—R 形密封圈；7—O 形密封圈

鱼。当卡瓦打捞筒下到鱼顶时，在缓慢转动的同时，下放打捞钻柱，把落鱼套入打捞筒的引鞋内，鱼顶到达带铣齿的篮卡控制圈时，慢慢转动打捞钻柱。铣去鱼头毛刺，继续下放，打捞钻柱，当卡瓦下端到达鱼头时，加压 30～50kN，落鱼上顶卡瓦并将卡瓦胀开让落鱼通过，直到卡瓦到达落鱼的抓捞位置为止，上提卡瓦打捞筒，筒体相对卡瓦上移，外筒锯齿斜面迫使卡瓦收缩，卡瓦内的牙齿便咬住落鱼。捞住落鱼后，必要时可开泵循环，但不能转动钻具，以免落鱼滑脱，然后便可起钻，捞出井内落鱼。

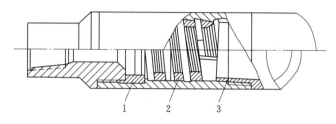

图 3-22 螺旋卡瓦打捞筒

1—A形密封圈；2—螺旋卡瓦；3—螺旋控制圈

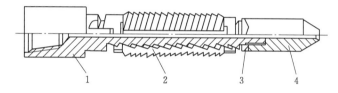

图 3-23 打捞矛结构示意图

1—心轴；2—卡瓦；3—释放环；4—引鞋

**2. 打捞矛打捞**

打捞矛是一种结构简单、工作可靠的打捞工具，基本结构如图 3-23 所示，它由心轴、卡瓦、释放环和引鞋组成。

打捞矛是从管内打捞钻杆本体和套管，因为它咬合落鱼的面积较大，不会损坏落鱼，当落鱼提捞不起时，打捞矛容易松脱和退出，将落鱼丢掉。打捞矛的卡瓦内部是左旋锯齿与心轴锯齿相结合，释放环的凸缘与引鞋端面凸缘是一个安全装置，它能抵抗打捞矛的锁紧、黏结或卡住，以保证容易释放。正转则可使打捞矛脱开落鱼。

用打捞矛打捞时，首先要选择与落鱼内径相适应的打捞矛，然后慢慢下入井内打捞钻柱，直到打捞卡瓦进入落鱼体内的预定位置，向左旋转一整圈或两圈，然后上提打捞钻杆，这时卡瓦被心轴锯齿斜面胀大，使卡瓦外齿咬住落鱼内壁，便可捞出落鱼。

**3. 公锥、母锥打捞**

公锥、母锥打捞落鱼在现场使用最为普遍，随着钻杆材料强度的提高和新打捞工具的出现，这种方法依然不失为一种方便有效的打捞方法。公锥的结构如图 3-24 所示。它是一圆锥体，中间带水眼，上部与钻具相接，圆锥体上车有打捞丝扣，经表面渗碳、淬火使其硬化，以便能够在落鱼上造扣。公锥有正扣公锥和反扣公锥以及短公锥等。打捞时，将公锥插入落鱼水眼内，然后加压旋转造扣，以达到捞起落鱼的目的。只要鱼顶水眼规则能够造扣，鱼顶管壁较厚，如接头、钻杆内加厚部分、钻铤等，均可用公锥打捞，但对壁薄的，如钻杆本体不宜用公锥打捞。打捞时，要计算好鱼顶位置，下钻至鱼顶上 0.5m 处开泵循环 10～20min。记住这时的泵压和悬重，然后下放探鱼顶，根据泵压和悬重的显示及操作者的感觉可以判断公锥是否碰到鱼顶，是否插入到鱼顶的内孔。若碰到鱼顶，则悬重下降，泵压上升。如果已经确定进入落鱼，则可停泵造扣。造扣时加压 20～40kN，旋转 3～4 圈，开泵循环，若泵压上升则可继续造扣。造扣时悬重上升，表示公锥在造扣，这时要适当送钻，跟上造扣的速度。同时要准确记下造扣圈数。造扣已够后，则可开泵循环，冲洗钻头上沉积的钻屑后，便可试提。若下入公锥摸不着鱼顶时，应当核对鱼顶深度和打捞钻具入井深度有无错误，或将打捞钻具多下入一点摸鱼顶，若鱼顶偏离井眼中心摸不着时，可下入弯钻杆带公锥或壁钩带公锥去打捞。

母锥的结构如图 3-25 所示，其作用与公锥相同，所不同的是从落鱼的外部造扣，所以内锥面上有打捞丝扣。母锥多用于打捞钻杆本体，不宜捞接头。它要求鱼顶外径规则，否则造扣不正，不易捞取。在实际使用中由于母扣造扣不如公锥造扣牢，故使用较少。

4. 一把抓打捞

一把抓是一种结构简单、制造容易、使用方便的打捞工具。常用于打捞钻头牙轮之类的落物，其结构如图 3-26 所示。打捞时把工具下至井底稍微循环洗井以后，下探几个方位，找放入最多的地方，加压 10～20kN，转 3～4 圈，然后再加压 30～40kN，转 5～6 圈。在加压转动过程中若无憋劲，而且悬重较快恢复，是捞住的象征，则可起钻。一把抓使用不慎易断牙爪，在起钻遇阻严重的井下不宜使用，在井斜较大的井不宜使用，以免在下钻中途将齿包拢。

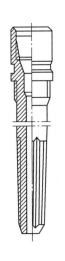 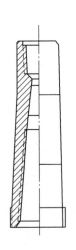 

图 3-24　公锥结构图　　　图 3-25　母锥结构图　　　图 3-26　一把抓结构图

5. 套铣打捞

在强力回转、串动法无效时，可采用回转套取事故钻具，打通堵塞实现套铣。但是，套铣过程也存在坍塌卡钻的危险性，应关注钻进参数以及孔口返浆情况，出现异常及时采取措施，防止事故恶化。套铣工具如图 3-27 所示。

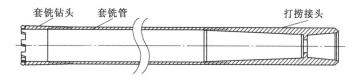

图 3-27 套铣工具

6. 平底铣（磨）鞋磨碎落物法

在井底落物不易打捞的情况下，可下平底铣（磨）鞋将井底落物磨碎，平底铣（磨）鞋结构如图 3-28 所示，底部有辐射状牙齿，牙齿表面是硬质合金堆焊层，使用时应加够一定压力，用低挡转速，保持磨铣平稳，每磨 10～15min，提起划眼一次，以便将挤入井壁的碎块划下来后再磨。在磨的过程中，若发现泵压升高，则可能是牙齿磨平，应起钻另换铣（磨）鞋。平底铣（磨）鞋可以和磁铁打捞器交替使用，在硬地层中磨鞋的效果较好。落物种类很多，打捞工具也是多种多样的，除了上述几种常用工具外，有时还要根据落物的特殊形状设计专门的打捞工具。

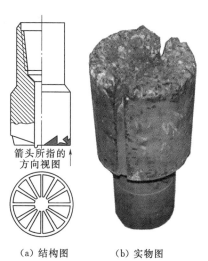

（a）结构图　　　（b）实物图

图 3-28 平底铣（磨）鞋结构图和实物图片

### 3.4.5 斜孔孔内事故实例

某斜孔需要揭露复杂地质体，地质构造变化带或裂隙发育地层，发现钻机回转吃力，泵压升高，孔内返水变小，返水颜色短时变混浊，钻渣碎石较多。司钻人员立即旋转起钻，待孔内返水带渣减少时，又开始下钻，钻机回转阻力又增大，由于盲目增加钻压造成卡钻。

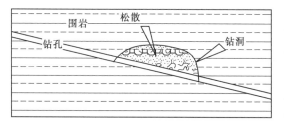

图 3-29 坍塌事故形成的钻洞

事故原因分析：可能钻遇复杂地层，钻孔上方产生失稳，出现坍塌掉块现象，也有可能出现钻孔直径远大于理论直径的空洞，形成"钻洞"现象，如图 3-29 所示。钻洞内泥浆流速较小，难以形成排渣通道，出现憋钻、抱钻现象。

事故处理过程如下。

1. 采用强力回转、串动法

该方法是处理坍塌卡钻的首选方法。处理事故前将钻机扭矩调整到安全范围，保障钻机即使在最大扭矩下不会将钻具扭断。同时，调整泥浆的黏度和切力，通过转速的变化和前后窜动相结合的方法，将扭矩和轴向力传递到卡钻处，对坍塌碎屑挤压、碾压和振动，从而解卡。

2. 钻孔后续判断与处理

（1）如果卡钻时，钻杆在孔内有上下弹跳现象，钻机旋转不稳，说明孔底岩石裂隙发育，孔内有活动碎石，而且岩石是坚硬的，在这种情况下，起钻后可直接向孔内注浆，因为岩石脆性强，裂隙畅通，容易注浆，当裂隙注满升压以后即可。待浆液凝固48h以后，可以继续钻进。

（2）如果当时钻机的回转压力是逐渐增大，说明孔底钻遇的是松软岩层，是塌孔形成了"钻洞"，在钻头和钻杆的搅动下越堆越多，越搅越碎，越搅越实，造成卡钻。一般应当注浆处理，但软岩注浆效果差，故应该更换为"一"字形钻头，或者不带钻头，用水反复冲洗钻孔，尽可能地多冲出岩石碎渣，让塌孔部位充分"塌落"形成空洞，然后把钻杆与注浆管连接，从钻杆中注入浓水泥浆到孔底，在注浆压力作用下，孔底浆液向上顶起沉淀的碎渣，底部上升的岩石碎渣会在这里挤紧，注浆压力会逐渐上升，浆液不仅充满了塌孔空间，而且也挤入岩石缝隙，加固了松软岩层。

3. 后续预防措施

当钻遇复杂地层时，应及时起拔钻杆至安全位置，根据岩石软硬程度来调整钻进速度和给进压力，遇到松软岩时，适当放慢钻进速度和减小钻进压力，多提拉钻杆，及时排除孔内岩粉，可以避免或减少钻探事故发生。

根据孔内岩石硬度，合理选择钻头类型，提高钻进效率。软岩长时间浸泡更容易发生塌孔，交接班时间做到不停钻，尽快施工结束钻孔，减少钻孔塌孔概率。

适当加大泵量，有利于钻孔排渣，施工中要注意观察孔口排粉量大小，发现排粉量小或返水小，要往返钻进，待钻屑排除后再恢复正常钻进。

停钻取芯时，应将钻具提起距孔底 3～5m 的高度，待孔内反出岩粉少时方可停泵，保证钻渣沉淀不埋钻；重新钻进时，应开泵将孔内钻渣冲洗干净后钻进，缓慢钻至孔底后方可正常钻进。

### 3.4.6 漏失地层的防漏堵漏技术

钻孔漏失是指在钻进过程中泥浆在压差的作用下，漏失到地层中的一种孔内复杂的情况。

钻孔漏失的产生条件：一是地层存在着正压差；二是地层中存在着漏失通道及较大的足够容纳液体的空间；三是此通道的开口尺寸大于泥浆中固相的粒径。

漏失发生后，不仅会耗费钻进时间，延长钻进周期，损失泥浆，造成巨大的物资损失，而且还有可能引起卡钻、井塌等一系列复杂情况。漏失的基本形态主要有孔隙型、裂缝型和洞穴型。

#### 3.4.6.1 漏失的影响因素

发生漏失的原因主要是地层存在天然漏失通道，泥浆的液柱压力大于地层漏失压力；泥浆的液柱压力大于地层破裂压力，泥浆压裂地层。

1. 影响漏失压力的因素

影响漏失压力的因素主要有地层天然漏失通道的大小、形态与漏层厚度。对裂缝型漏失包括裂缝开口尺寸、发育程度、形态、连通状况、地层漏失通道中流体的流变性。泥浆进入漏失通道必须克服地层中流体发生流动的阻力，此流动阻力随地层中流体黏度增高而增大。

2. 影响孔内泥浆动压力的因素

钻探施工中，泥浆的流动作用对地层的压力不是恒定不变的，受到较多因素的影响，称为泥浆动压力。

钻进漏失往往是由于循环泥浆的相对密度过高造成的。环空中泥浆返速过大和过小都可能引起循环漏失。返速过大，泥浆流动产生的环空耗能大，导致孔底压力大于地层破裂压力或漏失压力引起孔内漏失；环空返速过小，不能有效地携带岩屑，使环空岩屑浓度过大，若大到使孔底压力大于地层漏失压力时，则会造成漏失。

钻进过程中的各种作业还会产生激动压力。当下钻或下套管、划眼过程中，在发生憋泵、恢复循环等情况下，孔内会产生附加的压力，这种附加压力的数值在作业过程中是变化的，称为激动压力，主要与泥浆的静切力、泥浆黏滞力和钻具惯性力有关。

#### 3.4.6.2 钻进过程中漏层位置的确定

1. 观察钻进情况

凭经验观察钻进时的反应，可以准确判断天然裂缝、洞穴型漏层的位置。一般在钻开天然裂缝性岩层时，通常泥浆会突然快速漏失，并伴随有扭矩增大和整跳钻现象。当钻开洞穴性岩石层段时，钻进情况可能会从上述扭矩变化发展到加不上钻压，而钻进放空。当遇到上述情况的同时出现漏失，说明为洞穴漏失。

2. 观测泥浆变化情况

当遇到含水层并发生漏失时，泥浆消耗量会突然增加，所以要特别注意观察突然大量漏失时单位时间的耗浆量。如果漏失严重，不返泥浆时，则应尽快观测钻孔内液面高度，必要时应起钻观测含水漏失层的静液面，并通过向孔内定量注水，测量不同时间的动液面变化数据。

#### 3.4.6.3 漏失的预防

对付漏失应坚持预防为主的原则，预防方法见表 3-30。

表 3-30　　　　　　　　　　　　漏失的预防方法与措施

| 方　　法 | 防　漏　措　施 |
| --- | --- |
| 设计合理的钻孔结构 | 1. 准确预测地层孔隙压力、破裂压力、漏失压力剖面；<br>2. 判别漏失层；<br>3. 设计合理钻孔结构，封隔漏失层与高压层 |
| 降低泥浆动压力 | 1. 选择合理泥浆密度与类型、实现近平衡压力钻进；<br>2. 降低泥浆环空压耗；<br>3. 降低泥浆激动压力 |
| 提高地层承压能力 | 1. 调整泥浆性能；<br>2. 预先加防漏材料，循环堵漏；<br>3. 先期堵漏 |

#### 3.4.6.4 漏失的处理

1. 堵漏的原则

堵漏分临时性堵漏和永久堵漏。在堵漏前必须分清，然后采用相应的堵漏物质。比如后续压水试验则需要临时堵漏，当需要时打开漏层；若漏层不影响测试，只是为了施工的需要，则可以考虑永久堵漏。同时，各种堵漏物质按下述基本步骤在漏层建立堵塞隔墙：

（1）堵漏物质到达漏层时，其固相颗粒的物理特性（如形状、尺寸、浆液流变性等）要适应漏失通道的复杂形态，堵剂能按设计的数量进入漏层。

（2）不影响后续测井，堵剂进入漏层后应能很快固化，不能连续地进入地层深处，失去堵漏意义。

（3）堵剂形成的隔墙必须具有一定的机械强度，并与漏失通道有牢固的黏结强度，不致产生假堵现象。

2. 堵漏的方法

（1）静止堵漏。该方法是在发生完全或部分漏失的情况下，将钻具从漏失孔段起出（起至上层套管或完全孔段内），静止一段时间（一般8～24h）漏失现象即可消除。

（2）桥接材料堵漏法。该方法是利用不同形状、尺寸的惰性材料，以不同的配方混合于泥浆中直接注入漏层的一种堵漏方法，该方法应根据不同的漏层性质，选择堵漏材料的级配和浓度，否则在漏失通道中形不成"桥架"，使堵漏失败。该方法适用于孔隙和裂缝造成的部分漏失和失返漏失。

（3）化学堵漏法。该方法具有以下优点：堵漏浆液密度低，凝固时间调整范围大，浆液的渗滤能力较强，滤液也能固化，可堵塞微孔缝漏层，堵漏后钻碎的塑胶屑对泥浆性能无不良影响，在孔底条件下固化的塑胶堵塞体强度高，稳定性好，但化学堵漏材料价格高。该方法使用的化学产品较多，其堵漏工艺也有一些区别。

（4）无机胶凝物质堵漏法。该方法主要是以水泥浆及各种混合稠浆为基础，一般用于较为严重的漏失，一般要求漏层位置比较清楚（清楚漏层位置和漏层压力）。主要用以处理张开值为8～30mm的自然横向裂缝、破碎岩石的漏失。目前采用该方法的成功率较低，主要原因是施工设计中计算不准确和施工工艺出现差错所致。

采用此方法要避免泥浆混入水泥浆，使其堵漏质量不佳。在施工时可以在注水泥浆之前先注入一段隔离液。隔离液可以采用浓度为1%～2%的CMC溶液，在施工时除注意和地层压力平衡外，还要注意钻具内外的水泥浆面平衡。

（5）软硬塞堵漏法。软硬塞指的是所形成的堵塞不固化，它是靠形成不流动的黏稠物体封堵漏层，它适用于较大裂缝或洞穴漏失。因为软塞切力大、流阻大，可限制裂缝的发展。在挤压时，软塞不仅可以堵住大裂缝，也能堵住小裂缝。软硬塞类堵漏浆液主要有以下几种：

1）柴油膨润土浆：柴油膨润土浆是由柴油、膨润土、纯碱、石灰等按一定比例混配而成，其中，膨润土属憎油性材料，因此，可配制固相浓度很高的柴油膨润土混合物。当混合物被泵入漏层与水接触后，悬浮着的膨润土颗粒开始水化，并从油中分离出来，结成一团坚韧的油泥块，从而达到堵漏的目的。

国外推荐的柴油膨润土浆的加量为：柴油：膨润土=1:1.4（重量比），配出的浆液密度为1.38g/cm³。该柴油膨润土浆与泥浆混合后，能形成具有相当高的剪切强度的堵塞物。泥浆与该柴油膨润土浆的比例可以在1:1～1:3范围内使用，其剪切强度可达0.2～0.3MPa。

2）剪切稠化液：剪切稠化液是由分散在油气水乳化液中的水膨胀材料所组成的一种多组分体系，它具有很高的黏度，在钻杆内低剪切速率时，它是可泵送的液体，但当其通过钻头喷嘴时，在高剪切速率下，便稠化成一种不可逆转的高强度稠膏，用来封堵漏层。

（6）复合堵漏法。由于不同类型的漏层漏失异常复杂，漏失情况多变，用单一的堵漏剂处理往往成效不大。对严重漏失，采用复合堵漏会大大提高成功率。表 3 - 31 是处理不同的严重性孔漏的常用复合方式。

表 3 - 31　　　　　　　　　　复合堵漏法的常用复合方式

| 序号 | 复 合 方 式 | 处 理 对 象 |
|---|---|---|
| 1 | 化学凝胶＋水泥浆 | 严重漏失 |
| 2 | 桥堵泥浆＋水泥浆 | 大裂缝漏失 |
| 3 | 水泥浆混桥接剂 | 大裂缝漏失 |
| 4 | 高失水堵剂混桥接剂 | 大裂缝漏失 |
| 5 | 暂堵剂混桥接剂 | 产层、大裂缝漏失 |
| 6 | 化学凝胶混桥接剂 | 水层、大裂缝漏失 |
| 7 | 单向压力封闭剂（简称"单封"）混桥接剂 | 一般孔隙性、裂缝性漏失 |
| 8 | 单封混高失水堵剂 | 较大孔隙性、裂缝性漏失 |
| 9 | 高失水堵剂混化学膨体 | 大裂缝漏失 |
| 10 | 重晶石塞＋桥接泥浆＋水泥浆 | 水层、大裂缝漏失 |
| 11 | 复合堵漏剂（FDJ） | 小裂缝、中裂缝、大裂缝漏失 |
| 12 | 柴油膨润土浆＋屏蔽暂堵剂 | 低压高孔渗砂岩水层漏失 |

# 参 考 文 献

[1]　乌效鸣，蔡记华，胡郁乐. 泥浆与岩土工程浆材 [M]. 武汉：中国地质大学出版社，2013.

[2]　胡郁乐，张绍和. 钻探事故预防与处理知识问答 [M]. 长沙：中南大学出版社，2010.

[3]　吉孟瑞，孙桂明，吴昌庆，等. 地下洞库勘察中的深斜孔钻探和压水试验技术 [J]. 山东地质，2001（02）：56 - 60.

[4]　蒋兵，刘勇. 东雷湾矿区复杂地层深斜孔钻探技术 [C]//第十八届全国探矿工程（岩土钻掘工程）技术学术交流年会论文集，2015：308 - 312.

[5]　赵磊，喻广建. 复杂地形—地盘多孔大角度斜孔钻探技术研究 [J]. 地下水，2017，39（02）：147 - 149.

[6]　刘双亮. 大位移大斜度井井眼净化研究 [D]. 荆州：长江大学，2012.

[7]　金衍，陈勉，柳贡慧，等. 弱面地层斜井井壁稳定性分析 [J]. 石油大学学报（自然科学版），1999，23（04）：33 - 35.

[8]　陈勉，金衍，张广清. 石油工程岩石力学 [M]. 北京：科学出版社，2008.

[9]　刘向君，陈一健，肖勇. 岩石软弱面产状对孔壁稳定性的影响 [J]. 西南石油学院学报，2001（06）：12 - 13＋20 - 5＋4.

[10]　Lee H，Ong S H，Azeemuddin M，et al. A wellbore stability model for formations with anisotropic rock strengths [J]. Journal of Petroleum Science and Engineering，2012，S96 - 97（19）：109 - 119.

[11]　马天寿，陈平. 层理页岩水平井井周剪切失稳区域预测方法 [J]. 石油钻探技术，2014，42（05）：26 - 36.

[12]　Jaeger J C，Cook N G W，Zimmerman R W. Fundamentals of rock mechanics，4nd Edition [M]. Chicester：John Wiley and Sons Ltd，2007.

[13]　Zhang W D，Gao J J，Lan K，et al. Analysis of borehole collapse and fracture initiation positions

and drilling trajectory optimization [J]. Journal of Petroleum Science and Engineering, 2015, 129: 29－39.

[14] 程远方, 徐同台. 安全泥浆密度窗口的确立及应用 [J]. 石油钻探技术, 1999 (03): 16－18.

[15] 丰全会, 程远方, 张建国. 井壁稳定的弹塑性模型及其应用 [J]. 石油钻探技术, 2000, 28 (4): 9－11.

[16] 徐同台, 赵忠举. 21 世纪初国外钻井液和完井液技术 [M]. 北京: 石油工业出版社, 2004.

[17] 徐同台. 钻井工程孔壁稳定新技术 [M]. 北京: 石油工业出版社, 1999.

[18] 李天太, 高德利. 孔壁稳定性技术研究及其在呼图壁地区的应用 [J]. 西安石油学院学报 (自然科学版), 2002 (03): 23－26＋4.

[19] 雷正义. 砂泥岩地层井壁力学稳定性研究及软件编制 [D]. 成都: 西南石油学院, 2004.

[20] 高德利, 王家祥. 谈谈定向井井壁稳定问题 [J]. 石油钻采工艺, 1997, 19 (1): 1－4.

[21] 王力, 刘春雨, 杨锐, 等. 利用测井资料计算井壁稳定条件研究 [J]. 西部探矿工程, 2003 (11): 59－60＋63.

[22] 黄荣樽, 邓金根, 陈勉. 孔壁坍塌压力和破裂压力的计算模型. 钻井工程孔壁稳定新技术 [M]. 北京: 石油工业出版社, 1999.

[23] 楼一珊, 刘刚. 大斜度井泥页岩井壁珠力学分析 [J]. 江汉石油学院学报, 1997 (01): 63－66.

[24] 刘向君, 叶仲斌, 王国华, 等. 流体流动和岩石变形耦合对井壁稳定性的影响 [J]. 西南石油学院学报, 2002 (02): 50－52＋2.

[25] 刘玉石, 白家祉, 黄荣樽, 等. 硬脆性泥页岩井壁稳定问题研究 [J]. 石油学报, 1998 (01): 95－98＋8.

[26] 邓金根, 张洪生. 钻井工程中井壁失稳的力学机理 [M]. 北京: 石油工业出版社, 1998.

[27] 李自俊. 预测破裂压力梯度的新发展 [J]. 国外钻井技术, 1998 (4): 39－44.

[28] 梁何生, 刘凤霞. 一种地层破裂压力估算方法及应用 [J]. 石油钻探技术, 1999 (06): 14－15.

[29] 刘向君. 井壁力学稳定性原理及影响因素分析 [J]. 西南石油学院学报, 1995 (04): 51－57.

[30] 范翔宇, 夏宏泉, 陈平, 等. 测井计算钻井泥浆侵入深度的新方法研究 [J]. 天然气工业, 2004 (05): 68－70＋151.

[31] 孔祥言. 高等渗流力学 [M]. 合肥: 中国科学技术大学出版社, 1999.

[32] Paslay P R, Cheatham J B. Rock Stresses Induced by Flow of Fluids into Boreholes [J]. Soc. Petvd. Engrs. J. 1963, 3 (1): 85－94.

[33] 刘玉石, 黄克累. 孔隙流体对井眼稳定的影响 [J]. 石油钻探技术, 1995 (03): 4－6＋11＋60.

[34] 李敬元, 李子丰. 渗流作用下井筒周围岩石弹塑性应力分布规律及井壁稳定条件 [J]. 工程力学, 1997 (01): 131－137.

[35] 李建春, 俞茂宏, 王思敬. 井筒在孔隙压力和渗流作用下的统一极限分析 [J]. 机械强度, 2001 (02): 239－242.

[36] 董平川, 徐小荷. 流固耦合问题及研究进展 [J]. 地质力学学报, 1999 (01): 19－28.

[37] 熊伟, 田根林, 黄立信, 等. 变形介质多相流动流固耦合数学模型 [J]. 水动力学研究与进展, 2002 (06): 770－776.

[38] 梁冰, 薛强, 刘晓丽. 多孔介质非线性渗流问题的摄动解 [J]. 应用力学学报, 2003 (04): 28－32＋161.

[39] 杨立中, 黄涛. 初论环境地质中裂隙岩体渗流-应力-温度耦合作用研究 [J]. 水文地质工程地质, 2000 (02): 33－35.

[40] 李晓江, 张文飞. 井眼稳定的耦合解法. 钻采工艺 [J], 1996 (01): 17－20.

[41] 尹中民, 武强, 刘建军, 等. 注水井泄压对井壁围岩应力场的影响 [J]. 岩土力学, 2004 (03): 363－368.

［42］　徐志英. 岩石力学 ［M］. 北京：水利电力出版社，1993.

［43］　刘平德，牛亚斌，王贵江，等. 水基聚乙二醇钻井液页岩稳定性研究 ［J］. 天然气工业，2001，21 （6）：57－59.

［44］　蒲晓林，黄林基，罗兴树，等. 深井高密度水基钻井液流变性、造壁性控制原理 ［J］. 天然气工业，2001 （06）：48－51＋115－116.

［45］　程远方，徐同台. 安全泥浆密度窗口的确立及应用 ［J］. 石油钻探技术，1999 （03）：16－18.

# 4 大顶角超深斜孔钻探装备及机具

表征大斜度钻孔钻机能力的主要指标为钻孔深度、钻杆直径、钻孔倾角、给进行程、回转速度、输出扭矩、起拔和给进能力、电机功率、外形尺寸及重量等。

大斜度钻进使用的钻探设备跟常规钻探相比，主要优势体现在施工效率和施工质量保障性方面。

（1）大斜度钻孔钻进时，所需钻压大，水平分力亦大，需选用机重大、重心低、功率大的设备。施工风险大时，选择能力大的设备，具有较强处理粘卡事故的能力。

（2）钻机要求角度调整方便以适应不同大斜度钻进要求，扭矩大以适应斜孔回转阻力大的要求，同时要兼顾高速回转特性，适应于金刚石回转钻进工艺；钻机具有夹持拧卸功能以适应斜孔钻钻杆的起下钻工序，起下钻操作空间较大。

（3）钻塔不同于直塔，需要满足斜孔施工的水平负载和稳定性要求。

（4）泥浆泵性能参数需满足斜孔条件下钻孔冲洗要求和斜孔孔内机具的工作要求，与常规钻进相比钻探泵结构不做特殊要求。

（5）斜孔钻探的钻杆要求更高。斜孔由于回转阻力较大，钻杆强度等级和加工要求更高。同时应兼顾排渣能力，复杂地层大斜度钻孔钻杆宜采用螺旋槽钻杆和三棱钻杆。

## 4.1 钻 机 及 辅 助 设 备

### 4.1.1 钻机

适应于大顶角超深斜孔钻探的钻机按照回转器不同可分为立轴式、移动回转器式。移动回转器式又分为全液压动力头式和机械动力头式。

立轴式钻机在地面勘探中占据主导地位，但在钻进大斜度孔时用升降机起下钻具操作不便，一般也难于实现机械拧卸钻杆，而且滑车系统占用空间大。因此，大斜度钻机多采用移动回转器式的无塔式钻机。有塔式钻机和无塔式钻机，见图4-1～图4-3。

#### 4.1.1.1 立轴式钻机

1. 结构

立轴式钻机的结构特点和应用范围如下：

（1）立轴式钻机最主要的结构形式是回转器上有一根较长的立轴，如图4-4所示。在钻进中可起到良好的导正和固定钻具方向的作用，立轴式回转器传动部件结构紧凑，加工、安装定位精度高，润滑及密封条件好，所以主动钻杆与回转器输出轴同心度高，钻机导向性能较好，可以高速旋转，转速可达2000r/min以上，适合高速回转又利于保证开孔质量。

（2）回转器可调整角度，可钻一定角度的斜孔，有的钻机回转器可在 0°～360°范围内调整，如图 4-5 所示。

图 4-1 大斜度钻孔有塔式
立轴钻机

图 4-2 大斜度钻孔有
塔式全液压钻机

图 4-3 大斜度钻孔
坑道无塔式钻机

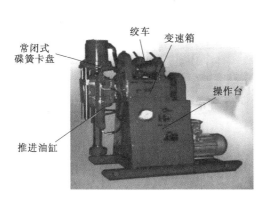

图 4-4 立轴钻机的典型结构

图 4-5 立轴钻机斜孔施工

（3）回转器采用悬臂安装，受到立轴式回转器通孔直径较小限制，不能通过粗径钻具，适合完成较小口径的钻孔，开孔直径大小视钻机让开孔口的距离而定。

（4）立轴钻机调速范围较宽，机械传递动力的立轴钻机多为有级变速，且有慢、反速挡，适用于硬质合金钻进和金刚石钻进。

（5）升降多用卷扬机与滑轮组相配，要配备斜孔钻塔。

（6）有加减压机构，并配有可反映孔内情况的钻压及转速表，钻压控制准确，给进均匀。

（7）钻机搬移较为方便，散装式部件解体性能一般能适应野外工作要求。

（8）动力可选用电动机或柴油机。

立轴式钻机用于大斜度钻孔的劣势：

（1）立轴式钻机一般给进行程较短，如 XY-4 为 600mm 行程，倒杆频繁，辅助工作时间长，易造成孔底岩芯堵塞。

（2）由于卷扬机绕绳轴线与钻孔轴线的关系，不利于钢丝绳在卷扬机筒上的自由缠绕，钢丝绳易损坏，起下钻效率低。

（3）回转器不能兼做拧卸工具，拧卸钻杆需另配拧管机。

（4）机械传动有级调速方式特别不能适应近水平孔定向钻进方法多样化的要求。

鉴于以上特点，立轴式钻机主要适用于钻孔斜度不大的钻探场合。

2. 种类

立轴式钻机种类很多，但国内应用最为普遍的是 XY 系列立轴式钻机，其中 XY-4 型钻机又是目前结构最为典型、应用最为普遍的岩芯钻机，是一种机械传动、液压给进立轴式岩芯钻机，主要适用于使用金刚石或硬质合金钻进方法，进行调整回转器角度可以应用于大斜度钻孔的施工，如图 4-6 所示。

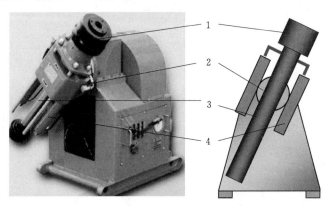

图 4-6  大斜度立轴式钻机角度调整

1—卡盘；2—回转器外壳；3—立轴；4—油缸

（1）XY-4 型钻机。

XY-4 型钻机的主要性能指标见表 4-1。

表 4-1　　　　　　　　　　XY-4 立轴式钻机的主要性能指标

| 项　目 | 指　标 | |
|---|---|---|
| 岩芯钻进 | $\phi50$ 钻杆/mm | 850 |
| | $\phi60$ 钻杆/mm | 600 |
| 绳索取芯钻杆 | $\phi55$、$\phi71$/mm | 950 |
| | BQ、NQ/mm | 950 |
| 回转器 | 立轴内径/mm | 68 |
| | 立轴转速/(r/min) | 正 101～1191；反 83～251 |
| | 立轴行程/mm | 600 |
| | 立轴最大扭矩/(N·m) | 2640 |
| | 立轴最大加压力/kN | 60 |
| | 立轴最大提升力/kN | 80 |
| | 钻孔倾角/(°) | 0～360 |

续表

| 项 目 | 指 标 | |
|---|---|---|
| 卷扬机 | 单绳起重量/kN | 30 |
| | 提升速度/(m/s) | 0.82～3.15 |
| | 钢丝绳直径/mm | $\phi16$ |
| | 钢丝绳容量/m | 90 |
| 动力机 | 电动机 | Y200L-4，30kW，1465r/min |
| | 柴油机 | 2135G，30kW，1500r/min |
| | 外形尺寸（长×宽×高）/(mm×mm×mm) | 2640×1100×1750 |
| | 重量（不含动力机）/kg | 1500 |

1) 钻机具有较高的立轴转速，最高达到1588r/min；转速调节范围广，有八挡正转速度和两挡反转速度。

2) 钻机质量轻（1500kg，不包括动力机）；可拆性较好（最大部件质量为218kg），便于搬移。

3) 结构简单，布局合理，手柄集中，操作灵活可靠。

4) 机架坚固，重心低，高转速时稳定性好。

5) 钻机采用单独驱动，动力可根据需要选配电动机（30kW）或具有相应功率的高速柴油机（2000r/min）。

（2）XY-6型岩芯钻机。

XY-6型岩芯钻机是综合国内外各类岩芯钻机的优点和特性改进设计的一种具有较大钻进能力的液压给进、立轴回转、金刚石钻进的岩芯钻机。XY-6型岩芯钻机可用于斜孔、直孔钻进。实物图如图4-7所示，适于深度较大的斜孔施工。

该钻机结构简单紧凑、布局合理、重量适中、拆卸方便、转速范围宽等优点。钻机配有水刹车、卷扬能力大，提升制动低位操作方便，其主要性能指标见表4-2。

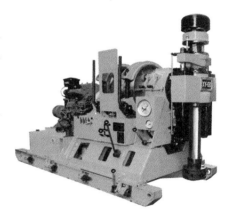

图4-7 XY-6型岩芯钻机实物图

表4-2 XY-6型岩芯钻机主要性能指标

| 项 目 | 指 标 |
|---|---|
| 钻进深度/m | 1200～2400 |
| 钻孔角度/(°) | 90～75（360） |
| 立轴转速/(r/min) | 正转 96；178；253；369；268；494；705；1025； |
| | 反转 78；218 |
| 最大扭矩/(N·m) | 7800 |
| 立轴行程/mm | 720 |
| 立轴内径/mm | $\phi118$ |
| 立轴最大起重力/kN | 200 |
| 立轴最大加压力/kN | 150 |

续表

| 项 目 | 指 标 |
|---|---|
| 卷扬机最大提升力/kN | 85 |
| 钢丝绳直径/mm | 21.5 |
| 卷筒容绳量/m | 160 |
| 动力功率 | 电动机 Y280S-4  75kW·1480r/min |
| | 柴油机 YC6108ZD  84kW·1500r/min |
| 外形尺寸（长×宽×高）/(mm×mm×mm) | 3590×1300×2350（电机） |
| | 3790×1300×2350（柴油机） |
| 重量（不含动力）/kg | 4700 |

使用立轴式钻机进行斜孔钻探时钻机安装时，不但要校核钻塔基座的水平，而且还要校核钻机底座的水平和立轴的倾角，并且要保证钻机立轴、孔口在一条直线上。

近几年，一些厂家对钻机进行技术改造，实现了塔机一体钻机，其中，湖南长帮长给进行程立轴式钻机在斜孔岩芯钻探方面具有较大的优势。钻机总重量为2t左右，总重量轻，采用模块化安装，单体不超过150kg，如图4-8所示。钻机塔机一体，倾角变幅方便；采用钢性机床轨道模式，给进总成带V形槽导向，钻进倾角更准确；主动钻杆由钻塔导向，高压管不会缠绕，从而可以提高转数，钻进效率高；一次性钻进行程可达3200mm，可减少倒杆次数，提高岩芯采取率；升降机可以3m/s的速度提升，每一次可提升8m；75mm口径可达钻进深度300m，处理孔内事故能力强；钻进时可以采用振动模式，能承受200kg吊锤强力冲击，具有较强的工艺适应性等。

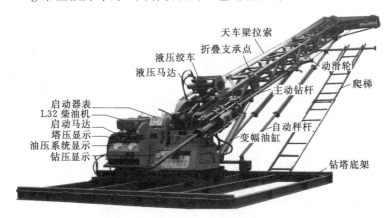

图4-8 湖南长帮长给进行程立轴式钻机

### 4.1.1.2 移动回转器式钻机

移动回转器式钻机又称动力头钻机，是在吸取了立轴式岩芯钻机和转盘式岩芯钻机结构的优点基础上发展起来的，结构类型有很多种，其共同的特点是：回转器可以在给进机构带动下沿桅杆（或导向架）移动，并可进行加减压钻进。

1. 移动回转器结构特点

移动回转器具有以下结构特点：

（1）回转器可沿桅杆移动，导向性较好且实现了长行程给进，不仅大幅度增加了纯钻进时间，还由于钻进过程连续，可大幅度减少孔内事故发生的概率并提高岩芯采取率。

（2）回转器与孔口夹持器配合可实现拧卸管，此种结构简化了钻机的结构及配套装置。

（3）由于多数动力头回转器式钻机升降机构即为给进机构，且给进导向架采用油缸起落的形式，不需单独配用笨重钻塔，钻进角度调整及钻机移动搬迁方便，减少了辅助作业时间，工作效率高。

2. 液压动力头钻机

液压动力头钻机是移动回转器钻机的典型应用。全钻机的回转、给进和升降钻具等机构均用液压驱动，液压马达直接安装在回转器上，回转器可沿桅杆做长距离移动。除具有移动回转器上述特点外，全液压动力头钻机具还有以下特点：

（1）钻机工作过程中的所有动作均由液压系统中的液压元件完成，这样可远距离控制钻机操作，大大减轻了操作者的劳动强度及操作人员数量。

（2）钻机过载保护性能好，回转及给进可实现无级调速，钻压可精确控制，可根据地层条件、机具情况优选钻进参数，较好地满足钻探工艺要求。

（3）机械传动系统简单，便于布局，重量相对较轻，易于安装和拆卸。

液压动力头钻机根据钻机的工作环境分为全液压地表取芯钻机和全液压坑道钻机。

（1）全液压地表取芯钻机，适用于金刚石绳索取芯等多种高效钻探工艺方法。主机包括电控自走式履带底盘、柴油机、液压系统、操控系统、可滑移式钻塔、主卷扬、副卷扬、动力头、动力头给进系统以及井口夹持器等。如图4-9所示，全液压地表取芯钻机的所有功能均为液压动作，操作方便，控制精准，搬迁方便，作业的效率高、取芯率高。其优点体现在：①给进行程长；②工作平稳；③孔上钻杆柱导向性好、采用机上加接钻杆；④易于实现斜孔钻进；⑤搬迁方便；⑥钻进工艺适应性好；⑦无级调速。其缺点

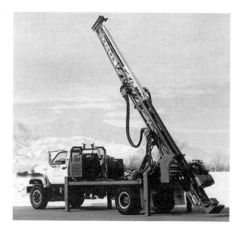

图4-9 全液压地表取芯钻机

为：①目前造价较高；②动力消耗大、传动效率低；③提下钻辅助时间长；④保养维修技能要求高、备件价格高；⑤处理事故能力较差。随着液压件制造技术水平及工人技术水平的提高，这些问题正逐渐得到解决。目前，全液压动力头式钻机已得到越来越广泛的使用，在大斜度钻孔施工时推荐采用。

（2）全液压坑道矿用钻机，具有动力强劲、操作简单安全、效率高、安装和搬迁方便等优点，已成为当今坑内钻探设备的主流，也可高效应用于大斜度钻孔钻进，其典型结构如图4-10所示。通常采用的卡盘形式为胶筒式液压卡盘，如图4-11所示。

3. 夹持器

大斜度钻孔特别强调起下钻和拧卸钻具功能。全液压动力头式钻机通常都设有夹持器，其目的是用于夹持孔内钻具，防止孔内钻具滑移，必要时还可与动力头配合进行钻杆的自动拧卸。常用的液压夹持器主要可分为常闭式、常开式和复合式等类型。常开式液压

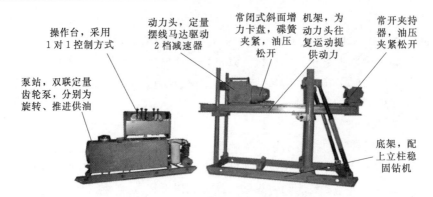

操作台，采用
1对1控制方式

动力头，定量
摆线马达驱动
2档减速器

常闭式斜面增
力卡盘，碟簧
夹紧，油压
松开

机架，为
动力头往
复运动提
供动力

常开夹持
器，油压
夹紧松开

泵站，双联定量
齿轮泵，分别为
旋转、推进供油

底架，配
上立柱稳
固钻机

图 4-10 全液压钻机的典型结构图

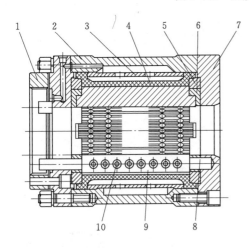

图 4-11 胶筒式液压卡盘

1—后盖；2—卡盘体；3—支承环；4—胶筒；
5—端压环；6—传扭盘；7—前盖；
8—短销；9—卡瓦；10—弹簧

卡盘与常闭式夹持器配合，能够实现卡—夹联动，以利于升降钻具和拧卸钻杆。

常闭式夹持器的结构原理：弹簧预紧力夹紧钻具，油压松开，在不工作时处于夹紧钻具状态，常用在钻进大角度倾斜孔的钻机上。夹持力取决于弹簧，其预紧力不受油压变化的影响。可在突然停电时实现快速、可靠地夹紧钻具，防止跑钻事故。图 4-12 为斜面增力常闭一体式夹持器结构原理。图 4-13 为一种对称结构的夹持器结构及其三维模型。

**4. 全液压坑道矿用钻机性能指标**

全液压坑道矿用钻机，设计为通孔式动力头，加钻杆时不需提动孔内钻具，可直接在钻机动力头后部加钻杆，利用动力头的移动实现钻进，无须主动钻杆。

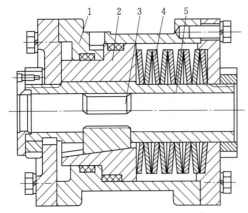

图 4-12 斜面增力常闭一体式夹持器结构原理

1—外壳；2—卡瓦座；3—卡瓦；
4—碟形弹簧；5—主轴

图 4-13 一种对称结构的夹持器
结构及其三维模型

对于大斜度浅孔和完整稳定地层可采用常规 ZDY 系列全液压坑道矿用钻机。表 4-3 为 ZDY 系列全液压浅斜孔钻机性能指标表，这些钻机具有以下特征：

表 4-3 **ZDY 系列全液压浅斜孔钻机性能指标表**

| 机 型 | ZDY650 | ZDY540 | ZDY600SG | ZDY750G |
|---|---|---|---|---|
| 钻孔深度/m | 150/100 | 75 | 300/200 | 400/300 |
| 终孔直径/mm | 75 | 75 | 75/60 | 75/60 |
| 钻杆直径/mm | 42/50 | 42 | 71/55.5 | 71/55.5 |
| 钻孔倾角/(°) | -90~90 | -90~90 | -90~90 | -90~90 |
| 回转速度/(r/min) | 110~230 | 70~150 | 160~540 | 182~650 |
| 最大转矩/(N·m) | 650 | 540 | 600 | 750 |
| 给进能力/kN | 25 | 12 | 36 | 38 |
| 起拔能力/kN | 36 | 18 | 52 | 38 |
| 功率/kW | 15 | 7.5 | 22 | 30 |

**注** 配套钻杆：42mm、50mm、63.5mm、73mm、89mm。

（1）采用全液压传动，无级调速，工艺适应性强。

（2）机械拧卸钻杆，可减轻劳动强度，具有起下钻联动功能，可减少起下钻时间，提高工作效率。

（3）分体布局，解体性好，现场摆布灵活。

（4）通孔式结构，钻杆长度不受行程限制。

（5）系列化、标准化、通用化程度高。

针对大斜度深孔钻进，由于钻深大，回转阻力大，要求钻机扭矩大，且便于拆装搬迁或整体移动，应能适合于小口径金刚石钻进要求和其他多工艺钻进要求。表 4-4 为 ZDY 大深度系列性能指标表。水利水电行业由于没有专用大斜度钻孔钻机，可配套借用坑道矿用联动型全液压钻机，其特点是：

表 4-4 **ZDY 大深度系列性能指标表**

| 机 型 | ZDY1200 | ZDY2000 | ZDY3200 | ZDY4000 | ZDY6000 |
|---|---|---|---|---|---|
| 钻进深度/m | 200 | 300 | 350 | 400 | 600 |
| 开孔直径/mm | 94 | 113/133 | 113/133 | 133 | 133/153 |
| 终孔直径/mm | 75 | 94 | 94/113 | 113 | 113/133 |
| 钻杆规格/mm | 50 | 63/73 | 63/73 | 73 | 73/89 |
| 输出扭矩/(N·m) | 1200~300 | 2000~500 | 3200~800 | 4000~850 | 6000~1500 |
| 输出转速/(r/min) | 60~260 | 65~260 | 50~240 | 50~240 | 50~210 |
| 给进力/kN | 100 | 100 | 110 | 130 | 150 |
| 起拔力/kN | 120 | 120 | 130 | 140 | 180 |
| 电机功率/kW | 22 | 37 | 45 | 55 | 75 |
| 整机重量/kg | 1750 | 2070 | 2240 | 2930 | 3510 |
| 主机外形尺寸（长×宽×高）/(mm×mm×mm) | 2040×946×1045 | 2225×1190×1320 | 2225×1190×1320 | 2240×1060×1500 | 2300×1215×1480 |

图 4-14 太合智能钻探矿用钻机实物图

（1）采用变量泵-变量马达组合，实现无级调速功能，可满足不同地质条件施工要求。

（2）联动液压系统设计为旋转、推进、卡盘、夹持器全联动。

（3）钻孔时只需操作旋转、推进两个手柄，操作简单、方便，钻进效率高。

如图 4-14 为太合智能钻探矿用钻机实物图。

对于复杂地层建议采用 ZDY6000L 型履带式全液压坑道钻机，该钻机属于自走式类型，可采用复合片钻头施工深度约 600m 的大直径钻孔，可采用孔口回转钻进，也可采用孔底动力钻进，具有施工 1000m 近水平钻孔的能力。其低转速、大转矩特性可有效解决复杂地层系列问题，主要性能指标表见表 4-5。

表 4-5　　　　　　　　　ZDY6000L 主要性能指标表

| 项　　目 | 指　　标 | 项　　目 | 指　　标 |
| --- | --- | --- | --- |
| 配套钻杆直径/mm | 73/89 | 最大爬坡能力/(°) | 20 |
| 钻机质量/kg | 约 7000 | 接地比压/(N/mm²) | 0.06 |
| 回转额定转矩/(N·m) | 6000～1600 | 液压系统额定压力/MPa | Ⅰ泵 26，Ⅱ泵 21 |
| 回转额定转速/(r/min) | 50～190 | 电动机型号 | YBK2-280S-4 |
| 主轴额定制动转矩/(N·m) | 650 | 功率/kW | 75 |
| 主轴倾角/(°) | -10～20 | 油箱有效容积/L | 240 |
| 最大给进/起拔力/kN | 180 | 运输状态外形尺寸<br>（长×宽×高）/(mm×mm×mm) | 3380×1450×1800 |
| 给进/起拔行程/mm | 1000 | | |
| 行走速度/(km/h) | 0～2.5 | | |

该钻机采用双泵双变量系统，双泵系统工作的回转与给进两个回路由两个油泵分别供油。图 4-15 为液压系统原理图。两个回路独立调节，互不干扰，给进力不受限制。在副泵回路增设液压卡盘增压油路，可以在钻进时人为地选择液压卡盘工作压力，这样做可时刻确保卡盘卡紧钻杆，以满足大扭矩、大给进力所必要的卡紧力要求。双变量调速系统，转速范围宽，扭矩大，具有起下钻联动、夹转联动等多种联动功能，机械拧卸钻杆，自动化程度高，适合于钻进大斜度乃至朝天孔（尤其是采用牙轮钻头）。

**4.1.1.3　大斜度钻孔钻机的选择**

立轴式钻机用主动钻杆钻进，每加一次钻杆，需提出孔内主动钻杆，加上钻杆，再接上主动钻杆继续钻进。如果孔内钻杆与孔壁环空间隙悬浮有大量粗、中粗颗粒岩粉，极易造成加钻杆困难，二次下钻不能到位，无法接上主动钻杆，形成重复透孔。

全液压钻机具有自动化程度高，转速可实现无级调速，容易实现机械化拧卸钻杆等优

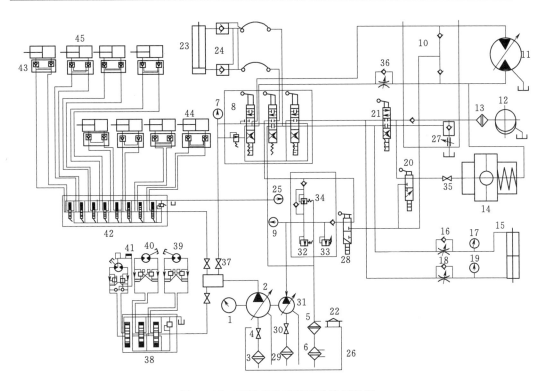

图 4-15　双泵双变量液压系统原理图

1—电机；2—主油泵；3、29—吸油滤油器；4、30、35—截止阀；5—回油滤油器；6—冷却器；7—主泵系统

压力表；8—多路阀；9—副泵系统压力表；10—单向阀组；11—液压马达；12—液压卡盘；13—精滤

油器；14—夹持器；15—进给油缸；16、18、36—单向节流阀；17—起拔压力表；19—进给压

力表；20—夹持器功能转换阀；21—起下钻功能转换阀；22—空气滤油器；23—支撑油缸；

24—液压锁；25—回油压力表；26—油箱；27—卡盘回油阀；28—副泵功能转换阀；

31—副油泵；32—副油泵安全阀；33—副油泵调压阀；34—减压阀；37—组合开关；

38—多路电磁换向阀；39、40—行走马达；41—回转马达；42—八联多路阀；

43—液压锁；44—支腿油缸；45—支柱油缸

点，特别适合于大斜度钻孔施工。

　　钻机的回转器除可直接连接钻杆回转外，还可采用通孔式结构，此时，钻杆的长度不受给进行程的限制，可根据工作空间尽量使用较长的钻杆，减少拧卸次数。表 4-6 为立轴钻机与全液压钻机在大斜度孔钻进经济技术指标的对比。

表 4-6　　　　　　　　　立轴钻机与全液压钻机经济技术指标对比

| 指　标 | 立轴钻机 | 全液压钻机 | 指　标 | 立轴钻机 | 全液压钻机 |
|---|---|---|---|---|---|
| 工作量/m | 2000 | 6000 | 纯钻时间/% | 25 | 55 |
| 台效/m | 130 | 450 | 辅助时间/% | 40 | 32 |
| 时效/m | 0.5 | 1.06 | 孔内事故/% | 33 | 4 |

## 4.1.2　泥浆泵

　　泵通过动力驱动可使液体具有一定的压力和流量，是一种把机械能转化成液体能的机械。在钻探施工现场泵按用途不同可分为供水泵、泥浆往复泵、泵吸及泵举反循环钻进用泵、冲洗液净化设备中的砂泵等。斜孔钻探循环用泵主要采用泥浆往复泵，既可采用电动机驱动，也可采用液压马达驱动，如图4-16所示。

（a）电动机驱动　　　　　　　　　　　（b）液压马达驱动

图4-16　BW-300/16泥浆往复泵实物图

泥浆泵的主要功能如下：

（1）在钻孔过程中向钻孔内输送冲洗液。冲洗液在循环过程中，带走孔内的岩粉，保持孔底清洁，冷却钻头，润滑钻具，并增大孔内液柱压力，如冲洗液为泥浆时在孔壁上能形成薄而致密的泥皮，保持孔壁的稳定。

（2）输送具有能量的液体，这些液体可作为涡轮钻具、螺杆钻具、射流冲击钻具的动力介质直接驱动这些钻具破碎岩石。

（3）借助泵上的压力表所反映的泵压变化，间接了解孔内钻进的情况。

（4）用来为钻探施工现场其他用途供水。

由于井内返回的泥浆携带有大量岩屑，同时不同地层、不同深度对泥浆提出不同要求。在钻探施工中需要泥浆处理设备随时保证循环泥浆的质量和性能，以满足不同地层对泥浆性能的要求，泥浆处理设备在钻探施工中起着重要的作用。

1. BW-250泥浆泵

BW-250泥浆泵为较为常用的泥浆泵，其主要性能指标见表4-7。BW-250泥浆泵为卧式三缸往复单作用活塞泵，该泵具有两种缸径和四挡变量，以适应不同钻探工艺要求。主要用于与岩芯钻机配套输送泥浆，也可用于其他方面的注浆，矿井排污及远距离送水等其他用途。

BW-250泥浆泵主要特点如下：

（1）具有可满足大、小口径钻机所需的各四挡流量，流量调节范围大，参数选择合理。可与XY-4岩芯钻机和XY-5型钻机配套使用，满足不同口径、不同孔深、不同地质岩芯钻探的需要。

（2）活塞为碗形加尼龙靠背的自封式S型聚氨酯橡胶活塞，大大提高使用寿命。

（3）拉杆上设有5道防尘密封圈，以防止液力端的泥浆带入动力端和动力端润滑油滤。多次试验证明，密封可靠，性能良好，可使齿轮延长使用寿命。

（4）进排水阀采用钢球。并在阀盖上设有减声橡胶垫，以减少冲击噪声。

（5）压力表采用BY-1型抗振压力表，寿命长。

（6）结构紧凑，造型美观。

表 4 - 7　　　　　　　　　　　　　BW - 250 性能指标表

| 项　　目 | 指　　标 | | | | | | | |
|---|---|---|---|---|---|---|---|---|
| 行程长度/mm | 100 | | | | | | | |
| 缸径/mm | 80 | | | | 65 | | | |
| 泵速/min⁻¹ | 200 | 116 | 72 | 42 | 200 | 116 | 72 | 42 |
| 流量/(L/min) | 250 | 145 | 90 | 52 | 166 | 96 | 60 | 35 |
| 压力/MPa | 2.5 | 4.5 | 6.0 | 6.0 | 4.0 | 6.0 | 7.0 | 7.0 |
| 容积率/% | 85 | | | | | | | |
| 总效率/% | 72 | | | | | | | |
| 所需功率/kW | 15 | | | | | | | |
| 三角皮带轮节径/mm | B 型 X5 槽 410 | | | | | | | |
| 输入速度/(r/min) | 500 | | | | | | | |
| 最大吸水高度/m | 2.5 | | | | | | | |
| 进水管直径/mm | 3 英寸夹布耐压胶管 76 | | | | | | | |
| 排水管直径/mm | 2 英寸两层钢丝高压胶管 51 | | | | | | | |
| 外形尺寸（长×宽×高)/(mm×mm×mm) | 1100×995×650 | | | | | | | |
| 重量/kg | 500 | | | | | | | |

（7）可拆性好，便于维修和搬迁。

2．HDD150/70 泥浆泵

HDD150/70 为液压直驱式泥浆泵，最大流量 150L/min，输出压力 1～7MPa，流量及额定压力调节范围宽，其具体指标见表 4－8。该泵能满足各种钻进泥浆流量、压力参数的需要，并且质量不到 60kg，方便搬迁。泥浆泵的动力采用钻机本身的动力，由钻机动力带动液压油泵，再由泵分配给泥浆泵马达，当泥浆泵不需要很多流量时，可以把液压流量分给钻机使用，大大节省动力的消耗。

表 4 - 8　　　　　　　　　　　HDD150/70 泥浆泵性能指标表

| 项　目 | 指　标 | 项　目 | 指　标 |
|---|---|---|---|
| 驱动方式 | 液压驱动 | 转速 | 150r/m |
| 流量 | 150L/min | 轴功率 | 17.1kW |
| 性能 | 自润滑 | 吸入口径 | 100mm |
| 泵轴位置 | 边立式 | 排出口径 | 66.7mm |
| 扬程 | 3～5m | | |

### 4.1.3　辅助设备

大斜度钻孔采用塔机一体钻探设备或坑道钻设备具有极大的优势。这类设备辅助配套齐全，有专用升降和夹持拧卸装置。我国最常用的立轴式钻机，则一般需要其他辅助装置或设备。

1．孔口专用夹持器

斜孔设计对钻探施工带来复杂性。斜孔钻探由于钻孔轴线的倾斜，钻杆在孔口的夹持不同于常规钻探，夹持卡瓦的轴线需要与钻孔轴线一致。此时，自重式夹持器不能发挥钻具自重夹持的功能。因此，现场可以采用专用夹持器或利用钻机自带夹持器来夹持钻杆。

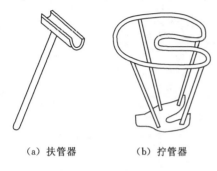

（a）扶管器　　　　（b）拧管器

图 4-17 斜孔钻杆扶管器与拧管器

**2. 扶管器与拧管器**

为减轻升降钻具的劳动强度，可以制作钻杆扶管器和拧管器。扶管器用小直径套管接箍剖去一半，焊上撑棍，如图 4-17（a）所示。起下钻时，在钻杆中部扶正，可减轻拧卸时的阻力。拧管器用旧垫叉割去尾部，用钢管弯成圆盘焊上支撑即可，如图 4-17（b）所示，拧卸钻杆时卡在锁接头切口内。

**3. 大斜度斜孔游动滑车、机上钻杆和提引器的导向装置**

当采用立轴式钻机钻进大斜度孔时，即使采用斜塔，在起下钻过程中，由于游动滑车重力作用，使得游动滑车的运动轨迹与钻孔轨迹不在一条直线上，造成提下钻阻力增大，孔壁不安全，长期起下钻对钻孔轨迹和钻孔形貌带来不利影响，钻孔顶角越大，影响越显著。因此需要改造或新研制斜塔以适应大倾斜孔钻进，并配套专门的游动滑车的引导装置。

为防止高转速钻进时机上水龙头、提引器摆动，从塔顶向孔口前安装两根导向钢绳，配套 3 个小滑轮，分别导正游动滑车、提引器和水龙头。

图 4-18 是利用一根钢丝绳把两端分别固定在钻塔顶和地脚钢梁上，导向绳用 $\phi$12.5mm 以上钢丝绳，下端必须用绷绳器绷紧，且与钻孔中心线平行。这种导向使孔口、游动滑车、天车三点一线，保障了起下钻的高效和安全。这种导向装置安装简单，小滑轮在导向绳上移动，牵引游动滑车灵活，在不同斜孔中均能应用。

斜孔钻进中，油压卡盘以上机上钻杆加上水龙头和高压胶管的质量较大。造成机上钻杆弯曲，回转时将严重晃动使钻进无法进行，升降钻具中提引器无法定位而易砸伤井口操作人员，因此也必须安装导向装置。

机上钻杆导向装置，如图 4-19 所示，可采用 $\phi$50mm 的钻杆，上端装在横支杆上，用十字滑套进行连接，使导向杆既可上下移动，也可左右移动。下端用螺帽固定在支撑钢板上，钢板利用立轴油缸活塞杆的固紧螺帽压紧在立轴横梁上。

机上钻杆与导向杆的连接通过一字形滑套和水龙头上的夹板用铰链连成一体，其距离应与导向杆与立轴中心距离相等。

提引器的导向是通过井口与天车横梁处的导向钢丝绳解决。导向钢丝绳用 $\phi$12.5mm 的钢丝，下端必须用松紧螺栓绷紧，且与钻孔中心线平行，通过提引器上的夹板和钢绳上的滑轮连接，以保证提引器沿钻中心线上下运行。

**4. 钻塔固定装置**

在立轴式钻机钻进大斜度孔时，由于天车与钻孔孔口不在垂直于地面的轴线上，钻塔在提钻时将产生偏心受力，为便于钻具提升，现有钻塔必须做相应改造。由于钻塔具有自重加上提升时的垂直分力，安装时若钻塔倾斜则天车与孔口不易对中，如钻机立轴为 45° 倾斜，则钻塔宜 47° 倾斜。

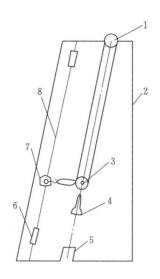

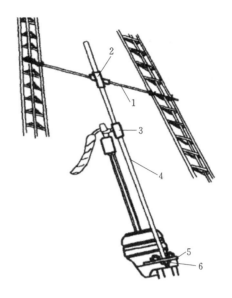

图 4-18 大斜度斜孔游动
滑车导向装置

1—天车；2—钻塔；3—游动滑

车；4—提引器；5—孔口装置；

6—绷绳器；7—小滑轮；

8—绷绳

图 4-19 机上钻杆导向装置

1—横支杆；2—十字滑套；3——字形滑套；

4—导向杆；5—支撑铁板；6—固定螺帽

按照确保钻塔的强度和塔基稳定性，方便安装、便于操作的要求，钻塔安装在 C20 混凝土基座上，在混凝土基座中预埋 $\phi27mm$ 螺杆加固。将塔基前后底梁固定在水泥座上，或将前后底梁分别从后部用 4 根 42 钢钎锚固，以防加压钻进时所产生的后坐力使塔基后移。同时，由于钻塔倾斜，在提升钻具时，向前的水平分力较大，提升中易造成整个机台向前滑动，故钻塔安好后应在钻塔所在的机台前方端打入铁棒或灌注水泥墩以防止滑动。另外，为避免升降钻具时挂动套管和碰撞孔口，钻塔主腿倾角（主腿与地面水平夹角）安装时，一般比设计钻孔倾角大 5°，较实际开孔倾角大 7°。由于钻探支撑腿受力较大，应在四个方向设置地锚、拉绳，防止发生意外。4 根绷绳分别与天梁水平投影线呈 60°角，与地面呈 30°、60°夹角。

5. 固控设备与装置

斜孔钻进中岩屑的运移特征，钻具的研磨效应特别明显，岩屑被反复碾压而变细，造成钻井液固相含量升高，导致钻速下降、起下钻抽吸压力升高、扭矩/摩阻猛增，严重影响安全钻进。因此，斜孔钻进应推广应用振动筛、除砂器、除泥器和离心机等固控设备。

（1）振动筛。振动筛使用的好坏直接影响下一级固控设备的效果。泵排量、筛网面积、固相浓度、泥浆黏度等因素影响振动筛网的选择以及分离的效果，应选择合适的筛网。除特殊情形外（如加入堵漏材料），一般以泥浆覆盖筛网面积的 70%～80% 为宜。

（2）除砂器。旋流器是一种内部没有运动部件的圆锥筒形装置。根据其直径尺寸，分为除砂器、除泥器等，直径150～300mm的旋流器称为除砂器，在进浆口压力为0.2MPa时，其处理能力不低于20～120m³/h。正常情况下，能清除95％大于74μm的钻渣和约大于40μm的钻渣。旋流器的最佳工作状态是沉砂呈伞状喷出。伞面角不宜过大，以刚能散开为宜。另外由于重晶石大部分颗粒在"泥"的范围，在此密度范围内除砂器的使用一般不会造成大量的重晶石损失。直径为100～150mm的旋流器称除泥器，在进浆口压力为0.2MPa时，其处理能力不低于10～15m³/h。正常情况下能清除约95％大于40μm的钻渣和约50％大于15μm的钻渣。能清除12～13μm的重晶石，因此，除泥器用于非加重泥浆。

以下为双联振动筛和复合型（除砂器＋振动筛）固控设备。实物如图4-20和图4-21所示，性能指标见表4-9和表4-10。

表 4-9　　　　　　　　ZSG-310×2双联直线振动筛性能指标表

| 项目 | 电机功率/kW | 净重/kg | 处理量/(m³/h) | 振幅/mm | 筛布目数 |
|---|---|---|---|---|---|
| 指标 | 1.1×4 | 2900 | 180～200 | 5 | 80～140 |

表 4-10　　　　　　　　　　除砂器和振动筛一体型固控设备

| 除砂器技术参数 | | | |
|---|---|---|---|
| 工作压力/MPa | 0.1～0.2 | 推荐砂泵排量/(m³/h) | 40～60 |
| 处理量/(m³/h) | 40～60 | 分离粒度/μm | 40～70 |
| 进液管/mm | φ80 | 排液管/mm | φ100 |
| 砂泵电机/kW | 11 | 砂泵转速/(r/min) | 1450 |
| 振动筛技术参数 | | | |
| 振动电机功率/kW | 0.5 | 振动频率/(次/min) | 1420 |
| 电机转速/(r/min) | 1420 | 激振力/kN | 10 |
| 筛面面积/m³ | 1.50×0.6 | 双振幅/mm | 0～10 |
| 外形尺寸（长×宽×高）/(mm×mm×mm) | 2020×1200×1620 | | |

图 4-20　双联振动筛

图 4-21　振动筛和旋流器一体型设备

# 4.2　大顶角斜孔四脚钻塔设计

随着国民经济的不断发展，交通、城建、能源和环境保护等部门对基础工程钻掘设备的需求也日益增大，岩土钻掘工程设备发挥着越来越大的作用。目前，已广泛应用于科学钻探、地质灾害防治与环境治理、水文地质勘探和水井钻、工程地质勘探和生态环境研究、工业民用建筑和道路桥梁的基础建设工程、国防工程及海岸工程、矿产资源勘探和部分矿井的开采、非开挖地下管道施工技术等。

为了提高钻塔的结构稳定性及其适应能力，课题组对钻塔的结构进行了设计及分析。为保证施工安全，除了要求钻塔必须具有足够的强度和刚度、合理的高度和工作空间、便于安装拆卸和运输，还要尽可能地降低成本。

由于国内外现存的一些大型钻塔，如 S 型四脚钻塔、A 型钻塔、K 型钻塔等，在安装和转场时比较麻烦，效率低下，一些新型的工程和地质钻探设备应运而生，如汽车钻机、拖车钻机、车载钻机等。这些钻机所配套使用的钻塔和以往的钻塔在结构和使用性能上既有一定的联系，也有相应的区别。

车载钻塔是车载钻机的重要组成部分，它用于安放天车和悬挂游动滑车、大钩、提引器等，以便提起和安放钻进设备和工具、起下和存放钻杆、起下套管柱等。车载钻塔结构要有足够的稳定性和强度，以保证在升降钻具和处理孔内事故时能安全地进行起重工作。为了提高升降钻具的效率，钻塔高度要合理，塔顶及横梁断面尺寸应满足天车的安装和游动滑车的上下运行，钻塔桁架结构要合理，重量轻，起立方便，所以这对钻塔的使用提出了新的要求。近年来，我国陆地钻井装备发展迅速，由于钻机的塔架在组装和拆卸及移位转场时占用大量的人力、物力，造成了工作效率的低下；为了减少辅助施工时间，提高车载式钻机的整体机械效率，我们以钻塔的功用目标，优选材质，在钻塔必须具有足够的强度和刚度的前提下，对钻塔的结构进行分析及优化设计。最终提高钻机的工作效率，保证施工安全，并能使钻塔拥有足够的强度和刚度，有合理的高度和工作空间，便于安装拆卸和运输。

目前勘探装备的市场需求和勘探市场的任务量已经趋于饱和，然而在一些高难进入地带的施工量却在逐年增加，并且为了降低成本及施工风险，纷纷降低单孔的孔深，加大钻孔的倾斜度，有的甚至达到 45°。大斜孔钻探是运用在金属固体勘探中，对于急倾斜矿体或地层自然倾斜严重的地层，技术上难以控制的矿区，为保证施工质量及压缩费用，设计时常常需要斜孔施工。大斜孔钻探技术不仅缩短了辅助工时、提高了勘探速度，更重要的是解决了直孔及小斜孔钻探无法达到的地质目的，而且还能深入到直孔及小斜孔无法深入的矿床禁区，能获得显著经济效益。因此对于倾斜角度为 45°~60°斜孔的绳索取芯钻探施工技术、施工设备钻进参数以及冲洗液的研究都具有十分重要的价值和意义。

当前，我国车载钻探设备正在快速发展，其应用领域也在扩大。地质勘探和基础设施建设及高等级路桥建设都需要大量的钻探设备的协助，钻探设备对新时期的能源核查、找矿等都具有重大的功用。钻塔是钻探设备的主要部件之一，其工作性能的发挥直接影响钻探设备正常运转与人员的安全，因此对钻塔进行深入分析与研究具有重要的意义。

项目主要是利用有限元方法建立车载钻塔的有限元模型，利用 ANSYS 软件的结构分析功能对钻塔进行结构的静力学和动力学分析。20 世纪 50 年代，大型电子计算机投入到解算大型代数方程组的工作。随着计算机技术的飞速发展，有限元方法也得到迅速发展，很多有限元软件被开发出来，ANSYS 软件就是其中之一。ANSYS 是"Analysis System"的简写，是一种广泛性的商业套装工程分析软件。利用 ANSYS 软件分析钻塔，可以在设计阶段对钻塔进行静态与动态仿真，找出设计中的薄弱环节，并加以改进，使设计更加完善。由此，可缩短设计时间、减少样机制造、降低成本，为企业创造更多的经济效益。

### 4.2.1 概述

#### 4.2.1.1 国内直斜两用钻塔

1. 直钻塔打大顶角斜孔

20 世纪 50—70 年代，我国钻塔使用的是四脚直铁塔、斜塔。斜塔塔高为 16.5m，塔座长 9.2m，最大顶角可以打 25°，倾角是 65°。20 世纪 70 年代末，张家口探矿机械厂把四脚铁塔更新为管塔，分别有 12.5m、18m、23m 几种型号；斜塔为 13m 管塔（也叫直斜两用塔）。

钻孔角度的设计有两种观点。第一种是受条件限制观点：我国是根据地层倾角而设计钻孔的角度，一般设计为 0°～25°范围内，钻塔也只能适用于打顶角 0°～25°的钻孔。如果地质要求再打大的角度则没有钻塔和设备，施工部门无从下手。第二种是不受条件限制观点：国外是根据地层需要，地层倾角大，设计的钻孔顶角也大，钻探必须适应不同角度钻孔的施工。这样造成地质工作人员依附地质需要而行事，应该打多大角度就打多大。这是国内外地质设计钻孔顶角的不同之处。

针对目前地矿勘察系统打大斜度（顶角超过 25°）钻孔，没有相应配套设备，以及在野外按地质要求施工斜孔存在的种种困难等，特别提出了直钻塔打大角度斜孔的应用。

一般直钻塔打斜孔，只能打顶角 2°～5°的斜孔；13m 直斜两用塔也只能打 5°～10°的斜孔。就目前情况看，直塔与斜塔不能满足地质设计要求，故直钻塔打大角度斜孔有很大的运用价值和经济价值。它通过软轴传动改变力的传动方向，来实现直钻塔打大角度斜孔。此举不只是技术改进，而且有极大的经济价值。

直塔打斜孔的优越性主要有：解决斜塔紧缺问题，利用现有的直塔打斜孔，不仅可以节约大量的资金，又可以满足地质计要求，两全其美；由于场房和操作人员不在钻塔内，故塔上掉落物品或处理孔内事故比较安全，不会直接拉坏钻塔和拉掉天车轮，工作人员相对比较安全；春、夏、秋三季度可以不围塔套，大风不容易损坏钻塔，可以节省塔套，节约资金；场房可以和原钻塔相连，也可以分开；由于场房离开原钻塔，对防雷防电有利，特别是夏季雷雨天频繁，有助于工作人员的安全。

2. 直斜孔两用管子钻塔

根据新疆煤系地层倾角变化大（30°～70°）、直斜孔交替施工的特点，从 1975 年开始，经过几年的使用和改进，终于制成高 13.5m 和 17m 两种直斜孔两用管子钻塔。这种钻塔在长达 6 年时间内，在各种恶劣条件下（处理事故、起拔套管、深孔钻进）试验钻进了几百个钻孔，从未出现任何问题，技术性能完全达到煤田深孔钻探的工艺要求。两用管子钻塔优点主要有：造价低；结构简单，精度要求不高，勘探队即可自行制造；拆装方便，每节塔腿间采用插入式连接，不需要螺栓固定。据测定立 1 台 17m 钻塔只需 2h，拆卸 1 台 1.5h；强度大用拉力计测定，30t 负荷（设计负荷 28t）钻塔各部件无任何变形。经过处理事故、起拔套管等强力拉升考验，也未发生过任何变形。该钻塔由于塔腿坚固，不怕摔碰，非常适合野外应用。目前已全面推广。直斜孔两用管子钻塔适用于 500～1000m 岩芯钻机，可钻 75°～90°的钻孔（见图 4-22）。

直斜孔两用管子钻塔主要技术参数如下：钻塔高度 17m；塔顶尺寸 1.3m×1.3m；塔底尺寸 5.5m×5.5m；塔重 2.5t；钻塔允许负荷 28t；节数：13.5m 钻塔分为七节（见表 4-11）。

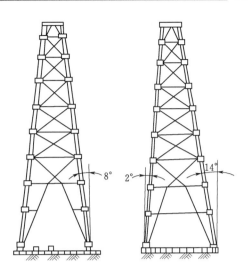

图 4-22　直斜两用钻塔结构

表 4-11　　　　　　　　　　　　　　13.5m 钻塔节数与尺寸　　　　　　　　　　　　　　单位：m

| 塔型 | 一节 | 二节 | 三节 | 四节 | 五节 | 六节 | 七节 | 八节 | 九节 |
|------|------|------|------|------|------|------|------|------|------|
| 直塔 | 2.5 | 2.0 | 2.0 | 2.0 | 1.9 | 1.9 | 1.8 | 1.5 | 1.4 |
| 斜塔 | 2.58 | 2.0 | 2.0 | 2.0 | 1.9 | 1.9 | 1.8 | 1.5 | 1.4 |

该钻塔大部分部件都要焊接，因此要严格检查焊接质量，焊口强度应不低于钢材强度的 90%。两用钻塔零件比较多，主要构件有：

（1）塔脚底座：由座套和垫板焊接而成，用 3 个 ϕ18mm 螺栓固定在基台木上，如图 4-23 和图 4-24 所示。座套由长 20mm、ϕ10mm×10mm 无缝钢管做成；垫板厚 8mm。

（2）塔腿：塔腿为 ϕ89mm×4.5mm 无缝钢管。每节下端内侧焊一个长 50mm ϕ80mm×8mm 的加强箍，如图 4-25 所示，防止塔脚因碰撞而变形，上端插入连接套内 10mm 再行焊接。塔脚连接套为 ϕ110mm×10mm 的无缝钢管，长 250mm，上端 105mm 为另一节塔腿的插接部分（见图 4-26）。连接套外侧有塔腿翼片。翼片为厚 8mm 的 250mm×240mm 钢板，焊在连接套的两侧（见图 4-27）。为了提高焊接质量和精度，需要制作专用焊接胎具。胎具钢板厚为 10mm，规格为 250mm×200mm。

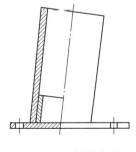

图 4-23　钻塔底座

图 4-24　塔脚垫板

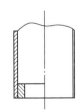

图 4-25　塔腿加厚示意图

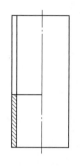

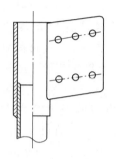

图 4-26 塔腿连接套 图 4-27 塔腿翼片

3. 中深孔直斜两用轻便钻塔

立轴式岩心钻机是通过机械传动装置将钻机动力传递给钻机的回转体（立轴）以实现回转钻进，通过液压装置以实现钻进过程的加压、减压。因为立轴式岩心钻机具有消耗功率小、传动效率高、制造成本低、可靠性高、对操作技能要求低、维修方便、提下钻辅助时间短、处理事故能力大等优点，目前仍然是国内岩心钻机的主导产品，占据了 90% 的市场份额和保有量。尽管这种钻机自研发以来几经改进和完善，但是目前仍然存在着不足：国产立轴式岩心钻机不宜施工斜孔，施工深孔、斜孔需配四脚钻塔，而四脚钻塔重，一套 GS22M 型四脚管子钻塔的质量大约是 8t；安、拆过程危险性大，四脚管子钻塔的安、拆属高空作业，须专业队伍独立完成；安、拆时间长，安、拆一套 GS22M 型四脚管子钻塔至少需要 2～3d 的时间；搬迁工作量大、劳动强度大、运输成本高，受现场运输条件的限制，搬迁大多需要人工完成；四脚钻塔占地面积大。随着我国工业化、城镇化进程加快对资源的强劲需求，岩芯钻探的难度加大，深度增加，斜孔增多，为使立轴式岩心钻机更好地适应于新形势下的地质找矿，拓展国产立轴式岩心钻机的使用空间，便于中深孔和斜孔的施工，结合国产立轴式岩心钻机的特点，研制开发了中深孔直、斜两用轻便钻塔。

塔座用以连接钻机和塔身，考虑施工直、斜孔的需要，塔座与立轴可绕其同一轴线同步旋转并在 0°～90° 任意调整，塔座以转动副的形式与钻机连接。考虑起、落钻塔的需要，塔身又以转动副的形式与塔座连接。塔座前、后连接板用 30mm 钢板加工而成，前连接板和回转体采用滑动轴承连接并侧向限位，后连接板和卷扬机轴采用滑动轴承连接并用限位装置限位。塔座恰似一个倒立的四棱锥（台），从正面看恰似倒立的 U 形。利用卷扬机轴与回转体轴的同心性，塔座可以绕其转动并在 0°～90° 任意调整，以适应钻进直孔、斜孔的需要。

塔身为四棱台的桁架结构，塔顶（450mm×250mm×650mm）、底（800mm×600mm×837mm），塔身净高 8.5m，共分三节，各节之间用对盘固定连接。塔身是钻塔的主要结构，上与天车固定连接，下与塔座转动连接。塔身可以前、后转动，前倾一定的角度以便钻具上、下顺畅无阻，后倾可以水平放置以便钻塔整体搬迁。塔身一侧设有支撑架确保塔身的稳定。支撑架下端安装有万向节和伸缩装置，便于钻机前、后移动。

在不改变钻机主要结构的情况下，为了确保钻塔的支撑强度，对钻机的底座进行了二次加固，以保证在强力起拔情况下机架不损坏。为了减轻员工的劳动强度，树立以人为本的发展理念，对钻机的液压系统进行了改进，变原钻机四联液压操作组合阀为五联液压操作组合阀，增设了前倾、后倾油缸和起塔油缸，原钻机的备用操作阀用于钻塔的前倾、后倾操作。增加的一联操作阀用于钻塔的起、落操作。钻塔在地面组装好后，用起塔油缸自动升降并在 0°～90°任意调节钻塔角度，起塔油缸可随钻机一起前、后移动。钻塔的升降实现液压化，可把员工从繁重的体力劳动中解脱出来。钻塔结构示意图如图 4-28 所示。图 4-29 和图 4-30 分别为钻塔直立施工和斜立施工现场。

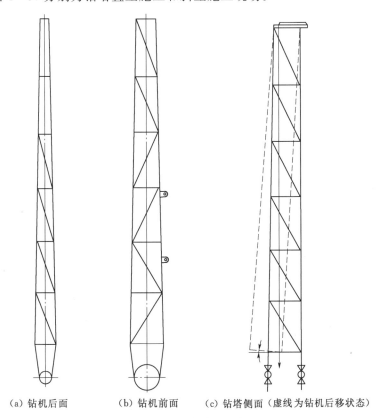

（a）钻机后面　　　　（b）钻机前面　　　（c）钻塔侧面（虚线为钻机后移状态）

图 4-28　钻塔结构示意图

图 4-29　钻塔直立施工　　　　　　　图 4-30　钻塔斜立施工

该钻塔组合高度为 10.5m，塔身净高 8.5m，最大提升钻杆长 9m；钻塔自重 1.2t，最重的一节 280kg；钻塔占地面积仅为钻机底盘面积；钻塔设有前倾油缸满足了施工过程中上、下钻具顺畅的要求；钻塔设有后倾油缸满足了钻机整体搬迁的要求；钻塔最大承载力

400kN，满足了施工深孔的要求；钻塔设有起塔油缸，使钻塔可以在 0～90°任意转动，满足了施工直、斜孔的要求。钻塔结构合理，安全可靠，对钻机的改良便于人性化的操作，该钻塔与 GS22M 型四脚钻塔相比，具有钻塔质量轻、造价低、运输成本低、占地面积少、拆卸、迁移、安装时间短，劳动强度小，是机钻探施工所用钻塔的一次技术创新。

**4.2.1.2　国内外车载钻塔**

国内车载式钻机的发展起步较晚，钻机主要有自行式、拖车式和平台式，与其配套的钻塔主要有 S 型四脚钻塔、K 型钻塔、A 型钻塔和桅杆式钻塔。

车载四脚钻塔是一种四棱锥体的空间结构，横截面一般为正方形。车载四脚钻塔是变截面的空间对称结构，整个钻塔是由不同截面的圆钢管或角钢焊接而成，自重较小，整体起升，转场方便，主要应用于工程和地质勘探领域，其主要结构特征是：

（1）钻塔本体是封闭的整体结构，整体稳定性好，承载能力大。

（2）钻塔结构简单，易于生产和安装。

（3）钻塔尺寸不受运输条件限制，钻塔内部空间大，起下钻具操作方便、安全，如图 4-31 所示。

图 4-31　车载平台式钻机使用的四脚钻塔

图 4-32　车载四脚水井钻机使用的四脚钻塔

车载四脚钻塔可分为工程、地质使用的钻塔和水井钻塔。近年来，这类钻探设备在国内市场的占有率将近 60%，可见这类车载四脚钻塔具有很大的发展优势，如图 4-32 所示。工程、地质使用的钻塔的工作载荷较大、提升能力比较强，钻探深度多在 1000m 以上，所以对钻塔结构的强度和稳定性有较大的要求，因此，钻塔的结构一般做成变截面的形式以满足稳定性要求。水井钻塔的钻探深度一般多在 900m 以下，工作载荷较小，所以其结构一般情况下是恒定截面结构。

车载桅杆式钻塔的结构比较简单，一般情况下是由细长的管材或者板材经焊接或者铆接等工艺进行连接的。桅杆式钻塔主要结构特征：由杆件或管柱组成的整体焊接空间析架结构，钻塔的横截面为矩形或三角形，有整体式、伸缩式和折叠式。桅杆式钻塔主要用于车载钻机，并利用液压缸起放钻塔；桅杆式钻塔工作时向井口方向倾斜，需利用绷绳保持结构的稳定性，以充分发挥其承载能力。

国外对可移动的钻探设备也分为三种：拖车式、车装式和自走式。其中车装式是指将钻探设备安装在汽车底盘上；而自走式是指将动力和传动装置安装在车架上，并分别驱动行走系统和钻进系统。但目前国内习惯将自走式和车装式钻探设备统称为车载式。美国是世界上生产车载式钻机和钻塔最多的国家，其3500m以下的钻探工程基本上都是使用车载钻塔完成施工的。目前国外最大型号的车载钻塔是IRI公司生产的IDEC08000，适用于钻探深度在2100~3500m。国外的车载式钻塔的钻探能力和提升能力远远超过国内同种类型的塔架的能力。造成这种差别的原因是，国外的车载钻塔大多采用S型四脚钻塔和K型钻塔。这两种钻塔的高度大，结构更稳定，但对应的塔体自重也大，所以一般情况下都采用较大的机架或者移动底盘。据统计，美国的车装钻机占全部中小型钻机的35%。随着钻井工艺的发展，车装钻机被大量采用，与之配套的各种钻塔也将被更广泛地使用。另外，全液压钻探设备在工程钻探领域也悄然兴起，国内的全液压钻机的生产厂家比较少，规模也不大。国外的全液压钻机的发展相对成熟，与全液压钻机配套使用的钻塔也是结构更复杂和高大的S型四脚钻塔和K型钻塔，如图4-33所示。

（a）美国车载S型四脚钻塔　　　　　　　　（b）美国车载K型钻塔

图4-33　美国市场占有率较大的两种钻塔

近年来，各种类型的车载钻塔发生的施工事故很多。综合塔架发生破坏的直接原因可以得出，主要是钻塔在工作状态中因处理突发事故或者其他操作不当造成的提倒拉垮、被大风吹倒，或因基础沉陷造成倾翻破坏等。综合起来有以下几种破坏形式：

（1）主梁、柱具有初变形造成主弦杆压弯强度不足。

（2）杆、柱间连接质量不高造成局部结构破坏。

（3）绷绳拉力不均匀或者不合适造成塔架具有初变形，降低了其承载能力。

（4）设计工况与实际施工工况有很大差异等。

我国在车载钻塔的研制方面起步较晚，早期主要使用的车载钻塔有四脚型、K型、A型，还有桅杆式。这些钻塔必须满足自重小，易于转场运输等特点，还必须满足结构强度、刚度、整体稳定性达到安全使用的要求。

## 4.2.2　钻塔结构

1. XY系列钻机吊臂式钻塔

钻塔是钻探设备的重要组成部分，钻探施工不仅要求钻塔要有足够的承载力和良好的安全性能及稳定性能，而且要求对钻孔的设计倾角要有适应性。使用国产钻探设备施工小倾角斜孔，对钻塔的性能有了特殊要求。目前，国产 XY 系列钻机常用于矿产钻探施工中的 XY－2 型、XY－4 型、XY－42 型、XY－44 型及 XY－5 型所配用钻塔多为四脚钻塔（有角铁钻塔和管子钻塔），极少使用三脚钻塔 A 型钻塔和桅杆钻塔，但这些钻塔所能施工的斜孔对其倾角有一定限制，只能施工 75°～90° 倾角的钻孔。随着国际化合作的深入，勘查的目的不仅需要采集资源量验证的原始资料，还需要采集选矿验证、矿区岩土力学性质等原始资料，以便于对矿产进行三维评价。另外，为了提高矿层厚度的真实性和可靠性，均视岩矿层产状设计不同倾角的斜孔，故对钻探设备及配用钻塔有了特殊要求。图 4－34 为 XY 系列钻机吊臂式钻塔主塔。根据使用的取芯工艺为绳索取芯，考虑到为便于安装和搬迁，钻塔设计高度为 8.5m，有效空间 8m。表 4－12 为吊臂式钻塔主要性能指标。

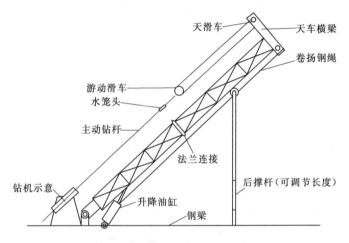

图 4-34 XY 系列钻机吊臂式钻塔主塔

表 4－12 吊臂式钻塔主要性能指标表

| 项目 | 钻塔高度（有效提升空间）/m | 适用最大钻孔深度/m | 有效负荷/kN | 钻塔质量/t | 主塔截面/(mm×mm) | 单次提升钻杆根数与长度/(根×m) | 钢梁布置尺寸/m | 钻塔倾角/(°) |
|---|---|---|---|---|---|---|---|---|
| 指标 | 8.5 | 700 | 98.4 | 0.35（不包含钢梁） | 400×400 | 2×3.0（适用绳取） | 4.3×4.3 | 30～85 |

2. 金属钻塔斜孔钻进

斜孔钻进的钻塔设计与安装，是一项重要的问题。以往用木质钻塔打斜孔，存在的缺点主要有：木塔低，仅能提升单根钻杆，增大了升降工作量；负荷小，提升不平衡；需要打斜孔用的专用钻塔。为克服以上不足，宜采用金属钻塔打斜孔。其中，滑轮的安装方法如图 4－35 所示。

3. 斜孔施工时钻机和钻塔快速安装

钻机、钻塔与基台的具体位置是由孔位、方位和倾角来确定的。用油压钻机打斜孔时，其立轴中心线在水平面上的投影和钻孔方位线重合，方位线和钻机长度方向的中心线成 90°。当方位角确定后，施工任意倾角的钻孔时，钻机中心线垂直于方位线平行移动 $S_{钻}$

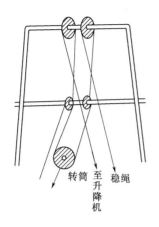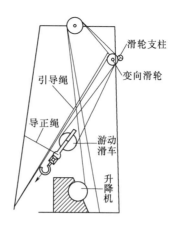

图 4 - 35 滑轮安装方法

的距离，如图 4 - 36 所示。根据边角关系可得

$$S_{钻} = H\tan\theta = H\cot\alpha \tag{4-1}$$

$$H = H_1 + H_2 \tag{4-2}$$

式中：$H_1$ 为小伞齿轮中心至底座地面距离；$H_2$ 为两层基台木垂直厚度；$\theta$ 为钻孔顶角，（°）；$\alpha$ 为钻孔倾角，（°）。

钻塔位置是孔口至天车中心的水平距离 $S_{塔}$，如图 4 - 37 所示，由图中边角关系可得

$$S_{塔} \approx S'_{塔} + R = H\tan\theta + R = H\cot\alpha + R \tag{4-3}$$

式中：$H$ 为天车中心至地面的距离；$R$ 为天车半径。

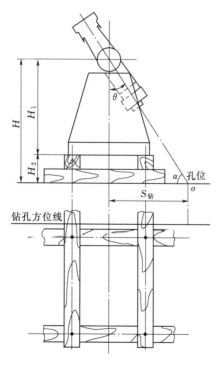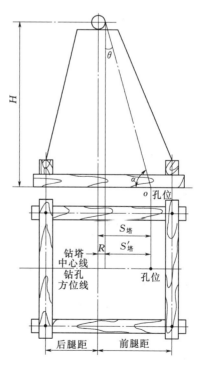

图 4 - 36  钻机位置          图 4 - 37  钻塔位置

图 4-38 为斜塔安装示意图，图 4-39 为斜塔安装详图。

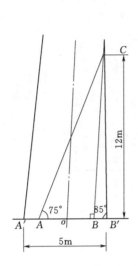

图 4-38　斜塔安装示意图

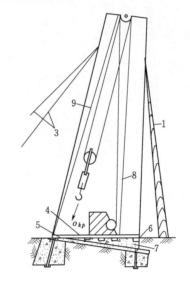

图 4-39　斜塔安装详图

1—木质支撑；2—天轮；3—绷绳；4—地
板；5—基台木（纵）；6—基台木（横）；
7—石子、黏土；8—稳绳；9—引导绳

**4. 16.4m 管材钻塔**

16.4m 管材钻塔斜塔同原来的 16.4m 角钢斜塔相比，具有如下特点：

（1）与同样类型的角钢钻塔相比，减轻了近 2/3 的重量。搬迁时，用 1 台解放牌卡车就可将全套塔材和基台拉走。

（2）结构简单，建、拆安全。由于立柱间采用插入式的连接方法，拉手端部加工成扁槽状，所以建、拆塔时不用挑杆，不用背扳手，方便、安全。

（3）建拆省力、快速塔由二层至七层每层都是 1.9m，立柱与拉手较短、较轻，加上结构便于拆装，所以建拆省力，速度快。10 个人可在 2h 内全部建成，1 天之内可完成 1 台钻机拆卸、迁移、安装的整个过程、效率可提高 2 倍以上。

（4）有利于实现塔上无人操作。由于塔内空间较大，便于采用各种塔上无人装置。

钻塔的主要性能指标，见表 4-13。钻塔的主要结构如图 4-40 所示。塔身除一层、二层和受力较大部位采用加强的双十字结构外，其余部分均采用人字结构。各主要部位的具体结构分述如下。

表 4-13　钻塔的主要性能指标表

| 项　目 | 指　标 |
| --- | --- |
| 起重能力/t | 10～12 |
| 适应孔深/m | 500 |
| 适应钻进角度/(°) | 75～90 |
| 立根长度/m | 10～12 |

续表

| 项　目 | 指　标 |
|---|---|
| 钻塔重量（含基台）/t | 3（1） |
| 塔高/m | 16.4 |
| 天车高/m | 15.4 |
| 各层高度 | 第一层 3.7m；二层至七层各位 1.9m；塔帽 1.3m |
| 上顶尺寸/(m×m) | 0.9×0.5 |
| 下底尺寸/(m×m) | 8.0×5.0 |
| 天车轴平面/(m×m) | 1.0×1.2 |
| 钻塔倾角 | 前角 71°41′；后脚 83°；侧角 83° |

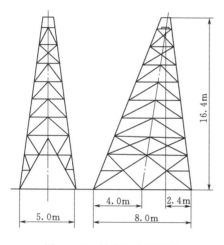

图 4-40　钻塔的主要结构

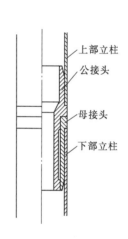

图 4-41　立柱连接

1）立柱及其连接。立柱采用中 φ73mm 岩芯管，各层立柱间采用公母接头插入式的连接方法，如图 4-41 所示。母接头插入下立柱孔内，焊牢。公接头插入上立柱的下端，焊牢。建塔时只需将上立柱插入下立柱的孔内即可，既省力，又安全。

2）塔拉手。所有横拉手及受力较大的部分斜拉手，用中 φ60mm×3.5mm 的钢管（也可用 2 英寸水管），其余斜垃手用中 φ38mm×4mm 钢管（也可用 1 英寸水管）。拉手端部用胎具加工成扁槽状，如图 4-42 所示。这样不仅拉手端部强度高，而且拧卸螺丝时不需背扳手，比较方便。

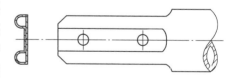

图 4-42　拉手端部的扁槽结构

3）连接耳。拉手与立柱间均采用连接耳连接。连接耳用 10mm 或 8mm 钢板制作。加工连接耳和将连接耳焊于立柱或横拉手时，必须严格注意其尺寸、位置。如果连接耳的加工有误差，就会造成塔拉手位置的更大偏差，从而给建塔带来较大的困难，如图 4-43 所示。

4）塔梁。塔梁用 140mm×58mm 槽钢加工，如图 4-44 所示。在槽钢凹部加焊加强板，增加其强度。在实际使用中，还曾用 φ110mm 钻头料改制成方形中空塔梁，这种塔梁经过一年多的使用，证明效果也很好。

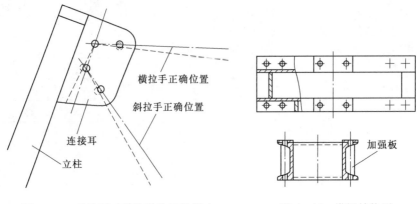

图 4-43 连接耳对塔拉手位置的影响　　　图 4-44 塔梁结构图

5）塔脚与基台的连接。建塔时，将第一层塔脚下部的底板与基枕上的塔脚固定板对齐，如图 4-45 所示。然后穿上螺栓并将两者牢固地连接，钻塔和基台就固定在一起了。塔脚的底板应在立柱中心位置钻孔，以使立柱中的存水流出，防止冬季施工时产生立柱冻裂。

6）基台。基台采用工字钢或槽钢加工，结构如图 4-46 所示。

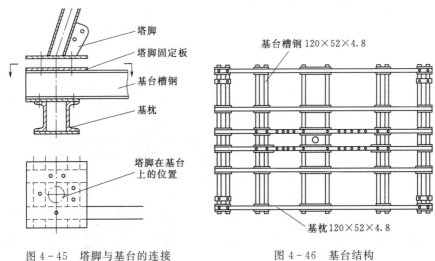

图 4-45 塔脚与基台的连接　　　　　图 4-46 基台结构

### 4.2.3　车载钻塔的基本组成和原理

#### 4.2.3.1　车载钻塔的基本组成

1. 钻探设备的组成及工作原理

车载钻塔是钻探机械的主要部件，其配套设备有：HXY 1500 型钻机、18m 钻塔液压起落装置、底盘、NBB250/6 型泥浆泵、CS-150 型除砂机、NJ-1000 型泥浆搅拌机、NY-3 型液压拧管及电气、液压控制系统。其结构形式有车载式和拖车式两种，可根据实际情况进行配置选择，图 4-47 为 CZP 型车载钻塔总装图。

HXY 1500 型钻机是以中深孔的地质、工程钻探为主的岩心钻机，除了适用于金刚石和硬质合金钻探外，还可用于工程地质勘查、桩孔施工、浅层地下水钻探等。钻机结构如图 4-48 所示，左侧电机通过弹性联轴器将动力传送至变速箱，变速箱可输出 5 个正转速度和 1 个反转速度，变速箱输出轴通过万向联轴节与分动箱输入轴相连，分动箱将来自变速箱的回转运动分别传至回转器和卷扬机。回转器主要负责钻杆的钻进，卷扬机用于提升钻杆。

2. 车载钻塔的组成结构

随着钢结构技术的不断发展，塔架的结构形式也日益增多。节点的连接方式将组成结构的各种构件连接在一起，从而保证了结构的整体稳定性。

钻塔由天车、塔体、二层台、立根靠架、提升机构、限位锁紧机构等部分组成，如图 4-49 所示。塔体的结构根据运载方式的不同可分整体式和分体式两种。整体式连接可靠，但塔体高度受限，且拆装不便；分体式通常分上、下塔体两部分，可做成车载形式，以方便运输，但其结构比较复杂。根据具体工程施工需要，上、下塔体可以通过导向框和提升机构在下塔体中沿塔体的中心线进行伸缩，若实现 18m 塔高和 13m 塔高钻探施工要求，将上塔体收回，可在 10m 高度进行

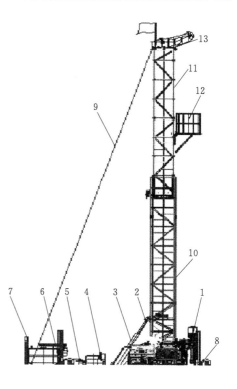

图 4-47 CZP 型车载钻塔总装图

1—钻机系统；2—立塔油缸；3—立塔油缸支架；4—泥浆泵；5—电流控制系统；6—机架立腿缸；7—落塔支架；8—机架；9—钢丝绷绳；10—下塔体；11—上塔体；12—二层台；13—天车

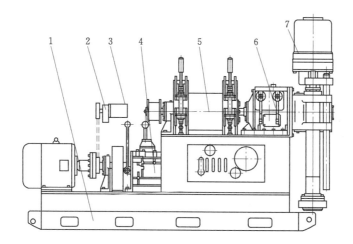

图 4-48 HXY1500 型钻机结构图

1—机架；2—油泵传动装置；3—油泵；4—变速箱；

5—卷扬机；6—分动箱；7—回转器

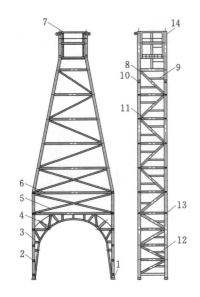

图4-49　钻塔结构图

1、2—底板；2、13—主管梁；3—圆圈梁；4—筋杆；5—斜拉杆；6—横梁；7—顶板；8—侧斜拉杆；9、12—梯杆；10—接头体；11—侧横梁

强力提拔，在用途上可以实现一塔多用。在选材上，上、下塔体选用 $\phi89mm \times 5mm$ 和 $\phi76mm \times 5mm$ 的无缝钢管焊接成四脚塔架。钻塔结构中的管材均采用国标中的相应型号，其材质为Q235钢，连接工艺为焊接。

#### 4.2.3.2　车载四脚钻塔的安装运输原理

车载四脚钻塔利用自身的液压系统作为动力源，启动控制系统按钮，液压油通过电磁阀进入4个支腿油缸，使4个支腿油缸同步至1.6m高处，运输车倒车至平台下端，然后收回4个支腿油缸，并将支腿油缸扳转90°锁紧后，再次伸出油缸，利用锁杆和油缸活塞杆连接，将钻塔与车辆锁紧，关闭液压系统，车辆即可运输。到达目的地后，启动油泵通过控制按钮，打开锁紧杆，收回活塞杆，将支腿油缸转出90°锁紧，伸出油缸至1.6m高度，使钻塔离开运输车体，车辆退出，然后在钻塔下面垫机台木，再将油缸收回使钻塔落至机台木上，利用钻塔上配套的双坡度传感器自动找平系统对钻塔进行找平，在通过控制按钮启动立塔油缸，将钻塔立起90°，启动四联操纵阀手柄，提升机构的摆线马达工作，使液压绞车转动，利用钢丝绳使钻塔的上塔体从下塔体中提升至13m或18m高度，然后利用锁紧限位机构使上、下塔体锁紧，即可进行钻探施工。

整个钻塔系统的安装于拆分充分利用了钻机自身的液压系统作为执行动力，并通过传感器向电气系统提供控制信号实现自动找平，使整个安装过程方便、快捷、准确、可靠。车载钻塔自动调平动作是由一个安装在钻塔上的双坡度传感器自动测定塔架与大地水平面的角度误差大小输出对应的控制信号，驱动支腿油缸油路上的电磁阀，控制4个支腿油缸的动作来实现钻塔调平动作。

#### 4.2.3.3　车载钻塔结构的连接方式

塔架结构是一种高耸的支撑构架，对于塔架的这一特殊结构而言，其上作用的垂直载荷（有塔身自重、大钩载荷）、水平载荷，偶尔还会承载地震力。由于塔架结构常用的构件有角钢、圆钢、钢管、薄壁型钢等，所以塔架多会做成组装式桁架结构、整体式桁架结构、正方形等截面式结构等。构件与构件之间的连接方式也有法兰连接、圆钢管拼接、圆钢管双剪连接、圆钢管插接、角钢柱拼接和单剪连接、柔性拉杆连接。

1. 法兰连接

由于钢管的风荷载体型系数小、截面回转半径大、受力性能好、适合做二力杆，因此，对于塔架或者较高的塔架结构主要采用钢管材料。钢管的连接有多种形式，法兰连接方式刚度大且对于现场施工比较方便，故成为塔架结构钢管连接的主要形式，连接形式如图4-50所示。当钢管受压力时，力通过加强肋和管端焊缝传递给法兰盘。而当钢管受拉力时，力通过加强肋和管端焊缝传递给法兰盘。法兰盘通过连接螺栓将两根相邻构件连接起来，故加强肋间的法兰盘区域在螺栓垫板所在范围内受较大的力。

2. 圆钢管拼接

圆钢管拼接连接，通常采用设置衬环或者垫板的等强度对焊缝连接和设置外套筒的等强度角焊缝连接，如图4-51所示。在采用正对接焊缝的拼接连接中，无论有无衬管或衬环，均需保证完全焊透。这种连接方式传力路线简单，但对焊缝的要求高，且现场施工没有法兰连接方便。

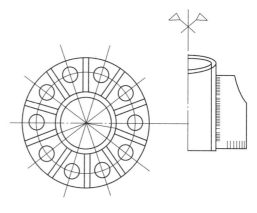

图4-50　法兰连接

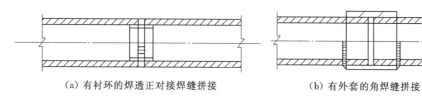

（a）有衬环的焊透正对接焊缝拼接　　　　（b）有外套的角焊缝拼接

图4-51　圆钢管拼接

3. 圆钢管双剪连接

这种连接方式较为特殊，如图4-52所示。它是将钢管两端对称割缝成一条槽形，将弯成U形的板插进去和钢管焊接上，并用加强肋加强，再将中间夹板插入，用高强螺栓和U形板连接。当钢管受力作用时，力通过焊缝和加强肋传给U形板，U形板通过连接螺栓传给中间夹板，由中间夹板将两构件相连。加强肋的设置可以减少夹板厚度，节约钢材。

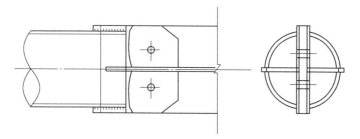

图4-52　圆钢管双剪连接

4. 圆钢管插接

对于圆截面半径不同或相差很大的圆钢管，一般可以采用法兰连接。另外也可以采用如图4-53的圆钢管插接。这类插管很明显有难度，且防腐蚀处理较麻烦。在必须使用插管场合，可以在下管顶部插管处四周打孔焊接，焊后磨平。

5. 角钢柱拼接和单剪连接

角钢柱拼接，如图4-54所示。一般采用双剪螺栓，且每端不少于6个M16的螺栓，两角钢边上相连螺栓应错位排列，以避免净截面削弱过多。内外角钢相叠处应将外角钢刨倾角，使得接触紧密。角钢受力作用时，力通过双剪螺栓传递给连接角钢，由连接角钢将两角钢柱连接。

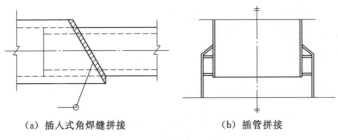

（a）插入式角焊缝拼接　　　　（b）插管拼接

图 4-53　圆钢管插接

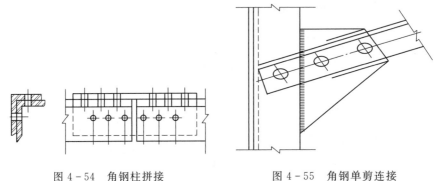

图 4-54　角钢柱拼接　　　　　　图 4-55　角钢单剪连接

角钢柱单剪连接时，如图 4-55 所示。其中焊接一块节点板，角钢受力作用时，力通过单剪螺栓传递给节点板，节点板上力通过焊缝传递给角钢柱。这种连接方式在受力较大时则对螺栓的强度要求较高。

6. 柔性拉杆连接

当采用圆钢交叉支撑与杆件的连接时，可用花篮螺栓预先张进的方式。如图 4-56 的连接方式，在受压时，退出工作；在受拉时，圆钢上的力传给圆形螺母，螺母通过焊缝将力传给连接管套，再由焊缝将力传给另一圆形螺母，螺母上力传给连接圆钢，由圆钢便通过焊缝传给夹板，夹板上力由销钉传给双剪板。这种连接方式容易调节自身长度，便于施工安装。当受力较大时，应用高强度的材料以减少自重。设计时，按等强度设计可加部分预应力。施工时销钉应按精制螺栓加工；为安装准确方便，双剪板应一次套钻成孔，且双剪板厚度略大于节点板厚。

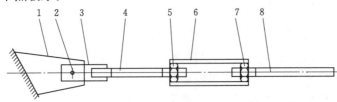

图 4-56　柔性拉杆连接

1—双剪板；2—销钉；3—夹板；4—圆钢；5—圆形螺母；

6—连接套管；7—圆形螺母；8—圆钢

## 4.2.4 大顶角斜孔四脚钻塔设计

### 4.2.4.1 国产钻塔主要技术参数

三脚钻塔和桅杆型钻塔在我国没有统一的标准，一般是各生产厂家或使用单位自行研制生产。这些类型钻塔的技术参数只能参阅各自产品的使用说明书。四脚和 A 型钻塔，我国地矿系统生产有几种类型，其主要性能指标见表 4－14。

表 4－14　　　　　　　　　四脚及 A 型钻塔主要性能指标表

| 指标 | 角钢 | | | | | 钢管 | | | | A 型塔 |
|---|---|---|---|---|---|---|---|---|---|---|
| | 直塔 | | | 斜塔 | | 直塔 | | 斜塔 | | |
| | 12.5 | 17 | 22 | 12 | 16 | SG-18 | SG-23 | SG-13 | SG-17 | 13 |
| 钻塔高度/m | 12.5 | 17 | 22 | 12 | 16 | 18 | 23 | 13 | 17 | 13 |
| 适用钻孔深度/m | 350 | 650 | 1200 | 350 | 650 | 600 | 800~1200 | | | 300 |
| 有效负荷/kN | 58.8 | 78.4 | 165 | 58.8 | 78.4 | 98 | 147 | 98 | 147 | 78.4 |
| 顶宽/(m×m) | 1.4×1.4 | 1.5×1.5 | 1.6×1.6 | 1.3×1.5 | 1.6×1.6 | 1.4×1.4 | 1.1×1.1 | 1.2×1.3 | 1.2×1.22 | 0.98×0.65 |
| 提升钻杆根数与长度/(根×m) | 2×4.5 | 3×4.5 | 4×4.5 | 2×4.5 | 3×4.5 | 3×4.8 | 4×4.8 | 2×4.8 | 3×4.8 | 2×4.5 |
| 滑车组数×减轻负荷倍数 | 2×1.5 | 2.5×2 | 3×2 | 2×1.5 | 3×2 | | | | | |
| 钻塔质量/t | 29.4 | 44.4 | 57 | 36.3 | 46.2 | 18.5 | 28.6 | 22.2 | 27.9 | 22.1 |
| 工作台高度/m | 8.30 | 13.20 | 17.60 | 9.00 | 13.00 | 15.00 | 20.00 | | | |
| 底框尺寸/(m×m) | 4.3×4.3 | 5.0×5.0 | 5.5×5.5 | 4.5×7.6 | 5.0×9.2 | 5.0×5.0 | 5.0×5.0 | 4.5×5.15 | 4.5×6.4 | 4.3×3.7 |

钻塔的基本参数有：钻塔高度和二层台高度、额定负荷和最大负荷、顶部尺寸和底部尺寸、自重等。

钻塔高度是指塔腿支承面到天车轴轴线之间的距离。合理的塔高受以下两个因素制约：一是尽量缩短起下钻作业的时间消耗；二是尽可能降低制造、安装及运移的成本，钻塔高度示意图如图 4－57 所示。

回转钻进用钻塔高度 $H$ 由下列公式计算：

$$H = L + h_1 + h_2 + h_3 + h_4 + h_5 = L + \sum h \qquad (4-4)$$

式中：$H$ 为钻塔高度，m；$h_1$ 为孔口装置的高度及垫叉厚度，根据所用的拧管装置确定，m；$h_2$ 为立根卸开时所必需的最小距离，决定于钻杆接头螺纹的长度，m；$h_3$ 为提引器高度，一般为 0.5~0.6；$h_4$ 为大钩和动滑车高度，一般为0.8m；$h_5$ 为过提安全高度，一般取 2~4m，塔高为 12m 时，取 3m；塔高为 22~25 时，取 4m；$L$ 为立根长度，一般规定见表 4－15。

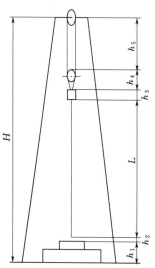

图 4－57　钻塔高度示意图

**表 4－15**　　　　　　　　　　　　**孔深与立根关系**

| 孔深/m | <100 | 100～300 | 300～500 | >500 |
|---|---|---|---|---|
| 立根长度/m | 6～9 | 9～12 | 12～15 | 15～18 |

在初步确定塔高时，可按式（4－5）计算

$$H = pL \tag{4-5}$$

式中：$p$ 为系数，与起下钻具的尺寸和过提高度有关，一般为 1.25～1.4；立根短、提升速度快时，取大值。由此可见，钻塔高度直接与立根长度有关。增加立根长度可以缩短起下钻作业时间，但加大立根长度使钻塔高度增大，从而使钻塔的制造成本增加，同时也增加了钻塔运移安装费用。因此，存在着合理的经济立根长度，这就是使消耗于起下钻作业的费用和钻塔折旧费及其安装运输费用最小的最优经济立根长度。

### 4.2.4.2　斜塔设计计算

**1. 80°斜塔设计**

设计计算四脚斜塔，参考表 4－14，以角钢斜塔为例，取钻塔高度为 16m，适用钻孔深度 650m，有效负载 78.4kN，顶宽 1.6m×1.6m，提升钻杆根数与长度为 3 根×4.5m，工作台高度 13.00m，底框尺寸为 5.0m×9.2m。

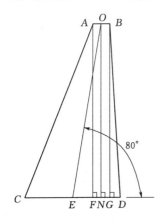

图 4－58　四脚钻塔孔位设计

实际钻塔高度依赖于立根长度，取立根长度 3×4.2m，即 $L=12.6$m；根据经验公式（4－5），计算得钻塔高度介于 15.75～17.64m；取过提安全高度 $h_5=2$m，大钩和动滑车高度 $h_4$，一般为 0.8m；提引器高度 $h_3$，一般为 0.5～0.6m，取 $h_3=0.5$m；考虑到 $h_1$ 和 $h_2$，取钻塔高度 $H=16$m。参考表 4－14，得已知条件有：顶宽 1.6m×1.6m，底框尺寸为 5.0m×9.2m，以钻孔设计倾角为 80°计算。根据四脚金属斜钻塔斜孔安装距的计算方法，设计四脚钻塔斜孔定位尺寸及四脚钻塔前后脚尺寸，如图 4－58 所示。

作水平线 $CD$，使 $CD=9.2$m，在 $CD$ 线段上作出中点 $E$，过 $E$ 点作射线 $EO$，使 $\angle DEO=80°$；向上偏移，作 $CD$ 的平行线 $AB$，使 $AB$ 与 $CD$ 距离为 16m，$AB$ 与 $EO$ 交于 $O$ 点；在直线 $AB$ 上截取 $OA=OB=0.8$m，过 $O$ 点作 $ON\perp CD$ 于 $N$ 点，即 $ON=16$m；连接 $AC$ 和 $BD$，$CD$ 中点 $E$ 为钻孔位置，$CE=DE=4.6$m；过 $A$ 点作 $AF\perp CD$ 与 $F$ 点，过 $B$ 点作 $BG\perp CD$ 与 $G$ 点，则 $NF=NG=0.8$m。

$EN=ON\cot80°=16\cot80°=2.82$m；

$EF=EN-NF=2.82-0.8=2.02$m；

$CF=CE+EF=4.6+2.02=6.62$m；

$CN=CF+FN=6.62+0.8=7.42$m；

钻塔前脚　$AC=\sqrt{CF^2+AF^2}=\sqrt{6.62^2+16^2}=17.32$m；

前脚内倾角　$\angle ACE=\arcsin\dfrac{AF}{AC}=\arcsin\left(\dfrac{16}{17.32}\right)=68°$；

$ND=CD-CN=9.2-7.42=1.78\text{m}$;

$GD=ND-NG=1.78-0.8=0.98\text{m}$;

钻塔后脚 $BD=\sqrt{GD^2+BG^2}=\sqrt{0.98^2+16^2}=16.03\text{m}$;

后脚内倾角 $\angle BDE=\arcsin\left(\dfrac{BG}{BD}\right)=\arcsin\left(\dfrac{16}{16.03}\right)=86°$;

孔位距塔顶中心 $OE=\sqrt{ON^2+EN^2}=16.25\text{m}$;

为验算计算的正确性，可在 $CAD$ 上作图，实际测量与计算结果一致。

2. 大角度斜塔倾角临界条件

斜孔钻塔倾角设计，仍以 16m 高钻塔为例分析设计。为使钻塔受力稳定，钻塔前脚内倾角和后脚内倾角都应小于 90°，设计中前脚内倾角容易满足小于 90°要求，主要验算后脚内倾角是否满足小于 90°的条件。设 $\angle DEO=\theta$，如图 4-59 所示。为使后脚内倾角小于 90°，则必须满足

$$EN+OB<ED \qquad (4-6)$$

又 $EN=ON\cot\theta$，$OB=0.8\text{m}$，$ED=4.6\text{m}$，带入式（4-6），可得：$\theta>77°$。即 $\theta=77°$ 为临界条件，当 $\theta=77°$ 时，$BD\perp CD$。在斜塔倾角 $\theta>77°$ 时，钻孔位置 $E$ 可放置于 $CD$ 的中点。当 $\theta<77°$ 时，钻孔位置 $E$ 若还放置于 $CD$ 的中点，则必须增加 $CD$ 的长度，以满足式（4-6）；另外，还对钻孔相对于钻塔位置进行更改，使 $CE<DE$，也可使 $\theta<77°$。下面以 16m 斜孔钻塔为例，斜塔倾角 $\theta<77°$ 时，是否变动相对孔位两种情况进行分析设计。

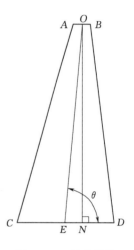

图 4-59　斜孔钻塔
设计示意图

3. 孔位中心相对钻塔不变调斜设计

斜塔倾角 $\theta<77°$ 时，孔位仍处于 $CD$ 的中点，以 $\theta=70°$ 为例。

$EN=ON\cot\theta=16\cot70°=5.82\text{m}$

又 $ED>EN+OB$，则有，

$ED>6.62\text{m}$，点 $E$ 为 $CD$ 的中点，可得：

$CD>13.24\text{m}$，取 $CD=14\text{m}$，则 $CE=DE=7\text{m}$。

$CN=CE+EN=7+5.82=12.82\text{m}$；

$DN=CD-CN=14-12.82=1.18\text{m}$；

斜塔前脚 $AC=\sqrt{(CE+EN-OA)^2+ON^2}=20.01\text{m}$；

前脚内倾角 $\angle ACE=\arcsin\left(\dfrac{ON}{AC}\right)=\arcsin\left(\dfrac{16}{20.01}\right)=53°$；

斜塔后脚 $BD=\sqrt{(ND-OB)^2+ON^2}=16\text{m}$；

后脚内倾角 $\angle BDE=\arctan\left(\dfrac{ON}{ND-OB}\right)=89°$；

孔位距塔顶中心 $OE=\sqrt{ON^2+EN^2}=17.03\text{m}$；

为验算计算的正确性，可在 $CAD$ 上作图，实际测量与计算结果一致，如图 4-60 所示。

**4. 孔位中心相对钻塔变化调斜设计**

以 $\theta=70°$ 为例进行设计，塔高 $ON=16\mathrm{m}$；不改变图 4-58 整体结构尺寸，$OE$ 线段以 $O$ 为顶点向左下方向偏斜 20°，与 $CD$ 交于 $E$ 点，如图 4-61 所示。

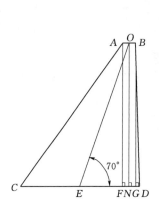

图 4-60　孔位中心相对
钻塔不变设计

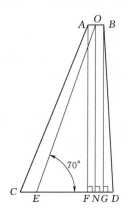

图 4-61　孔位中心相对
钻塔变化设计

相对于图 4-58 的设计，唯一变化的是孔位中心 $E$ 在线段 $CD$ 上的位置变化，确定好孔位中心 $E$ 点的新位置，则可以改变斜塔的斜度。图 4-61 中设计，斜塔倾角 $\angle OEF=$ 70°，计算可得：

$EN=ON\cot 70°=5.82\mathrm{m}$；

又 $CN$ 相对长度没变，可知 $CN=7.42\mathrm{m}$；

则有：$CE=1.6\mathrm{m}$；

$DE=CD-CE=9.2-1.6=7.6\mathrm{m}$；

$OE=17.03\mathrm{m}$。

斜塔其他尺寸均无变动，为验算计算的正确性，可在 $CAD$ 上做图，实际测量与计算结果一致。孔位中心相对钻塔变化设计方法相对于孔位中心相对钻塔不变设计方法，主要有以下两个优点：一是无需更改整个钻塔的设计尺寸，避免钻孔角度需要变化时，重新设计和搭建钻塔；二是斜塔倾角可以连续更改为一定范围内的任意角度，角度调节方便。从图 4-61 可以看出，钻塔调节的最大角度依赖于 $\angle OCD$ 的度数，一旦设计的 16m 钻塔定型，则斜塔倾角调节的最大角度无法更改。

以 16m 斜塔设计改变倾角主要性能指标对比，见表 4-16。

表 4-16　　　　　　　　16m 斜塔三种情况分析主要性能指标对比

| 指　　标 | 16m 斜塔 | 孔位中心相对钻塔不变 | 孔位中心相对钻塔变化 |
|---|---|---|---|
| 斜塔倾角/(°) | 80 | 70 | 70 |
| 顶宽/(m×m) | 1.6×1.6 | 1.6×1.6 | 1.6×1.6 |
| 底宽/(m×m) | 9.2×5.0 | 14.0×5.0 | 9.2×5.0 |
| 孔位距塔顶中心 $OE$/m | 16.25 | 17.03 | 17.03 |
| 前脚 $AC$/m | 17.32 | 20.01 | 17.32 |

| 指　标 | 16m 斜塔 | 孔位中心相对钻塔不变 | 孔位中心相对钻塔变化 |
|---|---|---|---|
| 前脚内倾角/(°) | 68 | 53 | 68 |
| 后脚 $BD$/m | 16.03 | 16 | 16.03 |
| 后脚内倾角/(°) | 86 | 89 | 86 |
| 孔位距前脚 $CE$/m | 4.6 | 7.0 | 1.6 |
| 孔位距后脚 $DE$/m | 4.6 | 7.0 | 7.6 |
| 塔顶中心投影距前脚 $CN$/m | 7.42 | 12.82 | 7.42 |
| 塔顶中心投影距后脚 $DN$/m | 1.78 | 1.18 | 1.78 |

**5. 钻塔调斜**

为使钻塔整体调斜操作简单，缩短时间，斜度方便可调，采用孔位中心相对钻塔变化的结构方案。如图 4-58 所示，钻塔斜度可表示为

$$\tan\theta=\frac{ON}{EN} \tag{4-7}$$

$ON$ 为钻塔高度，采用孔位中心相对钻塔变化的结构方案，一旦结构定型，则高度不可变，钻塔斜度的变化依赖于调节 $EN$ 的长度。$EN$ 越大，钻塔斜度 $\tan\theta$ 越小，$EN$ 长度的变化范围取决于钻塔的整体结构；钻塔整体结构未定型之前，若设计的钻塔高度越小，也越利于钻塔斜度的调节。

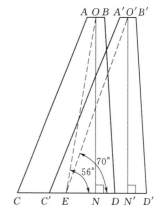

以设计高度为 16m，初始角度为 80° 的斜孔钻塔为例，具体介绍调斜的边角关系。钻塔整体位移前后，如图 4-62 所示，由三角形边角关系可得

$$EN=ON\cot 80°$$

$$EN'=O'N'\cot 70°$$

图 4-62　钻塔整体位移
前后边角关系

则移动位移：

$$NN'=EN'-EN=O'N'\cot 70°-O'N'\cot 80°=3.002\text{m}$$

在 $CAD$ 上标准做图，直接量 $NN'$ 的长度也为 3.002m。

综合上述，若设钻塔的高度为 $H$，此方案斜孔钻塔的初始角度为 $\theta_1$，需要调整至某一角度 $\theta_2$，钻塔整体位移为 $S$，根据三角形边角关系可得

$$S=H(\cot\theta_2-\cot\theta_1) \tag{4-8}$$

### 4.2.5　大顶角斜孔钻塔三维建模设计

钻塔的三维建模以钻塔高度 16m、钻塔初始斜度为 80° 为例。钻塔高度 16m，钻塔初始斜度为 80° 的钻塔主要参数见表 4-16。可在模型中先绘制整体空间结构草图，如图 4-63 所示。为使钻塔结构模型对称，减少后续加工件和焊接件的工序以及安装效率，将表 4-16 中的顶宽 1.6m×1.6m 改为 1.6m×5.0m。定义图 4-63 中面 $ABFE$ 为前面，面 $DCGH$ 为后面，面 $BCGF$ 为右侧面，面 $ADHE$ 为左侧面；$BF$ 为前脚 $A$；$AE$ 为前脚 $B$；

*CG* 为后脚 *A*；*DH* 为后脚 *B*。

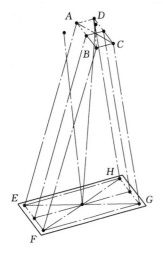

图 4-63 整体空间结构草图

底部 *FG* 和 *EH*，*EF* 和 *HG* 四根管材尺寸选用 $\phi$100mm。综合设计安装，右侧面横梁 *FG* 和左侧面横梁 *EH* 的长度为 8932mm；前面横梁 *EF* 和后面横梁 *HG* 长度为 4780mm。横梁连接部位的结构形状如图 4-64 所示，底部横梁两端结构对称。

前脚 *A* 在空间与底部平面 *EFGH* 夹角为 68°，即前脚内倾角。因此，连接管材必须与底部平面夹角也为 68°，采用对标准管材斜截的方式，以第 1 层前脚 *A* 为例，如图 4-65 所示。前脚 *A* 与右侧面横梁连接的底部结构如图 4-66 所示；前脚 *A* 与前面面横梁连接的底部结构如图 4-67 所示；连接板材尺寸为 300mm×200mm，采用焊接的形式，图 4-67 中板材焊接前沿底部面平行斜截，具体的焊接定位尺寸参见三维建模中的尺寸。图 4-66 和图 4-67 中的板材中心面过管材轴线，且两板材面空间夹角为 90°，方便板材焊接。

图 4-64 底部横梁连接部位结构

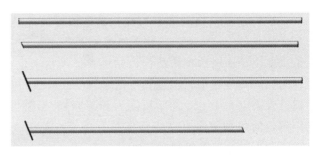

图 4-65 第 1 层前脚 *A* 管材斜截步骤

图 4-66 第 1 层前脚 *A* 与右侧面
横梁连接的底部结构

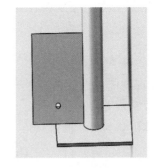

图 4-67 第 1 层前脚 *A* 与前面
横梁连接的底部结构

第 1 层前脚 *A* 顶部结构如图 4-68 所示，两焊接板材尺寸均为 300mm×200mm；第 1 层前脚 *A* 的整体结构如图 4-69 所示，顶部和底部的板材对应的焊接面是同面，便于斜拉杆的连接。第 1 层前脚 *B*，第 1 层后脚 *A*，第 1 层后脚 *B* 均参照第 1 层前脚 *A* 的结构设计三维模型，同底部平台装配后的建模如图 4-70 所示，前后脚顶面距底面高度为 3m。

图 4-68 第 1 层前脚
A 顶部结构

图 4-69 第 1 层前脚
A 整体结构

图 4-70 第 1 层结构建模

　　第 2 层前脚 A 设计模型如图 4-71 所示，图中 A 处结构方便与第 1 层前脚 A 顶部结构焊接对准位置。第 2 层前脚 A 顶部有三孔的板材尺寸为 400mm×300mm，其与上中下处结构都有连接；第 2 层前脚 A 顶部有两孔的板材尺寸为 300mm×200mm。在建模中与上、中、下结构都有连接的焊接板材尺寸均为 400mm×300mm，只有两个连接结构件的板材尺寸均为 300mm×200mm，孔位设计大部分对称，便于加工。板材上孔径均为 $\phi$18mm，设计中均采用 M16 的螺纹紧固。第 2 层前脚 B，第 2 层后脚 A，第 2 层后脚 B 均以此参照设计，与第 1 层结构件装配后如图 4-72 所示，前后脚顶面距底面高度为 2m。

图 4-71 第 2 层前脚 A 设计模型

图 4-72 第 1～第 2 层四脚装配

　　第 2 层右侧面横梁结构对称，如图 4-73 所示。图中中间连接板材尺寸为 300mm×200mm，孔位对称，左右两连接接头处也对称。左右侧面结构对称，因此第 2 层左侧面横梁与第 1 层右侧面横梁结构与尺寸完全相同，装配后如图 4-74 所示，"第 1\2 层"表示第 1 层和第 2 层，后面类似。

图 4-73 第 2 层右侧面横梁

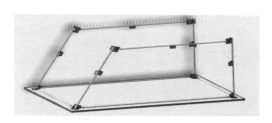

图 4-74 第 1\2 层四脚和横梁装配

　　第 1\2 层右侧面斜拉杆 A 结构如图 4-75 所示，焊接板材尺寸为 300mm×200mm，位置依据各连接结构件空间位置确定，两端连接结构对称。对称装配后，如图 4-76 所示；第1\2层全部斜拉杆装配后，如图4-77所示。左右侧面完全对称，故对称的斜拉杆尺寸和结构完全相同，便于加工。

图4-75　第12层右侧面斜拉杆A

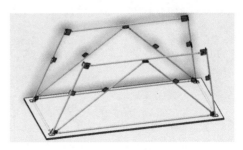

图4-76　第1\2层左右侧面长斜拉杆装配

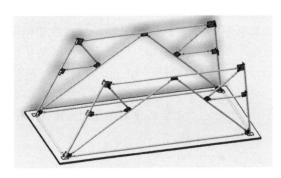

图4-77　第1\2层左右侧面全部斜拉杆装配

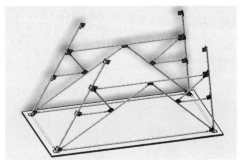

图4-78　第3层前后脚装配

第3层前后脚AB结构与第2层类似，根据连接部位，确定好焊接板材尺寸，焊接板材尺寸均为300mm×200mm；第3层前后脚顶面距底面的高度为2m，装配后如图4-78所示。第4层前后脚AB结构与第3层类似，根据连接部位，确定好焊接板材尺寸，焊接板材尺寸均为400mm×300mm；第4层前后脚顶面距底面的高度为2m，装配后如图4-79所示。

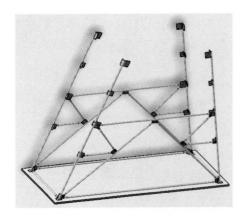

图4-79　第4层前后脚装配

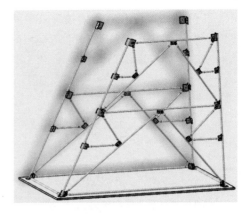

图4-80　第3\4层右侧面斜拉杆装配

参照第1\2层右侧面斜拉杆连接方式，设计和装配第3\4层右侧面斜拉杆，如图

4-80所示。第3\4层左侧面与第3\4层右侧面完全对称,对应更改长斜拉杆连接部位的板材定位尺寸即可,其他对应的斜拉杆的结构和尺寸完全相同,装配后如图 4-81所示。

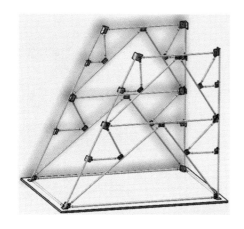 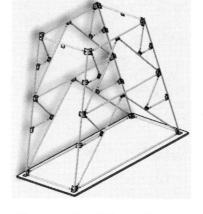

图 4-81　第3\4层左侧面斜拉杆和横梁装配　　图 4-82　第4层前后面横梁装配

第4层前后面横梁装配如图 4-82所示。第1\2\3\4层斜拉杆结构设计与第3\4层右侧面斜拉杆结构设计类似,确定好各连接部位斜拉杆的尺寸,第1\2\3\4层前面左半部分装配如图 4-83所示。"第1\2\3\4层"表示第1层、第2层、第3层和第4层。第1\2\3\4层右半部结构与第1\2\3\4层左半部结构完全对称,对应更改长斜拉杆连接部位的板材定位尺寸即可,其他对应的斜拉杆的结构和尺寸完全相同,装配后如图 4-84所示。

 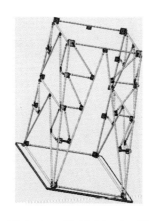 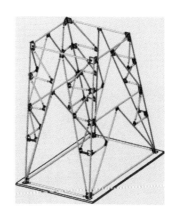

图 4-83　第1\2\3\4　　　图 4-84　第1\2\3\4层　　　图 4-85　第1\2\3\4层
层前面左半部分装配　　　　　前面结构装配　　　　　　　后面结构装配

第1\2\3\4层后面结构设计与第1\2\3\4层前面结构设计完全类似,第1\2\3\4层后面左右半部也完全对称,对应更改长斜拉杆连接部位的板材定位尺寸即可,其他对应的斜拉杆的结构和尺寸完全相同,设计装配后,如图 4-85所示。

第5层设计与第4层设计类似,第5层前后脚顶面距底面的高度为3m,焊接板材尺寸参考上述,不再赘述。第5层横梁依据板材孔位的空间距离而定,装配后如图 4-86所示。第 4 \ 5 层左右侧面对称，前面左右半部对称，后面左右半部对称，对应更改长斜拉杆连接部位的板材定位尺寸即可，其他对应的斜拉杆的结构和尺寸完全相同，设计装配后如图 4 - 87 所示。

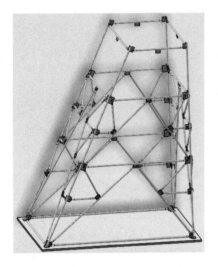

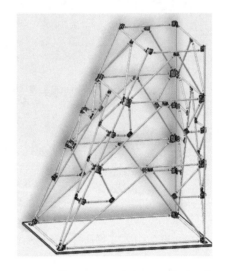

图 4 - 86　第 5 层前后脚和横梁装配　　　　图 4 - 87　第 4 \ 5 层左右侧面和前后面装配

第 6 层设计与第 5 层设计类似，第 6 层前后脚顶面距底面的高度为 2m，焊接板材尺寸参考上述。第 6 层横梁依据板材孔位的空间距离而定，装配后如图 4 - 88 所示。第 5 \ 6 层左右侧面对称，前面左右半部对称，后面左右半部对称，对应更改长斜拉杆连接部位的板材定位尺寸即可，其他对应的斜拉杆的结构和尺寸完全相同，设计装配后如图 4 - 89 所示。

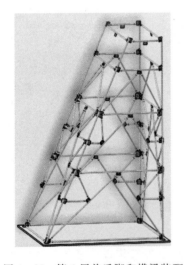

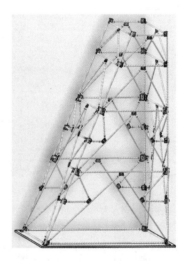

图 4 - 88　第 6 层前后脚和横梁装配　　　　图 4 - 89　第 5 \ 6 层左右侧面和前后面装配

第 7 层设计与第 6 层设计类似，第 7 层前后脚顶面距底面的高度为 2m，焊接板材尺寸参考上述。第 7 层横梁依据板材孔位的空间距离而定，装配后如图 4 - 90 所示。第 6 \ 7 层左右侧面对称，前面左右半部对称，后面左右半部对称，对应更改长斜拉杆连接部位的板材定位尺寸即可，其他对应的斜拉杆的结构和尺寸完全相同，设计装配后如图 4 - 91 所示。

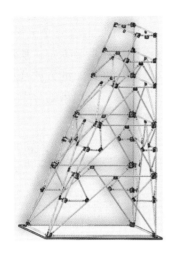

图 4 - 90 第 7 层前后脚和横梁装配

图 4 - 91 第 6 \ 7 层左右侧面和前后面装配

图 4 - 92 为设计的 16m 斜孔钻塔二维简图，并标注主要结构尺寸。设计的斜孔钻塔空间垂直高度为 16m，分 7 层。第一层高度为 3m，第二层高度为 2m，第三层高度为 2m，第四层高度为 2m，第五层高度为 3m，第六层高度为 2m，第七层高度 2m。

### 4.2.6 大顶角斜孔四脚钻塔有限元分析

#### 4.2.6.1 有限元理论及分析方法

**1. 有限元理论**

有限元方法是结构分析中的一种数值计算方法，是矩阵法在结构力学和弹性力学领域中的应用和发展。20 世纪 50 年代中期至 70 年代初期，有限元法出现并迅猛发展，由于当时理论处于初级阶段，计算机的各种

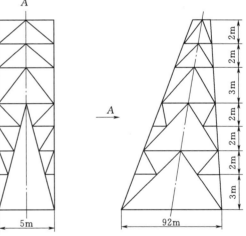

图 4 - 92 16m 斜孔钻塔二维简图

性能也无法满足需求，有限元法和有限元程序无法在工程上推广普及。到 20 世纪 60 年代末 70 年代初出现了大型通用有限元软件，它们以功能强、用户使用方便、计算结果可靠和效率高逐渐形成新的技术商品，成为结构工程分析中强有力的工具。目前，有限元法在现代结构力学、热力学、流体力学和电磁学等许多领域都发挥着重要作用。当前，在我国工程界比较流行、广泛使用的大型有限元软件有 MSC/Nastran、ANSYS、Abaqus、Marc、Adin 和 Algor 等。目前有限元法的基本思想是将弹性连续实体划分成有限个单元体，它们在有限个节点是相互连接，在一定的精度要求下，对每个单元用有限个参数来描述它的力学特征，而整个连续实体的力学特征可认为是这些小单元力学特征的总和，从而建立起连续体的平衡方程。

2. 有限元分析方法

有限元分析有以下几种方法：

（1）结构离散化。将工程的结构离散为由各种单元组成的计算模型，这一步称为有限元单元划分。离散后的单元与单元之间利用单元的节点相互连接起来；单元节点的设置、性质、数目等应视工程的性质，描述内应力、变形形态需由计算精度而定。所以有限元分析的结构已不是原有的结构物，而是用新的属性、由众多单元以特定的方式连接成的离散物体。所以，这样用有限元分析计算所获得的结果只是近似的值。如果划分单元数目非常多而质量又合理，则获得的结果就会与实际情况基本符合。

（2）单元特性分析。在有限单元分析法中，选择节点位移作为基本未知量时称为位移法；选择节点应力作为基本未知量时称为力法；取一部分节点力和一部分节点位移作为基本未知量时称为混合法。位移法易于实现计算自动化，所以，在有限单元法中位移法应用范围最广。当采用位移法时，物体或结构物离散化之后，就可以把单元总的一些物理量如位移、应变和力等由节点位移来表示，这时可以对单元中位移的分布采用一些能逼近原函数的近似函数给以描述。通常，将位移表示变量的简单函数称为位移模式或位移函数。

根据单元的材料性质、形状、尺寸、节点数目、位置及其含义等，找出单元力、节点力和节点位移的关系式，这是有限单元分析中的关键一步。此时需要应用弹性力学中的几何方程来建立力和位移的平衡方程式，从而导出有限单元刚度矩阵，这是有限元法的重要步骤之一。物体离散化后，可以假定力是通过节点从一个单元传递到另一个单元。但是，对于实际的连续体，力是从单元的公共边传递到另一个单元中去的。因而，这种作用在单元边界上的表面力、体积力和集中力都需要等效地移到节点上去，也就是用等效的节点力来代替所有单元上的力。

（3）节点位移求解。利用结构力学的平衡条件和边界条件把各个单元按原来的结构重新连接起来，形成整体的有限元平衡方程。可以根据方程组的具体特点来选择合适的计算方法，解有限元方程，得出位移。通过上述分析，可以看出，有限单元法的基本思想是"分和合"；分是为了进行单元分析，合则是为了对整体结构进行综合分析。在电子计算机广泛应用于工程设计之前，也有许多数值计算方法，例如应用较广的有限差分法。

有限元法与以往数值计算方法相比较，既有许多共同之处，也有其独特的优点，在机械结构强度分析应用中，其主要优点表现在：根据结构的具体形状，采用不同大小和类型的单元，划分任意形状的结构；节点可以任意配置，因而边界适应性良好；能够适应任意支承和载荷；能够模拟不同结构元件组成的复合结构。

有限元法经过近几十年的发展，技术上已经趋于成熟，未来的发展主要在于工程领域中的应用和提高，并完善有限元法的基本技巧。随着计算机辅助设计在工程中日益广泛的应用，有限元程序包已成为 CAD 常用计算方法中不可缺少的内容之一，并与优化设计形成集成系统，即通过计算机建立工程模型，重复进行分析，直到满足要求为止，上述集成有限元分析系统反映了当今世界上有限元方法在机械领域的应用水平和发展趋势。

3. 结构静力分析

线性有限元平衡方程的推导过程中，力学中的三个基本方程分别是几何方程、本构方程和平衡方程，以及虚功原理。

（1）几何方程。几何方程是描述结构的位移函数与应变函数之间关系的方程，在经典弹性理论中假定结构的位移、转动和应变是很小的，而且在结构变形时载荷方向不变，从而得到线性的几何方程。由经典弹性理论得出小变形情况下的几何关系即位移—应变关系为

$$\{\varepsilon\}=[L]\{\delta\} \tag{4-9}$$

式中：$\{\delta\}$ 为结构内任一点的位移向量；$[L]$ 是微分算子。

$[L]$ 矩阵表示如下：

$$[L]=\begin{bmatrix} \dfrac{\partial}{\partial x} & 0 & 0 & 0 & \dfrac{\partial}{\partial z} & \dfrac{\partial}{\partial y} \\[2mm] 0 & \dfrac{\partial}{\partial y} & 0 & \dfrac{\partial}{\partial z} & 0 & \dfrac{\partial}{\partial x} \\[2mm] 0 & 0 & \dfrac{\partial}{\partial z} & \dfrac{\partial}{\partial y} & \dfrac{\partial}{\partial x} & 0 \end{bmatrix} \tag{4-10}$$

有限元法在结构离散化后，把单元中任意一点的位移分量表示成坐标的某种函数，这一函数叫做单元的位移函数。设 $\{u\}^e$ 为单元节点位移向量，在选定位移函数后，在单元内部和边界上，假设满足位移协调条件的插值函数矩阵为 $[N]$，则单元体内的位移可表示为

$$\{\delta\}=[N]\{u\}^e \tag{4-11}$$

将式（4-11）代入式（4-9）得

$$\{\varepsilon\}=[L]\{\delta\}=[L][N]\{u\}^e=[B]\{u\}^e \tag{4-12}$$

式中：$[B]$ 为应变矩阵。

（2）本构方程。弹性力学中应变—应力之间的转换关系称为本构方程，也叫做物理方程。对于各向同性的线弹性材料，应变—应力关系的矩阵形式为

$$\{\sigma\}=[D]\{\varepsilon\} \tag{4-13}$$

其中，$\{\sigma\}=\{\sigma_x \quad \sigma_y \quad \sigma_z \quad \tau_{xy} \quad \tau_{yz} \quad \tau_{zr}\}^T$，$\{\varepsilon\}=\{\varepsilon_x \quad \varepsilon_y \quad \varepsilon_z \quad \gamma_{xy} \quad \gamma_{yz} \quad \gamma_{zr}\}^T$，应力矩阵 $[D]$ 为

$$[D]=\frac{E(1-\mu)}{(1+\mu)(1-2\mu)}\begin{bmatrix} 1 & \dfrac{\mu}{1-\mu} & \dfrac{\mu}{1-\mu} & 0 & 0 & 0 \\[2mm] 0 & 1 & \dfrac{\mu}{1-\mu} & 0 & 0 & 0 \\[2mm] 0 & 0 & 1 & 0 & 0 & 0 \\[2mm] 0 & 0 & 0 & \dfrac{1-2\mu}{2(1-\mu)} & 0 & 0 \\[2mm] 0 & 0 & 0 & 0 & \dfrac{1-2\mu}{2(1-\mu)} & 0 \\[2mm] 0 & 0 & 0 & 0 & 0 & \dfrac{1-2\mu}{2(1-\mu)} \end{bmatrix} \tag{4-14}$$

（3）平衡方程。

$$[L]^T\{\sigma\}+\{q\}=0 \tag{4-15}$$

式中：$\{q\}$ 为体积力向量。

（4）虚功原理。虚功原理在力学中是一个普遍的能量原理，把它应用于弹性体，可得出如下的推理：假设作用在某弹性体上的外力与内部产生的应力处于平衡状态。若给弹性体任一微小的虚位移，并同时在弹性体内产生相应的虚应变时，则外力在虚位移上所做的功等于应力在虚应变上所做的虚功。其数学表达式为

$$\int_v \delta\{\varepsilon\}^T\{\sigma\}dV = \delta\{u\}^T\{P\} \tag{4-16}$$

将式（4-11）和式（4-12）带入到虚功方程可得

$$[k]^e\{u\}^e = \{P\}^e \tag{4-17}$$

式中：$[k]^e$ 为单元刚度矩阵；$\{P\}^e$ 为单元节点载荷向量。

单元刚度矩阵为

$$[k]^e = \int_v [B]^T[D][B]dV \tag{4-18}$$

建立了单元刚度方程后，把各单元刚度矩阵组合，通过按节点叠加的原则，建立整体节点位移列阵 $\{u\}$ 和节点载荷列阵 $\{P\}$ 之间的关系式，即结构整体的刚度方程为

$$[k]\{u\} = \{P\} \tag{4-19}$$

由式（4-19）可见，结构整体的刚度大则结构的位移越小，在一定载荷作用下，结构位移的大小取决于结构的刚度。刚度越小，反之位移就越大。引入结构的约束条件，对结构的总体刚度矩阵方程式（4-19）求解，得到各节点的位移值，进而计算出结构的应变和应力。

#### 4.2.6.2 单元特征分析

1. 梁单元

梁单元是用于生成三维结构的一维理想化数学模型。三维梁单元是具有拉伸、压缩、扭转和弯曲功能的单轴单元。在每个节点上单元具有 6 个自由度，即沿 X、Y、Z 轴的移动自由度，以及绕 X、Y、Z 轴的转动自由度。从空间结构中任意取一个杆件 I-J，在该杆件上建立局部坐标系 XYZ，X 为沿单元的纵轴，Y 轴和 Z 轴分别为横截面的两个主惯性轴，如图 4-93 所示。

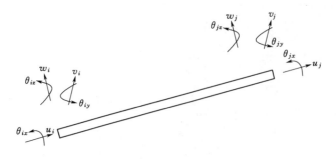

图 4-93  三维梁单元

单元节点位移向量为

$$\{u\}^e = \{u_i \quad v_i \quad w_i \quad q_{ix} \quad q_{iy} \quad q_{iz} \quad u_j \quad v_j \quad w_j \quad q_{jx} \quad q_{jy} \quad q_{jz}\}^T \tag{4-20}$$

相应的节点载荷向量为

$$\{p\}^e = \begin{bmatrix} N_{ix} & Q_{iy} & Q_{iz} & T_{ix} & M_{iy} & M_{iz} & N_{jx} & Q_{jy} & Q_{jz} & T_{jx} & M_{jy} & M_{jz} \end{bmatrix}^T$$

$$(4-21)$$

式中：$N_{ix}$、$N_{jx}$ 为单元轴向力；$Q_{iy}$、$Q_{jy}$ 为单元节点 $Y$ 方向的剪力；$Q_{iz}$、$Q_{jz}$ 为单元节点 $Z$ 方向的剪力；$T_{ix}$、$T_{jx}$ 为单元节点扭矩；$M_{iy}$、$M_{jy}$ 为单元绕 $Y$ 轴弯矩；$M_{iz}$、$M_{jz}$ 为单元绕 $Z$ 轴弯矩。

由虚功原理得到梁单元的刚度矩阵为

$$[k]^e = \begin{bmatrix}
\frac{EA}{l} & 0 & 0 & 0 & 0 & 0 & -\frac{EA}{l} & 0 & 0 & 0 & 0 & 0 \\
0 & \frac{12EI_z}{l^3(1+\phi_y)} & 0 & 0 & 0 & \frac{6EI_z}{l^2(1+\phi_y)} & 0 & -\frac{12EI_z}{l^3(1+\phi_y)} & 0 & 0 & 0 & \frac{6EI_z}{l^2(1+\phi_y)} \\
0 & 0 & \frac{12EI_y}{l^3(1+\phi_z)} & 0 & -\frac{6EI_y}{l^2(1+\phi_z)} & 0 & 0 & 0 & -\frac{12EI_y}{l^3(1+\phi_z)} & 0 & -\frac{6EI_y}{l^2(1+\phi_z)} & 0 \\
0 & 0 & 0 & \frac{GI_x}{l} & 0 & 0 & 0 & 0 & 0 & -\frac{GI_x}{l} & 0 & 0 \\
0 & 0 & -\frac{6EI_y}{l^2(1+\phi_z)} & 0 & \frac{(4+\phi_z)EI_y}{l(1+\phi_z)} & 0 & 0 & 0 & \frac{6EI_y}{l^2(1+\phi_z)} & 0 & \frac{(2-\phi_z)EI_y}{l(1+\phi_z)} & 0 \\
0 & \frac{6EI_z}{l^2(1+\phi_y)} & 0 & 0 & 0 & \frac{(4+\phi_y)EI_z}{l(1+\phi_y)} & 0 & -\frac{6EI_z}{l^2(1+\phi_y)} & 0 & 0 & 0 & \frac{(2-\phi_y)EI_z}{l(1+\phi_y)} \\
-\frac{EA}{l} & 0 & 0 & 0 & 0 & 0 & \frac{EA}{l} & 0 & 0 & 0 & 0 & 0 \\
0 & -\frac{12EI_z}{l^3(1+\phi_y)} & 0 & 0 & 0 & -\frac{6EI_z}{l^2(1+\phi_y)} & 0 & \frac{12EI_z}{l^3(1+\phi_y)} & 0 & 0 & 0 & -\frac{6EI_z}{l^2(1+\phi_y)} \\
0 & 0 & -\frac{12EI_y}{l^3(1+\phi_z)} & 0 & \frac{6EI_y}{l^2(1+\phi_z)} & 0 & 0 & 0 & \frac{12EI_y}{l^3(1+\phi_z)} & 0 & \frac{6EI_y}{l^2(1+\phi_z)} & 0 \\
0 & 0 & 0 & -\frac{GI_x}{l} & 0 & 0 & 0 & 0 & 0 & \frac{GI_x}{l} & 0 & 0 \\
0 & 0 & -\frac{6EI_y}{l^2(1+\phi_z)} & 0 & \frac{(2-\phi_z)EI_y}{l(1+\phi_z)} & 0 & 0 & 0 & \frac{6EI_y}{l^2(1+\phi_z)} & 0 & \frac{(4+\phi_z)EI_y}{l(1+\phi_z)} & 0 \\
0 & \frac{6EI_z}{l^2(1+\phi_y)} & 0 & 0 & 0 & \frac{(2-\phi_y)EI_z}{l(1+\phi_y)} & 0 & -\frac{6EI_z}{l^2(1+\phi_y)} & 0 & 0 & 0 & \frac{(4+\phi_y)EI_z}{l(1+\phi_y)}
\end{bmatrix}$$

$$(4-22)$$

式中：$\phi_y$、$\phi_z$ 为剪切影响系数。其数学式为

$$\phi_y = \frac{12EI_z}{GA_y l^2} \qquad (4-23)$$

$$\phi_z = \frac{12EI_y}{GA_z l^2} \qquad (4-24)$$

式中：$A_y$、$A_z$ 为有效剪切面积，用 $A_S$ 统一表示 $A_y$、$A_z$。则有效剪切面积可简化为

$$A_S = \frac{A}{K} \qquad (4-25)$$

式中：$K$ 为剪切系数，它反映了截面上剪切力分布的不均匀性。

2. 杆单元

杆单元与梁单元的区别在于杆单元不能承受弯矩作用，在节点只有沿 $X$、$Y$、$Z$ 轴的移动自由度。杆单元节点的位移向量为

$$\{u\}^e = \{u_i \quad v_i \quad w_i \quad u_j \quad v_j \quad w_j\}^T \qquad (4-26)$$

相应的节点载荷向量与单元刚度矩阵，只需保留与单元节点位移向量相对应的项，由

式（4-21）和式（4-22）即可得到。

**4.2.6.3 有限分析软件 ANSYS 简介**

有限元分析软件 ANSYS 是融结构力学、流体力学、电场、磁场、声场分析于一体的大型通用有限元分析软件。此软件由世界上最大的有限元分析软件公司之一的美国 AN-SYS 公司开发，它能与多数 CAD 软件接口，实现数据的共享和交换，如 Pro/E，MPC/NASTRAN，Alogor，I-DEAS 等，是现代产品设计中的高级 CAD 工具之一。

1. 软件介绍

软件主要包括以下三个部分：前处理模块、求解模块和后处理模块。前处理模块提供了一个强大的实体建模工具及网格划分工具，用户可以方便地构造有限元模型。分析计算模块包括结构分析、流体动力学分析、电磁场分析、声场分析、压电分析以及多物理场的耦合分析，可模拟多种物理介质的相互作用，具有灵敏度分析及优化分析能力。后处理模块可将计算结果以彩色等值线显示、云图显示、梯度显示、矢量显示、粒子流迹显示、立体切片显示、透明及半透明显示等图形方式显示出来，也可将计算结果以图表、曲线形式显示或输出。

2. 前处理模块 PREP7

ANSYS 的前处理模块，主要有两部分内容：实体建模和网格划分。

ANSYS 程序提供了两种实体建模方式：自底向上与自顶向下。自底向上进行实体建模时，用户从最低级的图元向上构造模型，即用户首先定义关键点，由点生成线再由线生成面，首先定义实体，最后生产实体。自顶向下建模时，用户先从最高级的图元构造模型，然后实体上会生成相应的线和点。

ANSYS 程序提供了使用便捷、高效的网格划分功能。包括四种网格划分方法：延伸分网、映射分网、自由分网和自适应分网。延伸网格划分可将一个二维网格延伸成一个三维网格。映射网格划分允许用户将几何模型分解成简单的几部分，然后选择合适的单元属性和网格控制，生成映射网格。

3. 求解模块

前处理阶段完成建模以后，用户可以在求解处理器中获得分析结果。前处理完成以后将前处理模块生成的模型存盘，退出前处理模块，点击实用菜单项中的 Solution，进入求解模块。在该阶段，用户可以定义 ANSYS 分析类型、分析选项、载荷数据和载荷步选项，然后开始有限元求解。ANSYS 软件提供的分析类型主要有：结构静力分析、结构动力学分析、结构非线性分析、动力学分析、热分析、电磁场分析、流体动力学分析、声场分析和压电分析。

4. 后处理模块

ANSYS 软件的后处理模块包括两个部分：通用后处理模块 POST1 和时间历程后处理模块 POST26。通过友好的用户界面，可以很容易获得求解过程的计算结果并对其进行显示。这些结果可能包括位移、温度、应力、应变、速度及热流等，输出形式可以有图形显示和数据列表两种。

**4.2.6.4 大角度斜孔四脚钻塔有限元分析**

大角度斜孔四脚钻塔设计高度为 16m，底宽为 9.2m×5.0m，顶宽为 1.6m×5.0m，

中间连接件均为杆件，因此钻塔的有限元分析可视为
3D 梁结构静力分析。为简化有限元分析模型，可把各
杆件连接的两端综合在一起分析。可依据上述大角度斜
孔四脚钻塔的三维建模，先在 Solidworks 上画出该钻
塔的 3D 线体草图模型，如图 4-94 所示。大角度斜孔
四脚钻塔 3D 草图分为 7 层，从底层到顶层的高度依次
为 3＋2＋2＋2＋3＋2＋2m，与设计的三维模型每层的
高度对应。3D 草图中，底宽为 9.2m×5.0m，顶宽为
1.6m×5.0m，下一层与上一层的连接类型为"人"字
结构。顶端设计的 H 形结构，便于连接滑轮组。草图
中左右侧面完全对称，前后侧面与各自的中间面对称。

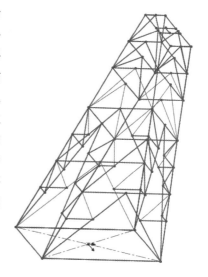

图 4-94 大角度斜孔四脚钻塔 3D
线体草图模型图

1. DM 建模

在 ANSYS Workbench 15.0 中，单击 Geometry，
进入 DesignModeler 界面，设计大角度斜孔四脚钻塔的
3D 线体。底部为一矩形，如图 4-95 所示，其尺寸如
图 4-96 所示。

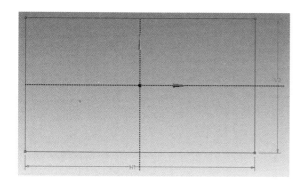

图 4-95 底部结构设计

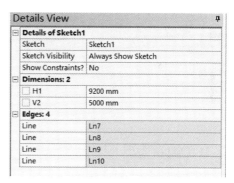

图 4-96 底部结构尺寸

顶部结构设计如图 4-97 所示，其具体尺寸如图 4-98 所示。

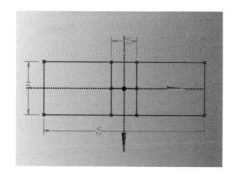

图 4-97 顶部结构设计

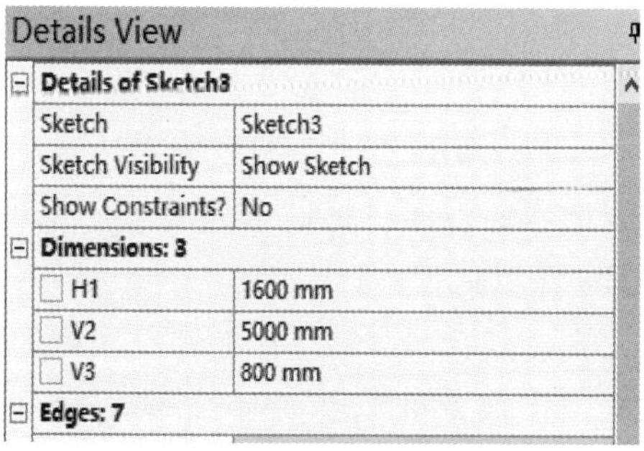

图 4-98 顶部结构尺寸

左右侧面结构完全相同，如图4-99所示，其具体尺寸如图4-100所示。

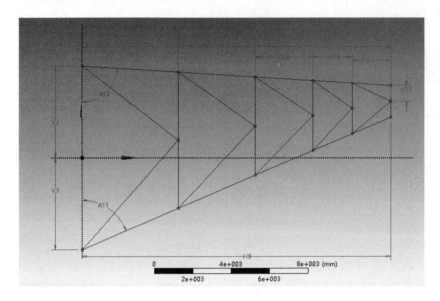

图4-99 左右侧面结构设计

前面结构设计如图4-101所示，图中可以看出前面结构关于中心对称，其具体尺寸如图4-102所示。

| Sketch Visibility | Show Sketch |
|---|---|
| Show Constraints? | No |
| **Dimensions: 7** | |
| ☐ A10 | 86.499 ° |
| ☐ A11 | 67.519 ° |
| ☐ H8 | 16000 mm |
| ☐ H9 | 16000 mm |
| ☐ V17 | 800 mm |
| ☐ V2 | 4600 mm |
| ☐ V3 | 4600 mm |
| **Edges: 2** | |

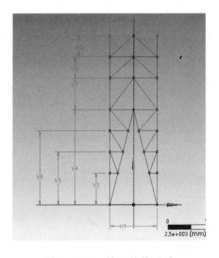

图4-100 左右侧面结构尺寸　　　　图4-101 前面结构设计

后面结构设计如图4-103所示，图中可以看出后面结构关于中心对称，其具体尺寸如图4-104所示。

大角度斜孔四脚钻塔在DM草图模型如图4-105所示。

根据横梁实际情况，组成横梁的每一段构件都必须是单根的，但在绘制草图的过程中，有一些草图直线重叠，需对草图进行修改，直接删除各草图中多余的直线。整体草图，创建线体后的模型如图4-106所示。

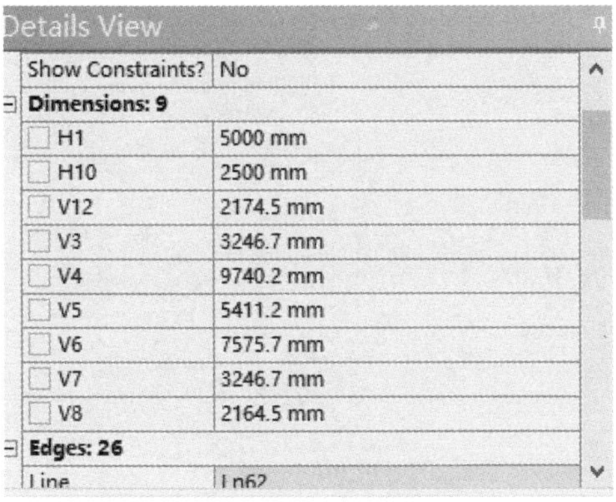

| Show Constraints? | No |
|---|---|
| **Dimensions: 9** | |
| ☐ H1 | 5000 mm |
| ☐ H10 | 2500 mm |
| ☐ V12 | 2174.5 mm |
| ☐ V3 | 3246.7 mm |
| ☐ V4 | 9740.2 mm |
| ☐ V5 | 5411.2 mm |
| ☐ V6 | 7575.7 mm |
| ☐ V7 | 3246.7 mm |
| ☐ V8 | 2164.5 mm |
| **Edges: 26** | |
| Line | Ln62 |

图 4 - 102 前面结构尺寸

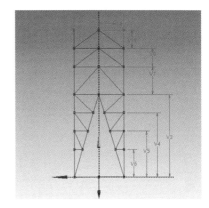

图 4 - 103 后面结构设计

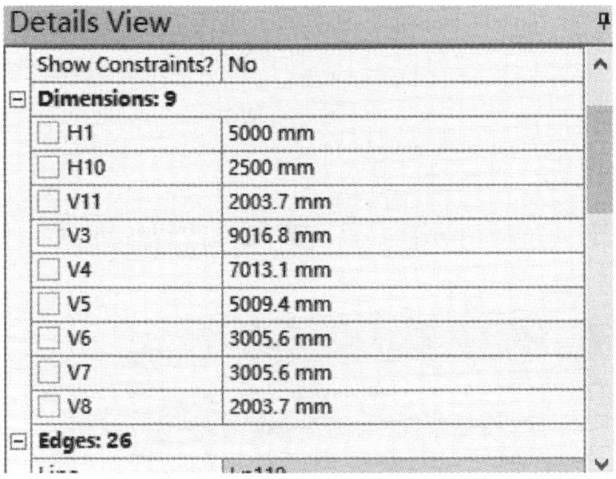

| Show Constraints? | No |
|---|---|
| **Dimensions: 9** | |
| ☐ H1 | 5000 mm |
| ☐ H10 | 2500 mm |
| ☐ V11 | 2003.7 mm |
| ☐ V3 | 9016.8 mm |
| ☐ V4 | 7013.1 mm |
| ☐ V5 | 5009.4 mm |
| ☐ V6 | 3005.6 mm |
| ☐ V7 | 3005.6 mm |
| ☐ V8 | 2003.7 mm |
| **Edges: 26** | |
| Line | Ln110 |

图 4 - 104 后面结构尺寸

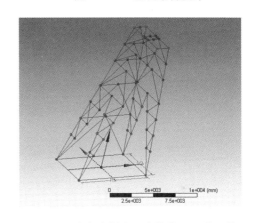

图 4 - 105 大角度斜孔四脚钻塔 DM 草图模型

线体创建完毕后，需对过线体的截面进行设置。大角度斜孔四脚钻塔采用圆形管材，尽管设计中少部分构件尺寸不一致，为简化有限元分析，在 DM 中把所有截面尺寸设置为统一尺寸。截面结构和尺寸如图 4 - 107 和图 4 - 108 所示，图中 $R_i$ 为管材内径，$R_o$ 为管材外径。截面形状和尺寸确定后，DM 中大角度斜孔四脚钻塔的 3D 模型如图 4 - 109 所示。

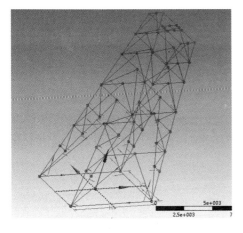

图 4 - 106 大角度斜孔四脚钻塔线体模型

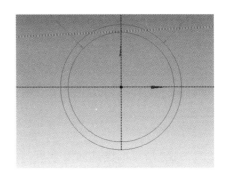

图 4 - 107 截面结构设计

| Details of CircularTube2 | |
|---|---|
| Sketch | CircularTube2 |
| Show Constraints? | No |
| Dimensions: 2 | |
| Ri | 70 mm |
| Ro | 80 mm |
| Edges: 2 | |
| Full Circle | Cr163 |

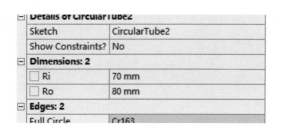

图 4-108 截面尺寸

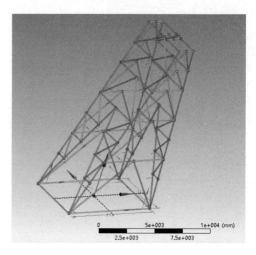

图 4-109 DM 中大角度斜孔四脚钻塔的 3D 模型

2. 设置材料属性

在 Engineering Data 中设置材料属性，选中 Structural Steel，如图 4-110 所示。

Outline of General Materials

| | A | B | C | D | E |
|---|---|---|---|---|---|
| 1 | Contents of General Materials | Add | | Source | Description |
| 7 | Gray Cast Iron | | | Gen | |
| 8 | Magnesium Alloy | | | Gen | |
| 9 | Polyethylene | | | Gen | |
| 10 | Silicon Anisotropic | | | Gen | |
| 11 | Stainless Steel | | | Gen | |
| 12 | Structural Steel | | | Gen | Fatigue Data at zero mean stress comes from 1998 ASME BPV Code, Section 8, Div 2, Table 5-110.1 |
| 13 | Titanium Alloy | | | Gen | |

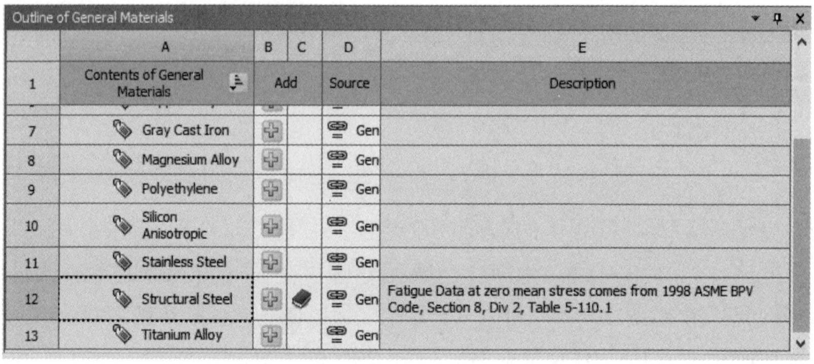

图 4-110 设置材料属性

3. 网格划分

划分网格的主要参数如图 4-111 所示，设置 Relevance 为 100，Relevance Center 为 Fine，在 Element Size 中输入 10mm。因大角度斜孔四脚钻塔的梁结构最长超过 16m，为保证计算效率和精度，基本单元设置为 10mm。线体创建的梁结构模型有线分析中，网格划分控制选项系统默认为自动网格划分，不可更改网格控制，故网格划分采用系统默认形式。网格划分后的局部网格如图 4-112 所示。

4. 载荷约束

在图 4-113 所示的底部四个点处，添加固定约束（Fix Support）；在图 4-114 所示的顶部 H 型结构处添加力载荷，载荷值设置为 $Z$ 轴向下 50kN，如图 4-115 所示；然后在设置标准地心引力加速度，如图 4-116 所示。

Details of "Mesh"

| | |
|---|---|
| **Defaults** | |
| Physics Preference | Mechanical |
| Relevance | 100 |
| **Sizing** | |
| Use Advanced Size Fun... | Off |
| Relevance Center | Fine |
| Element Size | 10.0 mm |
| Initial Size Seed | Active Assembly |
| Smoothing | Medium |
| Transition | Fast |
| Span Angle Center | Coarse |
| Minimum Edge Length | 1.3569e-003 mm |
| **Inflation** | |

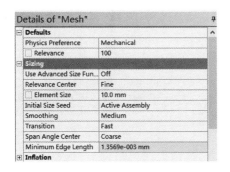

图 4-111 划分网格的主要参数

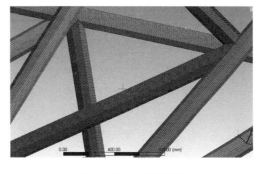

图 4-112 局部网格

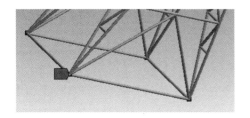

图 4-113 四个固定约束点

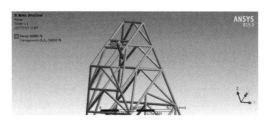

图 4-114 H 型结构添加力载荷

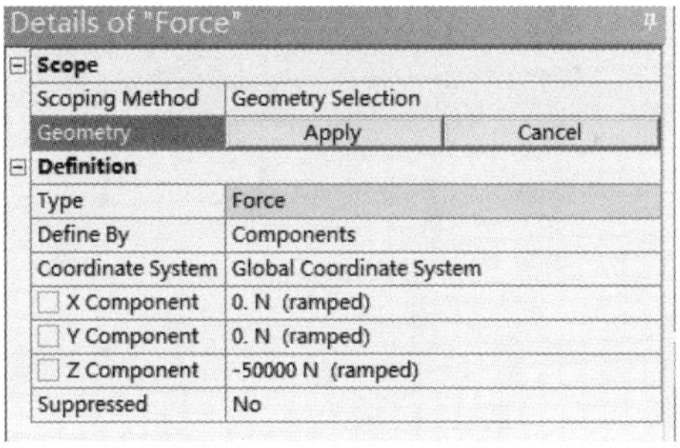

Details of "Force"

| | | |
|---|---|---|
| **Scope** | | |
| Scoping Method | Geometry Selection | |
| Geometry | Apply | Cancel |
| **Definition** | | |
| Type | Force | |
| Define By | Components | |
| Coordinate System | Global Coordinate System | |
| X Component | 0. N (ramped) | |
| Y Component | 0. N (ramped) | |
| Z Component | -50000 N (ramped) | |
| Suppressed | No | |

图 4-115 载荷值设置

Details of "Standard Earth Gravity"

| | |
|---|---|
| **Scope** | |
| Geometry | All Bodies |
| **Definition** | |
| Coordinate System | Global Coordinate System |
| X Component | 0. mm/s² (ramped) |
| Y Component | 0. mm/s² (ramped) |
| Z Component | -9806.6 mm/s² (ramped) |
| Suppressed | No |
| Direction | -Z Direction |

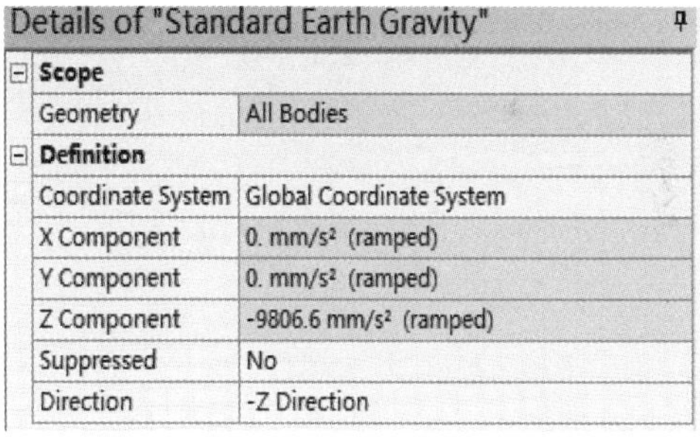

图 4-116 标准地心引力加速度

5. 求解分析

位移变形结果图解如图 4-117 所示，从图中可知，大角度斜孔四脚钻塔梁结构在 50kN 的力载荷下，最大形变位移为 2.5662mm，发生最大位移的位置在底部梁结构的中间位置。另外，在顶部 H 型结构变形也相对较大，在结构和材料选择中，需引起重视。

法向应力图解如图 4-118 所示，从图中可以看出最大压应力为 9.9257MPa，最大拉应力为 3.899MPa；最大压应力位于后面底部两脚处，最大拉应力位于第 6 层横梁上。因此，设计中必须先检验后面底部两端和第 6 层横梁结构强度是否满足要求。

最小结合应力图解和最大结合应力图解，分别如图 4-119 和图 4-120 所示。从图中可以看出在顶部 H 型结构处，所受的结合应力最大，其他部分结合应力都小于 H 型结构处。因此，在设计中，应着重满足 H 型结构的材料强度。

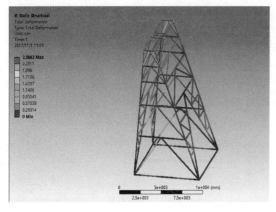

图 4 - 117　位移变形结果图解

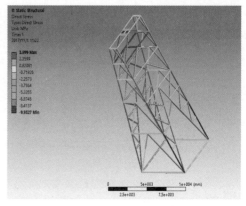

图 4 - 118　法向应力图解

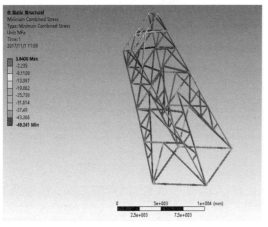

图 4 - 119　最小结合应力

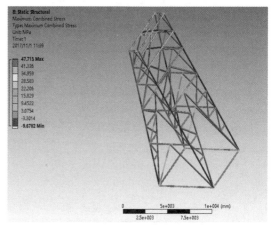

图 4 - 120　最大结合应力

# 4.3　斜孔钻杆和钻具

　　钻杆是钻机向孔底钻头传递扭矩和动力的最关键部件之一，也是最薄弱的环节。大角度小口径斜孔钻探对钻杆强度要求更高。由于在斜孔中，钻头与钻具的各项受力不均匀，其工况恶劣，容易导致钻具偏磨、钻杆折断、钻头磨损严重等情况。在钻进前，要经常检查钻杆，对于有弯曲或磨损严重的钻杆，严禁下入孔内；在钻进过程中，要控制好钻进参数，尽量减小钻具振动和偏磨；同时调配好冲洗液，保持冲洗液的润滑，减轻钻具摩擦。必须加强钻杆和钻具的检查工作，还要采取有效提高管材耐磨性的措施。在钻杆接头增加保护箍或强化，延长钻杆使用寿命。岩芯管接头上可以进行补强，减少岩芯管的磨损。

　　大斜度钻孔对钻杆柱的总体要求是：

　　（1）强度高、抗弯、抗扭性能好。

　　（2）接头耐磨性好。在生产制造环节，要对管材质量与材质、热处理、钻杆的加工精度、结构参数（螺纹参数）等做出具体要求，否则钻杆的寿命低，易发生断钻杆事故；在使用环节，要注重钻具的组合，使钻杆处于屈曲工作状态的概率减少，同时合理使用钻杆，避免超龄钻杆的使用，拧紧钻杆时要注重预扭矩和施加丝扣油。

大斜度钻孔施工，在有条件的情况下，尽量采用防卡钻具钻孔。防卡钻具由螺旋钻杆、螺旋钻铤和加重钻杆组合而成。螺旋钻具因外表加工成螺旋槽，减少了与孔壁的接触面积并提供了泥浆循环通道，使钻具紧贴孔壁，与孔壁接触面积变小，是深斜孔较理想的钻具组合。同时要适当简化钻具，采用小钻压钻进时，少下钻铤。

另外，钻大斜度孔的主要问题是合理的钻孔冲洗问题。对于一个环形空间里的稳定钻屑床，通常增加泥浆流速会很明显地冲蚀钻屑床。然而，依据钻进条件，要输送钻屑床需要很高的泥浆流速，而因为水力和客观因素的限制，这个速度可能达不到。在这种情况下，钻柱的旋转可以加强钻屑的机械移运，甚至在泥浆流速低于防止稳定钻屑床形成所需要的临界环空液体流速时，也能有效完成孔内清洗。

### 4.3.1　钻杆材质要求

地质钻杆沿用国产地质管材机械性能指标，在斜孔钻探中宜选择 DZ-75 以上钢级，见表 4-17。按石油行业要求宜选择 G105 及以上钢级，见表 4-18。钻杆主要加工方法有三种：热镦法、电弧焊法、摩擦焊法，见表 4-19，宜选择摩擦焊钻杆。

**表 4-17　　　　　　　　　　国产地质管材机械性能指标表**

| 钢级代号 | 抗拉强度 $\sigma_b$ /MPa | 屈服强度 $\sigma_s$ /MPa | 延伸率 $\delta$ /% | 断面收缩率 $\Psi$ /% | 冲击韧性 $\alpha_k$ /(Nm/cm$^2$) |
|---|---|---|---|---|---|
| DZ40 | 650 | 380 | 14 | 40 | 40 |
| DZ50 | 700 | 500 | 12 | | |
| DZ55 | 750 | 550 | | | |
| DZ60 | 780 | 600 | | | |
| DZ65 | 800 | 650 | | | |
| DZ75 | 850 | 750 | 10 | | |
| DZ85 | 950 | 850 | | | |
| DZ95 | 1050 | 950 | | | |

**注**　钢管用钢用"DZ"（地质的汉语拼音字头）加数字（代表钢屈服点）表示，常用的钢号有 DZ40（50Mn）；DZ45 的 45MnB、50Mn；DZ50 的 40Mn2、40Mn2Si；DZ55 的 40Mn2Mo、40MnVB；DZ60 的 45MnMoB、R780（42MnMo7）或（36Mn2V），但 R780（42MnMo7）采用正火＋回火热处理工艺，与 R780（36Mn2V）相比机械性能显著提高；DZ65 的 27MnMoVB。钢管都以热处理状态交货。

**表 4-18　　　　　　　　　　石油行业钻杆钢级表**

| 钢极 | 抗拉强度 $\sigma_s$/MPa | 屈服强度 $\sigma_b$/MPa | 延伸率 $\delta$/% | 代号 |
|---|---|---|---|---|
| E | $\sigma_s \geqslant 689$ | $517 \leqslant \sigma_b \leqslant 724$ | 18 | E75 |
| X | $\sigma_s \geqslant 724$ | $655 \leqslant \sigma_b \leqslant 862$ | | X95 |
| G | $\sigma_s \geqslant 793$ | $724 \leqslant \sigma_b \leqslant 931$ | | G105 |
| S | $\sigma_s \geqslant 1000$ | $931 \leqslant \sigma_b \leqslant 1138$ | | S135 |

表 4－19　　　　　　　　　　　钻杆的加工方式性能指标对比表

| 类　别 | 热镦钻杆 | 电弧焊钻杆 | 摩擦焊钻杆 |
|---|---|---|---|
| 丝扣耐磨性 | 差 | 好 | 好 |
| 接头、杆体材料 | 相同 | 要求可焊性好 | 可以不同 |
| 保证定尺长度 | 难 | 易 | 易 |
| 焊缝强度 | — | 较低 | 高 |
| 直线度 | 差 | 好 | 好 |
| 使用性能 | 差 | 较差 | 好 |
| 生产成本 | 较高 | 高 | 低 |
| 生产效率 | 较高 | 低 | 高 |
| 性价比 | 低 | 低 | 高 |

### 4.3.2　钻杆的结构类型

　　根据钻杆适应的地层条件、钻进方式及排渣方式等的不同，可将钻杆分为光钻杆、螺旋钻杆、三棱钻杆（见表 4－20）、定向钻杆（通缆钻杆）、无磁钻杆等。

表 4－20　　　　　　　　　　　　　不 同 结 构 类 型 钻 杆

| 钻杆名称 | | 结　构 | 连接方式 | 规格/mm | 长度/m |
|---|---|---|---|---|---|
| 光钻杆 | | 外平式 | API 螺纹 | $\phi42$、$\phi50$、$\phi63.5$、$\phi73$、$\phi89$ | 0.75、1.5、3.0 |
| 螺旋钻杆 | | 连续螺旋槽 | 双台肩梯形螺纹 | $\phi73$、$\phi89$ | |
| 三棱钻杆 | 普通三棱钻杆 | △截面 | API 螺纹 | $\phi73$ | |
| | 三棱螺旋钻杆 | 整体式，△截面，不连续螺旋槽 | 双台肩梯形螺纹 | $\phi73$ | |

　　1. 光钻杆

　　光钻杆适用于在地质结构简单的岩层中进行斜孔钻进。使用 $\phi50$mm 钻杆钻进斜孔时，单根长度不宜过长，推荐钻杆一般长度为 1.0～3.0m，有利于保证钻杆整体刚度和钻孔方向，其性能指标见表 4－21。

表 4－21　　　　　　　　　　　　光 钻 杆 性 能 指 标 表

| 钻杆直径/mm | 钢级 | 钻杆长度/m | 接头形式 |
|---|---|---|---|
| 42、50、63.5 | R780 | | |
| 73 | R780 | 0.5、0.75、1.0、1.5、3.0 | 平扣、锥扣 |
| 89 | G105 | | |

　　2. 螺旋钻杆

　　斜孔由于岩屑流动状况变差，容易在钻孔的下帮产生岩屑的堆积。特别是松散性地层和钻进速度过快，岩屑堆积严重，会造成回转阻力增大，甚至造成卡钻事故。螺旋钻杆由于表面的螺旋结构与钻孔之间形成一条"螺旋输送带"，在回转力作用下，依靠螺旋升角，连续不断地将孔内的岩粉排出孔外。同时，在回转力作用下螺旋叶片将孔壁下侧堆积的岩屑搅起并进行二次破碎，岩屑在螺旋叶片的二次破碎作用下细化，向孔口运移，直至返出孔外。采用螺旋钻杆有利于斜孔钻探，主要用于软地层和复杂地层斜孔钻探。

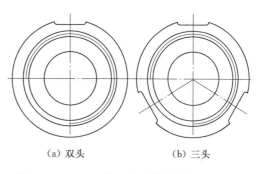

(a) 双头                    (b) 三头

图 4-121　双头和三头凹槽螺旋钻杆剖面图

如图 4-121 为多头凹槽螺旋钻杆，双头的规格直径为 $\phi63/63$mm，三头的规格直径为 $\phi73/73$mm，其成孔率比常规钻杆高出数倍。

3. 三棱钻杆

三棱钻杆在钻孔内的排渣通道大于同级传统钻杆，增大了排渣通道，提高了大体积渣块的通过率，塌孔时减少了埋钻现象，有效提高了钻进速度和成孔长度；在钻进过程中，三棱钻杆可拨动孔内的钻渣围绕钻杆做离心向运动，利用三棱差径搅拌使岩屑钻渣不沉淀，处于悬浮状态，在运动中高效排出。三棱钻杆与钻孔间为不规则间隙，通过棱状钻杆搅动和挤压块状钻渣，对钻渣的粉碎作用极好。钻渣粒度变细，更易排出。

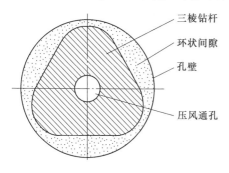

三棱钻杆
环状间隙
孔壁
压风通孔

图 4-122　普通三棱钻杆与井壁环空

(1) 普通三棱钻杆。普通三棱钻杆结构如图 4-122 所示，三棱钻杆的规格有：$\phi63/73$mm（手工焊结构）；$\phi50/50$mm、$\phi63/63$mm、$\phi73/73$mm、$\phi89/89$mm（摩擦焊结构）。结构特点是横截面为顶角倒圆的正三角形，分为手工焊结构和摩擦焊结构，其中手工焊已停产。普通三棱钻杆特点是：强度高，耐磨性强，能有效解决螺旋钻杆排渣通道被堵死的现象；出现严重的垮孔或塌孔时也不易发生钻杆抱死的现象。适用于松软破碎地层的回转钻进施工。

(2) 三棱螺旋钻杆。三棱螺旋钻杆的结构特点：三棱螺旋钻杆为大通孔整体式结构，它是在普通三棱钻杆的外圆上铣削螺旋槽，以增强搅拌孔内岩屑的作用。$\phi73$mm 三棱螺旋钻杆如图 4-123 所示。适用于松软破碎地层的回转钻进施工。

图 4-123　三棱螺旋钻杆

当然，三棱钻杆由于受到结构上的限制，钻杆强度低于传统圆形钻杆。若孔内钻渣较多，受力大，可能会发生断钻现象；三棱钻杆在钻进过程中采取低压、低速钻进，给予充分排渣时间，防止断钻杆。

4. 定向钻杆（通缆钻杆）

大斜度钻孔的轨迹控制非常关键，随钻定向技术是大斜度钻孔的重要选择。随钻定向技术中性价比最好的是定向钻杆。通缆钻杆的结构形式和规格见表 4-22，钻杆性能指标和级配表见表 4-23。

表 4-22    通缆钻杆的结构形式和规格

| 钻杆名称 | 结构 | 连接方式 | 规格/(mm×mm) |
|---|---|---|---|
| 普通通缆钻杆 | 外平式 | 双台肩梯形螺纹 | $\phi73\times3000$ |
| CHD 通缆钻杆 | 外平式 | | $\phi70\times3000$ |
| 螺旋槽定向钻杆 | 连续螺旋槽 | | $\phi70\times3000$ <br> $\phi75\times3000$ |

表 4-23    随钻测量钻杆性能指标和级配

| 钻杆规格 /mm | 钻杆长度 /mm | 抗拉强度 /kN | 抗扭强度 /Nm | 通缆装置电阻 /Ω | 绝缘电阻 /Ω | 承压能力 /MPa |
|---|---|---|---|---|---|---|
| $\phi73$ | 3000、1500 | 950 | 6500 | <0.5 | >2M | 8 |
| 备注 | 适配钻机：4000N·m、6000N·m | | | 适配钻头：$\phi96mm$（推荐）、$\phi113mm$ | | |

定向钻杆能够进行孔底马达定向钻进（内径≥55mm），具有传输测量定向信号的能力，能够进行大直径钻孔回转钻进（扭矩≥3000N·m），具有施工 1000m 大斜度孔的能力。

定向钻杆由外管和中心电缆组件组成，其中外管传递动力、中心电缆组件传输信号。实现孔底与孔口设备之间通信信号的双向传递，也可作为孔底测量探管充电的通道。

陕西太合智能钻探公司生产的 $\phi73mm\times3000mm$ 示意图如图 4-124 所示，结构如图 4-125 所示。

(a) 普通通缆定向钻杆          (b) 螺旋槽通缆定向钻杆

图 4-124    普通通缆定向钻杆和螺旋槽通缆定向钻杆

使用定向组钻杆的注意事项：

（1）钻杆必须存放在钻杆架上。

（2）上钻杆时必须在钻杆螺纹及公塑料接头上抹黄油润滑，并检查弹簧安装是否牢固。

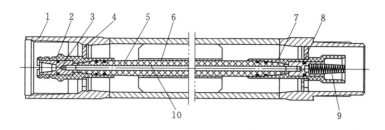

图 4-125 随钻测量钻杆结构图
1—钻杆体；2—塑料接头（公）；3—钢接头（锥）；4—定位
挡圈；5—线管；6—稳定器；7—塑料接头（母）；
8—钢接头（柱）；9—变径弹簧；10—导线

（3）上钻杆时用自由钳将钻杆上紧，不得使用钻机拧扣。

（4）下钻杆时用钻机将丝扣拧松 1~2 圈，采用手动卸钻杆。

（5）钻杆不用时必须将保护帽及时戴上，防止粉尘进入。

5. 无磁钻杆

无磁钻杆是定向钻进随钻测量的配套设备，具有信号传输、输送孔底马达动力介质和钻机动力传递等作用，同时，减少外界对随钻测量装置的干扰。目前主要规格为 $\phi73mm$。国内无磁钻杆主要选用铍铜 QBe2（C17200），其具有良好的无磁性，该合金时效处理后强度较高，但断裂延伸率低，即合金的断裂韧性差。表 4-24 为铍铜和钛合金 2 种无磁材料的性能指标表。

表 4-24　　　　　　　　　　　　无磁材料性能指标表

| 材　料 | 密度 /(g/cm³) | 屈服强度 /MPa | 弹性模量 /MPa | 延伸率 /% | 无磁性 |
|---|---|---|---|---|---|
| 铍铜 C17200 | 8.3 | 460 | $1.35×10^5$ | 3 | 良好 |
| 钛合金 TC4 | 4.5 | 827 | $1.17×10^5$ | ≥12 | 良好 |

小口径斜孔采用的无磁钻杆规格有 $\phi73mm$ 和 $\phi70mm$；长度为 1000mm、1500mm、2000mm、3000mm（可根据用户要求加工）。特点为磁导率 $<1.005H/T$，且不易被磁化，抗扭强度 $>12000N\cdot m$，其机械性能优越。

### 4.3.3　斜孔钻具的类型

斜孔孔内钻具主要包括斜孔取芯钻具、孔内动力钻具（包括冲击器、螺杆钻、涡轮钻）、跟管钻具等，这里主要介绍斜孔取芯钻具、冲击器、气动潜孔锤偏心和同心跟管钻具等。

#### 4.3.3.1　斜孔取芯钻具

斜孔取芯钻具（钻具结构等详见第 6 章）通常分为单管钻具、双管钻具和绳索取芯钻具三大类。钻具公称口径代号为 R~Z。双管钻具分为 T、M、P 三种设计类型。T 型属于标准设计，适用于中等硬度和稍破碎岩层；M 型为薄壁设计，适用于较坚硬和完整的岩层；P 型为厚壁设计，用于破碎、松散的岩层；复杂岩层和特殊需要时可使用三层管或半合管。单管钻具以 S 表示；双管钻具直接以设计类型表示；绳索取心钻具以 WL 表示。取芯钻具公称口径代号、类型代号和性能指标见表 4-25～表 4-27。

表 4-25 公 称 口 径 代 号 表

| 代号 | R | E | A | B | N | H | P | S | U | Z |
|------|---|---|---|---|---|---|---|---|---|---|
| 公称口径 | 30 | 38 | 48 | 60 | 76 | 96 | 122 | 150 | 175 | 200 |

表 4-26 取芯钻具类型代号表

| 钻具设计类型 | 口 径 代 号 | | | | | | | | | |
|---|---|---|---|---|---|---|---|---|---|---|
| | R | E | A | B | N | H | P | S | U | Z |
| 单管 | RS | ES | AS | BS | NS | HS | PS | SS | US | ZS |
| T 型双管 | RT | ET | AT | BT | NT | HT | PT | ST | UT | ZT |
| M 型双管 | | | AM | BM | NM | HM | | | | |
| P 型双管 | | | | | NP | HP | PP | SP | UP | ZP |
| WL 绳索取芯 | | | AWL | BWL | NWL | HWL | PWL | | | |

表 4-27 取芯钻具性能指标（外径/内径）表 单位：mm

| 钻具类型 | 部件 | 口 径 代 号 | | | | | | | | | |
|---|---|---|---|---|---|---|---|---|---|---|---|
| | | R | E | A | B | N | H | P | S | U | Z |
| 单管 | 钻头 | 30/20 | 38/28 | 48/38 | 60/48 | 76/60 | 96/76 | 122/98 | 150/120 | 175/144 | 200/165 |
| | 岩芯管 | 28/24 | 36/30 | 46/40 | 58/51 | 73/63 | 92/80 | 118/102 | 146/124 | 170/148 | 195/170 |
| T 型双管 | 钻头 | 30/17 | 38/23 | 48/30 | 60/41.5 | 76/55 | 96/72 | 122/94 | 150/118 | 175/140 | 200/160 |
| | 外岩芯管 | 28/24 | 36/30 | 46/39 | 58/51 | 73/65.5 | 92/84 | 118/107 | 146/134 | 170/158 | 195/182 |
| | 内岩芯管 | 22/19 | 28/25 | 36/31.5 | 47.5/43.5 | 62/56.5 | 80/74 | 102/96 | 128/121 | 152/144 | 174/166 |
| M 型双管 | 钻头 | | | 48/33 | 60/44 | 76/58 | 96/73 | | | | |
| | 外岩芯管 | | | 46/40 | 58/51 | 73/65.5 | 92/84 | | | | |
| | 内岩芯管 | | | 38/35.5 | 48.5/46 | 63.5/60.5 | 80/76 | | | | |
| P 型双管 | 钻头 | | | | | 76/48 | 96/66 | 122/87 | 150/108 | 175/130 | 200/148 |
| | 外岩芯管 | | | | | 73/63 | 92/80 | 118/102 | 146/124 | 170/148 | 195/170 |
| | 内岩芯管 | | | | | 56/51 | 76/70 | 98/91 | 120/112 | 144/136 | 165/155 |
| WL 绳索取芯 | 钻头 | | | 48/25 | 60/36 | 76/48 | 96/63 | 122/81 | 150/108 | | |
| | 外岩芯管 | | | 46/36 | 58/49 | 73/63 | 92/80 | 118/102 | 146/124 | | |
| | 内岩芯管 | | | 31/27 | 43/38 | 56/51 | 72/66 | 92/85 | 120/112 | | |

#### 4.3.3.2 钻进冲击器

冲击器是冲击回转钻进的关键部件。根据动力采用形式的不同，分以下三种：

（1）液动冲击器：采用高压水或泥浆作为动力介质。

（2）气动冲击器：又称气动"潜孔锤"，压缩空气为动力介质。

（3）机械作用式冲击器：利用某种机械运动，使冲锤上下运动而产生冲击力。这些机械可以是电机、电磁装置，也可以是涡轮或特种机构（如牙嵌离合器）等。

上述分类中，以液动、气动两种型式比较成熟。

1. 液动冲击器

液动冲击器根据结构的不同分为阀式和无阀式两类。阀式冲击器又可分为正作用、反作用和双作用三种型式；无阀式冲击器又分为射流式和射吸式两种型式。

（1）阀式正作用液动冲击器。阀式正作用液动冲击器的基本结构和工作原理见图4-126。当钻具接触孔底后，冲锤活塞在锤簧的作用下处于上位，当其中心孔被活阀盖住时，液流瞬时被阻，液压急剧增高而产生水锤增压。在高压液流作用下，活塞和活阀一同下行压缩阀簧与锤簧，称为闭阀启动加速运行阶段。

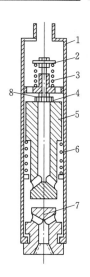

图4-126 阀式正作用液动冲击器工作原理示意图
1—外壳；2—活阀座垫圈；3—阀簧；4—活阀；5—冲锤活塞；6—锤簧；7—铁砧；8—缓冲垫圈

当活阀下行到相当位置时，活阀被活阀座垫圈限制，停止下行并与活阀脱开，此时冲洗液可以自由地流经冲击器中孔而至孔底，液压下降。此后，活阀在阀簧作用下返回原位（复位），而冲锤活塞在动能作用下继续下行。活阀下行一定距离后，受到限位座的限制，停止下行，而活塞由于高速运动的惯性，继续下行，压缩弹簧，打击铁砧。此时，活塞与活阀瞬时脱开，打开水流通道，活阀在阀簧的作用下回位。由于阀区压力骤减，冲锤打击铁砧后在弹簧作用下也迅速上返复位，关闭液流通道而产生第二次冲击，冲击器如此周而复始地连续工作。由此可知，正作用冲击器是以液压推动冲锤下行冲击，而用弹簧使冲锤复位的冲击器。

正作用冲击器结构简单，工作性能稳定，调试容易，但冲击器中弹簧的反作用要消耗一部分能量，抵消了很大一部分高压液流所产生的冲击力。同时弹簧在1500次/min或更高的循环压缩、伸张下，容易损坏。但是，如果调试得当、应用合理，该类冲击器仍是一种具有广泛使用价值和发展前途的冲击器。

目前国内外用于钻探生产的正作用液动冲击器见表4-28。

（2）阀式反作用液动冲击器。反作用液动冲击器的工作原理与正作用冲击器正好相反，它是利用高压液流的压力增高来推动活塞冲锤上升，并同时压缩弹簧、储备能量，一旦当工作室压力下降时，弹簧便释放弹性能推动活塞冲锤加速向下运动，产生冲击而做功。反作用液动冲击器的结构原理见图4-127。当高压液流进入冲击器后，作用于活塞冲锤的下部，当液流的作用使活塞的上下端压力差超过工作弹簧的压缩力和活塞冲锤本身的重量时，迫使活塞冲锤上行，同时压缩工作弹簧使其储存能量，与此同时，铁砧的水路逐步打开，高压液流开始流向孔底，此时活塞冲锤仍以惯性作用继续上升。

当活塞冲锤上升到上死点时，活塞冲锤下部的液流已通畅地流向孔底，此时工作室压力降低。由于活塞冲锤自身的容量和工作弹簧释放出的能量同时作用，驱动活塞冲锤急剧向下运动而冲击铁砧。

表4-28

**国内外部分阀式液动冲击器的主要技术特性**

| 国别 | 工作原理 | 钻具名称及型号 | 外径/mm | 钻孔直径/mm | 长度/mm | 重量/kg | 冲锤重量/kg | 缸径/mm | 冲锤行程/mm | 阀行程/mm | 冲锤自由行程/mm | 介质 | 泵量/(m³/min) | 泵压力降/MPa | 冲击功/J | 冲击频率/Hz |
|---|---|---|---|---|---|---|---|---|---|---|---|---|---|---|---|---|
| 俄罗斯 | 正作用 | Г-3A | 90 | 96，115 | 3765 | 150 | 50 | 60 | 20 | 15 | 5 | 水 | 0.3 | 1.2~1.5 | 69~78 | 18.3 |
| 俄罗斯 | 正作用 | Г-7 | 70 | 76 | 1965 | 46 | 30 | | 30 | 15 | 5 | 水 | 0.1~0.2 | 2.5~3.5 | 50~69 | 25 |
| 俄罗斯 | 正作用 | ГВ-6 | 57 | 59 | 1600 | 25 | | | 10~12 | 7~8 | 3~4 | 水、泥浆 | 0.03~0.10 | 0.5~0.8 | 3~5 | 42~53 |
| 美国 | 正作用 | 巴辛格尔 | | 185 | | | | | | | | | 0.10 | 1.5 | | 13.3 |
| 中国 | 正作用 | ZF-56 | 54 | 56~60 | 1500 | 20 | 6.4 | 25 | 12 | 8 | 4 | 水、低固相泥浆 | 0.08~0.10 | 2.0 | 6~15 | 25~42 |
| 中国 | 正作用 | TK-75A | 73 | 75 | 1602 | | 9 | | 12~29 | 8~25 | 4 | 水、泥浆 | 0.06~0.18 | 1.1~3.0 | 6~50 | 38~50 |
| 中国 | 正作用 | YZ-75 | 73 | 75~76 | 1300 | 36 | 9 | | 12~16 | 8~12 | 4 | 水、泥浆 | 0.02~0.14 | 0.7~1.7 | 7~40 | 15~40 |
| 俄罗斯 | 反作用 | BBO-5A | | 145 | 6500~7600 | 500~600 | | | | | | 水 | 0.72~1.0 | 0.5~0.8 | 100~120 | 60 |
| 俄罗斯 | 反作用 | ГМД-2 | 103 | 115~135 | 1600 | | | | | | | 水 | 0.20 | 2.0~2.5 | 70~80 | 23 |
| 中国 | 反作用 | 79-3 | 89 | 91 | 1853 | | 20 | | 25 | | | 水 | 0.20 | 1.0~1.5 | 40~80 | 16~20 |
| 中国 | 双作用 | YS-54 | 54 | | 1200 | 32 | | | | | | 水 | 0.05~0.10 | 0.6~3.9 | | 50~70 |
| 中国 | 双作用 | YS-74 | 74 | | 1200 | 42 | 8 | | 5~11 | | | | 0.05~0.12 | 0.6~4.0 | 5~40 | 50~70 |
| 中国 | 双作用 | YS-89 | 89 | | 1200 | | | | 10~18 | | | | 0.07~0.20 | 0.6~4.0 | 18~125 | 25~40 |
| 中国 | 双作用 | YS-108 | 108 | | 1200~1800 | | | | | | | | 0.07~0.20 | 0.8~4.0 | | 15~30 |
| 中国 | 双作用 | YS-127 | 127 | | 1200~1800 | | | | | | | | 0.07~0.20 | 0.8~4.0 | | 15~30 |
| 中国 | 双作用 | Ye-I | 73 | | 2580 | 55 | 30 | | 19~21 | | | | 0.12~0.08 | 1.5~2.5 | 70~80 | 17 |
| 中国 | 双作用 | Ye-IV | 54 | | 1340~2140 | 17~27 | 6.8~13.5 | | 10~13.5 | | | | 0.07 | 2.0~2.5 | 10~15 | 40 |
| 中国 | 双作用 | SH-54 | 54 | | 1265 | | 4.5 | | 7~10 | | | | 0.05~0.09 | 1.0~4.0 | 5~17.6 | 17~16 |
| 俄罗斯 | 双作用 | ГВ-2（高频） | 89 | | 762 | 30 | 7.5 | | 1.8~1.2 | | | | 0.16~0.18 | 1.2~1.5 | 1.0 | 60~68 |

产生冲击时，由于活塞冲锤与铁砧相接触而又封闭了液流通向孔底的通路。此后，高压液流再一次作用于活塞冲锤的下部而循环重复上一次的动作。

反作用冲击器的主要特点：对冲洗液的适应能力较强；由于被压缩弹簧释放出来的能量与活塞冲锤的重量同时向下作用，可获得较大的单次冲击功；冲击器内部的压力损失较小，效率较高。该类冲击器的主要缺点是需要刚度较大的弹簧，此种弹簧需采用特殊的工艺制造，尽管如此，其工作寿命也只有 40～100h。

国内外已使用的部分反作用液动冲击器型号列于表 4-28。

（3）阀式双作用液动冲击器。双作用液动冲击器的主要特点是冲锤的工作冲程与反冲程均由液压推动，而不依赖弹簧的作用。与其他冲击器一样，双作用冲击器按其结构不同，也有滑阀式和活阀式两种。由于滑阀式只能在冲洗液清洁的条件下工作，故应用不广。目前在生产中主要采用活阀式。

双作用液动冲击器的结构原理见图 4-128。在外壳中有带孔 $a$ 的活阀座、活阀处于活阀座中。活阀是上下异径柱状活塞，小径段在阀座腔内。阀座腔以通孔 $a$ 与钻具外相通。活阀下有支撑座，它是限制活阀下行的装置。活阀的活动行程为 $h$。塔形冲锤活塞 $b$ 的小径端在支撑座内，由导向密封件封闭，同时它也是 $d$ 与 $e$ 两腔之分割装置。塔形冲锤活塞（直径为 $d_3$ 与 $D$）中有内通道。

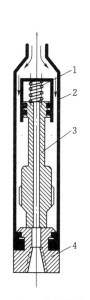

图 4-127 反作用液动冲
击器结构原理图
1—工作弹簧；2—外壳；
3—活塞冲锤；4—铁砧

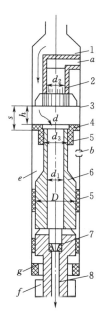

图 4-128 双作用液动冲击器
结构原理图
1—带孔的活阀座；2—活阀；3—外套；
4—支撑座；5—导向密封件；6—塔形
冲锤活塞；7—节流环；8—砧子

冲锤活塞的大径部分沿外套内的导向密封件上下运动。在导向密封件及冲锤活塞和外壳之间形成空间 $e$，该空间由通道 $b$ 与钻具外部相通。砧子的下端与粗径钻具连接。砧子能沿轴向活动，当冲锤冲击砧子时，外壳就不受冲击作用。砧子内有通水孔，孔内有节流环，它起限流作用，用来确保在冲击器内腔与钻具外套周围建立必要的启动压力差。如果钻头通道也能建立这个压力差，则不一定要节流环。

当钻具下到孔底，冲击器启动时，则活塞接头 $f$ 被压紧到外套 $g$ 上。这时，压力工作室 $d$ 外的液体，分别作用到活阀和塔形冲锤活塞上，使活阀上移至最上位置。同时塔形冲锤活塞由于上下端有压力差，也向上移动。

当塔形冲锤活塞向上行至同活阀接合时，通道 $d$ 被关闭，运动系统上升力被截止。由于液力作用于活阀下部的环形截面上，则塔形冲锤活塞与活阀一起急速下行。当活阀下行到行程为 $h$ 时，则被支撑座限制住。塔形冲锤活塞借助惯性作用继续下行，活阀与塔形冲锤活塞分离，冲锤活塞的中心通道被打开，又恢复了循环，冲锤活塞继续下行行程 $s$，冲击砧子，当冲锤活塞与砧子间由于反作用力分开后，在冲锤活塞上又出现了液体压力差，从而使冲锤活塞又急剧上升。与此同时，活阀也由于压力差作用急剧上行。当冲锤活塞上行至与活阀又接合时，通道 $d$ 又被关闭，冲锤活塞又复下行，运动周而复始。

当进入冲击器的液体流量不同时，可以得到 $42\sim50\mathrm{Hz}$ 的不同频率。

国内外实践表明，双作用液动冲击器的液流能利用率较大，但也存在结构比较复杂，部分零件磨损较快等缺点。部分双作用液动冲击器的主要技术特性见表 4-28。

（4）射流式液动冲击器。射流式液动冲击器是一种采用双稳射流元件作为控制机构的新型液动冲击钻具，其基本特点是：

1）结构简单加工方便，零件少（比能量相同的冲击器的零件少 1/3 以上），易于操作，性能参数可调节。

2）无弹簧及配水活阀等零件，使用寿命较长（可达 500h 以上），工作可靠。

3）比阀式冲击器压差大，冲击末速度较高，因而能量利用率也较高。

4）工作时不易产生堵水现象，能较好地预防烧钻头及憋泵等事故，对金刚石钻进特别有利。

5）钻进中产生的高压水锤波比阀式冲击器小，钻具工作较平稳，因此能减少水泵、冲击器及高压管路等零件的损坏。

射流式液动冲击器结构原理见图 4-129。由水泵输出的高压水经钻杆柱输入射流元件，从元件喷嘴喷出，产生附壁作用。假如先附壁于右侧，高压液流则流入右输出通道 $C$ 并进入缸体的上部，推动活塞下行。此时，与活塞连接的冲锤便冲击砧子，并由此将冲击动能传给岩芯管及钻头，完成一次冲击。在 $C$ 输出高压水的同时，有一小股高压液流（称为反馈信号液流）进入 $D$ 控制孔。在活塞行程末了时，反馈信号很强，促使射流由 $C$ 切换到 $E$ 输出，即高压液流由左输出通道输出，进入下腔，推动活塞向上。同时，当活塞上行时，反馈信号又回到 $F$，射流又切换到右输出通道。如此反复循环，实现冲锤的冲击动作。上、下缸的回水通过 $C$、$E$ 输出道而返回到放空孔，经水接头及砧子内孔道流入岩芯管，直达孔底，冲洗孔底后返回地表。

（5）射吸式液动冲击器。射吸式液动冲击器是利用液流高速喷射时产生的卷吸作用及阀与冲锤间压力与位移的综合反馈关系，通过阀与冲锤、活塞上腔与下腔液流压力差的正负交换而使冲锤反复运动，以冲击方式输出能量的高频、低功孔底冲击器。

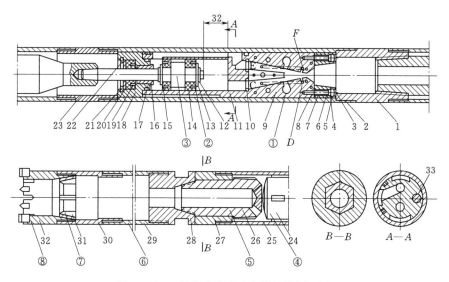

图 4-129 射流式液动冲击器结构原理图

①—射流元件；②—缸体；③—活塞；④—冲锤；⑤—砧子；⑥—岩芯管；⑦—卡簧；⑧—钻头；

1—上接头；2—缸套外壳；3—打捞垫；4、13、22—弹簧挡圈；5—螺栓；6、8、10、17—O 形密封圈；

7—打捞螺纹；9—射流元件；11—缸体；12—活塞杆；14、20—密封圈；15—支撑环；

16—导向铜套；18—压盖；19—支撑环；21—铜垫；23、28—接头；24—冲锤；

25—外壳；26—砧子；27—六方套；29—岩芯管；30—卡簧座；

31—卡簧；32—钻头；33—销钉

SX-54Ⅲ型是云南地矿局研制的具有代表性的射吸式液动冲击器，该型冲击器结构简单、零件少、无易损弹簧，因此工作寿命较长。此外，该冲击器输出与输入技术参数范围较宽，能在高频状态下稳定冲击，有很好的耐背压特性，是一种性能良好的冲击器。

SX-54Ⅲ型射吸式液动冲击器的工作原理参见图 4-130。静止状态时，阀与冲锤均

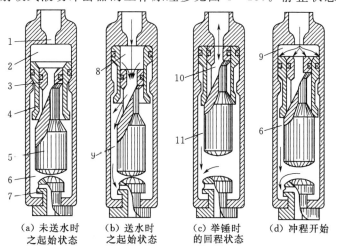

图 4-130 SX-54Ⅲ型射吸式液动冲击器的结构原理图

1—喷嘴；2—上腔；3—活塞；4—阀；5—冲锤；6—下腔；7—砧子；

8—低压腔；9—高压腔；10—产生水击区；11—降压区

处于工作位置下限，如图 4 - 130（a）所示。当工作泵启动之后，喷嘴射出高速射流束，使阀与锤活塞上下腔之间产生压力差（上腔压力低于下腔压力），推动阀与冲锤逆工作液流迅速上升。由于阀的质量小，运动速度比冲锤快，而先抵工作位置上限［图 4 - 130（b）］。紧接着冲锤高速上升，当阀与冲锤上的锥面闭合时［图 4 - 130（c）］，液流通道陡然切断而发生水击。原处于低压状态的阀与活塞上腔顿时呈高压，下腔则由于液流的惯性，在与上腔发生水击的同时相应呈低压状态，使阀与冲锤受上腔高压液流的推力同步迅速向下运动［图 4 - 130（d）］。当阀抵工作位置上限后，由于高速运动的惯性，使冲锤迅速向下运动，冲击砧子，完成一个冲程。此时，阀与冲锤锥面已离开，液流畅通，阀与冲锤重新进入下一个循环的回程。如此反复循环，形成连续冲击运动。

SX - 54Ⅲ型射吸式液动冲击器的主要性能指标见表 4 - 29。

表 4 - 29　　　　　　　　　　XS - 54Ⅲ型射吸式液动冲击器主要性能指标表

| 钻孔直径<br>/mm | 冲击器<br>外径<br>/mm | 冲锤质量<br>/kg | 喷嘴口径<br>/mm | 自由行程<br>/mm | 工作流量<br>/(m³/min) | 工作背压<br>/MPa | 冲击功<br>/J | 频率<br>/Hz | 总长<br>/mm | 工作介质 |
|---|---|---|---|---|---|---|---|---|---|---|
| φ59～75 | 54 | 6 | 7～8 | 4～4.5<br>3～7 | 0.08～0.14 | 0～4.9 | 0.98～<br>2.9 | 33.3～<br>66.6 | 1270 | 清水泥浆 |
| φ75～91 | 54 | 10 | 8～9 | 4～4.5<br>5～11 | 0.09～0.15 | 0～4.9 | 1.47～<br>3.43<br>9.81～<br>39.2 | 25～50 | 1730 | 清水泥浆 |

**2. 气动冲击器**

气动冲击器也称气动潜孔锤，是以压缩空气作为介质而工作的。同时，压缩空气也兼作洗孔介质，因此也具有空气洗井钻进的一些特点。生产实践表明，气动冲击回转钻进的效率一般要比液动冲击回转钻进高 0.75～1.6 倍，其主要原因是气动冲击器的单次冲击能量较大，且孔底冲洗效果较好。但使用气动冲击器钻进时，需配备能力较大的空压机，燃料消耗较大，设备也较复杂。

气动冲击器冲击回转钻进发展较快，目前不仅在硬岩层、卵砾石类的砂矿中和水文水井钻进中取得了良好的效果，而且在矿山开采业中也得到广泛的应用。在露天矿中使用气动冲击器，完全取代了钢绳冲击钻，钻孔效率提高 3～5 倍。

气动冲击器的种类很多，根据结构的不同，主要分为有阀冲击器和无阀冲击器两大类。

（1）有阀冲击器。

这类冲击器的活塞上下运动是靠配气阀控制高压气体的流向来实现的。按排气方式的不同又分为旁侧排气和中心排气两种。气缸内的废气由冲击器两侧排出的称旁侧排气，而废气由钻头中心孔排出的称中心排气。由于中心排气方式排除孔底岩粉的效果较好，能降低钻头磨耗和提高钻进效率，因此使用较广泛，但结构较复杂，加工要求较高。目前使用最多的是 J 系列冲击器。下面介绍的 J - 200B 型冲击器是一种典型的中心排气冲击器。

J - 200B 冲击器的结构如图 4 - 131 所示。冲击器工作时，压气由接头及止逆塞进入缸体。进入缸体的压气分成两路：一路直吹排粉气路，即压气经阀座、配气杆、活塞的中心通道以及钻头的中心孔，进入孔底并直接吹洗孔底岩粉；另一路是气缸工作配气路。压气进入板状阀的配气机构并借配气杆的配气实现活塞的往复运动。

冲击器进口处的止逆塞在停风停机时能防止钻孔中的含尘水流进入钻杆，不会影响冲击器工作及损坏机内零件。

冲击器工作时，来自活塞的冲击功能，通过钻头直接传至孔底岩石。在这种情况下，缸体并不承受冲击载荷，即使在悬吊状态时，也不允许缸体承受冲击负荷，即不允许冲击器空打。为了防止空打，在结构上是用防空打孔 I 来实现的。这时钻头及活塞均借自重向下滑行一段距离，则防空打孔 I 露出，于是，来自配气机构的压气被引入缸体并经活塞中心孔道及钻头孔道流入孔底，使冲击器自行停止工作。

配气机构系由阀盖、阀片、阀座及配气杆等组成。配气原理可用返回行程和冲击行程两个阶段说明。返回行程原理：返回行程开始时，阀片及活塞均处于图 4 - 131 所示的位置。压气经阀片后端面、阀盖上的轴向孔与径向孔进入内外缸体间的环形腔 II，并至气缸前腔，推动活塞向上运动。此时，气缸上腔经活塞及钻头的中心孔与孔底相通，活塞在气压作用下加速向上运动。当活塞端面与配气杆开始配合时，上腔排气孔道被关闭并处于密封压缩状态，于是活塞开始做减速运动。当活塞杆端面越过衬套上的间隙 III 时，进入下腔的压气便经钻头中心孔排至孔底。活塞失去了动力，且在上腔背压作用下停止运动。与此同时，阀片下侧压力逐渐升高，上侧则经前腔进气孔道 II、钻头中心孔与大气相通，在压差作用下，阀片迅速移向上侧，关闭了下腔进气路，开始了冲击行程的配气工作。

冲击行程的工作原理：冲击行程开始时，活塞和阀片均处于极上位置，压气阀经阀盖和阀座的径向孔进入气缸上腔，推动活塞高速向下运动，冲击钻头。当活塞行至衬套的花键槽被关闭时，下腔压力开始上升，于是活塞上端中心孔离开配气杆，使上腔与大气相通，压力降低，工作行程便结束。当活塞冲击钻头尾部之后，阀片由于其上下压力差的作用，进行换向，使活塞重复返回行程的动作。

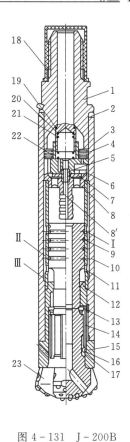

图 4 - 131　J - 200B
型冲击器结构图

1—接头；2—钢垫圈；3—调整圈；4—碟簧；5—节流套；6—阀盖；7—阀片；8—阀座；8'—配气杆；9—活塞；10—外缸；11—内缸；12—衬套；13—柱销；14—弹簧；15—卡钎套；16—钢丝；17—圆键；18—保护罩；19—密封圈；20—止逆塞；21—弹簧；22—磨损片；23—钻头

（2）无阀冲击器。

这类冲击器未设置配气阀，其控制活塞往复运动的配气系统布置在活塞或气缸壁上，当活塞运动时，自动进行配气。无阀冲击器的特点：能够利用压气的膨胀功推动活塞继续运动，从而减少了动力气的消耗。与有阀冲击器相比，压气消耗量可节省 30% 左右。该类冲击器零件少，结构简单且加工较方便。

国产气动冲击器的主要性能指标见表 4 - 30。

表 4－30

## 国产气动冲击器的主要性能指标表

| 指标 | | 冲击器型号 | | | | | | | | | | | |
|---|---|---|---|---|---|---|---|---|---|---|---|---|---|
| | | Φ80* | C-100B* | C-150B* | J-80B | J-100B | J-150B | J-170B | J-200B | W-150 | W-200 | C-230 | QCZ-150 |
| 冲击器 | 全长/mm | 917 | 680 | 573 | 770 | 860 | 990 | 1153 | 1200 | 883 | 1170 | 935 | 947 |
| | 外径/mm | 72 | 92 | 137.5 | 76 | 95 | 136 | 156 | 185 | 142 | 185 | 180 | |
| | 重量/kg | 18.6 | | 47 | 16.5 | 35 | 82 | 115 | 160 | 90 | 152 | 110 | 87 |
| 性能参数 | 冲击功/J | 51.0 | 102~122 | 102 | 92 | 153 | 336.6 | 428.4 | 530.4 | 247.7 | 480 | 377.4 | 306 |
| | 冲击频率/Hz | 25 | 23.3 | 20 | 14 | 14 | 13.3 | 13.3 | 13.3 | 15 | 15.5 | 13.1~16 | 18 |
| | 耗气量/(m³/min) | 3.1 | | 11~13 | 5.6 | 9 | 16 | 18 | 22 | 11 | 18~21 | 18~21 | 13 |
| | 排气方式 | 旁侧 | | 旁侧 | 中心 | 中心 | 中心 | 中心 | 中心 | 中心 | 中心 | 中心 | 中心 |
| | 工作气压/MPa | 0.5~0.7 | 0.5~0.6 | 5~6 | 0.5~0.7 | 0.5~0.7 | 0.5~0.7 | 0.5~0.7 | 0.5~0.7 | 0.4~0.7 | 0.5~0.6 | 0.5~0.7 | 0.5~0.6 |
| | 结构行程/mm | 116 | 106 | 100 | 140 | 140 | 140 | 140 | 120 | 127 | 130 | 115 | 125 |
| 气缸外套 | 长/mm | 355 | | 440 | | | | | 740 | | | 650 | |
| | 壁厚/mm | 6.5 | | 9.75 | | | | | 16 | | | 14 | |
| 气缸 | 长/mm | 188 | | 488 | | | | | 315 | | 290 | 330 | |
| | 直径/mm | 59 | | 118 | | | | | 148 | | 150 | 151 | |
| | 壁厚/mm | 4.5 | | 16.5 | | | | | 8.5 | | | 8.8 | |
| 阀 | 形式 | 环形板 | 无阀 | 方形板阀 | | | 环形板阀 | | 环形板阀 | 无阀 | 无阀 | 方形阀片 | |
| | 行程/mm | 3 | | 3.2 | | | 0.5 | 2.0 | 10 | | | 18.5 | |
| | 厚度/mm | 1 | | 2.5 | | | | | 2.4 | | | 2.5 | |
| 活塞 | 长/mm | 187 | 75 | 110 | | | | | 280 | | 400 | 185 | |
| | 直径/mm | 50 | | 85 | | | 92 | 105 | 126 | 110 | 130 | 135 | |
| | 重量/kg | 1.24 | | 4.4 | | | 8.0 | 11.5 | 14.9 | 14 | 22 | 16.5 | |
| 钻头 | 直径/mm | 80 | 110 | 150 | | | 155 | 170 | 210 | 210 | 210 | 220~230 | 100 |
| | 重量/kg | 2.35 | | | | | 15 | 17 | 30 | | 30 | 42 | 8.9 |
| 生产厂家 | | 宣化气动机械厂 | 宣化气动机械厂 | 宣化气动机械厂 | 浙江嘉兴冶金机械厂 | | | | | 通化气动工具厂 | | 宣化气动机械厂 | 宣化气动机械厂 |

注 * 现已停产，分别改型为 CIR－90、CIR－120、CIR－150。

#### 4.3.3.3  气动潜孔垂跟管钻具

1. 潜孔锤偏心跟管钻具

潜孔锤偏心跟管钻进系统主要由潜孔冲击器、偏心跟管钻具（单偏心扩孔式或双偏心扩孔式、三偏心扩孔式）、管靴、套管等构成。在潜孔锤偏心跟管钻进系统中，无论是哪种偏心跟管钻具都是通过偏心跟管钻具钻进时钻出大于套管外径的孔，并当钻进至预定地层，可将跟管钻具收敛，使跟管钻具的最大外径小于管靴、套管的内径，从而取出跟管钻具，套管则留在地层内保护孔壁。

图4-132是单偏心三件套跟管钻进系统示意图，单偏心三件套跟管钻具（图4-133）由中心钻头、偏心钻头、导正器、连接销系统等组成。

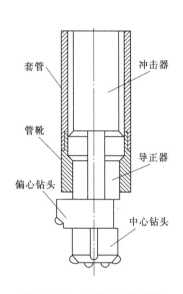

图4-132  单偏心三件套跟
管钻进系统示意图

图4-133  单偏心三件套
跟管钻具实物图

潜孔锤偏心跟管钻进工作原理如图4-134所示。单偏心三件套潜孔锤偏心跟管钻具工作时由钻机提供回转扭矩及推进动力。正常钻进时，由空气压缩机提供的压气，经钻机、钻杆进入潜孔冲击器使其工作，冲击器的活塞冲击跟管钻具的导正器，导正器将冲击波和钻压传递给偏心钻头和中心钻头，破碎孔底岩石。同时，钻机带动钻杆回转，钻杆将回转扭矩传递给冲击器并由冲击器通过花键带动跟管钻具的导正器转动，导正器上有偏心轴，导正器转动时偏心钻头张开，并在开启到设计位置后被限位，使中心钻头、偏心钻头同时随导正器旋转。偏心钻头钻出的孔径大于套管的最大外径，使套管不受孔底岩石的阻碍而跟进。套管的重力大于地层对套管外壁的摩擦阻力时，套管以自重跟进；当套管外壁的摩擦阻力超过套管的重力时，内层跟管钻具继续向前破碎岩石，直到导正器上的凸肩与套管靴上的凸肩接触，此时，导正器将钻压和冲击波部分传给套管靴，迫使套管靴带动套管与钻具同步跟进，保护已钻孔段的孔壁。导正器表面开有吹岩屑的气孔，也有使孔底岩屑能够排出的气槽。大部分压缩空气经冲击器做功后通过导正器中心孔、偏心钻头和中心钻头达到孔底，冲刷已被破碎或松散的孔底岩石、冷却钻头，并携带岩粉经中心钻头、导

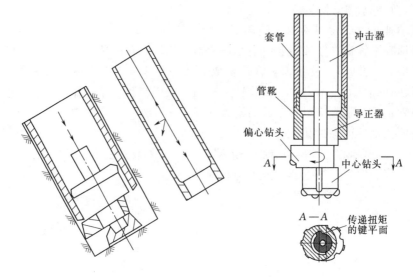

图 4-134 潜孔垂偏心跟管钻具工作原理图

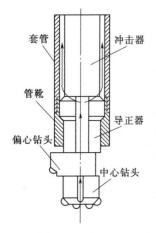

图 4-135 单偏心三件套跟管钻具岩渣流向示意图

正器的排粉槽进入套管与冲击器、钻杆的环状空间被高速上返的气流或泡沫排出孔外，如图 4-135 所示。

正常钻进时，导正器表面的气孔被套管靴内壁封闭，使绝大部分空气进入钻头工作区，冷却钻头并清洗孔底。提钻吹孔时，只要导正器表面的孔露出套管靴，解除封闭状态，大量空气将通过此二孔进入套管，对套管内岩屑进行强吹。当钻进工作告一段落，需将钻具提出时，可慢速反转钻具，偏心钻头又依靠惯性力和摩擦力收回，整套钻具的外径小于管靴、套管的内径，即可将钻具提出到配接钻杆和套管的位置或将钻具提出孔外，套管留在孔内护壁。

2. 潜孔锤同心跟管钻具

潜孔锤同心跟管钻具设计要求：

（1）内、外管钻具同心。

（2）内、外管钻具同步钻进，且内、外管同时回转。

（3）内、外管能够分别顺利拔出，且具有相对浮动功能。

（4）外管内径要大于 70mm。

（5）能够实现孔底强吹功能。

（6）结构简单，易损件少。

潜孔锤同心跟管钻具主要由钻杆、套管、连接套、潜孔锤以及内钻头、外钻头组成（见图 4-136、图 4-137）。该钻具以压缩空气作为动力介质驱动潜孔锤工作，压缩空气经钻杆中心进入潜孔锤，推动潜孔锤工作，潜孔锤带动内钻头冲击破碎岩石。同时内钻头通过撞击外钻头台肩带动外钻头冲击破碎岩石，而外钻头通过柱销和连接套与套管连接，其外径大于套管直径，因而在外钻头冲击破碎岩石进行扩孔钻进的同时，套管也能实现顺利同步跟进，以保证孔壁稳定。内外管的回转运动是利用单动力头通过浮动机构带动双管同时回转而实现的。

　　压缩空气经钻杆中心进入潜孔锤而后进入内钻头，通过内钻头底部通风孔携带孔底岩屑经内外管之间环状间隙通过排渣孔返回地表实现排渣。由于卵砾石地层松散，孔隙率大，大部分岩屑被挤入地层中，仅少部分返回地表。因整个系统处于相对封闭状态，空气压力损失小，所以压缩空气可以高效地实现清洗孔底和冷却钻头。

图 4 - 136　潜孔锤同心跟管钻具实物图

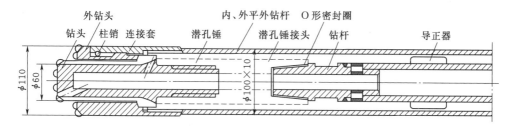

图 4 - 137　潜孔锤同心跟管钻具总体结构图

　　内管钻具通过浮动机构还可提离孔底一定高度，这样压缩空气可经内钻头底部通风孔直接强吹孔底，以确保孔底干净，避免重复破碎。同时，在内钻杆上设置导正器可以确保内、外钻杆同心。在整个钻进过程中，循环介质对孔壁无冲刷作用，套管对孔壁起支撑作用，双管钻具通过单动力头同时回转，内、外管钻具轴心始终处于同一轴线上，整个钻具系统受力状态良好，冲洗排渣过程顺畅。

## 参 考 文 献

［1］　王进全. 关于我国石油钻机技术的现状及其研发思考［J］. 石油机械, 2006, 34 (1)：7 - 10.

［2］　杨汉立. 国内外石油钻机现状及我国钻机的发展探讨［J］. 石油机械, 2003 (07)：59 - 63.

［3］　安娜, 赵大军, 张琪. 风载作用下四角钻塔的有限元分析［J］. 山西建筑, 2006, 32 (17)：48 - 49.

［4］　罗诗伟, 张联库. 大斜孔钻探技术在千枚岩地层的应用［J］. 地质装备, 2014, 5 (06)：37 - 40.

［5］　王红霞. 论直钻塔打大角度斜孔的应用及经济价值［J］. 西部探矿工程, 2006 (08)：199 - 200.

［6］　田长浮. 直斜孔两用管子钻塔［J］. 煤田地质与勘探, 1985 (01)：56 - 58.

［7］　侯德峰, 康善修. 中深孔直斜两用轻便钻塔的研制及应用［J］. 探矿工程（岩土钻掘工程）, 2008 (06)：8 - 10.

［8］　张西坤, 靳益民. 关于钻塔的几个问题的探讨［J］. 探矿工程（岩土钻掘工程）, 2009, 36 (07)：37 - 42.

［9］　洪江. XY系列钻机吊臂式钻塔的设计应用［J］. 贵州地质, 2005 (02)：134 - 136.

［10］　程庆初. 金属钻塔在斜孔钻进上的应用［J］. 探工零讯, 1965 (10)：18 - 22.

［11］　张效寿. 斜孔施工时钻机和钻塔的快速安装［J］. 地质与勘探, 1978 (08)：58 - 60.

［12］　范坤生. 16.4米管材斜塔介绍［J］. 地质与勘探, 1974 (05)：49 - 52.

［13］　张兴杰. 车载四角钻塔的结构分析及设计［D］. 西安：长安大学, 2012.

［14］　陆志勇. 塔架结构中的节点形式介绍［J］. 江苏建筑, 2003 (1)：41 - 43.

［15］ 王肇民，皮尔. 塔桅结构［M］. 上海：同济大学出版社，1989.

［16］ 徐芝纶. 弹性力学［M］. 第四版. 北京：高等教育出版社，2006.

［17］ 张应迁，张洪才. ANSYS有限元分析从入门到精通［M］. 北京：人民邮电出版社，2010.

［18］ 王勖成，邵敏. 有限元基本思想和数值方法［M］. 第二版. 北京：清华大学出版社，1996.

［19］ 高超，郭建生. 圆管钢结构稳定性的有限元分析［J］. 武汉理工大学学报（信息与管理工程版），2011，33（3）：421 - 423.

［20］ I - DEAS有限元入门分析指南［R］. 北京理工大学车辆与交通工程学院计算机应用于仿真中心，2001.

［21］ 刘伟，高维成，丁广滨. ANSYS 12.0宝典［M］. 北京：电子工业出版社，2010.

# 5 大顶角超深斜孔轨迹控制技术

## 5.1 概　　述

20 世纪 20 年代末，人们意外地发现一口新钻的井钻穿了旁边老井的套管，虽然钻深不同，但都是同一个油层，于是认识到井是可以斜的。至 20 世纪 30 年代初，在海边向海里打定向井开采海上油田的尝试成功之后，定向井得以广泛的应用。

最早采用定向钻井技术是在井下落物无法处理后的侧钻。美国在 20 世纪 30 年代初在加利福尼亚海岸的亨廷滩油田钻成了第一口定向井。

20 世纪 90 年代以来，钻井技术逐步细化为具有代表意义的水平井、多分支水平井、大位移井、深井钻井、连续管钻井等钻井技术，并相继开发了许多新工具、新装备，增加和完善了钻井测试和控制手段、过程分析和控制软件。

国外定向钻井技术的发展简况见表 5-1。

表 5-1　　　　　　　　　20 世纪国外定向钻井技术的发展简况

| 技术内容 | 20 世纪 50 年代 | 20 世纪 60 年代 | 20 世纪 70 年代 | 20 世纪 80 年代 | 20 世纪 90 年代 |
|---|---|---|---|---|---|
| 轨道设计及轨迹设计计算法 | 误差很大的正切法进行轨迹计算 | 曲率半径法、最小曲率法等多种轨迹计算方法 | 三维轨迹设计及大组丛式井整体设计 | 开发了定向井设计和施工软件 | 大型集成设计软件包 |
| 轨迹控制理论与技术 | 斜直井段法人二维分析 | 考虑井眼曲率影响，研究了多扶正器近钻头钻具组合（BHA） | 三维受力分析由静态发展到动态 | 发展了多种分析方法并开发出了响应软件 | 开始引入自动控制理论，开发了相关设备 |
| 定向造斜工具及工艺 | 涡轮钻具加弯接头斜向器配合转盘 | 螺杆动力钻具，专用配套工具 | 涡轮、螺杆动力钻具向低速大扭矩发展，各种专用井下工具系列化 | 发展了复合式动力钻具、导向钻进系统、长寿的 PDC 钻头等 | 多分支井回接工艺、地质导向钻进技术成熟 |
| 测量工具 | 氢氟酸测斜仪和地面定向法 | 机械式罗盘测斜仪，精度较高的单、多点照相测斜仪 | 有线随钻测斜仪投入工业化使用 | 多种无线随钻测斜系统投入工业化使用 | 带地质参数的无线随钻测斜仪得到广泛应用 |

### 5.1.1 我国定向钻井技术的发展现状

我国定向钻井技术的发展可以分为三个阶段：20 世纪 50—60 年代开始起步；70 年代扩大实验，推广定向钻井技术；80 年代开始通过集团化联合技术攻关，使得我国的定向钻井技术有了重大发展。

（1）我国定向钻井技术始于 1956 年，当时在苏联专家的帮助下，在玉门油田打了定向井、双筒井等。

（2）20 世纪 50 年代末，苏联专家撤出后，60 年代我国依靠自己的力量，在四川打了许多高难度的定向井，同时打了两口水平井。

（3）20 世纪 70 年代末到 80 年代初，在江汉油田、渤海油田和胜利油田打了一批小斜度定向井，为 80 年代中期定向钻井技术大发展做了铺垫工作。

（4）1985—1990 年，定向井、丛式井钻井技术被列为"七五"国家重点攻关项目，取得了重大成果。

（5）1991—1995 年，水平井钻井技术被列为"八五"国家重点科技攻关项目，又取得重大成果，我国的定向井、水平井钻井技术达到了国际先进水平。

（6）1996—2000 年，侧钻水平井技术被列入"九五"国家重点科技攻关项目，侧钻技术和短半径水平井技术又有了重大发展。

（7）1997 年，我国南海东部公司依靠外国公司的技术，完成了一口大位移井（西江 24 - 3 - A14 井），打破了当时的世界纪录。1999 年又完成了一口大位移井（西江 24 - 3 - A17 井）。

（8）自 2006 年起，中国石油天然气集团公司（以下简称中石油）加大了水平井钻井工作力度，当年就完成了水平井 522 口，相当于前 6 年（2000—2005 年）完成水平井数量的总和，单井产量为同类直井的 3～5 倍，新建产能 $200 \times 10^4 t$，相当于打了 1900 多口直井。

水平井是中石油近年来推行的一种新技术，是实现"少井高产"的主要技术手段。南堡油田在钻井技术方面有了新的创新：一是利用人工岛实现了海油陆采；二是利用模块钻机配合井口槽技术实现了高密度丛式井的集中开发模式。目前，我国能够独立完成的大位移钻井技术尚处在初级阶段，水平多底井、分支井、径向水平井等技术正处在快速发展阶段。

### 5.1.2 定向钻井技术的发展趋势

1. 钻井工艺、技术、设备发展多样化

在多学科交叉的影响下，研发了大位移钻井技术、侧钻水平井钻井技术、分支井钻井技术、径向水平井钻井技术、欠平衡钻井技术和连续油管钻井技术。研制了高技术含量的 MWD、LWD 等随钻测量仪器。

钻井井眼在水平方向上的位移已经突破 $1 \times 10^4 m$，使以前无法开采的复杂油气藏和老油田的储量得到开发，油气采收率显著提高，开发成本进一步降低。

钻井新技术的特点不仅体现在钻井工艺技术的多样性，还体现在井身结构、下部钻具组合、测试工具尺寸及功能上的多样化，这种多样化增强了钻井技术在不同条件、不同环境下的适应能力。

2. 工具和作业集成化、自动化、智能化

当前的导向钻具、测试工具和作业控制都日趋智能化，监控系统正由单一工具的智能化向整套系统智能化的方向发展。导向钻井技术从初级导向钻井、地面人工控制的导向钻井方式逐渐发展到全自动化的井下闭环旋转导向钻井方式。近年来，地面自动控制的导向钻井工具和随钻地层评价测试系统的成功开发，更体现了工具和作业智能化的趋势。

智能化钻井系统是自动化钻井的核心，是多种高新技术和产品进一步研发的结果，其微型化的发展趋势，可望在 21 世纪前半叶实现。

3. 钻井信息数字化

随着钻井过程中工具位置、状态、流体水力参数、地层特征参数的实时测试、传输、分析和控制指令的反馈、执行、再修正，钻井信息技术日益数字化，钻井过程逐步由人为的经验性监控过程发展成为一个可用数字描述的确定性监控过程。当前使用的三维成像技术就是钻井信息数字化的一个典型例证。

国际互联网和区域网络的互联，实现了井场数据与后方钻井、地质、油藏及管理部门间的双向通信，这样，在钻井过程中就能够及时获得后方的技术指导与支持，实现准确、优质、高效、安全地钻井。

4. 专业分工与作业合作化

自水平井钻井技术获得发展以来，出现了明显的专业分工和作业中的合作。目前这种合作化趋势更加明显。测试工具的开发和应用，多分支井完井管柱系统的开发，都体现了专业服务公司与作业者之间的专业分工和作业合作趋势。这种趋势有利于新技术、新工艺的研究和广泛应用。

总的来说，21 世纪定向钻井技术发展的趋势是向自动化、智能化、轻便化和经济化方向发展。尤其是水平井钻井技术正在向集成系统发展，即以提高成功率和综合经济效益为目的，结合地质、地球物理、油层物理和工程技术，对地质评价、油气藏筛选、水平井设计和施工进行综合优化。

水平井钻井技术的应用向综合应用方向发展，小井眼水平井钻井、横向多分支水平井钻井、大位移水平井钻井等技术都已投入实际应用，采用的先进技术包括导向钻井系统、随钻测量系统、串接液马达、PDC 钻头和欠平衡钻井技术。

水平井钻井技术在这一背景下进入了一个新的发展时期，钻井技术的成熟和应用更丰富了这一变化，预计在 21 世纪初水平井钻井技术将完全进入科学钻井时代。

5. 自动化钻井的全过程

自动化钻井的全过程分为以下 6 个环节：

（1）地面实时测量，主要使用综合录井仪。

（2）井下随钻测量，目前主要用 MWD、LWD、FEWD 等仪器。

（3）数据实时采集，由相关计算机（井下或地面）来完成。

（4）数据综合解释并发出指令，采用人工智能优化钻井措施。

（5）地面操作自动化，由铁钻工、自动排管机完成。

（6）井下自动控制，实现井眼轨迹自动控制，由井下旋转导向系统完成。

在以上 6 个环节中，井下随钻测量和井下自动控制是关键环节，同时也是关键技术，二者结合起来实际上就是井眼轨迹自动控制技术（自动导向钻井技术）。

6. 定向钻进技术的主要应用领域

定向钻进技术近年来发展迅速，已广泛应用于矿产勘探、矿产开采及煤层气开发。定向钻进是利用钻孔自然弯曲规律及人工造斜工具使钻孔按设计要求钻进到预定目标的一种钻探方法，该钻探方法目前主要应用于以下领域：

（1）勘探孔纠偏。

（2）石油天然气领域。该领域包括：

1）海洋钻井平台钻丛式定向井。

2）因受地表陡山、滨海、森林、建筑物及农田等限制而实施定向井。

3）侧钻绕过事故井。

4）处理井喷或失火定向井。

5）在油气层中钻定向长水平井提高开采量。

（3）其他应用领域。

1）地热井：钻多孔底定向井多次穿过含水层或沿含水层长水平定向钻进，提高出水量。

2）开发地壳深部"干热岩"：实施两井定向连通后，一井注冷水，一井可产出高温蒸气发电。

3）矿山工程中的铅直孔：精确定向。

4）煤层气定向连通开采。

5）煤炭地下气化定向施工。

6）硫的热溶开采和铀、铜的钻孔溶浸开采，以及铁、磷、石英砂矿等的钻孔水力开采。

7）环保领域等。

# 5.2 钻孔轨迹设计与控制原理

## 5.2.1 定向钻孔设计的原则

定向钻孔设计的基本原则是在保证实现定向钻孔目的和要求的前提下，有利于安全、经济、优质、高效完成定向钻孔施工。

1. 满足定向钻孔施工的目的和要求

（1）按定向钻孔目的和用途选择合适的定向钻孔类型与钻孔轨迹。如勘探埋藏深的急倾斜矿体宜设计垂直平面弯曲型单向羽状分支定向钻孔；详勘埋藏深的水平或缓倾斜矿体宜设计空间型集束孔；灭火井要准确钻达"靶心"，宜设计井身轨迹严加控制的单底定向井；绕过孔内事故孔段，只需在事故孔段上部偏斜开出新孔能代替原孔即可。

（2）严格按照孔口位置、靶点位置、靶区范围、见矿遇层角等要求设计定向钻孔轴线。一般情况下，遇层角不应小于 $30°$。靶区的设置，涉及靶区位置、形状和大小。地质部门确定时，要考虑勘探网度、矿体产状。靶点一般定在主矿层的中点，也可定在见矿点和出矿点。至于靶区的具体大小，取决于勘探网钻孔布置时的线距、孔距以及控制见矿点的标高距。一般取靶点的偏线距、沿线距、偏高距分别为线距，孔距或标高距的 $1/4 \sim 1/5$ 为靶区范围。

2. 选择合理的钻孔轴线的设计顺序

（1）单条定向钻孔轴线的合理设计顺序。这里指的单条定向钻孔轴线包括单孔底钻孔轴线及多孔底钻孔各个分支孔的钻孔轴线。如开孔点（或分支点）已定，设计时应从上往下，即从开孔点逐段推移到靶点；如开孔点（或分支点）未定，设计时一般应选择从下往上，即从靶点逐段推移确定至开孔点。

（2）多孔底钻孔主孔和分支孔的合理设计顺序。其原则是先主（干）孔后分支孔。

**3. 充分利用地层的自然弯曲规律**

人工造斜花费时间多，成本高。设计定向钻孔时，应充分利用地层的自然弯曲规律，顺其自然，减少人工弯曲的工作量。钻孔自然弯曲利用的基本原则是：

（1）在钻孔自然弯曲规律比较明显的矿区，如能利用其施工初级定向孔，就不要设计必须采用人工弯曲的受控定向钻孔。

（2）设计单孔底定向钻孔时，钻孔方向应尽可能顺自然弯曲方向设计，孔身轨迹及人工造斜段的造斜强度应充分考虑地层的自然弯曲强度。

（3）设计"从下往上"顺序施工的多孔底钻孔时，主孔应尽可能按初级定向钻孔设计，不设计人工弯曲孔段。

**4. 选择易于钻进的钻孔轴线轨迹剖面型式**

钻孔轴线轨迹型式越复杂，钻进难度越大，成本越高。三维定向钻孔比二维定向钻孔复杂。三维定向钻孔中，空间任意弯曲型定向钻孔又比空间平面弯曲型定向钻孔复杂。二维和三维定向钻孔中，直线-曲线-直线型孔身剖面因只有一个人工弯曲段，容易施工，特别是曲线段（造斜段）不长时。因此，在可能的情况下，受控定向钻孔应选择比较简单的二维直线-曲线-直线型孔身剖面型式。必须设计三维定向钻孔时，应尽可能选择空间平面弯曲型。垂直开孔和近垂直开孔比倾斜开孔便于钻进和起下钻具。因此，在可能的情况下，特别对于比较深的单孔底定向钻孔和多孔底钻孔的主孔，应尽可能设计直孔或小顶角开孔（开孔顶角最好不要超过 5°），并且该顶角的开孔段应有足够长度。

**5. 选择合适的造斜强度**

定向钻孔造斜孔段应均匀造斜，避免急弯，并设计和选择合适的造斜强度。造斜强度大，造斜孔段短，这对降低造斜成本有利，但过大会因急剧弯曲而影响正常钻进。造斜强度小，能保证顺利施工，但造斜孔段长，成本随之增加。因此，合适的造斜强度应是在确保造斜后正常施工的前提下，尽可能缩短造斜孔段长度。

岩芯钻探时，保证粗径钻具顺利下入孔内的孔身极限弯曲强度 $i_c$ 可用式（5-1）估算。

$$i_c = \frac{114.6\left(\sqrt{D_k - D_g} + \sqrt{D_k - \dfrac{D_b + D_g}{2}}\right)}{L^2} \tag{5-1}$$

式中：$D_k$ 为钻孔直径，m；$D_b$ 为钻头直径，m；$D_g$ 为岩芯管直径，m；$L$ 为粗径钻具长，m。

采用孔底动力钻具造斜时，保证孔底动力钻具顺利下入孔内的孔身极限弯曲强度 $i_T$ 估算公式如下：

$$i_T = \frac{458.4(0.74\Delta d - f)}{L_T^2} \tag{5-2}$$

式中：$\Delta d$ 为钻头直径与动力钻具直径差，m；$f$ 为间隙值，m，在软岩膨胀地层 $f=0$，

硬地层 $f = 0.003 \sim 0.006$；$L_T$ 为动力钻具长度，m。

式（5-1）和式（5-2）的计算数据与实际出入较大，有待进一步完善。

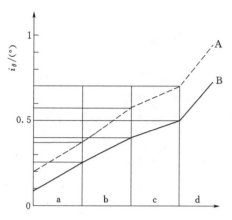

图 5-1  不同钻杆工作时的弯曲
强度选取参数值

A—普通钻杆；B—绳索取芯钻杆

a—安全区；b—较安全区；

c—临界区；d—危险区

选择合适的造斜强度与钻孔的直径、钻具的结构和所钻进的地层有关。地质勘探定向钻孔的实践表明，提高造斜强度的限制条件是钻杆的抗弯强度及最小允许弯曲半径。造斜强度增大后，钻杆折断事故增加。图 5-1 是根据各地经验绘制成的用螺杆钻具造斜时普通钻杆和绳索取芯钻杆不同工作区的弯曲强度选取范围。其中，绳索取芯钻杆弯曲强度的选取范围比普通钻杆小，合适的造斜强度可取以下范围：绳索取芯钻杆 $0.2 \sim 0.5$（°）/m，普通钻杆 $0.3 \sim 0.8$（°）/m。

分支孔分支钻进时，为保证能从原孔中顺利分支出新孔，造斜强度可在 $1 \sim 1.5$（°）/m 的范围内选取。实际上，在很多不是分支孔钻进的情况下，用螺杆钻具造斜时局部孔段的造斜强度超过 $1$（°）/m 的实践已不少，此时钻杆并未发生折断，但值得注意的是所选择的造斜强度的大小与连续造斜的孔段长度有关，连续造斜的孔段长度较长时，则造斜强度应选取较小值。

石油钻井中，由于钻井直径相对较大，钻杆与钻具结构较复杂，所钻进的地层以沉积岩为主，通常采用 $1.5 \sim 2.5$（°）/100ft（英寸）的造斜强度来获得较为合理的井眼曲率，但在一些特殊情况下，也可采用较高的造斜强度。

此外，定向钻进技术在运用于非开挖铺管时，造斜强度的选择主要应考虑所铺设的管线直径，一般取钻孔的曲率半径 $R \geqslant 1200D$，式中的 $D$ 代表所铺设的管线直径，若所铺设的管线为柔性管线，则 $D$ 为钻杆的直径。

6. 选择恰当的造斜（分支）点

选择造斜（分支）点的原则是：

（1）造斜（分支）点的岩层要能易于造斜钻进：地层较完整、稳定，岩石硬度不太高、不太软，可钻性不超过 8 级，最好是中硬岩层。

（2）造斜（分支）点应避开矿层和矿化带，选在地质对岩芯采取率不做要求的孔段。

（3）单孔底定向钻孔的造斜点应尽可能选在钻孔上部，这样造斜段较小的弯曲角就可获得较长的水平距。

（4）分支孔的分支点位置应适中。分支点位置的选择一方面要考虑节约更多的进尺，另一方面要考虑分支孔造斜孔段造斜和钻进的可行性及费用，不宜选在钻孔的下部孔段。

7. 钻孔结构应考虑孔身剖面形状和造斜工具类型

钻进油气定向井时，表层套管、技术套管的下入与设计的孔身剖面形状有关。用螺杆钻施工造斜孔段时，它与孔径之间的级配应合理，否则会直接影响造斜效果。螺杆钻具工作时，需要的泵量大，与孔径最好有一个级差（螺杆钻具与孔壁间隙最小不能小于

3mm）。

8. 选择的钻孔轴线空间位置计算方法应与地质部门一致

钻孔轴线空间位置计算方法有数种，目前没有统一使用一种方法。钻探部门进行定向钻孔设计时，选用的钻孔轴线空间位置计算方法应与地质部门取得一致，因为定向钻孔空间位置的质量指标要求是由地质部门提出的。

9. 对定向钻孔的社会经济效益进行预测

定向钻孔设计除了满足定向钻孔施工的目的和要求外，还应尽可能有好的社会、经济效益。因此必须对单孔底定向钻孔、多孔底定向钻孔以及采用定向钻孔勘探的矿区的社会效益、经济效益进行预测。预测的主要内容是：

（1）单孔底定向钻孔。能否在规定时间内结束钻孔，与普通单孔底钻孔比较，费用能否降低，或者增加不多。

（2）多孔底钻孔。与原单孔设计比较，能否缩短钻探期限，大量降低钻探费用。

（3）用定向钻孔勘探的矿区。能否缩短勘探期限，增加矿产储量，降低勘探费用，提高钻探质量。

### 5.2.2 定向钻孔设计的内容

定向钻孔设计内容很多，有的由地质规定（即给定的设计条件），有的要择优选取，有的要计算（或绘图）求得。在进行定向钻孔各项内容的设计时，应遵循上述定向钻孔设计的依据和原则。

定向钻孔设计的主要内容包括：

（1）选择和确定矿区用定向钻孔施工的钻孔。

（2）确定矿区定向钻孔孔底结构型式（指单孔底钻孔或多孔底钻孔）和施工技术方法类型（指利用钻孔自然弯曲规律和人工造斜）。

（3）选择和确定定向钻孔孔身剖面型式。

（4）地质给定开孔点坐标或开孔范围、靶点坐标、靶区范围、穿矿遇层角、靶点至终孔点的距离及矿层倾角。

（5）选择或确定造斜（分支）点。

（6）选取各造斜孔段的造斜强度（可以选取几个不同数值后择优确定一个造斜强度）。

（7）求出孔身剖面（钻孔轨迹）参数，包括各孔段的顶角、方位角、长度、垂深位移、水平位移以及定向钻孔中靶孔深和终孔深。当开孔位置未定时，还要求出开孔位置及开孔顶角和方位角。

（8）绘制设计的孔身剖面轨迹。

（9）确定钻孔结构。

上述设计内容中，设计定向钻孔轴线是要解决的主要任务，求出钻孔轴线参数是设计的中心内容。

### 5.2.3 定向钻孔轴线的设计方法

定向钻孔各段轴线的合理组合是定向钻孔轴线设计的核心，它是建立在钻孔轴线轨迹型式（即剖面型式）已定的基础上进行的。求出各段轴线的参数是取得轴线合理组合的重要依据，其中最主要的是求得造斜孔段（包括只有自然弯曲的造斜段）的弯曲角增量和中靶时的参数数据，只有求出弯曲角增量，才能求出钻孔轴线的其他参数。

定向钻孔轴线的设计方法有以下几种：

（1）绘图法。绘图法是将给定和选定的数据通过简单计算，查表、量取和借助绘图工具，绘制出钻孔轴线结构图，然后经量度或计算求得各轴线段的参数值。这种方法简便，但也有其不足之处：当孔段曲率半径比钻孔深度大若干倍时，增加了绘图困难；当钻孔顶角或方位角变化小时，难以量得准确的数据；当钻孔轴线为空间型时，给绘图增加了麻烦。

（2）计算法。计算法是将给定和选定的数据通过公式计算，求得各轴线段的参数值，然后绘制钻孔轴线结构图。计算法根据求解轴线某些参数选用公式的不同，又有不同的计算方法。计算法不存在上述绘图法的缺点，所有数据均是计算求得，准确、可靠、精度高，使用比较广泛。

（3）查图法。查图法主要在油、气定向井设计中使用。这种方法需要事先做一套图表，每张图表代表某一种钻孔轴线剖面型式的造斜曲线图。给定和选定数据后，按选择的钻孔轴线剖面型式查相应的造斜曲线图，读出各轴线段的参数值（但读出的角度是近似值）。

（4）图板法。图板法是事先把某一种钻孔轴线剖面的典型结构部分制作成图板，而且图板曲线部分的曲率半径已选定。这样，在给定和选定数据（选择的曲线段弯曲半径应与图板曲线部分的曲率半径一致）后，通过作图和移动图板即可量度和计算各轴线段的参数值。

查图法和图板法在计算法计算轴线段参数的公式比较复杂时，显得比较方便。但事先要有图表或图板，求得的参数值尚有误差。

（5）微机计算法。它是利用微型计算机计算轴线参数值，还可绘制和显示钻孔轴线的结构图。计算法中采用的计算公式是微机计算轴线参数值的基础。用微机进行定向孔轴线设计，速度快，数据准确、直观，其使用也较广泛。

### 5.2.4 二维定向钻孔轴线设计

二维定向钻孔包括垂直平面弯曲型（钻孔轴线只有顶角变化，无方位角变化）和水平面弯曲型（钻孔轴线只有方位角变化，无顶角变化）。水平面弯曲型钻孔轴线设计时，可将水平面上钻孔轴线旋转变换至垂直平面钻孔轴线，只是应注意钻孔轴线上参数意义的不同。

曲线段和中靶以前的孔段是定向钻孔轴线设计的关键孔段，也是定向钻孔最具有特征的孔段。中靶以前的孔段可以是直线，也可以是曲线，因此，进行定向钻孔轴线设计时，可把中靶以前的孔段与曲线段的不同组合作为定向钻孔轴线设计分类的依据。

曲线段与中靶以前的孔段可以有多种组合，特别是一个定向钻孔的曲线段较多时。根据只要能达到地质和工程施工目的，宜选择比较简单、易于钻进的定向钻孔轴线的原则，目前垂直平面弯曲型定向钻孔应用比较多的典型钻孔轴线剖面型式分为曲线型和直线-曲线（增斜）型、曲线-直线（稳斜）型和直线-曲线（增斜）-直线（稳斜）型、曲线-曲线（增斜）型和直线-曲线（增斜）-曲线（增斜）型三种类型。

以下主要叙述这三类垂直平面弯曲型定向钻孔轴线参数的设计计算。

##### 5.2.4.1 曲线型和直线-曲线型定向钻孔轴线设计

曲线型钻孔轴线系指从孔口就以一定曲率半径 $R$ 弯曲至中靶点的钻孔。例如在钻孔弯曲有规律的矿区，地表开孔就见基岩，钻孔以一定自然弯曲强度钻达目标点，其孔身轴线就是曲线型。

直线-曲线型孔身轴线系指从孔口钻一段直线孔后，再以一定曲率半径弯曲（增斜）至目标点的钻孔。如在钻孔弯曲有规律的矿区，从孔口钻一段直线孔穿过覆盖层，见基岩后即以一定自然弯曲强度增斜钻达目标点的孔身轴线，或从孔口钻一段直线孔穿过稳斜地层，再以一定弯曲强度进行人工造斜钻达目标点的孔身轴线。以下情况也可视为直线-曲线型孔身轴线：从多孔底钻孔的主孔上部直线段某处以一定弯曲强度进行人工偏斜分支钻达目标点的分支孔；从主孔分支点用固定式偏心楔分支（其分支导斜孔段可视为直线段），再以一定弯曲强度进行人工造斜钻达目标点的分支孔。

这类钻孔轴线的特征是：曲线段既是造斜段，又是中靶以前的孔段。曲线段的曲率半径选定（或确定）之后，曲线段以上有无直线段，并不影响曲线段参数计算的基本原理和方法。

现以曲线型钻孔轴线为例，介绍曲线型钻孔轴线轨迹设计的计算法与绘图法。

1. 计算法

（1）开孔顶角为 0°。如图 5-2（a）所示，图中 $E$ 为靶点，$H_E$ 为中靶垂深，$S_E$ 为中靶水平距，$L_E$ 为中靶孔深，$R_1$ 为曲率半径，$\theta_E$ 为中靶顶角（也是顶角弯曲增量—造斜段全弯曲角）。$\theta_E$、$L_E$、孔口位置是计算的要点。从图中看出如下关系式：

$$H_E = R_1 \sin\theta_E \tag{5-3}$$

$$S_E = OO_1 - E'O_1 = R_1 - R_1\cos\theta_E = R_1(1-\cos\theta_E) \tag{5-4}$$

$$L_E = \frac{2\pi R_1 \theta_E}{360} = \frac{R_1 \theta_E}{57.3} \tag{5-5}$$

式（5-3）～式（5-5）为计算法设计曲线型钻孔轴线的基本公式。如果已知靶点 $E$ 的坐标、中靶垂深 $H_E$，选定曲线的造斜强度 $i_{\theta_1}$（即已知 $R_1$，因 $R_1 = 57.3/i_{\theta_1}$），孔口位

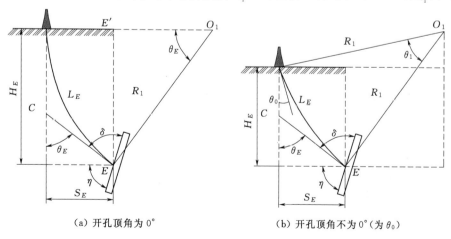

| (a) 开孔顶角为 0° | (b) 开孔顶角不为 0°（为 $\theta_0$） |

图 5-2 曲线型钻孔轴线参数设计计算图

置未定，则可由式（5-3）求出 $\theta_E$，再由式（5-4）和式（5-5）分别求出 $S_E$ 和 $L_E$，即确定了孔口位置。

如果对穿矿遇层角 $\delta$ 有地质规定的要求，在已知矿层倾角 $\eta$ 的情况下，可先用以下公式求出最小中靶顶角 $\theta_m$。

顺层钻进时 $\qquad\qquad\qquad\qquad \theta_m = \delta + \eta - 90° \qquad\qquad\qquad\qquad (5-6)$

顶层钻进时 $\qquad\qquad\qquad\qquad \theta_m = 90° + \delta - \eta \qquad\qquad\qquad\qquad (5-7)$

此时如果按式（5-6）或式（5-7）算出的 $\theta_m$ 比按式（5-3）算出的 $\theta_E$ 大，则必须设计为开孔具有一定顶角的曲线型孔身轴线，才能满足对遇层角的要求。

（2）开孔顶角为 $\theta_0$。如图 5-2（b）所示，从图中看出以下关系式：

$$H_E = R_1(\sin\theta_E - \sin\theta_0) \qquad\qquad (5-8)$$

$$S_E = R_1(\cos\theta_0 - \cos\theta_E) \qquad\qquad (5-9)$$

$$L_E = \frac{R_1\theta_1}{57.3} \qquad\qquad (5-10)$$

$$\theta_1 = \theta_E - \theta_0 \qquad\qquad (5-11)$$

式中：$\theta_1$ 为曲线段 $\overset{\frown}{OE}$ 的顶角增量。

因此，当已知 $R_1$、$H_E$、$\theta_E$ [$\theta_E$ 由式（5-6）或式（5-7）求出]，需确定开孔位置时，可先由式（5-8）求出开孔顶角 $\theta_0$，再式（5-9）求出 $S_E$，则开孔位置确定。中靶孔深 $L_E$ 可由式（5-10）算出。

实际钻孔在中靶之后还要延伸钻进至终孔点。由于中靶之后一般保持顶角不变，因而终孔深 $L$（即钻孔全长）为中靶孔深加上靶点至终孔点距离，极易算出。

以上是曲线型钻孔轴线的设计计算方法。对直线-曲线型钻孔轴线组合，通常直线段的孔深和垂深都已知，所以仍可用曲线型钻孔的设计计算公式，但计算中靶孔深、中靶垂深、中靶水平距时要分别加上直线段的孔深、垂深、水平距。

2. 绘图法

以开孔位置未定的曲线型钻孔轴线为例。

给定条件：靶点坐标，中靶垂深 $H_E$，矿层倾角 $\eta$，遇层角 $\delta$。

选定条件：钻孔顶角弯曲强度 $i_\theta$。

求解参数：中靶水平距 $S_E$，中靶顶角 $\theta_E$，开孔顶角 $\theta_0$，顶角弯曲增量 $\theta_1$ 和中靶孔深 $L_E$。

求解步骤（图 5-3）：

（1）在图纸上作两平行线 $D'D$，$E'E$，$E$ 为靶点，$D'D$ 为地平线，并使 $D'D$、$E'E$ 之间的距离为 $H_E$（$H_E$ 按比例截取）。

（2）过靶点 $E$ 作直线 $EC$，使之与矿层的夹角为 $\delta$，$EC$ 即为钻孔中靶点处之切线。该处的中靶顶角 $\theta_E = \delta + \eta - 90°$。

（3）由 $E$ 点作 $EC$ 之垂线，并截取 $EO_1 = R_1$（$R_1 = 57.3/i_\theta$，可算出），以 $O_1$ 为圆心，

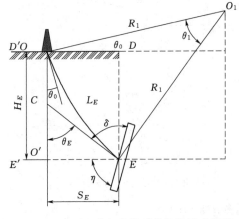

图 5-3 绘图法求解曲线型钻孔轴线参数图

$R_1$ 为半径，从 $E$ 点起画圆弧与地平线 $D'D$ 交于 $O$ 点，此即为地面开孔位置。

（4）由 $O$ 点作垂线与 $E'E$ 相交于 $O'$ 点，则 $OO'=H_E$，$O'E=S_E$，$S_E$ 可由图上量出。

（5）圆心角 $\angle OO_1E=\theta_1$，可用量角器量出。

（6）按 $L_E=\dfrac{R_1\theta_1}{57.3}$ 可求出 $L_E$。

（7）开孔顶角可由 $\theta_0=\theta_E-\theta_1$ 求出。

需要注意的是：绘图时截取和量取线段的长度必须用同一比例尺。

对开孔位置已定的曲线型钻孔和开口位置未定的直线-曲线型钻孔，用绘图法求解钻孔轴线参数的基本原理与上述类似。

### 5.2.4.2 曲线-直线和直线-曲线-直线型定向孔轴线设计

曲线-直线型钻孔轴线系指从孔口就以一定曲率半径弯曲（造斜），然后以一段直线孔（稳斜）钻达目标点的钻孔。直线-曲线-直线型钻孔轴线系指从孔口钻一段直线孔后，再以一定曲率半径弯曲增斜，最后以一段直线孔钻达目标点的钻孔。例如，从孔口钻一段直线孔穿过覆盖层，见基岩后开始造斜，最后稳斜钻达目标点的单个定向孔的孔身轴线。以下情况也可近似为直线-曲线-直线型钻孔轴线：从多孔底钻孔的主孔上部直线段某处以一定弯曲强度进行无楔人工偏斜分支，之后以一段直线孔钻达目标点的分支孔；从主孔分支点用固定式偏心楔分支，再以一定弯曲强度进行人工造斜，最后稳斜钻达目标点的分支孔。

这类钻孔轴线的特征是：曲线段之后，都是经过稳斜段到达靶点，造斜段以上有无直线段不影响曲线段、稳斜段参数计算基本原理和方法。考虑到实际工作中极少采用曲线-直线型钻孔轴线，而直线-曲线-直线型钻孔轴线应用较多，因此，以下只分析直线-曲线-直线型孔身轴线的设计计算方法。

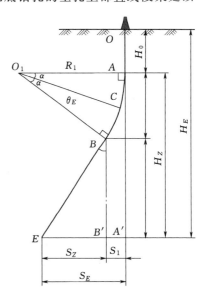

图 5-4 绘图法求解曲线型钻孔轴线参数图（开孔顶角为 $0°$）

1. 计算法

公式计算法一般用于开孔位置已定的情况下。由于直线-曲线-直线型钻孔轴线斜孔开孔和垂直孔开孔时参数计算不完全相同，因此将分别导出其设计计算公式。

（1）垂直线-曲线-直线型（图 5-4）。

1）给定条件：靶点 $E$ 和开孔点 $O$ 的坐标（即已知中靶垂深 $H_E$、中靶水平距 $S_E$，又造斜点至靶点水平距为 $S_Z$，则此时 $S_E=S_Z$），开孔顶角为 $0°$，开孔直线段垂深 $H_0$（则造斜点 $A$ 至靶点 $E$ 的垂深 $H_Z$ 已知，因 $H_Z=H_E-H_0$）。矿层倾角 $\eta$ 和遇层角 $\delta$ 可给定，也可不给定，现考虑不给定的情况。

2）选定条件：曲线段顶角造斜强度 $i_{\theta_1}$（则曲率半径已知，$R_1=57.3/i_{\theta_1}$）。

3）求解参数：顶角弯曲增量 $\theta_E$（即中靶顶角），曲线段长 $\overset{\frown}{AB}$，稳斜段长 $BE$，中靶孔深 $L_E$。

4) 设计计算公式：公式的导出，关键是确定造斜点至中靶点人工造斜段和稳斜段平滑连接时的切点位置，先求出 $\theta_E$ 的计算公式。

图 5-4 中，从 $B$ 点将 $BE$ 切线延长与 $OA'$ 垂线相交于 $C$ 点，则 $O_1C$ 为圆周角 $\angle AO_1B$ 的平分线。图中有如下关系：

$$S_Z = A'C\tan2\alpha$$

$$A'C = H_Z - AC = H_Z - R_1\tan\alpha$$

则可以导出

$$S_Z = (H_Z - R_1\tan\alpha)\frac{2\tan\alpha}{1-\tan^2\alpha}$$

$$(2R_1 - S_Z)\tan^2\alpha - 2H_Z\tan\alpha + S_Z = 0$$

即

$$\tan\alpha = \frac{H_Z \pm \sqrt{H_Z^2 - (2R_1 - S_Z)S_Z}}{2R_1 - S_Z}$$

当 $2R_1 - S_Z < 0$，上式"$\pm$"号取正时，$\tan\alpha < 0$，无实际意义；上式"$\pm$"号取负时，$\tan\alpha > 0$。当 $2R_1 - S_Z > 0$，上式"$\pm$"号取正时的 $\tan\alpha$ 比取负值时的要大，而实际施工 $\alpha$（$\alpha = \theta_E/2$）宜取小。

因此上式应取为：

$$\tan\alpha = \frac{H_Z - \sqrt{H_Z^2 - (2R_1 - S_Z)S_Z}}{2R_1 - S_Z}$$

因 $\theta_E = 2\alpha$，所以

$$\theta_E = 2\arctan\frac{H_Z - \sqrt{H_Z^2 - (2R_1 - S_Z)S_Z}}{2R_1 - S_Z} \qquad (5-12)$$

$$\overset{\frown}{AB} = \frac{R_1\theta_E}{57.3} \qquad (5-13)$$

$$BE = \frac{S_Z - S_1}{\sin\theta_E} = \frac{S_Z - R_1(1-\cos\theta_E)}{\sin\theta_E} \qquad (5-14)$$

$$L_E = OA + \overset{\frown}{AB} + BE = H_0 + \overset{\frown}{AB} + BE \qquad (5-15)$$

式中：$S_1$ 为造斜段终点 $B$ 的水平距；$OA$ 为开孔直线段长。

式（5-12）～式（5-15）为垂直线-曲线-直线型钻孔轴线设计计算的基本公式。

如果给定遇层角 $\delta$、矿层倾角 $\eta$，必须把按式（5-6）或式（5-7）算出的最小中靶顶角 $\theta_m$ 与按式（5-12）算出的中靶顶角 $\theta_E$ 相比较，此时如 $\theta_E < \theta_m$，则必须将开孔直线段加长，增加造斜点深度，必要时还要调节弯曲强度。如果上述方法还不能满足遇层角要求，只有移动孔口，增大中靶水平距。

用上述公式设计时，还可选取几个不同造斜强度进行设计计算，得出几组数据进行对比，最后选定认为比较合适的造斜强度方案。

（2）斜直线-曲线-直线型（图 5-5）。

1) 给定条件：靶点 $E$ 和开孔点 $O$ 的坐标（即已知中靶垂深 $H_E$、中靶水平距 $S_E$），开孔顶角 $\theta_0$，开孔斜直线 $OA$ 的长（则造斜点 $A$ 的垂深 $H_0$ 和水平距 $S_0$ 已知，因 $H_0 = OA\cos\theta_0$，$S_0 = OA\sin\theta_0$）；造斜点至靶点 $E$ 的垂深 $H_Z$ 和水平距 $S_Z$ 已知，因 $H_Z = H_E - H_0$，$S_Z = S_E - S_0$）。

2) 选定条件：曲线段顶角弯曲强度 $i_{\theta_1}$（则曲率半径已知，$R_1 = 57.3/i_{\theta_1}$）。

3）求解参数：顶角弯曲增量 $\theta_1$，曲线段长 $\overparen{AB}$，中靶顶角 $\theta_E$，稳斜段长 $BE$，中靶孔深 $L_E$。

4）设计计算公式：图 5-5 中，从靶点 $E$ 引 $EC$ 与 $OA$ 的延长线垂直相交于 $C$，将钻孔轨迹线 $OABE$ 逆时针旋转 $\theta_0$ 度，则此时 $\overparen{AB}$ 对应的顶角弯曲增量 $\theta_1$ 仍可用式（5-12）的形式求解，但式中的 $H_Z$、$S_Z$ 应分别用 $AC$ 和 $EC$ 的长代替。

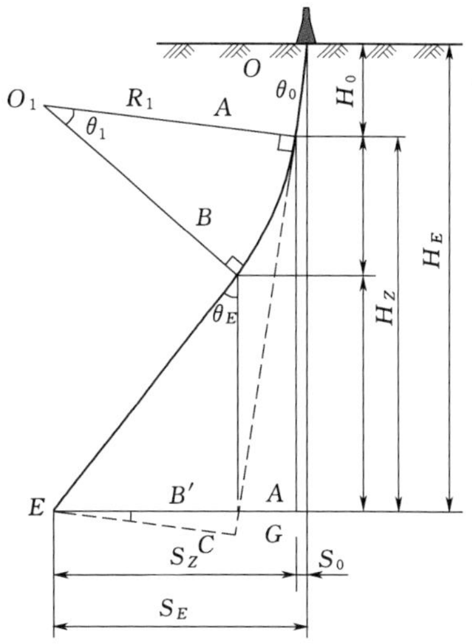

设 $AC=H_M$，$EC=S_M$，则

$$\theta_1=2\arctan\frac{H_M-\sqrt{H_M{}^2-(2R_1-S_M)S_M}}{2R_1-S_M}$$

$$(5-16)$$

其他参数的计算公式为

$$\overparen{AB}=\frac{R_1\theta_1}{57.3} \qquad (5-17)$$

$$\theta_E=\theta_0+\theta_1 \qquad (5-18)$$

$$BE=\frac{S_Z-R_1(\cos\theta_0-\cos\theta_1)}{\sin\theta_E} \qquad (5-19)$$

$$L_E=OA+\overparen{AB}+BE \qquad (5-20)$$

因 $AC=AG+GC$，而 $AG=\dfrac{AA'}{\cos\theta_0}$，$GC=EG\sin\theta_0$，又 $EG=EA'-GA'=EA'-AA'\tan\theta_0$，所以

$$AC=\frac{AA'}{\cos\theta_0}+(EA'-AA'\tan\theta_0)\sin\theta_0$$

$$H_M=\frac{H_Z}{\cos\theta_0}+(S_Z-H_Z\tan\theta_0)\sin\theta_0 \qquad (5-21)$$

因 $EC=EG\cos\theta_0=(EA'-GA')\cos\theta_0=(EA'-AA'\tan\theta_0)\cos\theta_0$，所以

$$S_M=(S_Z-H_Z\tan\theta_0)\cos\theta_0 \qquad (5-22)$$

式（5-16）～式（5-22）为斜直线-曲线-直线型钻孔轴线设计计算的基本公式。在使用这些公式时，应根据已知的 $H_Z$、$S_Z$、$\theta_0$ 用式（5-21）和式（5-22）先算出 $H_M$、$S_M$，再求出 $\theta_1$。

上述公式设计计算直线-曲线-直线型定向孔轴线参数时，只计算了中靶孔深 $L_E$，当计算终孔孔深时，将中靶孔深加上靶点至终孔点的距离。

（3）实例（斜直线-曲线-直线型钻孔）。如图 5-6 所示，贵州某矿区 3905 主孔施工后，在孔深 $H'_0=200\text{m}$ 处分支施工 3927 分支孔，给定分支孔中靶垂深 $H_E=453.62\text{m}$，中靶水平距 $S_E=72.7\text{m}$，设计在分支点 $K$ 下入机械式固定偏心楔偏斜分支，偏斜处顶角 $\theta_0$ $=2°$，偏斜分支段长 $KA=10\text{m}$，从孔深 210m 开始用连续造斜器按 0.3 （°）/m 造斜增顶角，之后稳斜钻到靶点。需设计计算分支孔造斜段顶角增量 $\theta_1$，造斜段 $\overparen{AB}$ 和稳斜段 $BE$ 长，中靶孔深 $L_E$ 和中靶顶角 $\theta_E$。

解：该分支孔为斜直线-曲线-直线型孔身轴线，先根据给定条件算出 $H_Z$、$S_Z$、

图 5-5 绘图法求解曲线型钻孔轴线
参数图（开孔顶角为 $\theta_0$）

$R_1$ 值：

$$H_Z = H_E - H_0 = H_E - (H_0' + H_0'') = 453.62 - 200 - 10\cos 2° = 243.62(\text{m})$$

$$S_Z = S_E - S_0 = 72.7 - 10\sin 2° = 72.35(\text{m})$$

$$R_1 = 57.3/0.3 = 191(\text{m})$$

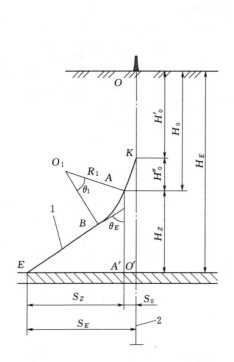

图 5-6　某分支孔轴线参数计算图
1—主孔；2—分支孔

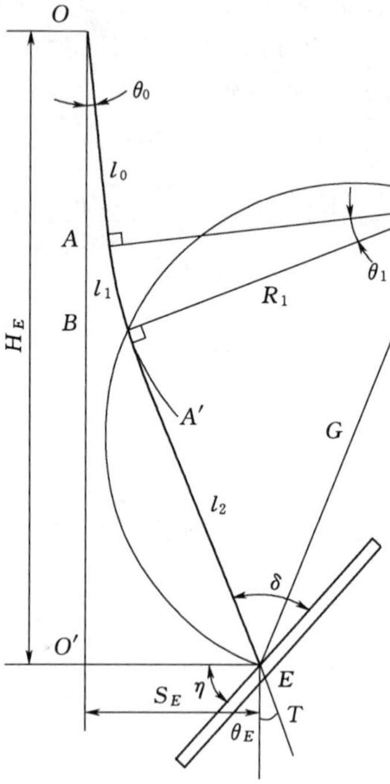

图 5-7　开孔位置已定时绘图法求解斜直线-曲线-直线型钻孔轴线参数图

根据式（5-21）算出 $H_M = 246.01\text{m}$。

根据式（5-22）算出 $S_M = 63.8\text{m}$。

将 $R_1$、$H_M$、$S_M$ 值代入式（5-16），算出 $\theta_1 = 16.26°$。

将 $R_1$、$\theta_1$ 值代入式（5-17），算出 $\overset{\frown}{AB} = 54.2\text{m}$。

将 $\theta_0$、$\theta_1$ 值代入式（5-18），算出 $\theta_E = 18.26°$。

将 $S_E$、$S_0$、$R_1$、$\theta_0$、$\theta_E$ 值代入式（5-19），算出 $BE = 200.59\text{m}$。

将 $OA$ 长（$OA = OK + KA = 200 + 10 = 2100\text{m}$）、$\overset{\frown}{AB}$长、$BE$ 长代入式（5-20），求出 $L_E = 464.79\text{m}$。

2. 绘图法

（1）开孔点位置已定的绘图法（图 5-7）。以斜直线-曲线-直线型钻孔轴线为例：

1）给定条件：开孔点 $O$ 和靶点 $E$ 的坐标（即已知中靶垂深 $H_E$，中靶水平距 $S_E$），开孔顶角 $\theta_0$，造斜点孔深 $l_0$，矿层倾角 $\eta$，遇层角 $\delta$。

2）选定条件：造斜段顶角弯曲强度 $i_{\theta_1}$（即曲率半径 $R_1$ 选定，因 $R_1 = 57.3/i_{\theta_1}$）。

3）求解参数：造斜段顶角弯曲增量 $\theta_1$，造斜段长 $l_1$，中靶顶角 $\theta_E$，稳斜段长 $l_2$，中

靶孔深 $L_E$。

4）绘图求解步骤：

第一步：在倾斜矿层 $E$ 点（靶点）作水平线 $EO'$，使 $EO'$ 与矿层的交角为矿层倾角 $\eta$，$EO'$ 的长为中靶水平距 $S_E$。

第二步：从 $O'$ 点向上引 $O'O$ 垂直于 $EO'$，并使 $O'O$ 的长为中靶垂深 $H_E$，则 $O$ 点为孔口位置。

第三步：从孔口 $O$ 引 $OA$，使 $OA$ 的长度等于 $l_0$，$OA$ 与 $OO'$ 的夹角为开孔顶角 $\theta_0$，$A$ 点为造斜点位置。

第四步：从 $A$ 点引 $AO_1$ 垂直于 $OA$，并使 $AO_1$ 长为曲率半径 $R_1$。

第五步：以 $O_1$ 点为圆心，$AO_1$ 为半径，自 $A$ 点向下做圆弧 $\overset{\frown}{AA'}$。

第六步：自 $E$ 点向上作 $\overset{\frown}{AA_1}$ 的切线，$B$ 为切点，连接 $BO_1$ 则 $\overset{\frown}{AB}$ 为造斜段长 $l_1$，$BE$ 为稳斜段长 $l_2$，圆心角 $\angle AO_1B$ 为顶角弯曲增量 $\theta_1$（作图求切点的方法：连接 $O_1E$，以 $O_1E$ 的中点 $G$ 为圆心，$GE$ 为半径画圆弧，圆弧与 $\overset{\frown}{AA_1}$ 的交点即为切点 $B$）。

第七步：量取 $BE$ 长和 $\theta_0$，$\overset{\frown}{AB}$ 长可由公式 $\overset{\frown}{AB}=R_1\theta_1/57.3$ 求出，中靶顶角 $\theta_E$ 为 $\theta_0$ 与 $\theta_1$ 之和，中靶孔深 $L_E$ 为 $l_0$、$l_1$、$l_2$（即 $OA$、$\overset{\frown}{AB}$、$BE$）之和。

第八步：如要求终孔深，可将 $BE$ 线延长至终孔点 $T$，即中靶孔深加上靶点至终孔点距离 $ET$ 就是终孔深（$ET$ 由地质给定）。

5）判断调整：根据求解结果计算实际遇层角 $\delta_E$（$\delta_E=90°+\theta_E-\eta$），如 $\delta_E$ 小于给定的遇层角，可调整开孔顶角 $\theta_0$，使开孔顶角减小，或者在调小开孔顶角的同时，提高造斜点深度（但这要考虑地层适宜造斜和地质允许不取芯），调整造斜段弯曲强度。

（2）开孔点位置未定的绘图法（图5-8）。

1）给定条件：靶点 $E$ 的坐标，地表至靶点的垂深 $H_E$，矿层倾角 $\eta$，遇层角 $\delta$。最小中靶顶角 $\theta_M$ 可由式（5-6）和式（5-7）算出，造斜段终点至靶点的距离 $l_2$。

2）选定条件：造斜段顶角弯曲强度 $i_{\theta_1}$（即曲率半径 $R_1$ 选定，因 $R_1=57.3/i_{\theta_1}$）。

3）求解参数：顶角弯曲增量 $\theta_1$，造斜段长 $l_1$，开孔段长 $l_0$，开孔顶角 $\theta_0$，中靶水平距 $S_E$，中靶孔深 $L_E$。

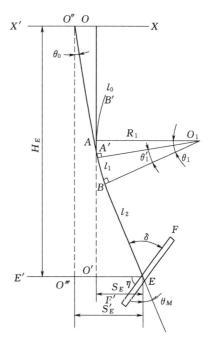

图5-8 开孔位置未定时绘图法求解
直线-曲线-直线型钻孔轴线参数图

4）绘图求解步骤：

第一步：过靶点 $E$ 作 $EE'$ 水平线，在 $EE'$ 的上方做 $XX'$ 线平行于 $EE'$，并使其间距为 $H_E$。

第二步：过 $E$ 点做矿层线 $FF'$ 并使其与 $EE'$ 相交的倾角为 $\eta$。

第三步：从 $E$ 点向上做 $EB$ 线，使其与 $FF'$ 相交的遇层角为 $\delta$，中靶顶角为 $\theta_M$，长度为 $l_2$。

第四步：自 $B$ 点做 $BO_1$ 垂直于 $BE$，并使 $BO_1$ 的长为 $R_1$。

第五步：以 $O_1$ 为圆心，$R_1$ 为半径，自 $B$ 点向上做弧线 $\overparen{BB'}$。

第六步：从 $O_1$ 点做平行于 $XX'$ 的水平线与弧线 $\overparen{BB'}$ 相交于 $A$ 点，则 $AO_1=R_1$，$\overparen{AB}$ 为造斜段长 $l_1$，圆心角 $\angle AO_1B$ 为造斜段顶角弯曲增量 $\theta_1$。

第七步：从 $A$ 点向上引 $AO_1$ 的垂线 $AO$，则 $AO$ 为开孔直线段长 $l_0$，$O$ 为开孔点，开孔顶角为 $0°$。

第八步：延长 $OA$ 与 $EE'$ 相交于 $O'$ 点，则 $EO'$ 的长为中靶水平距 $S_E$。

第九步：$OA$、$\overparen{AB}$、$BE$ 即为设计的垂直线-曲线-直线型钻孔轴线，中靶孔深 $L_E$ 为这三线段长的和，$OA(l_0)$，$EO'(S_E)$、$\theta_1$ 可量取，$\overparen{AB}(l_1)$ 可由式 $\overparen{AB}=R_1\theta_1/57.3$ 求出。

第十步：如地质对造斜段不取心的长度有要求，上面计算的 $\overparen{AB}$ 长超过 $B$ 点以上规定的不取芯段长，或上面计算的 $A$ 点岩层不适合于造斜，造斜点需要下移，则可以根据限制的造斜段长（比 $\overparen{AB}$ 小）由已知公式求出新的 $\theta_1'$，自 $O_1$ 点引直线与 $\overparen{BB'}$ 相交于 $A'$ 点，并使圆心角 $\angle A'O_1B$ 为 $\theta_1'$，之后从 $A'$ 点引 $A'O'$ 垂直于 $A'O_1$，则 $O'$ 为新的开孔点，再从 $O'$ 点向下引 $XX'$ 的垂线与 $EE'$ 相交于 $O'''$，则 $O'O'''$ 与 $O'A'$ 的夹角为开孔顶角 $\theta_0$，$EO'''$ 的长为新的中靶水平距 $S_E'$，$O'A'$、$\overparen{A'B}$、$BE$ 即为新设计的斜直线-曲线-直线型钻孔轴线，它们的和即为新设计钻孔轴线的中靶孔深。

### 5.2.4.3 曲线-曲线型和直线-曲线-曲线型定向孔轴线设计

曲线-曲线型钻孔轴线系指从孔口就以一定曲率半径 $R_1$ 造斜（增斜），之后又以另一曲率半径 $R_2$ 增斜钻达目标点的钻孔。直线-曲线-曲线型钻孔轴线系指从孔口钻一段直线孔后，再以一定曲率半径 $R_1$ 造斜（增斜），之后又以另一曲率半径 $R_2$ 造斜（增斜）钻达目的层的钻孔。

这类钻孔轴线的特征是有两个紧相连的曲线段，并由曲线段到达靶点。这又有两种情况：一种情况是上曲线段造斜强度大，下曲线段造斜强度小，即 $R_1<R_2$；另一种情况是上曲线段造斜强度小，下曲线段造斜强度大，即 $R_1>R_2$。一般在设计这类定向钻孔时，都是使人工造斜段的弯曲强度比自然造斜段的弯曲强度大。

从孔口钻一段直线孔穿过覆盖层，见基岩后开始人工造斜，最后以一定自然弯曲强度钻达目标点的单个定向孔，以及从孔口钻一段直线孔穿过覆盖层，见基岩后按其自然弯曲强度增斜，最后以一定弯曲强度进行人工造斜钻达目标点的单个定向钻孔，其孔身轴线就是直线-曲线-曲线型（前者 $R_1<R_2$，后者 $R_1>R_2$）。以下情况也可近似为直线-曲线-曲线型钻孔轴线，如从多孔底钻孔的主孔上部直线段某处以一定弯曲强度进行人工偏斜分支，之后以一定自然弯曲强度钻达目标点的分支孔，以及从主孔分支点用固定式偏心楔分支，再以一定弯曲强度进行人工增斜，最后以一定自然弯曲强度钻达目标点的分支孔（以上均 $R_1<R_2$）。

考虑到曲线-曲线型钻孔轴线在实际工作中极少采用，并与直线-曲线-曲线型钻孔轴线的设计计算原理和方法相同，因此以下只分析直线-曲线-曲线型钻孔轴线的设计计算方法。

1. 垂直线-曲线-曲线型（图 5-9）

（1）给定条件：靶点 $E$ 和开孔点 $O$ 的坐标（即已知中靶垂深 $H_E$，开孔点至靶点水平距 $S_E$，造斜点至靶点水平距为 $S_Z$，此时 $S_E = S_Z$），开孔顶角为 $0°$，开孔直线段垂深 $H_0$（则造斜点 $A$ 至靶点 $E$ 的垂深 $H_Z$ 已知，因 $H_Z = H_E - H_0$）。矿层倾角 $\eta$ 和遇层角 $\delta$ 可给定，也可不给定，现考虑不给定的情况。

（2）选定条件：两曲线段的顶角弯曲强度 $i_{\theta_1}$ 和 $i_{\theta 2}$（则曲率半径 $R_1$、$R_2$ 已知，因 $R_1 = 57.3/i_{\theta_1}$）。如给定一曲线段的自然弯曲强度，并按此自然弯曲强度造斜，则只选定另一曲线段的人工弯曲强度。

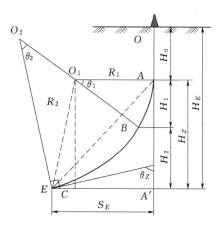

图 5-9 垂直线-曲线-曲线型钻孔轴线
参数设计计算图（开孔顶角为 $0°$）

（3）求解参数：两曲线段的顶角弯曲增量 $\theta_1$、$\theta_2$、$\widehat{AB}$、$\widehat{BE}$ 的长度，中靶顶角 $\theta_E$，中靶孔深 $L_E$。

（4）设计计算公式：公式的导出关键是确定两曲线段平滑连接时的切点位置，先求出 $\theta_1$、$\theta_2$ 的计算公式。

图 5-9 是 $R_1 < R_2$ 的情况。连接 $AE$、$O_1E$（虚线），则在 $\triangle O_2O_1E$ 中，因 $O_1O_2 = R_2 - R_1$，$O_2E = R_2$，$O_1E = \sqrt{O_1C^2 + EC^2} = \sqrt{H_Z{}^2 + (S_E - R_1)^2}$（$O_1C$ 垂直于 $EA'$），根据余弦定律可以得出式（5-23）：

$$\theta_2 = \arccos \frac{2R_2{}^2 - 2R_1R_2 - H_Z{}^2 - S_E{}^2 + 2S_ER_1}{2R_2(R_2 - R_1)} \tag{5-23}$$

$$\angle O_2O_1E = \arccos \frac{2R_1{}^2 - 2R_1R_2 + H_Z{}^2 + S_E{}^2 - 2S_ER_1}{2(R_2 - R_1)\sqrt{H_Z{}^2 + (S_E - R_1)^2}} \tag{5-24}$$

在 $\triangle AO_1E$ 中，因 $O_1A = R_1$，$AE = \sqrt{A'A^2 + A'E^2} = \sqrt{H_Z^2 + S_E^2}$，$O_1E = \sqrt{H_Z^2 + (S_E - R_1)^2}$，根据余弦定律，可以得出下式：

$$\angle AO_1E = \arccos \frac{R_1 - S_E}{\sqrt{H_Z{}^2 + (S_E - R_1)^2}} \tag{5-25}$$

因 $\theta_1 = \angle AO_1E - \angle BO_1E = \angle AO_1E - (180° - \angle O_2O_1E)$，故

$$\theta_1 = \arccos \frac{R_1 - S_F}{\sqrt{H_Z{}^2 + (S_E - R_1)^2}} - \left(180° - \arccos \frac{2R_1{}^2 - 2R_1R_2 + H_Z{}^2 + S_E{}^2 - 2S_ER_1}{2(R_2 - R_1)\sqrt{H_Z{}^2 + (S_E - R_1)^2}}\right) \tag{5-26}$$

由下列公式可计算其他参数：

$$\widehat{AB} = \frac{R_1\theta_1}{57.3} \tag{5-27}$$

$$\widehat{BE} = \frac{R_2\theta_2}{57.3} \tag{5-28}$$

$$\theta_E = \theta_1 + \theta_2 \tag{5-29}$$

$$L_E = OA + \overset{\frown}{AB} + \overset{\frown}{BE} \tag{5-30}$$

式（5-25）至式（5-30）为垂直线-曲线-曲线型钻孔轴线设计计算的基本公式。

用上述公式设计时，还可选取几个不同人工造斜强度值进行计算，得出几组数据，进行对比，最后选定合适的方案即优化方案。

需要注意的是，计算中若出现 $\theta_1$ 为负值，表明所给定的 $H_E$、$H_0$、$H_Z$、$S_E$ 等条件不应采用直线-曲线-曲线型钻孔轨迹设计。

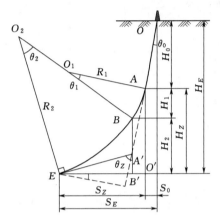

图 5-10 斜直线-曲线-曲线型钻孔轴线
参数设计计算图（开孔顶角为 $\theta_0$）

2. 斜直线-曲线-曲线型（图 5-10）

（1）给定条件：靶点 $E$ 和开孔点 $O$ 的坐标（即已知中靶垂深 $H_E$、水平距 $S_E$），开孔顶角为 $\theta_0$，开孔斜直线 $OA$ 的长（则造斜点 $A$ 的垂深 $H_0$ 和水平距 $S_0$ 已知，造斜点至靶点的垂深 $H_Z$ 和水平距 $S_Z$ 也已知）。

（2）选定条件：两曲线段的顶角弯曲强度 $i_{\theta_1}$、$i_{\theta2}$（则曲率半径 $R_1$、$R_2$ 已知），或者给定一曲线段的顶角弯曲强度，选定另一曲线段的顶角弯曲强度。

（3）求解参数：两曲线段的顶角弯曲增量 $\theta_1$、$\theta_2$、$\overset{\frown}{AB}$、$\overset{\frown}{BE}$ 的长度，中靶顶角 $\theta_E$，中靶孔深 $L_E$。

（4）设计计算公式：图 5-10 中，从靶点 $E$ 引一条直线与 $OA$ 的延长线垂直相交，则此时 $\theta_2$、$\theta_1$ 的求法仍可采用式（5-23）和式（5-26），但式中的 $H_Z$、$S_Z$ 应分别用 $AC$ 和 $EC$ 的长代替。

设 $AC = H_M$，$EC = S_M$，其方法和斜直线-曲线-直线型钻孔轴线的设计计算式（5-21）、式（5-22）相同，则

$$\theta_1 = \arccos \frac{R_1 - S_M}{\sqrt{H_M^2 + (S_M - R_1)^2}} - \left(180° - \arccos \frac{2R_1^2 - 2R_1R_2 + H_M^2 + S_M^2 - 2S_MR_1}{2(R_2 - R_1)\sqrt{H_M^2 + (S_M - R_1)^2}}\right)$$

$$\tag{5-31}$$

$$\theta_2 = \arccos \frac{2R_2^2 - 2R_1R_2 - H_M^2 - S_M^2 + 2S_MR_1}{2R_2(R_2 - R_1)} \tag{5-32}$$

$$H_M = \frac{H_Z}{\cos\theta_0} + (S_Z - H_Z\tan\theta_0)\sin\theta_0 \tag{5-33}$$

$$S_M = (S_Z - H_Z\tan\theta_0)\cos\theta_0 \tag{5-34}$$

其他参数的计算公式如下：

$$\overset{\frown}{AB} = \frac{R_1\theta_1}{57.3} \tag{5-35}$$

$$\overset{\frown}{BE} = \frac{R_2\theta_2}{57.3} \tag{5-36}$$

$$\theta_E = \theta_0 + \theta_1 + \theta_2 \tag{5-37}$$

$$L_E = OA + \overset{\frown}{AB} + \overset{\frown}{BE} \tag{5-38}$$

式（5-21）、式（5-22）和式（5-31）～式（5-38）为斜直线-曲线-曲线型钻孔轴

线设计计算的基本公式。

**3. 实例（斜直线-曲线-曲线型钻孔）**

图 5-11 为湖南某矿区 113 主孔（斜孔）施工后，在孔深 40.8m 分支施工 114 分支孔。给定分支孔中靶垂深 $H_E = 129.75m$，中靶水平距 $S_E = 37.88m$，采用机械式固定偏心楔分支，过楔面顶角 $\theta_0 = 8.4°$，偏斜分支段长 $KA = 9.2m$。从孔深 50m 开始用连续造斜器按 $0.4°/m$ 的造斜强度增顶角，之后按钻孔自然弯曲强度 $0.025°/m$ 钻至靶点。经计算，孔口至造斜点 A 的垂深 $H_0 = H_0' + H_0'' = 49.82m$，水平距 $S_0 = 4.92m$。需设计计算分支孔人工造斜段和自然弯曲段的顶角增量 $\theta_1$、$\theta_2$，造斜段 $\overset{\frown}{AB}$ 和稳斜段 $\overset{\frown}{BE}$ 的长度，中靶顶角 $\theta_E$，中靶孔深 $L_E$。

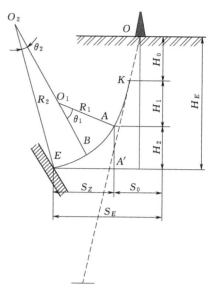

图 5-11  某分支孔轴线参数计算图

**解：** 该分支孔为斜直线-曲线-曲线型孔身轴线。先根据给定条件算出 $H_Z$、$S_Z$、$R_1$、$R_2$ 值：

$$H_Z = H_E - H_0 = 79.93(m)$$

$$S_Z = 37.88 - 4.92 = 32.96(m)$$

$$R_1 = \frac{57.3}{0.4} = 143.25(m)$$

$$R_2 = \frac{57.3}{0.025} = 2292(m)$$

根据式（5-21）算出 $H_M = 83.89m$。

根据式（5-22）算出 $S_M = 20.93m$。

将 $R_1$、$R_2$、$H_M$、$S_M$ 代入式（5-31）、式（5-32），分别得出 $\theta_1 = 18.91°$，$\theta_2 = 0.99°$。

将 $\theta_1$、$R_1$ 代入式（5-35），算出 $\overset{\frown}{AB} = 47.28m$。

将 $\theta_2$、$R_2$ 代入式（5-36），算出 $\overset{\frown}{BE} = 39.6m$。

将 $\theta_0$、$\theta_1$、$\theta_2$ 代入式（5-37），算出 $\theta_E = 28.3°$。

将 $OA$、$\overset{\frown}{AB}$、$\overset{\frown}{BE}$ 长代入式（5-38），算出 $L_E = 137m$。

**5.2.4.4  其他定向钻孔的轴线设计**

定向钻孔施工中，有时还采用比以上三类更复杂的垂直平面弯曲型定向钻孔轴线，即直线与曲线更复杂的组合。进行这类定向钻孔设计时，只要增加某些给定（已知）条件，可分段进行设计。分段的方法是：把这类钻孔轴线与上述三类定向钻孔轴线型式对照，使每一段钻孔轴线型式分别为上述三类定向钻孔轴线的某一类。这样就可采用上述三类定向钻孔轴线的设计方法进行垂直平面弯曲型复杂钻孔轴线的设计计算，例如直线-曲线-直线-曲线-直线型钻孔，可分成直线-曲线型和直线-曲线-直线型两段钻孔进行设计；直线-曲线-曲线-曲线型钻孔，可分成直线-曲线型和曲线-曲线型两段钻孔进行设计等。

按设计的钻孔轴线施工时，必须控制实钻的钻孔轴线尽可能与设计的钻孔轴线吻合。一旦偏差较大，必须用计算法和绘图了解偏差较大孔段以下待钻部分的孔段能否钻达定向钻孔要求的靶区范围以及偏靶大小，确定是否采取纠斜措施或者重新设计待钻孔段的轴线。对垂直平面弯曲型的二维定向钻孔，如已钻孔段的方位角基本符合设计要求，但钻孔顶角与设计要求相差较大，影响准确钻达靶点和靶区，此时就可以按上述垂直平面弯曲型二维定向钻孔轴线的设计方法，重新设计待钻孔段的轴线。即待钻孔段也可设计成曲线-直线型、直线-曲线-直线型、直线-曲线-曲线型等轴线。重新设计轴线的起点为待钻点，目标点仍为原靶点，参数设计计算仍用前述的方法。

### 5.2.5　三维定向钻孔轴线设计

钻孔轴线既有顶角变化，又有方位角变化，是三维定向钻孔（空间弯曲型定向钻孔）的主要特征。空间螺旋线钻孔轴线是三维定向孔的一种特殊形态，在实际中使用较少。

#### 5.2.5.1　三维定向钻孔设计的现实意义

三维定向钻孔的设计与施工比二维定向钻孔复杂得多。随着定向钻探应用范围的扩大和技术水平的提高，在地质勘探定向钻孔施工中，三维定向钻孔的设计正逐渐普及和提高。

在定向钻探实践中，三维定向钻孔的必要性存在于以下几种情况：

（1）原设计的二维普通斜孔，在钻进过程中产生较大的方位和顶角弯曲，不能按地质要求钻达目的层，必须进行纠斜、纠顶角、扭方位，使钻孔轴线回到原设计的钻孔方向。因该钻孔上段为斜直线，在垂直平面上，钻孔弯曲段离开原斜直线方向，不在斜直线所在的垂直平面上，纠斜段既离开弯曲段，又离开原斜直线，所以整个钻孔轴线已在空间发生弯曲，变成三维钻孔轴线。这类三维钻孔称纠偏三维钻孔。对钻进中方位弯曲不大的二维斜孔进行纠斜（纠方位），不列入纠偏三维孔范围。

（2）原设计的二维钻孔或一维钻孔（垂直孔），在钻进过程中产生孔内事故，需绕过孔内事故钻具钻进到原设计的目标。钻进绕过事故钻具的孔段，一般顶角和方位角都要发生变化（二维钻孔按原垂直平面和一维钻孔按某一垂直平面绕过事故钻具钻进的情况较少）。所以整个钻孔轴线也在空间发生弯曲，变成三维钻孔轴线。这类三维钻孔称绕障三维钻孔。在钻进过程中，孔内碰见难通过的极复杂孔段或坑道、老窿等障碍需绕过时，均属于绕障三维钻孔的应用。

（3）原设计的二维定向钻孔，按设计的钻孔轴线施工时，顶角和方位角均发生较大偏差，必须在待钻孔段重新设计钻孔轴线才能保证准确中靶。而重新设计钻孔轴线时，需要改变顶角和方位角，因此整个钻孔轴线已是三维孔。这类三维钻孔称待钻三维定向钻孔。待钻三维定向钻孔也可用于钻进二维定向钻孔时孔内出现障碍的情况。

待钻三维定向钻孔与纠偏三维钻孔和绕障三维钻孔不同的是，前者从开孔就是按定向钻孔严格设计，后者开孔是按普通钻孔设计，只是纠偏和绕障时才按定向钻孔设计，而且设计一般不要求很严密。实际上，纠偏三维钻孔和绕障三维钻孔都可列入待钻三维钻孔范围。

（4）在设计多孔底钻孔的分支定向孔时，如果主孔分支点有一定顶角，当给定的分支孔靶点不在主孔分支点切线方向的垂直平面内，要准确到达靶区，一般分支孔的顶角和方位角均需发生变化，或者分支孔轴线不设计在一个平面内。即分支孔只能是三维定向钻孔轴线。这类三维钻孔称分支三维定向钻孔。在倾斜的主孔内全方位分支，施工多分支集束型定向钻孔时，除了靶点在主孔倾斜方向的垂直平面内外，靶点在其他地方的分支孔一般均需设计成三维定向钻孔。

从上看出，分支三维定向钻孔应是三维定向钻孔应用的一个主要领域，纠偏、绕障、待钻三维钻孔仅是三维定向钻孔的初级形式和简单运用。

#### 5.2.5.2 三维定向钻孔的平面法设计

平面法设计的思路是，设法将三维设计转化为二维设计，它是一种简化三维定向钻孔的设计方法，一般易于钻探施工。这里所说的平面法是指仅限于采用 1～2 个平面就可以完成三维定向钻孔轴线的设计方法。

现以分支三维定向钻孔为例来阐述三维定向钻孔轴线在理论上的三种平面法设计。如图 5-12 所示，主孔（$OO'$）为斜孔，开孔顶角为 $\theta_0$，I 为该孔所在的垂直平面，$\alpha_0$ 为该孔的方位，$K$ 为分支点，$E$ 为分支孔的设计靶点，它不在主孔的垂直面 I 上，III 为过靶点的水平面。

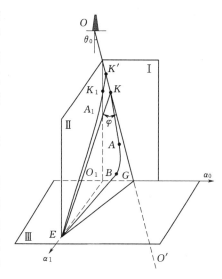

图 5-12　分支三维定向钻孔的三种平面法设计

分支孔轴线从 $K$ 点到达 $E$ 点的三种平面法设计如下：

（1）倾斜平面弯曲型（斜面弯曲型）设计。图 5-12 的 $KGE$ 为一倾斜平面，它与垂直面 I 的交线为 $KG$，与水平面 III 的交线为 $EG$。从 $K$ 点可以在该倾斜面上设计任意弯曲形状的轴线到达 $E$ 点。但从施工考虑，应设计易于施工的曲线-直线型或者直线-曲线-直线型（如图中的 $\overline{KA}$-$\overset{\frown}{AB}$-$\overline{BE}$ 轴线）以及曲线型。对曲线段，每一点的钻孔顶角和方位都在变化。

（2）倾斜平面直线型（斜面直线型）设计。如图 5-12，分支孔从 $K$ 点按 $KE$ 直线直接到达 $E$ 点，即钻孔轴线为直线，但该直线在主孔与分支孔的倾斜平面（即 $KGE$ 倾斜平面）上。

（3）垂直平面弯曲型（直面弯曲型）设计。为了便于用绘图来说明此法，将图 5-12 主孔的分支点 $K$ 移到 $K'$ 点。分支孔从 $K'$ 点先在垂直平面 I 上反向降斜分支，使分支孔顶角降到接近 0°（$K_1$ 点），即分支孔进入垂直状态，之后从分支孔顶角接近 0° 的 $K_1$ 点，按 $\alpha_1$ 方位方向，在垂直平面 II 上设计弯曲型钻孔轴线（$\overset{\frown}{K_1A_1}$-$\overline{A_1E}$）到达靶点 $E$。即整个分支孔轴线有两个垂直平面（I、II）和两个有特征的造斜点（$K'$、$K_1$）。

从以上看出，分支孔靶点不在主孔分支点切线的垂直平面内时，在倾斜平面设计弯曲型分支孔轴线并不是分支孔轴线的唯一设计方法。对于上述的第二种方法，分支孔轴线与分支点切线的夹角为 $\varphi$，相当于下一个楔顶角为 $\varphi$ 的偏心楔子，就可以使分支孔从 $K$ 点沿楔面打到 $E$ 点。显然，当 $\varphi$ 较大时，是极难施工的。只有 $\varphi$ 与常用的偏心楔楔顶角接近时，才可能用一次下楔的方法实现分支孔的偏斜分支和中靶。这就要求靶点与分支点切线的距离相当近。当然，楔子能否一次安装达到上述目的，还与分支点切线的顶角和楔子计算的安装角有关。实际上，对于方位偏离不大的纠偏三维钻孔，只要可能，就可采用上述第二种方法设计。

普通斜孔纠方位时，只要一次下楔就能纠回到原钻孔方位方向，从原理上也属于上述第二种方法（但与第二种方法仍有不同，因钻孔纠回到原钻孔方位方向后，并未回到原钻孔轴线上，与原钻孔设计轴线还存在有水平距离）。

对于上述第三种设计方法，只有在分支点切线的顶角较小时才有实用意义。此时从 $K'$ 点反向降斜到 $K_1$ 的降斜量小，同时弯曲角也小。

对于上述第一种设计方法（斜面弯曲型），曲线段和分支点造斜均可采用机械式连续造斜器和液动螺杆钻具，分支点还可用偏心楔偏斜分支。因此它没有应用的特别限制条件，实用性强，成为靶点不在主孔分支点切线的垂直平面内时分支孔轴线设计的主要方法。同时，纠偏三维孔和待钻三维定向孔也主要采用这种设计方法。

**5.2.5.3 斜平面直线-曲线-直线型定向钻孔轴线设计计算**

除了垂直平面和水平面以外的其余所有平面都属于斜平面。利用斜平面设计三维定向孔时，该斜平面是由给定的设计参数和设计要求所决定了的某个斜平面。

斜平面上，弯曲的钻孔轴线可有多种组合，现以直线-曲线-直线型钻孔轴线为例，具体阐述斜面弯曲型设计方法如何用于分支三维定向孔的设计和参数计算。

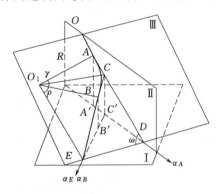

倾斜平面的确定是由分支点（或造斜点）上部孔段钻孔轴线和设计靶点所确定（一点一线）。上部孔段和分支点、造斜曲线段、造斜终点、稳斜段及靶点均在倾斜平面上。斜平面直线-曲线-直线型钻孔轴线几何关系如图 5-13 所示。

$OABE$ 为直线-曲线-直线型钻孔轴线，其中 $O$ 点为开孔点，$OA$ 为分支点（或造斜点）上部孔段，$A$ 点为分支点（或造斜点），$\overgroup{AB}$ 弧线为造斜曲线段，$B$ 为造斜段终点，$BE$ 为稳斜钻进孔段，$E$ 为设计钻孔靶点，Ⅰ 为靶点所在的水平面，Ⅱ 为上部斜直线孔段 $OA$ 所在的垂直平面，Ⅲ 为设计钻孔轴线所确定的倾斜平面（由 $OA$ 线段和 $E$ 点确定），$O_1$ 为造

图 5-13 斜平面直线-曲线-直线型
钻孔轴线几何关系图

斜曲线段 $\overgroup{AB}$ 的圆心，连接 $O_1A$、$O_1B$、$O_1E$，$R$ 为对应的曲率半径，$\gamma$ 为 $\overgroup{AB}$ 对应的全弯曲角（既有顶角变化，也有方位角变化），延长 $OA$ 至水平面 Ⅰ 交于 $D$ 点，延长 $EB$ 交于 $OD$ 于 $C$ 点，连接 $O_1C$，$A'$、$B'$、$C'$ 点分别为 $A$、$B$、$C$ 点在水平面上的投影，连接 $A'C'D$、$C'B'E$。

（1）给定已知条件：

1）孔口 $O$、靶点 $E$ 的坐标 $(X_0，Y_0，Z_0)$、$(X_E，Y_E，Z_E)$。

2）分支点 $A$ 上部孔段 $OA$ 的顶角 $\theta_A$，方位角 $\alpha_A$ 及钻孔轴线长（$A$ 点孔深）$L_A$，由钻孔轴线空间坐标计算公式，可以计算 $A$ 点的坐标 $(X_A，Y_A，Z_A)$。

（2）选定条件：曲线段$\overset{\frown}{AB}$的造斜全弯曲强度$i$人工选定，则曲率半径$R$选定，因$R=57.3/i$。

（3）求解参数：

1）稳斜段$\overline{BE}$的长，造斜段$\overset{\frown}{AB}$弧线的长和对应的全弯曲角$\gamma$，中靶孔深$L_E$。

2）造斜终点$B$的顶角$\theta_B$、方位角$\alpha_B$（$B$点的顶角$\theta_B$、方位角$\alpha_B$也是钻孔在稳斜段和中靶点$E$的顶角、方位角，即$\theta_E=\theta_B$、$\alpha_E=\alpha_B$）。

3）开始造斜时，人工弯曲工具在孔内的安装角$\beta$。

（4）计算公式：

1）设$\angle CDE=\omega$，求$\omega$。

因$D$点是$OA$段$A$点的切线延长至水平面Ⅰ上的交点，则$D$点的坐标（$X_D$，$Y_D$，$Z_D$）可由下式计算：

$$X_D=X_A+(Z_E-Z_A)\tan\theta_A\cos(\alpha_A-\lambda) \tag{5-39}$$

$$Y_D=Y_A+(Z_E-Z_A)\tan\theta_A\sin(\alpha_A-\lambda) \tag{5-40}$$

$$Z_D=Z_E \tag{5-41}$$

由空间两点间的距离公式，其各边边长分别为：

$$\overline{AD}=\sqrt{(X_D-X_A)^2+(Y_D-Y_A)^2+(Z_D-Z_A)^2}$$

$$\overline{ED}=\sqrt{(X_D-X_E)^2+(Y_D-Y_E)^2}$$

$$\overline{AE}=\sqrt{(X_E-X_A)^2+(Y_E-Y_A)^2+(Z_E-Z_A)^2}$$

在$\triangle ADE$中，由余弦公式得：

$$\omega=\arccos\frac{\overline{AD}^2+\overline{ED}^2-\overline{AE}^2}{2\,\overline{AD}\overline{ED}} \tag{5-42}$$

2）求稳斜段$\overline{BE}$的长。

在直角$\triangle BO_1E$中，$\overline{BE}^2=\overline{O_1E}^2-R^2$。

在$\triangle AO_1E$中，根据余弦定律，$\overline{O_1E}^2=R^2+\overline{AE}^2-2R\cdot\overline{AE}\cos\angle O_1AE$。

在$\triangle AO_1E$中，根据正弦定律，$\dfrac{\overline{AE}}{\sin\omega}=\dfrac{\overline{ED}}{\sin\angle EAD}$。

因为$\angle O_1AE=90°-\angle EAD$，所以$\cos\angle O_1AE=\sin\angle EAD=\dfrac{\overline{ED}}{\overline{AE}}\sin\omega$，则

$$O_1E^2=R^2+\overline{AE}^2-2R\,\overline{ED}\sin\omega \tag{5-43}$$

将$\overline{O_1E}^2$代入式（5-43）得

$$\overline{BE}^2=\overline{O_1E}^2-R^2=\overline{AE}^2-2R\,\overline{ED}\sin\omega$$

$$\overline{BE}=\sqrt{\overline{AE}^2-2R\,\overline{ED}\sin\omega} \tag{5-44}$$

3）求造斜段$\overset{\frown}{AB}$的全弯曲角$\gamma$和造斜段$\overset{\frown}{AB}$的长。

设$\angle BO_1E=\rho$，$\rho=\arctan\dfrac{\overline{BE}}{R}$。

在$\triangle AO_1E$中，$\overline{O_1E}^2=R^2+\overline{BE}^2$、$\overline{O_1A}^2=R^2$及$\overline{AE}$都已知，根据余弦定律可得：

$$\cos\angle AO_1E=\rho+\gamma=\arccos\frac{2R^2+\overline{BE}^2-\overline{AE}^2}{2R\ \sqrt{\overline{BE}^2+R^2}} \tag{5-45}$$

$$\gamma=\arccos\frac{2R^2+\overline{BE}^2-\overline{AE}^2}{2R\ \sqrt{\overline{BE}^2+R^2}}-\rho \tag{5-46}$$

造斜段$\overset{\frown}{AB}$的长

$$\overset{\frown}{AB}=\frac{\gamma}{i} \tag{5-47}$$

4）求造斜段终点 $B$ 的顶角 $\theta_B$、方位角 $\alpha_B$（即中靶点的顶角 $\theta_E$、方位角 $\alpha_E$）。

在直角 $\triangle CEC'$ 和直角 $\triangle CDC'$ 中，$CC'$ 为公共边，则

$$\overline{CE}\cos\theta_B=\overline{CD}\cos\theta_A\cos\theta_B=\frac{\overline{CD}}{\overline{CE}}\cos\theta_A \tag{5-48}$$

在 $\triangle CED$ 中，$\angle ECD=\gamma$，$\angle CED=180°-\gamma-\omega$，根据正弦定律可得到

$$\frac{\overline{CD}}{\overline{CE}}=\frac{\sin(180°-\gamma-\omega)}{\sin\omega} \tag{5-49}$$

代入式（5-49）得

$$\theta_B=\arccos\frac{\sin(\omega+\gamma)\cos\theta_a}{\sin\omega} \tag{5-50}$$

由全弯曲角公式 $\cos\gamma=\cos\theta_A\cos\theta_B+\sin\theta_A\sin\theta_B\cos\Delta\alpha$，得

$$\Delta\alpha=\pm\arccos\frac{\cos\gamma-\cos\theta_a\cos\theta_b}{\sin\theta_a\sin\theta_b}+2k\pi\quad(k=0,1) \tag{5-51}$$

由于 $\Delta\alpha$ 可在 $0°\sim360°$ 范围内变化，$\Delta\alpha$ 的取值存在象限判断问题，根据图中几何关系，取 $E$ 点相对于 $C$ 点的平面坐标（$X$、$Y$ 的相对坐标），以 $C'$ 点为原点，$\alpha_a$ 的方向为 $X$ 轴，顺时针旋转方向为正，在平面上绘出 $E$ 点相对于 $C$ 点的平面位置，根据 $E$ 点所在的象限判断 $\Delta\alpha$ 的取值，当 $E$ 点处于Ⅰ、Ⅱ象限时，钻孔为增方位纠斜，$\Delta\alpha$ 相应地取Ⅰ、Ⅱ象限值，当 $E$ 点处于Ⅲ、Ⅳ象限时，钻孔为减方位纠斜，$\Delta\alpha$ 相应地取Ⅲ、Ⅳ象限值（此时 $\Delta\alpha$ 也可取负值）。

$$\alpha_e=\alpha_b=\alpha_a+\Delta\alpha \tag{5-52}$$

5）求解开始造斜时人工弯曲工具在孔内的安装角 $\beta$。

三维定向钻孔轴线设计时，为实现上述设计参数，必须采用一定的人工弯曲工具，并在孔内按设计的方向安装，设计计算人工弯曲工具在孔内的安装角 $\beta$ 是三维定向钻孔轴线设计必不可少的内容，人工弯曲工具在孔内的安装角的概念将在第六章介绍，此处仅给出安装角 $\beta$ 的计算方法与公式。

$$\beta=\arctan\frac{\sin\Delta\alpha}{\cos\theta_A\cos\Delta\alpha-\sin\theta_A\cot\theta_B}+k\pi\quad(k=0,1,2) \tag{5-53}$$

同样，安装角 $\beta$ 的取值也是在 $0°\sim360°$ 范围内，$\beta$ 角取值象限的判断可采用以下方法：当钻孔造斜为增方位时，一般取 $\beta>\Delta\alpha$；当钻孔造斜为减方位时，一般取 $\beta<\Delta\alpha$。有时，$\beta$ 的取值还必须参考 $\beta$ 在不同象限的角度范围内对钻孔顶角、方位角影响程度来综合判断。

6）求解设计钻孔的中靶孔深 $L_E$。

$$L_E=\overline{OA}+\overset{\frown}{AB}+\overline{BE} \tag{5-54}$$

### 5.2.6 定向钻孔轨迹的控制原理

#### 5.2.6.1 钻孔弯曲机理

从力学的角度看，钻进过程中钻头处受到的地层造斜力为造成孔斜的地质因素。根据地层各向异性造斜理论，通过等效钻头力的方法，将地层岩石各向异性产生的造斜效果在钻头上虚拟出一个等效力，称为地层造斜力。地层造斜力的主要影响因素为岩石的各向异性、地层构造、岩层产状、孔斜角和钻头上的钻压等。

因地层的各向异性，当钻头钻进地层，会受造斜力和变方位力的影响，其钻进方向并不是钻头的合力方向。如图 5-14 所示，钻头上的作用的合力 $R$ 可分解为三个正交方向的分力：钻压 $P_b$ 沿 $z$ 坐标轴方向，即钻孔轴线的切线方向；造斜分力 $R_p$ 作用在 $P$ 平面内（$P$ 平面为孔斜平面，与方位平面 $Q$ 正交，图中 $P$ 平面是通过 $z$ 轴的铅垂平面），沿 $x$ 轴方向；变方位力 $R_q$ 作用在 $Q$ 平面内，沿 $y$ 轴方向。在某一时间间隔 $t$ 内（设它对应着孔段 $l$），钻头在钻压 $P_b$ 作用下产生纵向进尺 $S_z$，其数值可通过机械钻速模式或现场实测确定；钻头在造斜力 $R_p$ 的作用下产生该方向的侧向切削位移 $S_p$，同时在变方位力 $R_q$ 的作用下产生该方向的侧向切削位移 $S_q$。

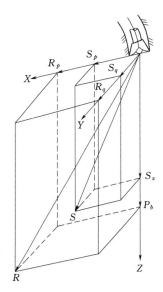

图 5-14 钻头的力-位移模型

由图 5-14 可以看出，钻进方向 $S$ 与钻头合力方向 $R$ 并不重合，即表示钻头钻进方向并不是合力方向。一般情况下，当同时存在造斜力和变方位力时，钻出的井身则同时存在孔斜角和方位角的变化，为三维孔身曲线；若存在造斜力而不存在变方位力，钻孔轴线位于铅垂面 $P$ 内，此时只有孔斜角的变化，孔身轨迹为二维孔身曲线；在理想状态下或在特殊情况下，同时不存在变孔斜力和变方位力，此时钻头将沿钻压方向即原孔眼轴线方向。

当钻压在孔底是均匀分布时，可以用地层可钻性理论解释造成孔斜的原因：钻头在软硬互层的地层中钻进，而钻头一般在软岩中的钻速较快，当钻遇至软硬岩层之间的界面时，钻头会发生偏斜。事实上，钻压在孔底是不会出现均匀分布的，正是由于这种分布不均匀，从而在钻头处形成不平衡力矩，而迫使钻头转向。当钻头以锐角穿过软硬交替的岩层界面，从软岩层钻入硬岩层时，由于硬岩层与钻头接触部分的反力大于软岩层，使钻孔朝着垂直于层面的方向弯曲；而钻头从硬岩层钻至软岩层时，钻孔会向着偏离层面垂线的方向弯曲；另外，当钻头从硬岩层钻至软岩层再钻入硬岩层时，最终的钻孔轴线还是沿着层面的法线方向。

在软硬交替的地层中，钻孔钻遇地层时钻头轴线在遇层点的切线与其在分界面上的几何投影所夹角，即遇层角，存在着临界值，低于或超过此临界值时钻头会出现两种不同的偏斜方式，而根据岩石硬度和钻头的类型的不同，钻孔遇层角临界值也会发生变化。

#### 5.2.6.2 钻孔弯曲的原因

钻孔弯曲可以分为地质和技术操作两方面的原因。

（1）地质方面的原因。大的裂隙、断层、破碎带、软硬互层及溶洞等，都能促使钻孔发生弯曲，偏离原定方向。

1）钻头在第四纪地层钻进时遇到了大砾石、大块石，钻孔便随砾石或块石的斜面而偏斜。

2）钻孔在地层中遇到裂隙时，在钻孔方向与裂隙面方向接近时，钻孔将沿裂隙面而偏斜。

3）钻孔在地层内穿过溶洞或空洞时，钻孔将偏离原定方向。

4）钻头由软岩层进入硬岩层，钻孔方向与硬岩层层面的交角小于 15°～20°时，钻孔沿硬岩层层面滑动偏斜；钻孔方向与硬岩层层面交角大于 30°时，钻孔向着硬岩层面弯曲；钻孔方向与硬岩层层面交角为 20°～30°时，钻孔的弯曲方向随岩层的具体条件而异。

5）在断层及破碎带中钻进，钻孔极易偏离原定方向。

6）钻头由硬岩层进入软岩层时，由于软的一面进度快，钻孔便向硬岩层方向弯曲。

7）在斜孔钻进中，钻孔有逐渐上漂、顶角逐渐增大的倾向。

（2）技术操作方面的原因。在施工过程中，由于设备安装得不好，设备及钻具不合格以及操作方法不当等，也会造成钻孔弯曲。

1）钻机安装得不正、不水平，或部分地基发生沉陷，钻孔就随钻机的偏斜而偏斜。

2）定向管下得不正，与所定钻孔方向不符。

3）使用的钻机老旧，回转器箱合晃动，立轴部件严重磨损。

4）钻进中，立轴角度发生变化，未及时发现进行纠正。

5）钻进时粗径钻具过短，或使用了弯曲的钻具。

6）变径及扩孔时，没有导向。

7）钻粒钻进时，投砂量过多，与岩石可钻性等级不相适应，所钻孔径过大。

8）钻粒钻进斜孔时，由于钻粒集聚于孔底下方的比较多，而孔底上方钻粒比较少，钻孔会向上方弯曲。

9）钻进时压力过大，促使钻头偏斜，孔壁与钻具间隙愈大时，愈严重。

10）处理钻孔事故时，所形成的钻孔异常。

**5.2.6.3　钻孔弯曲的预防与控制**

在掌握了孔斜的原因和一定规律之后，就可以采取以下相应措施进行预防：

（1）地基要坚固，基台木要放平埋实，钻机安装要水平，地脚螺丝要上紧。

（2）回水要引出钻场，勿随地漫流，引起地基沉陷。

（3）不能使用回转器旷动和立轴部件严重磨损的钻机。

（4）钻进时，立轴角度要正确，钻杆要卡在卡盘中心，合箱螺丝要拧紧。

（5）定向管要下正埋实。定向管中心、立轴中心与起重滑车在一条直线上。

（6）油压钻机的锁紧机构，在钻进时，要与钻孔对正锁紧，不能在轨道上松动。

（7）钻具要直，在复杂地层钻进要加长岩芯管。

（8）在换径或扩孔时，要使用导向钻具。

（9）转速、给水量、钻粒钻进时的投砂量，应与地层的特性相适应。

（10）在复杂地层用钻粒钻进的，除控制投砂量外，还需使用双水口的钻头。

（11）提高硬质合金钻头的镶装质量，在复杂地层，能使用硬质合金钻进的，尽量使用硬质合金钻进。

为确保工程质量，施工中还必须配合一定的增斜、减斜和纠斜措施。

（1）当发现钻孔下等式或上漂程度不够时，可采取下列增斜措施：

1）缩短岩芯管，使之为正常长度的 $1/2 \sim 2/3$。

2）采用塔形钻具，如图 5-15 所示。由钻具结构可知，由于钻具与孔壁间隙大，有利于钻孔上漂。但钻进中，因塔形钻具上、下摩擦力矩存在差异，常常使方位偏斜，使用时必须加以考虑。该方法不宜在松软、破碎地层采用。

（2）当发现钻孔上漂严重欲使其下垂时，可采用下列减斜措施：适当减小钻压，降低钻头转速；必要时可采用液动锤钻进。采用下列结构的钻具：

1）采用短岩芯管加钻铤，如图 5-16 所示。由于钻铤连接在钻具的中下部，使粗径钻具的重心下移，有利于钻机下垂。

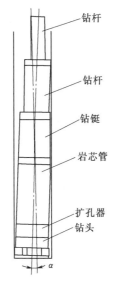

图 5-15　塔形钻具
示意图

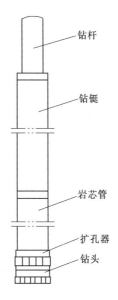

图 5-16　长粗径加钻铤
综合钻具示意图

2）同径、异径减斜钻具，如图 5-17 所示。此类钻具结构，由于上部支承接头的衬垫作用和下部钻具自重的原因，使钻具与原孔中心形成一夹角，在钻头上产生一个矫正力，在钻进过程中，逐渐地减小钻孔顶角。

3）采用上下双扩孔器，或适当增加岩芯管的壁厚，以增加钻具的刚度。或采用长保径钻头，增加钻头外径与孔壁的接触面积，减少钻头上漂。

4）带扶正器的钻具，如图 5-18 所示。由于在粗径钻具上面加了扶正器，改变了粗径钻具上端的受力状态，使粗径钻具上端抬起，在钻头上产生一矫正力，在钻进中使钻孔逐渐下垂。扶正器与岩芯管之间的距离应以钻杆半波长的 $1/2$ 为宜。

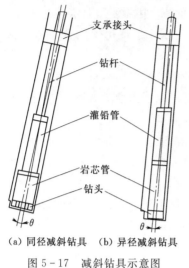

（a）同径减斜钻具    （b）异径减斜钻具

图 5-17   减斜钻具示意图

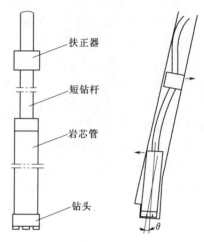

图 5-18   带扶正器的钻具结构示意图

（3）其他弯曲状况。当钻孔方位顺钻具回转方向弯曲严重时，可采用反转钻进纠斜。方位角增大过急，顶角上漂过缓时，可采用塔形钻具反转纠斜。当方位角和顶角同时变化过缓时，也可采用塔形钻具纠斜。

### 5.2.7   水电工程定向钻孔轨迹形式

1. 过河底定向钻孔轨迹形式

对于西部地区的高山峡谷、激流险滩特殊环境条件，河床地质勘探孔不便实施水上钻孔时，可以设计采用过河底定向钻孔（图 5-19）。河底定向钻孔轨迹可分为主孔段与分支孔段，主孔与分支孔又包括斜（直）孔段、弧形孔段、水平孔段等。

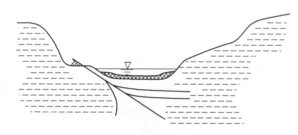

图 5-19   河底水平定向钻孔

2. 深理地下厂房地质勘探多分支定向钻孔轨迹形式

深埋地下厂房定向钻孔轨迹可采用斜（直）孔段加丛式多分支孔形式，如图 5-20 所示。

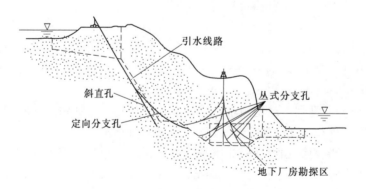

图 5-20   深埋地下厂房定向勘探钻孔

3. 其他特殊定向钻孔轨迹形式

水利水电工程勘测定向钻孔在其他应用方面的轨迹形式主要根据工程需要，结合地理环境条件，采用斜（直）孔加弧形孔、分支孔多种组合形式，可根据开孔位置、孔底水平位移和垂深、造斜弯曲强度及造斜轨迹终点顶角通过图解法确定。

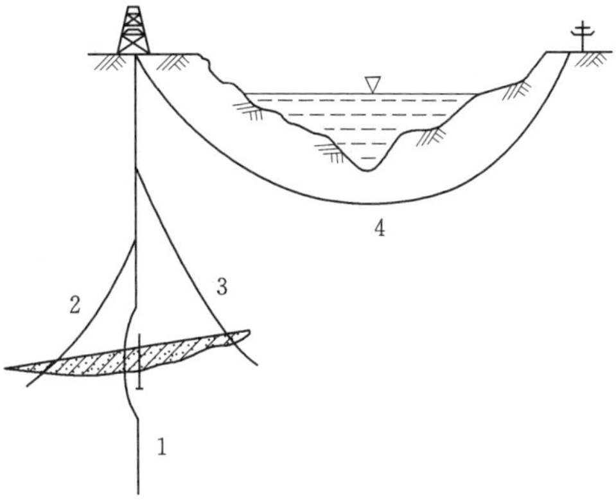

### 5.2.8 定向钻孔在水电工程中的典型应用

（1）补取岩芯。当常规钻探遇到破碎带或软弱夹层不能提取岩芯而无法确定地质界限时，可用定向钻具对该部位重新取样。

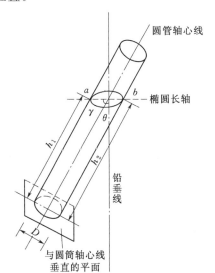

图 5 - 21 定向钻孔在水利水电工程中的典型应用
1—补取岩芯；2—透镜体上限孔；
3—透镜体下限孔；4—过河孔或交叉孔

（2）当遇到软弱夹层或某些特殊地层时，可打分支定向钻孔，以探查其延伸范围，从而减少钻探工作量与山地工作量。

（3）打过河定向钻孔，或者是两岸交会定向斜孔，以查明河底地质情况，从而减少水下钻探，省去费时费钱的过河平洞，如图 5 - 21 所示。

## 5.3 测斜定向仪器和随钻测量技术

### 5.3.1 钻孔弯曲的测量与仪器

为了随时掌握与控制钻孔轨迹的变化，预防与纠正钻孔弯曲或者实现定向钻进，都必须测量钻孔的空间位置，这一工作称为测斜。测斜就是测量钻孔轴线上的 3 个基本要素：顶角、方位角和孔深。其中，孔深的测量主要是根据要求人为控制仪器在孔内的下放位置。

#### 5.3.1.1 钻孔弯曲测量原理

1. 顶角测量原理

根据钻孔顶角的定义可知，钻孔某点的顶角就是钻孔轴线上该点的切线与铅垂线的夹角。此角在测点处的钻孔弯曲平面内。因此，测出的角度应符合两个条件：一是该角度代表测点钻孔轴线切线与铅垂线的夹角；二是该角度在钻孔弯曲平面内。

测量顶角是利用地球重力场的原理。重力方向对于钻孔轴线切线方向的夹角就是钻孔顶角。顶角测量的敏感元件可能是自由液面、机械重锤、沿环形槽或球面自由滚动的球体，或者在球形或环形液面上游动的气泡等。

（1）液面水平原理。利用自由液面测量钻孔顶角的原理，如图 5 - 22 所示。将液体注入一圆筒形

图 5 - 22 液面水平原理测量顶角示意图

容器内，再将此容器下入钻孔中，使容器轴线与钻孔轴线重合或平行，此时，圆筒形容器随钻孔轴线倾斜，容器内自由液面因保持水平而使液面呈椭圆形，椭圆长轴 $ab$ 既在水平面内，又在钻孔弯曲平面内。因此，长轴 $ab$ 与圆筒形容器轴心线的夹角是钻孔倾角，它的余角就是钻孔顶角。只要使液面在容器上留下刻痕或印痕，从钻孔中取出后便可据此测定钻孔倾角（或顶角）。

最普通、最简便的是利用氢氟酸对玻璃管产生蚀痕的方法测顶角。它是将浓度为 20%～30% 的氢氟酸水溶液注入玻璃试管中，然后将试管装入保护筒并一起下到钻孔中待测量位置，停留 15～20min，提钻取出，测量试管上的蚀痕高度 $h_1$、$h_2$ 和试管直径 $D$，便可根据式（5-55）算出钻孔顶角。

$$\theta = \arctan\left(\frac{h_2 - h_1}{D}\right) \tag{5-55}$$

由于有毛细管作用，形成的蚀痕往往为曲面，测出的顶角须按玻璃管测顶角计算数据查对表进行校正，表 5-2 给出了部分校正数据。为了避免计算与校正，也可在有蚀痕的试管内装入等量的有色液体，当其液面与蚀痕完全一致时用倾斜仪对玻璃试管进行标定，直接读出顶角值。还可以采用显影法、化学浆液固结法等利用液面水平原理来测量顶角。

**表 5-2** 　　　　　　　　　　　　　**浓度 20%氢氟酸的校正系数**

| 玻璃管直径/mm | 每度校正值/(′) | 玻璃管直径/mm | 每度校正值/(′) |
|---|---|---|---|
| 15～16 | 12 | 21～22 | 9 |
| 17～18 | 11 | 23～24 | 8 |
| 19～20 | 10 | | |

（2）重锤原理。悬吊的重锤因重力作用永远处于铅垂状态，它与探管轴线（即钻孔轴线）之间的夹角即为钻孔顶角。为了测量此角度，探管内大多都设计了框架。

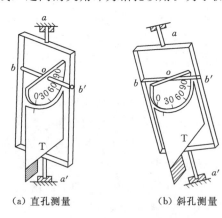

（a）直孔测量　　　（b）斜孔测量

图 5-23　重锤原理测量顶角

利用悬锤测量钻孔顶角的原理，如图 5-23 所示。框架可绕 $aa'$ 灵活转动，$bb'$ 轴与 $aa'$ 轴垂直相交，两轴构成框架平面。在 $bb'$ 轴中点 $o$ 悬挂一个能灵活转动的弧形刻度盘，由于弧形板 T 上的偏重块作用，刻度盘转动面与钻孔弯曲平面一致，刻度盘因重力作用永远下垂。当仪器在垂直孔内时，刻度盘上的 0° 正对准弧形竖板 T 上的标线，即顶角为 0°；当仪器在倾斜孔内时，弧形竖板随仪器探管倾斜一个角度，弧形竖板 T 上的标线指向自然下垂的刻度盘上某一度值，此角度就是钻孔顶角 $\theta$。弧形竖板 T 上的标线和自然下垂的刻度盘可以换成电刷和电位计，实现非电量的电量转换测量。

2. 方位角测量原理

由钻孔方位角的定义可知，钻孔轴线上某点的方位角是该点的切线在水平面上的投影与正北方向的夹角。而地球的正北方向（真北）与地球磁场北极（磁北）是不一致的。真北与磁北之间有一个差值，这个差值称为磁偏角。如果地磁北极在地理北极之东，则为东磁偏角；如果地磁北极在地理北极之西，则西磁磁偏角。磁偏角不是一个常量，而是随地区位置不同而改变的。为了获得真方位角的数值，必须对罗盘测得的磁方位角读数进行磁偏角校正。

$$\left.\begin{array}{l}\alpha = \alpha' + \lambda_E \\ \alpha = \alpha' - \lambda_W\end{array}\right\} \tag{5-56}$$

式中：$\alpha$ 为真方位角，（°）；$\alpha'$ 为磁方位角，（°）；$\lambda_E$、$\lambda_W$ 分别为东磁偏角和西磁偏角，（°）。

在无磁性干扰或干扰很小的孔段中，可直接用罗盘测得磁方位角；在有磁屏蔽（如在套管内或磁干扰极大，如存在磁性矿体）的孔段中，因为磁针失去定向能力，所以必须在地面测定一方向，并将此已知方向用一定的方法引到孔内测点，先求出测点处的终点角，然后换算出方位角。

常用的方位角测量原理如下：

（1）地磁场定向原理。地磁场定向原理是利用罗盘磁针的指北特性或磁敏感元件（磁通门）确定倾斜钻孔的方位角。此角度在水平面上，因此，测量时罗盘必须处于水平状态，并且罗盘上0°线必须指向钻孔弯曲方向。为了满足这些要求，罗盘的转动轴应垂直于钻孔弯曲平面，并且在其下部装有重块，使罗盘保持水平。此外，罗盘上0°与180°连线及框架上的偏重块都在垂直且平分框架的平面内（即钻孔弯曲平面内），偏重块与180°线同侧。这样一来，在倾斜钻孔中0°线必定指向钻孔弯曲方向。此时，0°线与磁针指北方向的夹角就是钻孔的磁方位角（图5-24）。

（2）地面定向原理。在地面用经纬仪由已知坐标点导测一通过孔口中心的方向线，作为定位方向，然后将此定位方向设法传到孔内各个测点。如图5-25所示，若钻孔轴线为

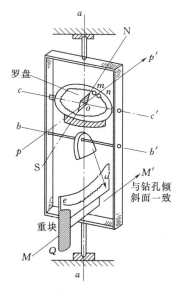

图5-24 地磁场定向
原理测量方位角示意图

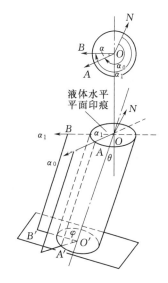

图5-25 地面定向
原理测量方位角示意图

斜直线,顶角为$\theta$,水平面对钻孔的截面为椭圆$O$,钻孔本身的横截面为圆$O'$。可以把圆$O'$看成是椭圆$O$在钻孔横截面上的投影。若取定位方向为$OA$,其方位角为$\alpha_0$,$OA$在圆$O'$上的投影为$O'A'$。钻孔弯曲平面的方向为$OB$,其方位角为$\alpha_1$,令$\angle AOB = \alpha_1 - \alpha_0 = \alpha$,$OB$在圆$O'$上的投影为$O'B'$。若令$\angle A'O'B' = \phi$,则此在钻孔横截面上的$\phi$角,即为终点角。此处$OAA'O'$为起点平面或定位平面,$OBB'O'$为终点平面或钻孔弯曲平面。由此可见,终点角也就是终点平面与起点平面之间的夹角。

根据投影几何,可有以下关系:

$$\tan\alpha = \tan\varphi\cos\theta \tag{5-57}$$

式中:$\alpha$为终点平面与起点平面方位角差,(°);$\varphi$为终点角,(°);$\theta$为测点处钻孔顶角,(°)。

目前采用地面定向原理测钻孔方位角的具体方法有钻杆定向法、环测定向法和陀螺惯性定向法。

### 5.3.1.2 非磁性岩矿层常用测斜仪

在非磁性岩矿层中,常用的测斜仪一般采用磁针来测量方位角,而测量顶角大部分采用重锤,但是读数的方法不尽相同。有用机械顶卡装置固定罗盘和重锤读数的;有将角度的变化转换成电阻值来读数的;也有用照相、感光或固结浮动磁球等方法读数的。此外,有些仪器每次下孔只能测一个点的顶角和方位角,称为单点全测仪;有些仪器每次下孔能测许多点的顶角和方位角,称为多点全测仪。

下面介绍几种有代表性的测斜仪器。

1. JXY-2型磁针测斜仪

该仪器是单点测斜仪。用罗盘测方位,用悬锤测顶角。在孔内测点处用定时钟锁卡装置固定罗盘指针和顶角刻度器,当仪器从孔内提出时即可读出顶角和方位角。该仪器结构简单,操作方便,适用于非磁性矿区直径大于80mm的钻孔。

如图5-26所示,全部测量系统装在框架上。上轴插入框架的轴孔中,下轴则由仪器壳底轴承座内的钢珠支承。框架能在里套筒内灵活转动。在框架一侧装有重锤,框架上部装有罗盘,罗盘180°刻度与重锤同侧。在倾斜孔中,重锤始终处于钻孔的下侧,使框架平面与钻孔倾斜面垂直,罗盘0°刻度处于钻孔上侧而指向钻孔倾斜方向。

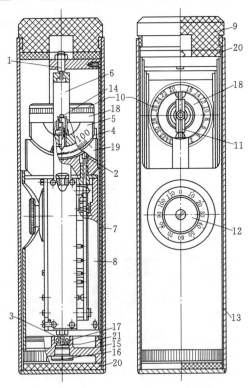

图5-26 JXY-2型磁针测斜仪本体结构简图

1、3—上下轴;2—定时挺针;4—定位齿条;5—顶角指示器;6—框架;7、13—仪器壳;8—重锤;9—胶木盖;10—罗盘;11—磁针;12—时钟装置定时器;14—水平轴承;15—轴承座;16—螺钉;17—轴承;18—罗盘盒底;19—定位座;20—防振垫;21—钢球

　　罗盘由盒盖和盒底组成，在其中心的磁针轴上装有磁针，以红色指北端作为读数依据。由于0°～360°刻度为反时针方向，所以磁针红色端所指的读数，就是测点的方位角。

　　罗盘盒由水平轴支撑，其下部连有带0°～60°刻度的顶角刻度器。它既起重锤作用使罗盘始终保持水平；又可起悬锤作用。根据定位座上标线所指的刻度器的刻度，可直接读出测点的顶角。框架的下部装有机械定时钟，在定时钟的背面装有凸轮。当定时钟走完预定时间后，凸轮推动杠杆，杠杆推动定时挺针和弧形定位齿条，使磁针和顶角刻度器处于锁紧状态，虽有轻微震动也不会发生位移。定时钟最大走时为110min。仪器装入里套筒后，再一起装入保护筒内，保护筒上下放有防振橡皮垫，并用胶木盖固定。最后将保护筒放入铜套管内。铜套管由上管和下管组成。每节下管中各放一台仪器，铜套管丝扣连接处均用密封圈密封。上管仅作为伸长管，使仪器轴线与钻孔轴线更为一致，以提高测量精度。

　　2. KXP-1型测斜仪

　　KXP-1型测斜仪是一种小直径轻便测斜仪，可以进行多点连续测量钻孔顶角和方位角，适用于$\phi$46mm以上的非磁性钻孔。顶角测量采用悬锤原理，方位角测量采用磁针；用电桥电路和电桥平衡原理进行非电量测量。先把非电量（顶角，方位角）的变化转换成电量的变化，再把电量转换成非电量（刻度盘角度），并在地表直接读数。仪器有井下探管和地面操作箱两大部分。井下探管与地面操作箱用三心电缆连接。探管（图5-27）主要由电机传动部分、状态控制部分、测量灵敏系统和外套管组成。电机传动部分和状态控制部分的主要部件有电机、减速箱、凸轮、集流环。测量灵敏系统主要部分有铝合金框架、方位角测量系统、顶角测量系统。测量系统的顶角和方位角电阻分别与集流环的内环、外环相接。外套管用不锈钢材料制成，管内灌有经过过滤的1:1变压器油和煤油的混合油，它可起阻尼作用。

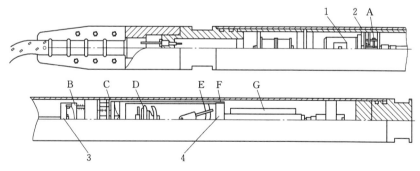

图5-27　KXP-1型测斜仪探管结构简图

1—电机传动部分；2—外套管；3—状态控制部分；4—测量灵敏系统；A—减速箱；
B—凸轮；C—集流环；D—方位角测量系统；E—顶角测量系统；
F—框架；G—重锤

　　电机传动部分和状态控制部分的作用是当直流电机转动时，其输出端经减速箱减速后，以2r/min的旋转速度控制凸轮。由于凸轮在径向对集流环有三个不同的控制状态位置，使仪器依次呈现"自由"（凸轮的接触点与集流环脱开）、"接触"（凸轮的接触点与集流环接触）、"锁紧"（凸轮的接触点把集流环压下）三种状态变化。仪器呈"自由"状态时，顶角悬锤在倾斜面内自由下垂，方位磁针在水平面上自由指北，顶角悬锤测量杆与顶角电位计的夹角代表钻孔顶角，方位磁针与方位电位计的夹角代表钻孔方位角。仪器呈"接触"状态时，全部顶角和方位角电阻通过集流环和接触点接到地面操作箱。此时，通过地面操作箱补偿外接电缆的电阻值，使电桥处于基准平衡。仪器呈"锁紧"状态时，部分顶角和方位角电阻（夹角以外的部分）被短路，另一部分电阻（夹角以内的部分）接到地面操作箱，通过地面操作箱上刻度盘可变电阻补偿被短路的部分电阻，使电桥平衡，读出顶角和方位角。"锁紧"状态就是仪器的"测量"状态（上述状态地面操作箱有状态指示电表指示）。当停止电机转动时，可保持上述三种状态所需的状态不变。

3. 照相测斜仪

照相记录型磁针测斜仪广泛用于美国、德国、日本等工业发达国家的无磁性孔内测斜，仪器规格、型号很多。它又分单点和多点照相，前者下孔一次只拍照一片，后者下孔一次可连续拍照百余片至数百片。由于它是依靠感光胶片直接拍摄测角指示器在孔内静态时的图像，因而可简化机械式和电测指示型磁针测斜仪中的机械锁卡装置，消除锁卡时的位移误差，提高测量精度。同时照相底片可长期存查。其主要缺点是测斜不能及时读数，即使测斜底片在地表取出后还需要时间冲洗。现国内研制的照相记录型磁性单点测斜仪有ZJX-74型、KD-1型，多点测斜仪有KXX-1型等。现以KXX-1型多点照相测斜仪为例介绍其结构与原理。

仪器由井下探管和地面控制箱两大部分组成。地面控制箱仅在电缆下放探管时使用。井下探管主要由筒体、测量系统和控制电路三部分组成。

测量系统：它由两个同轴薄壁管及内装测角组件、卷片机构、曝光系统等组成。内管可以围绕其纵轴在外管内灵活地旋转。测角组件的方位定向元件是采用液浮磁罗盘，顶角灵敏元件为顶角度盘与光轴。卷片机构由直流电机、齿轮减速箱、导向轮、胶片储存暗盒和收卷暗盒等组成。电机为卷片动力，其动作和卷片时间由电路控制。曝光系统由特制的微型灯泡、电刷和电刷侧架等组成，曝光时间长短由电路控制。

控制电路部分：因井下仪器有"手控""自控"两种电路，而且两种电路又不同时工作，所以探管设计成可换装的结构型式。当采用手控操作时，探管上部接入"手控"电路，当采用自控测量时，探管上部换装成"自控"电路。自控电路可自动控制卷片机构和曝光系统周而复始地循环完成底片的曝光和卷片，而且在卷片之后还留有间歇时间。曝光、卷片和间隙时间都可事先设定调好。

地面控制箱：它是用电缆远距离控制井下仪器卷片机构和曝光系统的"手控"操作箱。搬动控制箱面板开关，通过仪器的"手控"电路，控制井下曝光和卷片机构完成底片的曝光、卷片。另外面板上还有监视指示，监视底片曝光和卷片动作在井下是否准确无误地完成。

井下仪器的工作原理如图5-28所示。液浮罗盘安装在具有水平轴和垂直轴两个自由度框架的灵敏元件之中，它始终保持水平。灵敏元件上方有缩微镜头，下方有曝光灯泡。当测量拍照时，点亮灯泡作为底片曝光之用，缩微镜头便将方位度盘和十字分划线的影像聚焦在柱面透明顶角度盘的刻度上（与灵敏元件水平轴同心），光线通过透明的顶角度盘，将方位盘、十字分划线、顶角度盘三者的影像重叠地投影到胶卷上，使底片曝光形成潜影。此潜影相便是方位度盘、十字分划线、顶角度盘三者相对变化位置的相。

### 5.3.1.3 磁性矿区常用测斜仪

1. 环测式测斜仪

（1）环测原理及程序。

环测法是由孔口定向，利用专用测具（定向钻杆及仪器）下入孔内，测出测点的顶角和终点角，通过换算求出测点的方位角。测量时，测具（图5-29）上端为钢丝绳提引接头，以下依次为上测筒、定向钻杆（包括定向接头）、下测筒及导向管。测具的长度随两测点间的距离而定（一般为25m或50m）。通过定向连接，整套测具的定向母线连成一条直线。

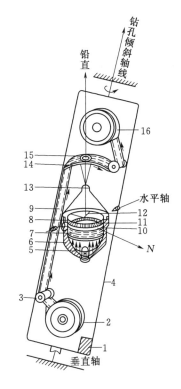

图5-28 KXX-1型测斜仪的井下
仪器工作原理简图

1—偏重块；2—储卷暗盒；3—导向轮；4—框架；
5—曝光灯；6—灵敏元件；7—罗盘油；8—罗盘
外壳；9—胶卷；10—磁环；11—液浮罗盘方位
度盘；12—罗盘十字分划线；13—缩微镜头；
14—柱面透明顶角度盘；15—缩微在
胶卷上的像；16—收卷暗盒

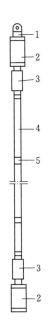

图5-29 定向测量组装图
1—提引接头；2—导向管；
3—测筒；4—测杆；
5—定向接头

首环测量时，用钢丝绳将测具悬吊在孔口，使上测筒露出地表2/3，下测筒下到待测点孔深处，称为第一测点的深处。然后对上测筒进行孔口定向。使上测筒位于孔口中心，用经纬仪测定定向母线方位，经孔口定向后，确定起点方位角为 $\alpha_0$。待定时钟到时以后，起钻取出仪器，分别由上、下测斜仪读得 $\phi_上$、$\theta_上$ 和 $\phi_下$、$\theta_下$，以此可求得终点角差 $\Delta\phi$。经换算可求得 0 点（地表）和孔内 1 点间的方位角增量为（$\pm\Delta\alpha$），因而：

$$\alpha_1 = \alpha_0 \pm \Delta\alpha_1 \tag{5-58}$$

第二环测量时，把装有仪器的上、下测筒经定向钻杆连接，分别置于第一测点孔深和第二待测点孔深处。不用定向，同理可读得 $\phi_1$、$\theta_1$ 和 $\phi_2$、$\theta_2$，求得 1 和 2 点间的方位角增量（$\pm\Delta\alpha_2$），如此循环，一般每一循环需测两次以上。

$$\alpha_i = \alpha_0 + \sum_{i=1}^{n}(\pm\Delta\alpha_i) \tag{5-59}$$

环测所涉及的基本公式是

$$\pm\Delta\varphi_i = \varphi_i - \varphi_{i-1} \pm A \tag{5-60}$$

式中：$A$ 为测具的装合差。

$$\Delta\alpha = 2\arctan\left[\cot\frac{\Delta\varphi}{2}\frac{\cos\dfrac{\theta_1+\theta_2}{2}}{\cos\dfrac{\theta_2-\theta_1}{2}}\right] \tag{5-61}$$

求测具装合差的方法是选择一块平坦的地面，将测具顺次成直线定向连接，将上、下仪器定时 10min，分别装入上、下测筒。10min 后测出上、下仪器的终点角，下仪器终点角与上仪器终点角的差值便是测具的装合差 $A$。为保证准确，应转动测具多次求测，取平均值。

环测式测斜仪有 JDP-1、JXK-2、JXC-1 等型号，其中 JXK-2 和 JXC-1 型均采用非电量电测法，属多点全测仪，JDP-1 型是单点全测仪。下面介绍 JDP-1 型测斜仪及测量原理。

（2）JDP-1 型环测斜仪。

该仪器又称定盘测斜仪（图 5-30），它由固定架部分、活动架部分、定时锁卡机构、保护筒等组成。适用于 $\phi66mm$ 以上的钻孔。

固定架部分：其上部装有带 0°～360° 刻度的终点角度盘，度盘 90° 与 270° 处各有支撑架与定时锁卡钟座连成一体。0°～180° 平面与定位键槽在同一平面内（即起始平面）。

活动架部分：是仪器的灵敏部分。它上下由玛瑙轴承和轴尖支撑，能绕仪器轴线自由转动。当仪器倾斜顶角在 3° 以上时，活动架因上偏重盘的偏重作用，使顶角度盘永远处于钻孔倾斜面内，并且由于顶角度盘自身

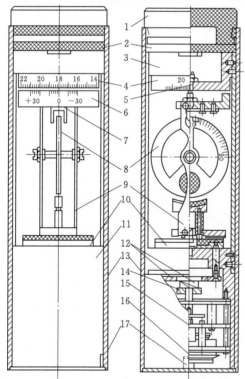

图 5-30　JDP-1 型测斜仪结构示意图

1—筒盖；2—防振垫；3—固定架；4—福鼎盘；5—轴承顶尖；6—上偏重盘；7—指针；8—顶角度盘；9—活动架；10—制动盘；11—定时锁卡钟座；12—斜面顶块；13—保护筒；14—凸轮；15—定时锁卡钟；16—启动旋钮；17—定位键槽

的偏重，其重心处于铅垂线上。上偏重盘也是游标刻度盘，它的零线也静止在钻孔倾斜面内。从而在固定盘上指示出终点平面（钻孔倾斜面）与起始平面（0°～180°平面）之间的夹角，即终点角。固定在上偏重盘下面的"ЛГ"形指针，在顶角度盘上指出钻孔的顶角。

定时锁卡机构：它与 JXY-2 型测斜仪相同，当走完预定时间后，就使活动架与顶角度盘锁紧。取出仪器后可直读顶角和终点角。当钟表开动时，它们都处于自由状态。最大走时为 120min。

保护筒：筒壁底部内侧、外侧在同一基面上有定位键。当仪器装入保护筒后，仪器的定位键槽与筒底内壁的键吻合，而筒底外壁的键又与测量定位母线的键槽吻合。这样，就保证了保护筒内仪器终点角度盘 0°～180°平面与测筒定位母线一致。

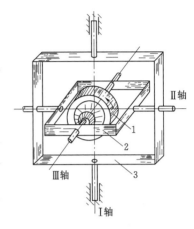

图 5-31 陀螺仪工作原理

2. 惯性陀螺测斜仪

（1）陀螺仪工作原理。如图 5-31 所示，陀螺马达由外环、内环和陀螺电机组成。外环可绕Ⅰ轴自由旋转，外环内装有内环，内环可绕Ⅱ轴自由旋转。内环内装有陀螺电机，陀螺电机绕Ⅲ轴作高速旋转（20000～30000r/min）。因此，它具有三个自由度，称为三自由度陀螺仪。Ⅰ、Ⅱ、Ⅲ轴互相垂直，且交于一点，此点还应与陀螺仪的重心重合。

高速旋转的三自由度陀螺具有两个重要特性：

1）定轴性：当陀螺电机转子绕Ⅲ轴高速旋转时，在重心完全与三个轴的交点同一，轴承无摩擦的情况下，Ⅲ轴在空间的方向保持不变的性质就是陀螺的定轴性。此特性可用于定向测量。

2）进动性：当陀螺电机转子绕Ⅲ轴高速旋转时，如果在Ⅰ轴上作用一个干扰力矩，此时外环不转，而内环绕Ⅱ轴转动。Ⅱ轴进动，使Ⅲ轴脱离原来位置而发生倾斜。如果在Ⅱ轴上作用一干扰力矩，此时内环不转，而外环绕Ⅰ轴转动。Ⅰ轴进动，使Ⅲ轴偏离给定方向，产生漂移。

在实际工作中，由于Ⅰ轴、Ⅱ轴和Ⅲ轴的交点与陀螺仪的重心很难完全重合，Ⅰ轴和Ⅱ轴的轴承摩擦力也不可避免，所以Ⅲ轴的倾斜和漂移必然存在。不过Ⅱ轴上的干扰力矩比Ⅰ轴上的小，故可做到使Ⅰ轴的进动控制在允许范围内，从而使Ⅲ轴的方位角漂移尽量减小。Ⅱ轴虽产生进动，但它不是测量轴，少量进动不影响方位角测量。可是Ⅲ轴倾斜后，与Ⅰ轴夹角太小时，陀螺在Ⅰ轴干扰力矩作用下，会围绕Ⅰ轴迅速转动，完全丧失定轴性，为此设置一套水平修正装置，以抵消干扰力矩对外环的作用，从而使Ⅲ轴保持水平。Ⅲ轴的方位漂移可以根据单位时间的漂移量进行修正。

（2）陀螺仪测斜数据的修正。由于干扰力矩的存在，所以陀螺仪的方位漂移很难避免。为了实测定位方向和漂移误差，在陀螺仪下孔之前先在地面定向。将三脚架置于钻孔附近，探管（井下仪器）放置在三脚架上，其倾斜顶角约为 10°，安上定向瞄准器，使瞄准器侧部的刻线对准探管外套管上的母线。在三脚架前 10～20m 处，前、后立两根标杆，使其和瞄准器在一条直线上，然后用经纬仪或罗盘，测出标杆的方位角，即为探管的定向方位。

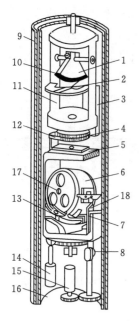

图 5-32 井下仪器结构原理
示意图

1—顶角重锤；2—电刷；3—偏心重块；4—方位电位计；5—陀螺外框架；6—陀螺外电机；7—摆锤；8—滑轮；9—仪器外壳；10—顶角电位计；11—顶角框架；12—方位电刷；13—接触摆；14—伺服电机；15—自由电机；16—仪器外壳；17—陀螺轴（Ⅲ轴）；18—顶卡杆

地面定向后，探管仍放在三脚架上，并在锁紧状态下启动陀螺电机，与此同时完成调零工作。待陀螺电机全速运转后，再松开陀螺框架（外环）锁紧装置，然后将探管在近于直立的情况下移至孔口，下入孔内进行测斜，并记录下孔后每点测量的时间。测量结束后，将探管提出孔口，仍以近乎直立状态放在三脚架上，拧上瞄准器，瞄准标杆，测出终点角读数，此读数与原定方向的差值就是漂移误差。漂移误差可按每个测点的测量累计时间进行修正。

惯性陀螺测斜仪是利用陀螺马达的运动惯性测量钻孔方位角的。陀螺测斜仪有 JDL-1、JXT-1、JTL-50、JXT-247 等型号。下面以 JDL-1 型陀螺测斜仪介绍陀螺仪的工作原理及其结构组成。

（3）JDL-1 型陀螺测斜仪。JDL-1 型测斜仪是由井下仪器、地面操纵箱、变流器、直流稳压电源等组成的多点全测仪。

井下仪器（图 5-32）可分为三部分：上部是一组由电容和电感构成的回路，用来将电缆里的 400Hz 交流和直流测量信号分开；中部是由两个自由框架组成的测量系统；下部是锁紧及修正系统。探管最下部有一长腰形凸块，用以装入保护管底部的凹槽，以保证探管处于对准外管母线的正确位置。

顶角测量采用悬锤原理。在顶角框架上，装有偏心重块，它使顶角重锤永远处于钻孔倾斜面内。顶角电位计和电刷将非电量顶角变换为电量变化。在顶角框架下端，固定有终点角电位计。在陀螺外框架的中央装有陀螺外电机，它装在陀螺房内。仪器轴相当于Ⅰ轴，框架能围绕此轴回转。陀螺房两侧用轴承支承在框架上，陀螺房带着陀螺能围绕此轴回转，此轴为Ⅱ轴，陀螺电机的轴为Ⅲ轴，支承在陀螺房内。陀螺电机以 21500r/min 的高速作逆时针方向回转。

陀螺外框架的上端有终点角方位电位计和方位电刷，电刷的位置由陀螺的方向决定。而终点角电位计固定在顶角框架的下端，因而电位计的一端永远保持在钻孔倾斜面内。电位计的一端至电刷的夹角便是测量的终点角。在顶角较小时，此角就认为是方位角。

修正系统由接触摆锤、伺服电机及极化继电器等组成。当Ⅱ轴进动时，Ⅲ轴倾斜，使摆锤接触点与相应的一组接点相接触，驱动极化继电器，接通伺服电机的一组控制线圈，使电机在框架的Ⅰ轴上施加一个反力矩，从而使Ⅱ轴向相反的方向进动，使Ⅲ轴回到水平位置。

锁紧装置可将陀螺锁紧，一是为了减少在运输过程中陀螺各轴的振动，二是为了在地面进行定向。当把陀螺锁紧时，陀螺Ⅲ轴的方向与外管上的定向母线差90°，这对起始定向很重要。如果在定向时，陀螺装置不锁紧，Ⅲ轴将不在定向位置上，这样，将无法计算漂移误差。锁紧装置的工作主要由自由电机通过减速机构带动推杆滑轮做上下移动。在框架的下面装有一个凸轮（图上未表示出），是圆弧形斜面。滑轮上移时一般先顶住凸轮，并通过凸轮带动框架转动，直到滑轮接触到凸轮最低点时，框架才不转动。滑轮继续上移，通过顶卡使陀螺锁紧。要松开陀螺时，可使自由电机反转，滑轮下移，顶卡便松开陀螺，使陀螺自由。要使陀螺全部松开，则必须使滑轮下移，直到躲开凸轮的最高点。从锁紧到自由，大约需要4min时间。

#### 5.3.1.4 大斜度绳索取芯测斜仪器

由于斜孔施工，测斜工作非常重要，测量的频度和测量的精度都和一般钻孔相比，要求更高。

大斜度绳索取芯测斜仪器可以在回次钻进结束、打捞内管过程中送入预定深度，进行跟踪测量。

JTL-40FWL型无缆水平光纤陀螺测斜仪（图5-33）采用高精度光纤陀螺作为测量元件的新型测斜仪器，是针对磁性区域及下了铁套管的钻孔内测量水平钻孔斜度和方位而专门设计的新型高精度钻孔测斜仪，适用于磁性矿区的定向孔顶角和方位角的高精度测量。

图5-33 JTL-40FWL型无缆水平光纤陀螺测斜仪

其主要技术指标如下：

(1) 测量范围顶角：-60°~+60°；方位角：0°~360°。

(2) 测量精度：顶角测量误差：±0.1°；方位角测量误差：±0.3°（顶角变化＜±10°、方位角变化＜±30°）。

(3) 方位漂移：±0.3（°）/h。

(4) 测量深度：1200m（温度＜60℃）。

(5) 测量时间：＞5h（充满电量后连续）。

(6) 测量方式：定点测量。

(7) 充电电源：AC100~240V，50Hz。

(8) 电池：4芯锂电池。

(9) 环境温度：-10~60℃。

(10) 测量探管外形尺寸：$\phi$40mm×1800mm。

KXZ-3型数字测斜仪（图5-34）是一种新型的全空间高精度数字井斜测量仪器，适用于在非磁性矿区对工程孔、定向孔、水平孔、对接孔和岩芯钻孔等施工时进行定向和

图 5-34 KXZ-3 型数字测斜仪

测斜，可提供钻孔的深度、工具面向角、顶角及方位角等参数。

其主要技术指标和参数：

（1）测斜深度：≤1200m。

（2）顶角测量范围：0°～180°，误差为±0.1°。方位角测量范围：0°～360°。顶角 1°～3°或 177°～179°，误差为±3.0°；顶角 3°～177°，误差为±1.5°。工具面向角测量范围：0°～360°，误差为±2.0°（备选参数）。

（3）测量方式：定点测量，测点深度间隔及测点数任意确定。

（4）工作电源：AC220V/50Hz。

（5）地面控制单元工作环境温度：-10～50℃；相对湿度：≤85%。

（6）测斜探管工作环境温度：0～75℃；耐压：≤15MPa。

（7）地面控制单元外形尺寸：385mm×300mm×240mm；重量：8kg。

（8）测斜探管外形尺寸：$\phi$40mm×1600mm；重量：7kg。

（9）记录方式：实时记录日期、时间，打印测量结果。

### 5.3.2 钻孔弯曲定向仪器

用偏心楔、连续造斜器、液动螺杆钻具进行人工弯曲时，除补取岩矿芯、绕过孔内事故钻具钻进等少数情况有时不要求造斜工具在孔内定向安装外，多数的人工弯曲，包括钻孔纠斜、定向孔施工，都要求人工弯曲工具在孔内定向安装，使钻孔按预定方向造斜。因此通常把纠斜和定向孔施工中的人工弯曲也称为定向弯曲或定向造斜。

人工弯曲工具在孔内定向安装，是将造斜工具的面向（即造斜工具的作用面方向）按设计需要的安装角安装。安装角（又叫面向角）是指造斜工具面的作用方向逆时针旋转至造斜点原钻孔倾斜方向的角度，也就是造斜工具面与造斜点原钻孔倾斜面之间的夹角（即二面角的平面角）。

完成人工弯曲工具在孔内的定向安装时，以下工序是必不可少的：

（1）用测斜仪测定造斜点原始孔的顶角和方位。

（2）按造斜的设计要求确定造斜工具的安装角。

（3）在地表对造斜工具定向（即按确定的造斜工具安装角数值调节定向仪）。

（4）造斜工具在孔内定向。

由于定向工作直接关系到人工弯曲的质量和效果，加之定向要耗费时间，因此在选择人工弯曲工具的定向方法和仪器时，除了必须满足定向可靠和定向精度足够的要求外，还应考虑定向速度是否快，此外定向仪低廉的价格和易于操作也十分重要。如能对造斜工具随钻多次监测，定向造斜将会取得更满意的效果。

#### 5.3.2.1 定向方法和仪器的分类

目前造斜工具在孔内的定向方法有直接定向和间接定向两种。直接定向有以下两种情况。一种情况是，直孔中因钻孔无方位，可将造斜工具的面向在孔内按设计的新孔方向对子午线或坐标已知点实行定向，即直孔中造斜工具的定向，只需测量和确定造斜工具定向标记在孔内的方位（安装角）。另一种情况是，斜孔中因钻孔有方位，需将造斜工具的面向在孔内按设计的新孔方向所计算的安装角定向安装，其解决方法是在孔内同时测量和确定造斜部位的方位角以及造斜工具的安装角（或安装方位）。间接定向是以造斜点原斜孔方向为基准，在已知斜孔造斜部位倾斜平面方向的基础上（即先用测斜仪测定造斜部位钻孔倾斜平面的方位），使造斜工具在孔内按设计的新孔方向所计算的安装角对钻孔倾斜平面实行定向，从而最终使造斜工具对子午线方向定向。即这种定向方法只需测量或确定造斜工具在孔内的安装角。因此，直孔中只能采用直接定向方法，斜孔中既可采用直接定向，也可采用间接定向。

直接定向法中，用钻杆或套管连接造斜工具从地面定向下入孔内的地面定向法已很少使用。目前主要采用的是将现有测斜仪（如陀螺测斜仪、磁针式测斜仪等）稍加改装以及专用的测斜定向仪（如照相测斜定向仪、直读式测斜定向仪、环测法测斜定向仪等）下入孔内对造斜工具定向的井下定向法。根据直接定向仪器所测量或确定的参数数目，可分为全测仪器和非全测仪器。全测仪器既可测量或确定造斜工具定向标记的方位或安装角（面向角）；还可测量或确定钻孔方位与顶角。非全测仪器只能测量造斜工具定向标记的方位。根据现有直接定向仪器确定造斜工具安装角和井斜参数的方法，可分为测量型和记录型仪器。测量型仪器可在地表及时显示造斜工具安装角和井斜参数的具体数值；记录型仪器是在孔内记录造斜工具安装角和井斜参数，需延迟读数。

间接定向时，因只需确定造斜工具的安装角（个别间接定向仪也可测量钻孔顶角），所以仪器结构可以做得比直接定向仪器简单。由于各种重力敏感元件，如钢球、重锤、摆锤（水平摆、垂直摆）、偏重块、水银球、气泡、酸液（装在玻璃管中）等容易制作，并在倾斜钻孔中能对钻孔倾斜平面方向做出正确反应（在重力作用下总是倒向斜孔下帮或上帮），而倾斜平面方向又是间接定向时的基准方向，因此在间接定向仪器中得到广泛应用。因敏感元件最能反映间接定向仪器的结构特点，所以间接定向仪器常根据采用的敏感元件命名和分类。如钢球作为敏感元件时叫钢球定向仪，摆锤作为敏感元件时叫摆锤定向仪，偏重块作为敏感元件时叫偏重定向器等。根据现有间接定向仪器确定工具安装角方法的不同，可分为测量型、指示型、自动型。测量型仪器可在地表显示造斜工具安装角的具体数值，指示型仪器只能在地表指示造斜工具的面向是否处于预定的安装位置，不能显示造斜工具安装角的具体数值；自动型仪器可使造斜工具的面在孔内自动到达预定的安装位置，地表不显示。其中指示型间接定向仪种类最多。根据定向仪敏感元件在孔内发出的不同信息及在地表显示的方式，指示型间接定向仪又分为机械指示型、电指示型、液力指示型、声指示型以及光指示型等。

所有的定向仪还可根据定向操作与造斜钻进的关系划分为钻前定向仪器和随钻定向仪器。钻前定向仪器基本属于一次定向仪器，又称单点定向仪。它完成造斜工具的定向是在造斜工具钻进之前，当造斜工具钻进中需要了解或改变造斜工具的安装角时，它不能完成造斜工具的再次定向。这类定向仪又可分为两类。一类仪器是将其传感器从地表经钻杆投到孔内，在完成造斜工具的定向后提到地表，称投入-取出式，其使用受钻杆和钻杆接头内径限制。另一类仪器是在孔内直接与造斜工具连接，在完成造斜工具的定向后，留在孔内跟随造斜工具钻进，造斜钻进结束，定向仪与造斜工具同时提到地表（这类仪器也可在造斜工具钻进开始后随时停止钻进，按钻进定向时的安装角重复定向），称固定-随钻式。

随钻定向仪器有多点和连续定向两类。在完成造斜工具的钻前定向之后，随钻定向仪器能了解造斜工具钻进中安装角的变化及按新的安装角对造斜工具再次或多次定向。多点随钻定向仪在了解造斜工具安装角的变化及按新的安装角对造斜工具再次定向时，需停止造斜钻进，定向完毕再继续钻进。连续随钻定向仪可在造斜钻进过程中了解造斜工具安装角的变化及调整造斜工具安装角定向安装。

根据定向时造斜工具到达预定安装位置的操作方法，所有定向仪可分为两类：一类仪器是在地表转动钻杆扭转造斜工具到安装位置；另一类仪器无需转动钻杆，是靠外力使孔底造斜工具扭转到安装位置。显然，当孔深大于 800 时，前者使用困难。

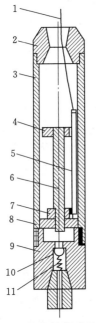

图 5-35 机械指示重锤
找眼定向器

1—钢绳；2—上异径接头；3—外壳；
4—定向板；5—重锤；6—杆；7—螺母；8—固定板；9—下异径接头；
10—钢球；11—弹簧

由于倾斜孔段的定向造斜远比直孔段多，加之间接定向仪结构简单、价廉，而一般勘探队均有测孔斜的仪器，所以间接定向仪在地质钻孔定向造斜中应用很广泛。但间接定向仪只能用于顶角大于 3° 的钻孔。

最先进、最有前途的是在地面连续显示造斜工具安装角和孔斜参数的随钻定向测斜仪。

定向精度系数是定向工作的重要技术指标，可用式（5-62）计算：

$$K_T = \cos(\beta_\phi - \beta_P) \qquad (5-62)$$

式中：$K_T$ 为定向精度系数；$\beta_\phi$ 为造斜工具实际安装角；$\beta_P$ 为造斜工具计算安装角。

### 5.3.2.2 重锤找眼定向器

重锤找眼定向器是地质钻探中使用的结构最简单的间接定向器具之一，它以重锤（或称探棒）为敏感元件，孔眼为转换结构。使用时带孔眼结构的定向器连接在造斜工具上部，从地表用线绳经钻杆下入重锤，旋转钻杆，当重锤进入定向器孔眼时，表明造斜工具在孔内处于预定位置，此时地表有指示。重锤找眼定向器可用于顶角 5°～45°，孔深 600m 内的钻孔。外径可与孔径适应。这类定向器的缺点是，实际定向精度低（平均为 ±10°），定向耗时多，寻找定向位置较困难。

按定向信号和指示方法的不同，重锤找眼定向器可分为机械指示型和电指示型。

#### 1. 机械指示重锤找眼定向器

这类定向器的典型结构如图 5-35 所示。带偏心孔眼的定向板装在外壳内，上下用异径接头封闭，通过下异径接头与造斜工具连接，通过上异径接头与钻杆连接，固定板焊在下异径接头上，杆下端与固定板连接，杆上端焊接定向板。定向板上的孔相对异径接头的位置可以调节，调节后由防松螺母定位。固定板侧部有切口供冲洗液流通。

定向器在地表与造斜工具连接时，应使定向板孔眼相对于造斜工具母线按设计的安装角定位安装。

与定向器连接的造斜工具用钻杆下入孔内后，将重锤用绳线下到定向板上，之后上下提动重锤，同时慢慢转动钻杆。由于斜孔中重锤力图靠在斜孔的下帮，当定向器定向板的偏心孔随钻杆转到斜孔下帮位置时，造斜工具到达预定位置，此时重锤将落入偏心孔内。因重锤经定向板偏心孔落到固定板之间有一定距离，重锤是否落入偏心孔，在地表可通过绳线在钻孔内长度的变化判断，有时在地表还可听见重锤撞击固定板的声音。上述操作可重复1~2次，以验证第一次确定的造斜工具到达预定位置的准确性。重锤一般可用薄壁钢管或黄铜管制成，管内可灌铅。重锤外径可取15mm左右，长度可取1.2m左右。为便于将重锤送到孔内，可在下异径接头上安装反向阀。

2. 电指示重锤找眼定向器

重锤找眼定向器采用机械指示造斜工具到达预定安装位置不易分辨，而且直观性差，电指示重锤找眼定向器克服了上述缺点。图5-36为电指示重锤找眼定向器井下部分的结构和电路图。重锤（探棒）由上、下体和绝缘管（用胶木制成）、触片（用磷铜片）组成。两根导线（用直径2mm的被覆线）经上棒体中心孔、绝缘管引出与触片焊接。定向管可用厚0.3~0.5mm、长200mm的镀锌铁皮卷焊成上大下小的圆锥管，其内径与探棒配合。固定定向管的定向板用30mm厚的绝缘材料制成，并装在中接头上。定向器下外壳与造斜工具连接时要调好造斜工具母线与定向管之间的安装角。当用电缆线上下捉动探棒和慢慢转动钻杆时，只要探棒落入定向管，探棒上的两触片即与定向管接触，电路导通，地面仪器的扬声器可发出声响，指示造斜工具已处于预定安装位置。

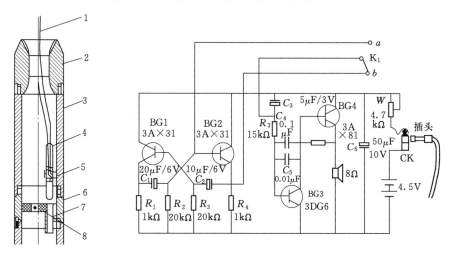

图5-36 电指示重锤找眼定向器

1—导线；2—异径接头；3—外壳；4—重锤；5—铜片；6—中接头；7—定向管；8—定向板

## 5.3.2.3 钢球及水银开关定向仪

钢球定向器是比较广泛用于倾斜孔段造斜工具定向的间接定向器具之一。其敏感元件为钢球，转换结构有孔、槽、触片等。水银开关定向仪的敏感元件为水银球。现有的钢球定向器在寻找定向位置时都需转动钻杆，地表判断造斜工具是否处于预定位置是根据定向器从孔内发出的电信息（即电指示钢球定向器）或水力信息（即水力指示钢球定向器）。

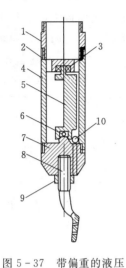

图 5 - 37 带偏重的液压
钢球定向器

1—管接头；2—轴承座；3—径向
轴承；4—外壳；5—偏重块；
6—支撑球；7—放水接头；
8—连接杆；9—定向
背帽；10—钢球

1. 带偏重的液压钢球定向器

该定向器由江西省冶金地质勘探公司二队设计和试用，只适用于偏心楔定向。定向器在孔内完成定向后必须提到地表，方可导斜钻进。

该定向器的结构如图 5 - 37 所示。其外壳的上、下两端分别与管接头和放水接头连接，敏感元件钢球置于放水接头上端，放水接头有出水孔，出水孔直径小于钢球直径。外壳内还设置有偏重块，偏重块有短槽（钢球处在短槽内），偏重块两端有径向轴承和支承球支承。定向器通过放水接头接连接杆再接偏心楔，通过管接头接岩心管再接钻杆。

定向器的工作原理。在倾斜孔段，钢球始终处于孔壁下帮，当边泵送冲洗液边转动钻杆而送水接头的出水孔在未转到孔壁下帮的其他径向位置时，冲洗液都可通过出水孔流到孔内，地表指示的泵压不高。当送水接头的出水孔转到孔壁下帮位置时，出水孔被钢球封闭，冲洗液不能从出水孔流出，地表指示的泵压升高，同时可观察到孔口循环水突然中断。出水孔转到与钢球重合的位置（即均在孔壁下帮），表明造斜工具在孔底定向安装达到设计要求。造斜工具的安装角在地表应先与定向器调好（即调节造斜工具母线与出水孔之间的相对位置）。

然而，当定向器结构中没有偏重块时，由于出水孔直径小，冲洗液流速高，在出水孔处形成低压区，对钢球有一定的吸力，当出水孔还未转到孔壁下帮时，钢球即被吸离孔壁下帮，从而过早地封闭出水孔，造成定向误差。根据实验，当钻孔顶角为 15°，泵量为 30～80L/min 时，出水孔对钢球的"吸力角"可达 40°～70°。泵量越大，出水孔直径和钢球直径越小，则定向误差越大。同时钢球闭水后，由于钻杆中的水压大于外环状间隙的液柱压力，钢球压在出水孔上很难脱开。定向器中设置偏重块的目的就是为了消除或减小"吸力角"的影响，提高定向精度。因为偏重块的短槽约束和控制了钢球的运动，偏重块也始终处于孔壁下帮，只有当出水孔的吸力对定向器轴线的力矩等于和大于偏重块的偏转力矩时，才能将偏重块连同钢球吸离孔壁下帮位置。

上述钢球定向器由于是靠钢球封闭冲洗液的出水通道后在地表指示定向位置，所以又称水闭钢球定向器。

该定向器的缺点是，由于确定和控制最佳定向泵量比较困难，因此定向精度不高，此外定向速度较慢。

2. 限位式液压钢球定向器

该定向器由地质矿产部探矿工艺研究所设计，可用于偏心楔、机械式连续造斜器等人工弯曲工具的定向，定向器在孔内完成定向后可以不提到地表，一直跟随造斜工具钻进回次结束。

（1）结构及工作原理。定向器结构如图 5 - 38 所示。其外壳部分包括上接头、连接头、连接短管、下接头。上接头与钻杆连接；下接头与造斜工具连接。连接头上端插入径向开有环槽的柱塞，柱塞与连接头之间安有密封环，连接头下端与定位套连接，定位套内孔沿轴向开一通槽，切去 1/4 的限位挡圈用螺钉固定在定位套上，并使限位挡圈缺口的一边与定位套通槽的一边靠齐（图 5-39）。敏感元件钢球置于限位挡圈的缺口及柱塞的环槽内。

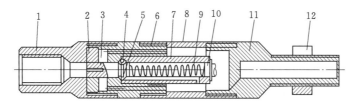

图 5-38　限位式液压钢球定向器结构

1—上接头；2—密封环；3—柱塞；4—限位挡圈；5—钢球；6—连接头；
7—定位套；8—连接短管；9—弹簧；10—堵头；11—下接头；12—背帽

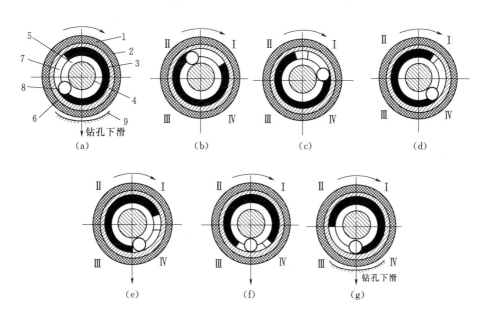

图 5-39　定向器的工作原理

（a）、（b）、（c）、（d）、（e）、（f）、（g）钢球、通槽处于径向不同位置时的情况
1—连接头；2—定位套；3—限位挡圈；4—柱塞；5—环槽；6—通槽；7—缺口；8—钢球；9—钻孔

在倾斜孔段，钢球由于重力作用，本应始终处于钻孔下帮位置，但由于限位挡圈的限制，钢球只能在挡圈的缺口内移动。于是当定向器转动一周，除某一位置外，钢球和通槽都不同时处于斜孔下帮。而钢球和通槽都同时处于斜孔下帮 [图 5-39（g）中Ⅲ、Ⅳ象限交界处]，并给地表传递信号时，正可确定钻孔倾斜平面方向——即斜孔定向的基准方向。因此该定向器可从通槽引出定向母线刻画在外壳上，与该定向器连接的造斜工具可按计算的安装角相对于该定向器的定向母线安装，之后用背帽锁紧。

开始时，定位套通槽处于斜孔Ⅱ、Ⅲ象限 [图 5-39（a）、（b）]，则钢球紧靠通槽，此时如开泵送水，柱塞将受压下移，从而敞开水流通道，冲洗液经连接头的孔流入孔底，水泵处于低压未憋泵工作状态，水泵压力表指针波动不大。如通槽位于Ⅰ、Ⅳ象限，钢球因重力作用离开通槽，紧靠挡圈缺口的另一边［图5-39（c）、（d）、（e）、（f）］，此时开泵送水，水泵处于高压憋泵工作状态，水泵压力表指示压力急剧上升。

根据上述原理，很容易从第一次开泵送水时的泵压指示判断通槽是处于Ⅱ、Ⅲ象限还是Ⅰ、Ⅳ象限，之后顺时针将钻杆转动90°，第二次开泵送水，根据泵压指示可确定通槽所处的具体象限。只要转动钻杆确认通槽在第Ⅳ象限时，下一步转动钻杆的角度每次应控制在10°～20°，直到钢球与通槽同时处于Ⅲ、Ⅳ象限之间的斜孔下帮位置，使地表泵压突然降低，此时就转到了定向位置。

（2）主要技术性能。

1）适用钻孔顶角：＞6°。

2）定向精度：±10°。

3）定向器外径：74mm。

4）定向器长：460mm。

5）定向器总重量：7.8kg。

限位式液压钢球定向器不存在前述"吸力角"的影响，但定向速度仍受限制。

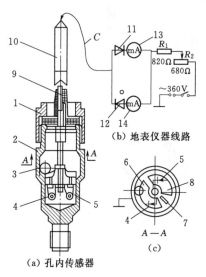

图5-40 CT-1M三位置定向仪
1—压盖；2—外壳；3—钢球；4、5、11、12—二极管；6、8—扇形触片；7—径向触片；9—中心杆；10—接触杆；13、14—毫安表

（3）CT-1M定向仪。苏联矿物资源研究所第聂伯彼特罗夫分所研制的CT-1M三位置钢球定向仪属电指示型，它由孔内传感器和地表仪器组成。孔内传感器与地表仪器之间用单芯电缆连接（图5-40）。该仪器可用于偏心楔、机械式连续造斜器等人工弯曲工具的定向。传感器在孔内完成定向后可与造斜工具随钻，回次钻进结束再与造斜工具一起提到地表。

孔内传感器的结构如图5-40（a）所示。外壳内安置绝缘材料制成的锥形盘，锥形盘倾斜面上安装三个彼此绝缘的金属触片，即扇形触片（宽的）和径向触片（窄的）。触片和通过二极管与中心杆（电信号输出端）连接，触片直接与中心杆连接。敏感元件钢球可在外壳内沿锥形盘倾斜面自由滚动。当孔内传感器在倾斜钻孔内顺时针转动时，钢球可将外壳依次与触片接通。传感器上端有密封环和压盖。传感器内装变压器油。

地表仪器线路［图5-40（b）］比较简单，是一整流电路。主要元件有二极管，毫安表，电阻$R_1$、$R_2$。

孔内传感器与地表仪器之间用带有接触杆的导线接通电路。

仪器的工作原理。因钢球始终处在倾斜孔的下帮，当钢球在下帮与触片接触时，毫安表14的指针偏移，毫安表13的指针指零，当钢球在下帮与触片接触时，毫安表13的指针偏移，毫安表14的指针指零，当钢球在下帮与触片接触时，毫安表的指针都偏移。由于顺时针转动传感器一周，钢球与触片接触所占的圆周角小，时间"短"，因此当造斜工具按计算的安装角相对传感器触片安装，只要传感器旋转到触片与钢球接触，地表仪器毫安表的指针都偏移，表明造斜工具已处于定向位置。而地表仪器毫安表的其他两种指示情况，可判断造斜工具是处在预计定向位置的左边或右边。

传感器在孔内的安装如图 5-41 所示。下接头与造斜工具连接，钻杆接头连接上部钻杆，传感器装在连接管内并在定向板上定位。在地表经钻杆用导线投入接触杆，接通传感器与地表仪器电路，定向后把接触杆提到地表。

CT-1M 定向仪的主要优点是地表仪器可指示造斜工具在孔内的三种不同位置，寻找定向位置方便；主要缺点是传感器与造斜工具随钻时，钢球和触片磨损严重，此外因传感器外径为 50mm，只能用于直径 76mm 以上的钻孔。

### 5.3.2.4 GZ-18 型定向仪

GZ-18 型定向仪为电、光指示型（光是通过电信号转换），系成都地质学院研制。可用于偏心楔、机械式连续造斜器等人工弯曲工具的定向。

（1）结构及工作原理。全套仪器由孔内传感器［图 5-42(a)］、地面控制面板［图 5-42(b)］以及导线、绞车组成。

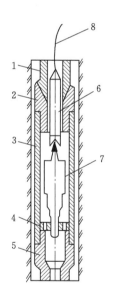

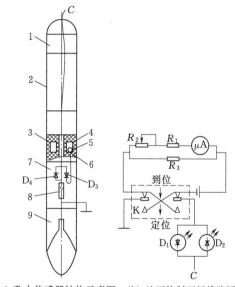

（a）孔内传感器结构示意图　（b）地面控制面板线路图

图 5-41　CT-1M 定向仪
传感器的安装

1—钻杆接头；2—管接头；3—连接管；
4—定位板；5—下接头；6—接触杆；
7—传感器；8—导线

图 5-42　GZ-18 型定向仪

1—上接头；2—加重管；3—定向管；4—定向座盘；
5—钢球；6—触片；7—干簧管室；8—干簧管；
9—斜口引鞋；$D_1$、$D_2$—发光二极管；
$D_3$、$D_4$—二极管

孔内传感器包括上接头、加重管、定向管、干簧管室、斜口引鞋等部分。定向管内装有定向座盘和敏感元件钢球，定向座盘盘面上安有触片，钢球可在定向座盘盘面上自由滚动。干簧管室内有干簧管。导线 C 分别通过二极管 $D_3$、$D_4$ 与触片和干簧管连接。传感器与造斜工具定向安装系通过连接在造斜工具上部的定向接头，定向接头体上除装有定位键外，还装有磁铁芯柱。传感器斜口引鞋滑入定位键后的位置如图 5－43 所示。

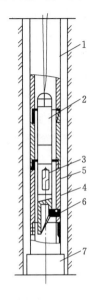

图 5－43　传感器下
入孔内的位置

1—钻杆；2—传感器；3—干簧管；4—定向接头；5—磁铁芯柱；6—定位键；7—造斜工具

地面控制面板线路主要元件为指示电信息的微安表和发光二极管 $D_1$（红色）、$D_2$（绿色），固定电阻 $R_1$、$R_3$，可变电阻 $R_2$，状态转换开关 K（用于正负极换向），直流电源。状态转换开关设有定位按键和到位按键。

定向仪的工作原理。当定向仪的传感器从钻杆内下到造斜工具上部定向接头内时，若传感器的斜口引鞋滑入定向接头的定位键，则在定向接头磁铁芯柱的磁场作用下，传感器内的干簧管簧片吸合，电路接通（图 5－42 和图 5－43）。图 5－42（b）中，状态转换开关的到位键已按下。此时 $D_1$、$D_3$ 反向截止，$D_2$、$D_4$ 正向通，绿色发光二极管 $D_2$ 亮，微安表指针偏转，表明传感器到达正确位置。之后按下状态转换开关的定位（向）按键，转动钻杆。因斜孔中钢球始终处于斜孔下邦位置，当传感器的触片转至斜孔下邦，则钢球与触片接触，电路接通，此时 $D_2$、$D_4$ 反向截止，$D_1$、$D_3$ 正向导通，红色发光二极管 $D_1$ 亮，微安表指针偏转，表明造斜工具到达定向位置（传感器的定向母线从触片引到外壳，造斜工具与传感器定向母线按计算的安装角安装）。

（2）主要技术性能。

1）外径：18mm。

2）适用钻孔顶角：＞3°。

3）定向精度：顶角＞5°时，精度＜±6°。

4）下井导线：单芯话筒软线。

5）电源电压：直流 9V。

6）传感器允许承受最大液压：6MPa；传感器重量：1.45kg。

GZ－18 型定向仪的显著特点是具有到位报信功能，当传感器的斜口引鞋未进入定向接头的定向键时，绿色发光二极管不亮；此外仪器操作不复杂，工作可靠，供电方便，耗电小。但与某些定向仪（如前述的 CT－1M 定向仪）比较，寻找定向位置还不够方便。

**5.3.2.5　偏重定向器**

偏重定向器（仪）是倾斜孔段应用十分广泛的钻前间接定向器具，其敏感元件为偏重体（偏重块或偏重锤），转换元件有钢丝-触片、电刷-环形电阻、钢球-孔眼、杆-螺旋斜体、斜口引鞋-键等。

根据偏重在定向器中的安装及结构特点，现有的偏重定向器可分为两大类：外偏重定向器和内偏重定向器。外偏重定向器的偏重是定向器外壳的重要组成部分，偏重体长而重，当造斜工具与其连接时，因重力作用产生的偏重力矩足以带动造斜工具跟随偏重体转动。即外偏重定向器属孔内自动型定向仪器，地表无需转动钻杆就可使造斜工具的面向在孔内自动到达预定的安装位置。而内偏重定向器的偏重在定向器的外壳内，偏重块小，重量轻，当造斜工具与定向器连接时，造斜工具到达预定安装位置不能依靠偏重块的偏重力矩自动带动造斜工具转动，必须靠外力。内偏重定向器实现造斜工具到达预定安装位置有两种方法：一种方法是地表转动钻杆；另一种方法是靠液压强制偏重块与定向器外壳结合，推动转换元件（定位件或导向件）去带动造斜工具转动。由于造斜工具的重量远远小于与定向器外壳连接的钻杆柱重量，因此造斜工具转动时，偏重块和钻杆柱并不转动。

根据内偏重定向器确定造斜工具安装角方法的不同，内偏重定向器有测量型和指示型两类。

外偏重定向器因实现了孔内自动定向，有定向速度快、定向时无需转动钻杆等优点。缺点是偏重体倒向斜孔下帮时要与环状间隙的冲洗液、岩粉摩擦，偏重体带动造斜工具转动时，造斜工具也要与环状间隙的冲洗液、岩粉摩擦，甚至可能与孔壁摩擦，大大降低了定向精度，此外定向器很笨重。

与外偏重定向器相比较，特别是定向时无需转动钻杆的内偏重定向器，不仅定向速度快，而且定向器轻便，其偏重块倒向斜孔下邦时不与冲洗液、岩粉摩擦，造斜工具在孔内转动是强制进行，它与冲洗液、孔壁摩擦不影响造斜工具转动到位，因而定向精度高。这类定向器的上述优点使其在比较深的钻孔也能工作。

1. 外偏重定向器

（1）用于偏心楔定向的外偏重定向器。图 5-44 是河北省地矿局第五地质队设计用于 PK-56 可取式偏心楔定向的外偏重定向器的结构。其半圆偏重体的外径为 55mm，它由长 2m、直径为 55mm 的圆钢刨制而成。偏重体的上轴装有径向轴承、双向推力轴承，以及轴承壳体、轴承套，轴承套与上接头连接，上接头再与钻杆连接。偏重体的下轴装有径向轴承、轴承套，并与定向盘连接。定向盘通过支杆上的两个小孔用沉头螺钉再与偏心楔连接。

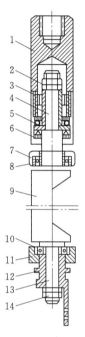

图 5-44　用于偏心楔定向
的外偏重定向器

1—上接头；2—螺帽；3、7、10—径向
轴承；4—上轴；5—双向推力轴承；
6—轴承壳体；8、11—轴承套；
9—偏重体；12—定向盘；
13—下轴；14—锁紧螺帽

为了保证悬于轴承壳体上的偏重体和偏心楔在斜孔中转动灵活，定向可靠，轴承套的外径比偏重体加大 1.8mm，避免了偏重体转到斜孔下邦时直接与孔壁摩擦。

调节定向器偏重体母线与偏心楔母线在定向器径向之间的夹角（圆周角）即安装角，可以使用定向盘。定向盘的小圆盘外圆周有刻度线，安装角数值按设计调好后，可用螺帽锁紧定向盘。

该定向器连接偏心楔用钻杆往孔内下放到接近孔底时，短时间提动，使偏心楔随偏重体一致动作，自动到达预定安装位置，偏心楔的定向便完成。之后下墩偏心楔，剪断沉头螺钉，偏心楔子留在孔内，定向器提到地表。整个过程不必向孔内送水，因此定向器没有设计冲洗液流向孔底的通道。但为了泄放钻杆内的积水，可在上接头钻两个通向外环状空间的径向孔。

上述外偏重定向器也可用于其他可取式偏心楔及固定式偏心楔的定向。用于偏心楔定向的其他型式外偏重定向器，结构与上述外偏重定向器大同小异。为了降低偏重体的长度，有的外偏重定向器采用密度大的铅偏重体。

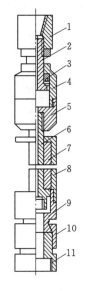

图 5－45　A30P－1 外偏
重定向器

1—上联轴器；2—短轴；3—止推
轴承；4—下联轴器；5—悬架外壳；
6—轴；7—偏重体；8—外壳；
9—轴套；10—锁紧螺母；
11—接头

（2）用于机械式连续造斜器定向的外偏重定向器。20 世纪 70 年代后期，苏联外贝加尔综合科学研究所专门研制了与 T3 型连续造斜器配用的 A30P－1 外偏重自动定向器。该定向器在孔内完成定向后与连续造斜器随钻，回次钻进结束再与造斜器一起提到地表。A30P－1 定向器结构如图 5－45 所示。

该定向器主要由偏重、调节、悬挂三部分组成。偏重部分包括偏重体（为铅块）、外壳、轴。轴的下端与连续造斜器的转子轴连接，上端与悬挂部分的悬架外壳连接。悬挂部分除悬架外壳外，还包括下联轴器、止推轴承、支承短轴、上联轴器。上下联轴器均做成凸轮状的半离合器。调整部分用于调节造斜器母线与偏重体母线之间的安装角，它由接头、锁紧螺母、轴套组成。接头与连续造斜器的定子连接。

当与 A30P－1 定向器连接的连续造斜器用钻杆往孔内下放到接近孔底时，上、下联轴器是分离的，连续造斜器和偏重部分处于悬挂自由状态。此时短时间提动，造斜器可随定向器偏重部分自动转到预定安装位置。之后将造斜器下到孔底，加轴压，上、下联轴器啮合，造斜器定子卡固。回转钻杆，扭矩和钻压均传到钻头上，造斜器进入工作状态。用 A30P－1 在孔内定向的时间平均未超过 7min。

A30P－1 定向器设计了冲洗液经定向器流向孔底的通道，保证了造斜器造斜钻进时能冲洗岩粉。

2. 液压定位内偏重定向器

液压定位内偏重定向器连接造斜工具在孔内工作时，靠液压传导和特殊机构使造斜工具到达预定安装位置，是液力指示型仪器，地表不回转钻杆。

液压传导螺旋归位内偏重定向器由吉林冶金地质勘探公司 605 队设计，可用于偏心楔定向。定向器结构如图 5－46 所示。主要部件有接头、活塞、偏重体、外壳、螺旋斜体、刻度盘和连接杆。偏重体在外壳内，上有导向键（在偏重体母线上）和顶杆，其上、下小轴有滚动轴承支承。外壳上有齿槽。螺旋斜体的螺旋只有一扣。

定向器下入孔内工作时，通过连接杆与偏心楔连接，通过接头与钻杆连接。斜孔中，偏重体处于稳定位置时，偏重体及导向键处于斜孔下帮。开泵通水后，在液压作用下，活塞推动偏重体，偏重体下移过程中，其导向键进入外壳的一个齿槽（此齿槽也就处于斜孔下帮）。与此同时，偏重体上的顶杆下行接触螺旋斜体，推动螺旋斜体做旋转运动，从而带动与连接杆连接的偏心楔扭转。当活塞下行到使顶杆到达螺旋斜体的最低点时，外壳上原被活塞遮住的通水孔打开，泵压骤然下降，表明楔子扭转到位。之后下墩偏心楔，剪断连接杆与偏心楔连接的螺钉，从孔内提出定向器。

用该定向器调节偏心楔的安装角时，可使用刻度盘，调好后用螺帽锁紧。

该定向器体积小、重量轻、结构紧凑。直径 45mm 的螺旋归位内偏重定向器，总长 658mm，重量仅 7kg。吉林冶金地质勘探公司 605 队将该定向器用于固定式偏心楔定向纠方位，取得了较好效果。

### 5.3.2.6　摆锤定向仪

摆锤定向仪也是倾斜孔段应用十分广泛的钻前间接定向仪器，其敏感元件为摆锤。摆锤可以是垂直摆或水平摆，转换元件主要采用触点-触片、触点-张丝。现用的摆锤定向仪都有孔内传感器、地面仪器、导线、绞车等基本组成部分。孔内传感器下部连接有斜口引鞋，为投入-取出式，寻找定向位置时需转动钻杆，造斜工具是否处于预定安装位置是根据孔内传感器发出的电信息在地面仪器的显示以进行判断（即属于电指示型定向仪）。

下面主要介绍国内使用的 BD-14 摆锤定向仪。

地质矿产部探矿工艺研究所研制的 BD-14 摆锤式定向仪是国内应用最广的指示型单点间接定向仪。

（1）主要特点。

1）结构简单，维修方便。

2）轻便、易于携带运输。

3）灵敏、定向可靠、定向操作方便。

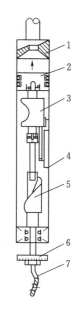

图 5-46　液压螺旋归位
内偏重定向器
1—接头；2—活塞；3—偏
重体；4—外壳；5—螺旋
斜体；6—刻度盘；
7—连接杆

4）用途广，其孔内传感器外径仅 14mm，内径较小的直径 50mm 和 42mm 普通钻杆及钻杆接头均能通过。可用于直径 56～110mm 斜孔偏心楔、机械式连续造斜器以及液动螺杆钻造斜工具的定向，国内连续造斜器的绝大多数人工弯曲都是用该定向仪定向完成。

（2）结构及工作原理。全套定向仪包括孔内传感器、导线、地表仪器，并配有定向接头、测角器、定向母线引线尺等专用附件。孔内传感器的结构如图 5-47（a）所示。其外壳上端与母线接头连接，母线接头上端与导线帽连接，外壳下端与连接杆连接，连接杆下端与斜口引鞋连接。外壳内装有两平行的触片和敏感元件摆锤组成的定向开关。摆锤下端（呈圆锥形）置于连接杆锥面上，摆锤上端（呈球形）位于两触片之间。每一触片有导电区和绝缘区两部分，两支整流二极管分别与两触片导电区焊接。外壳内装变压器油，外壳两端用 O 形密封圈密封，二极管导线引出端用密封胶密封。两平行触片的平分面与靠近触片导电区的外壳的交线为传感器的定向母线，该定向母线已被引到母线接头上。斜口引鞋表面也刻有母线，它是斜口引鞋定位槽的中线。造斜工具的安装角可调节定向母线与引鞋母线在径向的夹角，然后用调节螺母锁紧。地表仪器线路为半波整流电路。

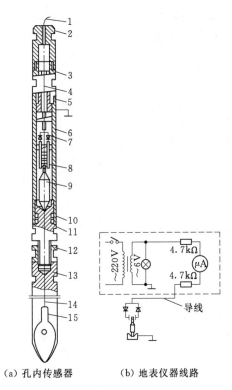

**（a）孔内传感器**　　**（b）地表仪器线路**

图 5-47　BD-14 摆锤定向仪结构示意图

1—导线；2—导线帽；3—母线接头；4—定向母线；
5—安装架；6—外壳；7—二极管；8—触片；
9—摆锤；10—密封圈；11—连接杆；
12—调节螺母；13—斜口引鞋；
14—引鞋母线；15—定位槽

仪器的工作原理（图 5-48）当孔内传感器用导线下到连接在造斜工具上部的定向接头和钻杆内时，因摆锤在连接杆的锥面上处于不稳定状态，其上端必然倒向斜孔的下帮，但摆锤球形触点受两平行触片的限制，加之球形触点与平行触片之间的间隙很小，触片又分为导电区和绝缘区。这样当地面扭转钻杆柱（相当于扭转孔内传感器）一周，球形触点在斜孔下帮与两触片便有四种不同的接触情况，这四种情况可由地表仪器微安表指针的四种指示位置和状态来判别：

1）球形触点处于两触片导电区之间，微安表指针指零。但此指零状态只能保持到传感器从触点处于两触片导电区之间开始到传感器顺时针扭转 3°左右为止。此指示状态称为短零［图 5-48（Ⅰ）］。

2）当顺时针扭转传感器大于 3°左右后，球形触点与右触片导电区接触，微安表指针指在表头右边较大电流位置，称为右导通。此导通状态可以保持传感器顺时针扭转至 90°左右［图 5-48（Ⅱ）］。

3）当传感器顺时针扭转大于 90°左右后，球形触点脱离右触片导电区进入右触片绝缘区，微安表指针回到指零位置。继续顺时针扭转传感器，球形触点脱离右触片绝缘区进入两触片绝缘区之间，然后再与左触片绝缘区接触，微安表指针都一直指零。此指零状态从大于 90°左右开始，一直保持到扭转至 270°左右为止，称为长零［图 5-48（Ⅲ）］。

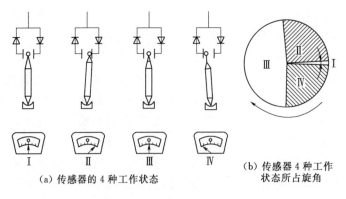

**（a）传感器的 4 种工作状态**　　**（b）传感器 4 种工作状态所占旋角**

图 5-48　BD-14 摆锤定向仪的工作原理示意图

Ⅰ—短零（定向位置）；Ⅱ—右导通；Ⅲ—长零；Ⅳ—左导通

4）当传感器顺时针扭转大于 270°左右后，球形触点脱离左触片绝缘区进入左触片导电区，微安表指针指到表头左边较大电流位置，称为左导通。此导通状态可保持到传感器扭转到 357°左右［图 5－48（Ⅳ）］。之后再继续扭转传感器，触点脱离左触片导电区，又进入两触片导电区之间的短零区域。

上述四种指示状态，短零指示为传感器的定向位置，此时传感器的定向母线处于斜孔下帮。其他三种指示状态，传感器的定向母线都不会处在斜孔下帮。

由于地表顺时针扭转钻杆（传感器）时，短零指示所占的扭转角范围远比长零指示所占的扭转角范围小，加之地表仪器指针总是按图 5－48（b）的Ⅰ、Ⅱ、Ⅲ、Ⅳ工作顺序变化和指示，因而很容易判断传感器是否处于定向位置。又由于短零指示所占的转角范围控制在 ±3°左右，所以可保持其有足够的定向精度。

（3）主要技术特性。

1）适用的钻孔顶角：3°～60°。

2）适用孔径：56～110mm。

3）定向精度：±7°。

4）下井导线：$\phi$2mm 被覆线（只用 1 根）。

5）电源电压：交流 220V。

6）传感器允许承受最大液压：10MPa。

7）传感器尺寸和重量：直径：14mm；长度：760～780mm。

8）地表仪器尺寸和重量。外廓尺寸：105mm×105mm×84mm。

（4）使用、操作、维护要点。

1）为使孔内传感器能顺利通过钻杆柱，对内径为 16～22mm 的钻杆接头，其内孔上、下端应加工成锥面。

2）下井导线（被覆线）与传感器导线引出端连接时，为防止连接处被拉开，应将单根被覆线穿过导线帽，在被覆线端部适当留出一部分后打结，然后将已打结的被覆线裸露部分与传感器母线接头引出的导线裸露部分铰接，再用绝缘胶带等包扎密封。此时由下井导线打结处承吊传感器重量。

3）造斜工具与定向接头在地表连接后，实现造斜工具的地表定向是通过地表调节传感器斜口引鞋母线与母线接头定向母线之间的夹角。根据造斜要求所计算的安装角，地表调节传感器斜口引鞋母线与母线接头上定向母线之间的夹角有两种方法：

a. 度量法。当定向接头母线（从定向接头的定位键纵向平分线引到定向接头外表面刻线）与造斜工具母线在纵向对齐时，可直接将传感器斜口引鞋母线与母线接头的定向母线之间的夹角调到计算的安装角数值。当定向接头母线与造斜工具母线在纵向未对齐有一初始扭转角时，调节传感器引鞋母线与定向母线之间的夹角必须同时考虑计算的安装角和该初始扭转角的数值。扭转角、夹角可用测角器等附件度量。

b. 仪器指示法。如图 5－49 所示，以连续造斜器的定向为例，在地表将连续造斜器倾斜放置，根据计算的安装角，将连续造斜器的滚轮和母线转到与造斜器倾斜方向成相应的安装角 $\beta$ 数值。之后将定向仪孔内传感器插到定向接头的定位键内，用手旋转传感器斜口引鞋以上的部分。当地表仪器指示短零时，停止旋转，此时用调节螺母将传感器斜口引鞋

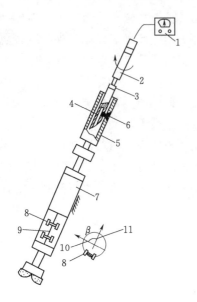

图 5-49 仪器指示法调节造斜器
安装角示意图

1—地表仪器；2—孔内传感器；3—调节螺母；
4—斜口引鞋；5—定向接头；6—定位键；
7—连续造斜器；8—滚轮；9—造斜器
母线；10—造斜器倾斜方向；
11—造斜器母线的指向

与斜口引鞋以上部分锁紧，造斜器的地表定向（即安装角）的调整完毕。这种方法无需考虑定向接头母线与造斜工具母线在纵向是否对齐，定向快，不易出错。

4）传感器下到孔内是否到位，可根据定位键上部钻杆长度与下入导线的长度是否一致来判定，也可用导线多次提动传感器后下放时导线在孔口做标记进行检验，还可在传感器下到孔内之前在斜口引鞋定位槽抹上黄油，下到孔内定向后提到地表观察斜口引鞋内的黄油是否有入位印痕。

5）传感器在孔内到位后，为保证钻杆扭转到短零定向位置的准确性，当地表仪器指示短零时，可在孔口和钻杆上同时做标记线，再按上述操作重复 1~2 次，进行校验。

6）对传感器的定向精度要经常检验，检验方法是在 JJG-1 型测斜仪校验台的夹具上夹持一扭转角量角器（图 5-50），使量角器 90°的纵向刻线（即量角器的定位线）与夹角上被固定在水平轴上的 V 形槽夹板中心线垂直相交，传感器重插入量角器的内孔。转动校验台的手轮可变换量角器和传感器的顶角。顺时针缓慢转动传感器，从量角器上即可读出传感器定向母线在地表仪器指示短零时的角度。当此读数在 353°至 7°之间（即 0°±7°），传感器的定向精度满足设计和使用要求。

7）传感器用于液动螺杆钻造斜工具定向时，如采用普通钻杆钻进不太深的钻孔，可将专用定向接头连接在液动螺杆钻具上部的弯接头上，再与钻杆连接，或者将专用定向接头直接接在液动螺杆钻具上部（此时螺杆钻具下部有弯外壳），再与钻杆连接。如采用内孔较大的绳索取芯钻杆，可另加工一内径较大的定向接头，并将井下传感器的斜口引鞋和导线帽外径加大与新的定向接头内径相适应。

8）传感器在高黏度泥浆经钻杆投放困难时，可采取以下办法。如对固定式偏心楔以及下楔和导斜钻进回次分开的可取式偏心楔，因定向后不需经钻杆通水，可将与偏心楔连接的专用定向接头下部内孔堵死，然后下钻。由于钻杆内无冲洗液，传感器可顺利地经钻杆下放，对连续造斜器等定向后需通水钻进的造斜工具，可在造斜器与定向接头之间连接一单向阀（图 5-51）。下钻时钻杆内不进冲洗液，不影响传感器的下放，钻进时冲洗液可流通，不影响造斜工具的正常钻进。

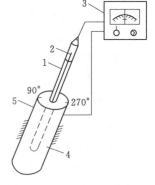

图 5-50 传感器定向精度
检验装置

1—传感器；2—定向母线；3—地
表仪器3；4—扭转角量角器；
5—量角器定位线

9）如现场工作地区采用直流电机发电，可使用交直流逆变器，将直流变为交流后再接到地表仪器，也可不用现场电源，将直流电源（如电池）转变为 6V 振荡电源，直接接在地表仪器的原变压器的输出端。

### 5.3.3 随钻测量技术

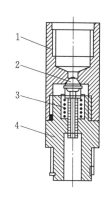

图 5-51 单向阀结构
1—上接头；2—阀芯；
3—阀套；4—下接头

随钻测量（Measurement While Drilling，简称 MWD）是随着钻进过程的进行，井眼不断延伸，在井眼延伸过程中实时的测量和传输井下的各种参数，钻井工程人员利用这些参数对钻进的全过程进行分析，从而对钻进过程进行有效控制。

MWD 可用于实时测量井眼轨迹的几何参数（井斜角、井斜方位角）、定向参数（工具面向角）、钻井工艺参数（钻压、转速、泵压等）及地层的物理性质（电阻率、伽马射线）等参数。

MWD 的组成分为三大部分：井下测量部分，包括测量各种参数的传感器；信号传输部分，包括编码器、传输部分和动力部分；地面接收部分，包括译码器、计算机、显示器、存储器和打印机等。根据信号传输途径的不同，随钻测量技术可分为有线随钻测量和无线随钻测量两种类型。

#### 5.3.3.1 有线随钻测量

有线随钻测斜仪主要用于动力钻具组合中，实现定向钻井的随钻随测，即在钻井过程中，随钻测斜仪能够实时、连续地提供和显示井下钻具工作状态和已钻井眼的井斜角和方位角数据，一般测点的位置距钻头 10～15m。有线随钻测斜仪是通过铠装电缆向地面井下测量数据，这是与 MWD 无线随钻测斜仪的主要区别之一。

目前国内外有线随钻测斜仪产品有数十种，绝大部分是单芯的铠装电缆传输数据，这类仪器主要由地面计算机、下井探管和外筒总成、司钻阅读器、打印机、电缆操作设备和辅助工具组成（图 5-52）。

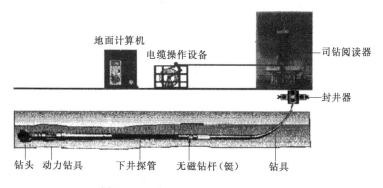

图 5-52 有线随钻施工工艺示意图

国内油田应用的有线随钻测斜仪有美国 Sperry-Sun 公司生产的 SST 和 MS3 有线随钻测斜仪、Eastman 公司生产的 DOT 有线随钻测斜仪，以及 DETA 公司和 Schlumberger 公司生产的有线随钻测斜仪，近年来，国内航天部门生产的 DST-2 型有线随钻测斜仪等。国内应用最多的是美国 Sperry-Sun 公司生产的 SST 和 MS3 有线随钻测斜仪，MS3

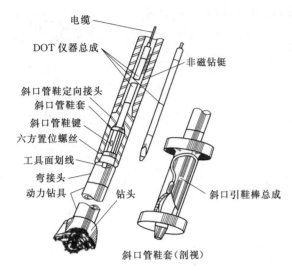

电缆

DOT 仪器总成

非磁钻铤

斜口管鞋定向接头
斜口管鞋套
斜口管鞋键
六方置位螺丝
工具面划线
弯接头
动力钻具    钻头

斜口引鞋棒总成

斜口管鞋套（剖视）

图 5-53    有线随钻井下仪器位置示意图

随钻测斜仪是 SST 随钻测斜仪的换代产品，以下主要介绍 MS3 随钻测斜仪的组成与性能。

1. MS3 有线随钻测斜仪简介

MS3 随钻测量仪器是美国 Sperry-Sun 公司 20 世纪 90 年代初生产的组合式有线随钻测斜仪（图 5-53）。整个仪器系统由带有 MS3 中间接口卡的地面计算机、恒流源、MS3 探管和下井外筒总成、司钻阅读器、TI 热敏打印机、电缆操作设备和辅助工具组成。

MS3 随钻测斜仪是利用 ESS 电子多点测斜仪的探管技术开发的一种与 SST 有线随钻测斜仪兼容的多功能测量仪器，用它可以进行单点、多点测量、定向取芯测量。将探管与一专用的传输接头连接可以组成有线随钻测斜仪器，采用单芯电缆将下井仪器和地面设备连接起来，恒流源作为特殊的电源装置，为井下探管和司钻阅读器提供电源及指令的传输通道。地面计算机可通过 MS3 中间接口卡对地面电源箱的工作进行控制。井下探管测取的井下数据再由单芯电缆传送到地面，由地面计算机进行运算和处理，并在地面计算机上实时显示或在 TI 热敏打印机上打印。

MS3 随钻测量仪器技术性能先进、适用范围广、测量精度高，是 SST 有线随钻测斜仪的换代产品，这种仪器有如下几个特点：

（1）采用单芯电缆以及配套的电缆滚筒操作设备可完成井下数据的传输和为井下仪器的供电，实现有线随钻随测，通过 TI 热敏打印机可打印出测量时间、测量井深、井斜角、井斜方位角及工具面数据，并在地面计算机和司钻阅读器上实时地显示。司钻通过司钻阅读器的显示，掌握井下动力钻具的工作状态，指导定向钻进。

（2）该随钻测量系统具有磁性参数的分析与修正功能，它可以消除来自井下钻具和地层的磁性干扰，特别适用于大斜度定向井和水平井测量。通过分析来自井下探管的地磁和重力分量数据，可以及时判断测量数据的误差原因以及确定测量的精度。

（3）地面数据处理系统采用 IBM 兼容计算机，改善了地面仪器的通用性，实现了一机多用的目的，在同一地面计算机上可以运行其他定向井、水平井软件。该测量系统所配备的 STERRING 随钻测量软件功能全、使用方便。在测量过程中，操作人员可以通过地面计算机上的数据显示了解仪器的工作情况，从而保证了仪器的测量精度和数据的可靠性。测量过程中，测量数据可以随时存盘、修改和调用。测量结束，打印机可立即打印出一份或多份经过地面计算机数据处理的随钻测量报表。

（4）除测量参数外，井下探管还向地面计算机传输仪器工作环境与工作状态数据，这些数据包括探管的环境温度、工作电流、工作电压、数据的传输率等。

（5）该测量仪器系统具有磁扫描功能，运行磁扫描子程序可以检查无磁钻铤、无磁扶正器、仪器外筒等无磁材料的磁化情况。

（6）同一根探管可以实现 ESS 电子多点测量和有线随钻测量的全部功能。

（7）地面计算机具有错误诊断功能，测量过程中，它可以检测来自井下探管、电缆或地面仪器的错误信息，并通过地面计算机或 TI 打印机显示或打印出来。

2. 仪器的组成和技术性能

MS3 有线随钻测量仪器系统（图 5-54）主要由以下部分组成：地面计算机和 MS3 中间接口卡、恒流源、MS3 探管和下井外筒总成、司钻阅读器、TI 热敏打印机、电缆滚筒设备及辅助工具。

MS3 随钻测量系统的数据传输是采用数字脉冲、时间调制、多路输出的

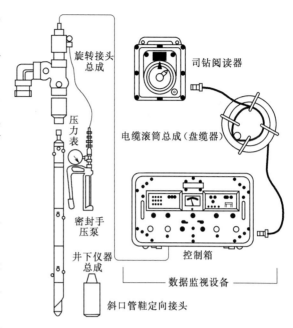

图 5-54　MS3 有线随钻测量仪器系统组成示意图

方式，这使得来自探管的测量信息，可以通过单芯电缆传输到地面仪器。在地面仪器中，这些来自探管的原始数据被送到解码电路中，并进行数字化处理。软件系统能辨认出脉冲信号传输中的时间基准，并以此基准作为原始测量数据的采集起点。

（1）地面计算机和 MS3 中间接口卡。该系统是由一台兼容 PC80286 或 PC80386 计算机和一块 MS3 中间接口卡组成。地面计算机接收来自 MS3 探管测量信息，进行数据的处理、储存并在地面计算机显示器和司钻阅读器上显示出来，测量人员可以操作计算机选择 MS3 随钻测量系统的工作方式，根据仪器的工作方式，地面计算机控制 MS3 探管和司钻阅读器的工作。

（2）恒流源。恒流源是一套特殊的电源装置，它为 MS3 探管和司钻阅读器提供电源及数据和指令传输的通道，地面计算机通过 MS3 中间接口卡对地面电源箱的工作进行控制。

（3）MS3 探管和下井外筒总成。MS3 探管是一根装有重力和磁性测量元件的井下测量仪器，它测量与井斜角和方位角有关的原始测量数据，并通过电缆传输到地面计算机进行处理，它可以以高边或磁性工具面的方式为井下钻具定向，MS3 探管内部主要由以下 5 部分组成：

1）磁通门传感器。磁通门传感器的结构像一个变压器，它是一个绕在磁棒上的线圈，当它被放在一个恒定的磁场中（例如地磁场），它会感应出该磁场的密度，将它放在一个交变的磁场里，它能测出这个交变磁场的磁场强度。

2）重力加速度计算传感器。重力加速度计传感器元件对重力场敏感，因此重力加速度计传感器可以测量出相对于重力场主、探管的角度状态以及探管上某一点相对于高边的转角，重力加速度计传感元件不受磁场的影响。

3）温度传感器。在 MS3 探管内也安装了温度传感器，探管工作温度的显示，为测量人员掌握仪器在井下的工作环境提供了数据，在高温井中测量，更需要检测探管工作温度的变化。

4）二次电源。井下探管接受来自恒流源的脉冲电流，通过二次电源产生 24V 的直流电为探管供电。

5）数据传输电路和传输接头。井下传感器输出的模拟电压信号，经过放大和模数转换后，变成数字脉冲信号并经时间调制，通过传输接头与单芯电缆连接、输出。

MS3 探管外径：35mm。

MS3 探管工作温度：125℃。

MS3 仪器的系统精度（0°～90°井斜角）：

井斜角：±0.1°；

方位角：±1.0°；

高边工具面：±1.0°；

磁性工具面：±1.0°；

探管工作温度：±2.0°。

（4）司钻阅读器。司钻阅读器是为定向司钻显示井下钻具的工具面数据和井眼井斜角、方位角数据的装置，它以液晶数字的方式显示井眼的井斜角、方位角数据，该液晶数字显示器显示 1 行 14 位数字和字母，而且以液晶模拟刻度盘的方式显示井下钻具的磁性和高边工具面数据。

司钻阅读器通过一个 RS - 232 中间接口与地面计算机系统连接，通过地面计算机的键盘指令输入，测量人员可以改变司钻阅读器的显示。

（5）TI 热敏打印机。TI 热敏打印机作为地面计算机系统的外部设备，可以为 MS3 随钻测量仪器系统提供钻进过程的数据输出打印。

（6）EPSON LX - 810 打印机。EPSON LX - 810 打印机和 TI 热敏打印机都作为地面计算机系统的外部设备，为 MS3 随钻测量仪器系统提供测量数据报表的输出打印。

（7）下井外筒总成和辅助工具。

1）下井外筒总成。MS3 探管下井测量，需要与一套外筒总成配合使用（图 5 - 55）。这套外筒总成包括一根外筒、一个探管连线接头、一个定向减振接头、一定长度的加长杆和一套定向引鞋。

下井外筒总成有 3 个主要作用：

a. 通过调整定向引鞋或定向减振

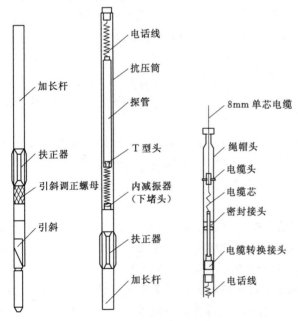

图 5 - 55　有线随钻井下仪器结构示意图

接头的角度位置，为井下动力钻具组合提供工具面的测量基准。

b. 为 MS3 探管提供一个无磁空间，以消除或减弱来自井下动力钻具组合和上部钻挺的磁干据。

c. 防止高压钻井液侵蚀损坏探管。

2）循环头及液压缸。循环头被用来代替水龙头循环钻井液，同时密封电缆（图 5－56）。

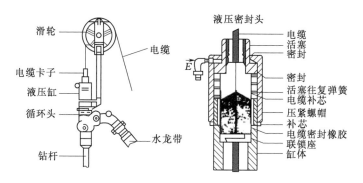

图 5－56 有线随钻电缆密封方式（循环头、液压缸）

使用循环头下入 MS3 探管及其外筒指导定向钻进，每次接单根时，都要将井下仪器起到钻杆替根里面。配合液压缸密封电缆，还需要一套手动液压泵和液压管线（图 5－57）。

3）侧入接头。使用侧入接头可以代替循环头下入仪器、密封电缆。旁通阀则作为下井钻具的一部分，上、下端螺纹均与钻杆连接，侧入接头以下的电缆在钻杆内部，而侧入接头以上的电缆在钻杆外部的环空里。电缆通过转盘时需使用特制的刨槽方补芯（图 5－58）。

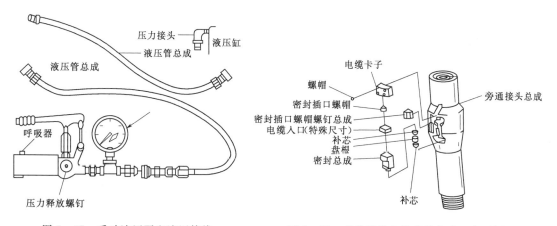

图 5－57 手动液压泵和液压管线　　　　图 5－58 有线随钻电缆密封方式（旁通阀）

4）电缆操作设备及发电机组。电缆操作设备主要是指电缆滚筒车和配套的操作设备，为了适用 MS3 随钻测量仪器的需要，电缆滚筒车上需配置液压滚筒驱动及操作系统、各种控制仪表和发电机组等。

3. 钻具组合的要求和无磁钻铤的选择

（1）钻具组合中使用定向弯接头、定向直接头与循环套。

（2）无磁钻铤的选择原则：

1）为随钻测斜仪提供无磁的测量空间，减小来自钻具的磁干扰。

2）满足钻具组合的要求（等刚度原理）。

4. 地面测试与检查

（1）仪器接通电源，不接探管，按下<SEAT>键，测电鲽路电压为0V。连接探管试验电缆，按下<SEAT>键，测探管电压为28V。连接滚筒电缆和探管，按下<SEAT>键，测探管电压为32～40V。仪器能执行TI热敏打印机的键盘指令。司钻阅读器上井斜角、井斜方位角和工具面角显示数据与A-1机架上显示的一样。

（2）下井总成检查：按电缆头、探管连线接头、外筒、可调定向减振弹簧、加长杆、定向引鞋的顺序检查外形、螺纹、密封圈检查。查电缆头时需检查电缆根部无变形、无断丝线、触头清洁、连接牢固、绝缘可靠。

（3）循环头和手压泵检查：循环头本体、螺纹无外伤，各轴承润滑活动良好，液压缸、液压管线、手压泵灵活好用。

#### 5.3.3.2 无线随钻测量

无线MWD按传输通道又可分为钻井液脉冲、电磁波、声波和光纤4种方式，其中钻井液脉冲和电磁波方式已经运用到生产实践中。

1. 钻井液脉冲无线MWD

信号发射器和地面的信号接收、处理设备一起构成了钻井液压力脉冲式MWD信号传输系统。现有的钻井液脉冲传输系统的主要区别是采用哪种处理方法来传送数据。目前使用的钻井液压力脉冲式MWD主要采用三种方式在井底将数据编码、信号传输和在地面上译码，由井内仪器执行元件控制。

信号发射器负责控制执行元件阀门，把测量结果调制成压力脉冲信号向地面传输。阀门的构造形式有开关阀和旋转阀。压力信号分正脉冲、负脉冲和连续波三种类型。正脉冲发射器的压力升和负脉冲发射器的压力降都对应二进制的"1"，反之对应"0"。连续波发射器采用旋转阀，由一个两相同步电机驱动产生固定频率的压力连续波，通过瞬时改变转速快慢得到180°的相位，相位为0°对应二进制的"0"，相位为180°对应二进制的"1"。信号接收设备主要由接收泥浆压力脉冲信号的压力传感器和后续的信号处理设备与PC机组成。

（1）正脉冲系统。

在井下仪器中（图5-59）有一个节流阀，由液压调节器操纵。执行机构根据井下仪器中传感器采集的数据经编码变换控制节流阀的开启与关闭，当阀动作时，通过钻柱的钻井液流中形成瞬间的压缩，引起立管内的压力增加。为了将数据传到地面，

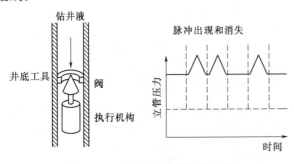

图5-59 正脉冲系统原理示意图

多次操纵阀门，产生一系列脉冲。

MWD 系统的接收部分安装在钻机主动钻杆中，其传感器可测出的压力脉冲幅值为 $0.35\sim0.70MPa$，由传感器检测出信号并由地面计算机译码。计算机首先识别出一组参考脉冲，随后是数据脉冲。通过在特定的时帧内检测有没有脉冲来对信息进行译码。然后将这个二进制码转换为十进制的结果。脉冲顺序由一个图表记录仪来监视。当译码机构发生故障时，可根据图表记录仪上的脉冲顺序进行人工译码。

带涡轮、螺杆钻具的 MWD 系统工作时，只要有钻井液在循环就能进行连续测量。用转盘钻进时，由于钻具的回转、振动等导致数据波动大，所以，应该以静态测量数据为准。

正脉冲发生器因传输速率高，在井下参数测量（特别是 LWD）中获得广泛应用。国际上的正脉冲发生器型号较多，结构与性能各异，但基本原理相同。国外的正脉冲发生器在我国应用过的有 HDS‐1、QDT 和 Gellink 等。

（2）负脉冲系统。

发送器由阀门组成，当阀打开时，使一小部分钻井液从钻柱内流向环形空间，因此，快速开闭这个阀就会引起立管中的压力下降，这可由压力传感器检测出来（图 5‐60）。为了形成压力负脉冲的信息通道，必须在管内和管外空间之间建立初始压力降。压力降消耗在水力喷射钻头的工作过程中和 MWD 系统的钻具组合中。在钻杆壁上有一个连接钻柱管内外空间的

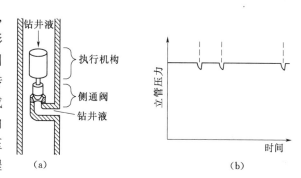

图 5‐60 负脉冲系统原理示意图

阀门，当阀门打开很短时间（$0.25\sim1.0s$）时会产生脉冲。脉冲的下降值取决于钻井泵高压管线中的压力降。水力压力脉冲的前沿坡度为 $5\sim6MPa/s$。在井内仪器中装有参数检测传感器、编码电路和由阀门和大功率线圈组成的脉冲发生机构。压力负脉冲发生器的重要特征是在钻杆壁上有一个可更换式喷嘴，它的横截面比阀门的截面积小得多。这种技术方案可减小阀门的磨损。

同正脉冲系统一样，数据脉冲前有一系列参考脉冲来建立译码过程。不同的公司，对信息的译码方法不同。在一个时帧内，或两个相继脉冲之间的时间间隔内有无脉冲是目前在用的解释负脉冲顺序的两个特点。同正脉冲系统一样，利用图表记录仪也可以人工来解释脉冲顺序。

负脉冲发生器在早期的 MWD 中应用较广，如我国引进的美 Halliburton 公司的 BGD 负脉冲 MWD（传输速率 M1）。但因负脉冲 MWD 的传输速率低，不能满足测量更多参数的需要，所以逐步被正脉冲发生器所取代。

（3）连续波系统。

不同于前两种系统，在连续波系统中不产生明显的脉冲。发送器是一个旋转的阀，该阀由一对与钻井液液流成直角的有槽的圆盘组成。其中一个是固定的，另一个是由马达驱

动的（图5-61），马达以一定速度转动，产生一个规则的连续压力变化，这实际上是个驻波。这个波作为载体将数据传送到地面。当要传送信息时，降低或提高马达的速度以便使载波的相发生变化（即反向），发出信号的相位由向调节器发出反馈信号的传感器控制，由此载波被调制成可以表示所需的数据。在发送信息的过程中，阀门以固定的频率回转，产生与高精度时间传感器同步的信号。地面设备压力传感器采集到的信号在地表接收装置中经过滤波、放大，恢复同步脉冲的次序并确定所采集信号的相位。相位位移被相敏元件及其积分电路识别出来。在接收装置上分离出同步的字，循环同步传送的字被译码。这是个比较复杂的通信系统，比前两种钻井液脉冲方法能提供更高的数据传送速度（可以达到M10），然而，它的井下和地面装备都很复杂，技术难度大，限制了它的广泛使用，目前只有Shlumberger公司（Andrill）拥有产品，并用于自己的工具系统中。连续波脉冲发生器是井下脉冲发生器的发展方向。

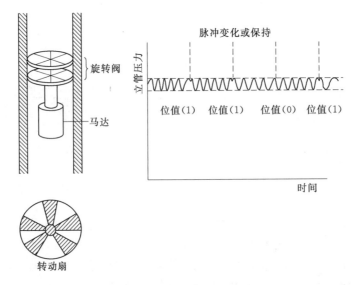

图5-61 连续波系统原理示意图

（4）钻井液脉冲信号的传输特性。

钻井液脉冲式MWD的关键技术是脉冲信号的传输，脉冲信号的传输过程是一种能量转换过程，在这一过程中，钻井液脉冲信号的传输与钻井水力学有着密切的关系，同时，信号的传输特性也受钻井液介质的影响。

1）钻井液脉冲信号的传输特性。

a. 基本方程。应用管道中一维不定常流动的运动方程和连续方程，可得到描述泥浆脉冲传输特性的基本方程：

$$\left.\begin{array}{l} \dfrac{\partial V}{\partial t}+V\dfrac{\partial V}{\partial x}+g\dfrac{\partial H}{\partial x}+\dfrac{FV|V|}{2D}=0 \\[2mm] \dfrac{\partial H}{\partial t}+V\dfrac{\partial H}{\partial x}+V\sin\alpha+\dfrac{a^2}{g}\dfrac{\partial V}{\partial x}=0 \end{array}\right\} \tag{5-63}$$

式中：$H$ 为能量水头，m；$V$ 为泥浆流速，m/s；$\alpha$ 为井斜角，(°)；$f$ 为沿程损失系数；$x$ 为管路轴向坐标，m；$t$ 为时间，s。

这是一组双曲型偏微分方程组，求解这类定解问题的一种典型方法是特征线法。由于管道中的扰动将同时向上游和下游方向传播，所以钻柱中的泥浆脉冲将产生前行波和反行波。同时，钻柱中的流动参数也是前行波和反行波的叠加。

$$C^+ : \begin{cases} \dfrac{\mathrm{d}x}{\mathrm{d}t} = V + a \\[2mm] \dfrac{\mathrm{d}H}{\mathrm{d}t} + \dfrac{a}{g}\dfrac{\mathrm{d}V}{\mathrm{d}t} + V\sin\alpha + \dfrac{faV|V|}{2gD} = 0 \end{cases} \quad (5-64)$$

$$C^- : \begin{cases} \dfrac{\mathrm{d}x}{\mathrm{d}t} = V - a \\[2mm] \dfrac{\mathrm{d}H}{\mathrm{d}t} - \dfrac{a}{g}\dfrac{\mathrm{d}V}{\mathrm{d}t} - V\sin\alpha - \dfrac{faV|V|}{2gD} = 0 \end{cases} \quad (5-65)$$

式（5-64）和式（5-65）中的第一式分别称为 $C^+$ 和 $C^-$ 特征线方程，第二式分别称为 $C^+$ 和 $C^-$ 特征线上的相容性方程。

至此，原来求解一维不定常流动的问题已转变成在 $x$—$t$ 平面上沿特征线求解常微分方程的问题。并且，没有任何数学上的近似处理。

b. 求解方法。对沿特征线的相容性方程进行数值求解时，首先需要用特征线网格来离散方程。如果把管道沿其长度方向分成 $n$ 段，其段长为 $\Delta x$，取时间步长 $\Delta t = \Delta x/a$，且认为波速 $a$ 为常数，那么在 $x$—$t$ 平面上就可得到矩形计算网格，并且网格的对角线恰好是特征线，如图 5-62 所示。

显然，$\Delta x$ 选得越小，计算精度就越高，但耗费的计算时间也越长。当 $\Delta x$ 选定后，时间步长 $\Delta t$ 的选取就不能随意了，它的选取必须满足稳定性准则。

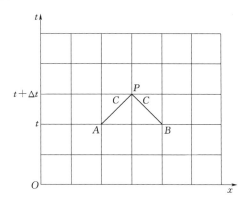

图 5-62　$x$—$t$ 平面上的矩形网格

求解时，如果沿特征线对流量 $Q$ 采用一阶逼近，则有式（5-66）。

$$\left.\begin{aligned} H_p &= \frac{C_p^* + C_M^*}{2} \\[2mm] Q_p &= \frac{C_p^* - C_M^*}{2B} \end{aligned}\right\} \quad (5-66)$$

其中

$$C_p^* = H_A + (B - U^*)Q_A \quad R^* Q_A|Q_A|$$

$$C_M^* = H_B - (B - U^*)Q_B + R^* Q_B|Q_B|$$

$$U^* = \frac{\Delta x \sin\alpha}{\alpha A}$$

$$R^* = \frac{f\Delta x}{2gDA^2}$$

$$B = \frac{a}{gA}$$

可见，新时刻计算点 $P$ 的参数可由其相邻计算点 $A$ 点和 $B$ 点前一时刻的参数确定。

当黏性效应所引起的能量损失较大时，采用一阶近似将会影响计算精度，甚至会导致解的不稳定性。这时就需要采用二阶近似，此时有式（5-67）。

$$H_p = C_p - T_A Q_p - R Q_p |Q_p| \;\Big\}$$
$$H_p = C_M + T_B Q_p + R Q_p |Q_p| \;\Big\}$$

$$(5-67)$$

其中
$$C_p = H_A + (B-U)Q_A - R Q_A |Q_A|$$
$$C_M = H_B - (B-U)Q_B + R Q_B |Q_B|$$
$$T_A = B + U_A , \quad T_B = B + U_B$$
$$U = \frac{U^*}{2} , \quad R = \frac{R^*}{2}$$

这是一个非线性方程组，可以采用迭代法求解。

c. 实例分析。某 3000m 直井，采用 8.5 英寸井眼和 5 英寸钻杆；泥浆密度为 1200kg/m³，泥浆排量为 28L/s，泥浆黏度 5mPa·s；钻头水眼 2×8mm+13mm，流量系数 0.95；泥浆脉冲的传输速度为 1200m/s。如果在立管上安装一分支管路，并通过该分支管路分别向钻柱内增加或减少相同的泥浆流量，使钻柱内产生相应的正脉冲和负脉冲，试分析泥浆脉冲信号的传输特性。

该算例在井口采用聚合流和分散流的方式，使钻柱内产生正脉冲和负脉冲，进而研究泥浆脉冲信号从井口到井底的传输过程。应用本节的理论模型，可得出如图 5-63、图 5-64 所示的分析结果。图中的"压力"是指表压、位置水头压力和速度水头压力之和。

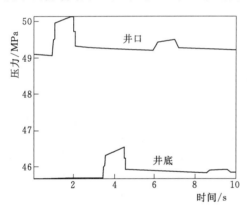
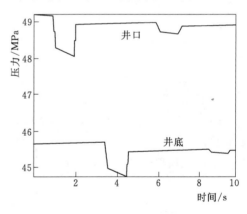

图 5-63　正脉冲信号　　　　　　　　图 5-64　负脉冲信号

通过分析，可以得到以下几点认识：

a）井底与井口的压力信号存在一个延迟时间，该延迟时间就是泥浆脉冲的传输时间。本例中的延迟时间为 2.5s。

b）泥浆脉冲的传输过程是一种能量转换过程。由于存在泥浆的黏性阻力和管路系统的弹性变形，泥浆脉冲在传输过程中存在着明显的衰减。

c）在泥浆脉冲发生过程中，如果没有能量损失，将产生一个矩形波信号；当考虑泥浆的黏性阻力时，信号的波峰（或波谷）将变为一条斜线，并且在信号发生的前后，存在明显的能量损失。

d）在边界（如钻井泵、钻头）处，泥浆脉冲将产生反射，在管路中往复传播形成振荡波，并逐渐衰竭。

e）对于正脉冲信号，波峰处斜线的斜率为正。所以，当脉冲信号过后，管路系统中的压力将高于该点处的原始压力（负脉冲信号与之相反）。随着流动逐渐趋于稳定，其压力也将逐渐恢复到原始压力，如图 5-65 所示。

2）浆脉冲信号的传输速度及其影响因素。在泥浆脉冲传输系统中，信号的传输速度是一个基本参数。然而，泥浆中含有黏土、岩屑、重晶石粉等固相物质，并且往往存在着游离状态的气体而形成气泡，从而增加了问题的复杂性。中国石油勘探开发研究院刘修善、苏义脑在研究中综合考虑这些因素的影响，提出了泥浆脉冲传输速度的计算模型。该模型比较符合钻井工程实际，对正、负泥浆脉冲信号都是适用的。

泥浆中含有黏土、岩屑、重晶石粉等固相物质，并且往往存在着游离状态的气体，形成气泡。它们将对泥浆脉冲信号的传输速度产生一定的影响。

泥浆中的固相颗粒可认为是充分悬浮的，因此属于伪均质流。而含气量通常是很小的。虽然泥浆的流动属于气、液、固三相流，但它们的流速基本一致，所以可按单向流来处理。

从前面的分析知，信号的传播速度 $a$ 主要取决于系统的弹性模数。为了研究系统的表观体积弹性模数，现分析如图 5-66 所示的容器。容器的右端有一活塞，容器中液体的体积为 $\overline{V_l}$，气体所占的体积为 $\overline{V_g}$，固体所占的体积为 $\overline{V_s}$，其压力为 $p$。

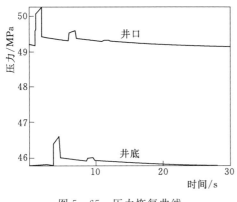

图 5-65　压力恢复曲线

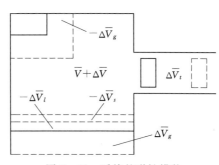

图 5-66　系统的弹性模数

根据混合物的总体积，可以得到混合物密度的计算公式：

$$\left.\begin{array}{l}\overline{V}=\overline{V_l}+\overline{V_g}+\overline{V_s}\\ \rho=(1-\beta_g-\beta_s)\rho_l+\beta_g\rho_g+\beta_s\rho_s\end{array}\right\} \qquad (5-68)$$

式中：$\rho_l$ 为液体的密度，$g/cm^3$；$\rho_g$ 为气体的密度，$g/cm^3$；$\rho_s$ 为固体的密度，$g/cm^3$；$\beta_g$ 为体积含气率，%；$\beta_s$ 为固体的体积浓度，$mg/L$。

假设活塞向左侧推进的体积为 $\Delta\overline{V_t}$，从而使容器中的压力增至 $p+\Delta p$，此时，液体、气体和固体的被压缩量分别为 $-\Delta\overline{V_l}$、$-\Delta\overline{V_g}$ 和 $-\Delta\overline{V_s}$（因体积的变化量用正值表示），而容器膨胀出的体积记为 $\Delta\overline{V_c}$。于是有

$$\Delta\overline{V_t}=-\Delta\overline{V_l}-\Delta\overline{V_g}-\Delta\overline{V_s}+\Delta\overline{V_c} \qquad (5-69)$$

式中：$\Delta\overline{V_t}$ 为活塞左边体积的表观变化量，即活塞左移扫过的容积，而不是活塞左边流体体积的实际变化量，因为 $\Delta\overline{V_c}$ 并不能使流体的体积发生变化。

因此，系统的表观体积弹性模数 $K_e$ 可定义为

$$\frac{1}{K_e} = \frac{\Delta \overline{V}_t}{\Delta \overline{p} \overline{V}_t} = \frac{\overline{V}_l}{\overline{V}_t} \left( -\frac{\Delta \overline{V}_l}{\Delta \overline{p} \overline{V}_l} \right) + \frac{\overline{V}_g}{\overline{V}_t} \left( -\frac{\Delta \overline{V}_g}{\Delta \overline{p} \overline{V}_g} \right) + \frac{\overline{V}_s}{\overline{V}_t} \left( -\frac{\Delta \overline{V}_s}{\Delta \overline{p} \overline{V}_s} \right) + \frac{\Delta \overline{V}_c}{\Delta \overline{p} \overline{V}_t} \quad (5-70)$$

由于，液体、气体、固体和管道的体积弹性模数分别为

$$K_l = -\frac{\Delta \overline{p} \overline{V}_l}{\Delta \overline{V}_l}, K_g = -\frac{\Delta \overline{p} \overline{V}_g}{\Delta \overline{V}_g}, K_s = -\frac{\Delta \overline{p} \overline{V}_s}{\Delta \overline{V}_s}, K_c = -\frac{\Delta \overline{p} \overline{V}_t}{\Delta \overline{V}_c} \quad (5-71)$$

式中：$K_c$ 为管道的体积弹性模数，它表示管道在实际约束条件下所表现出的体积弹性模数。所以有

$$\frac{1}{K_e} = \left( \frac{1}{K_c} + \frac{1}{K_l} \right) + \beta_g \left( \frac{1}{K_g} - \frac{1}{K_l} \right) + \beta_s \left( \frac{1}{K_s} - \frac{1}{K_l} \right) \quad (5-72)$$

管道的体积弹性模数 $K_c$ 可认为主要是由其变形所产生的。所以由式（5-65）和式（5-71），可得

$$\frac{\Delta A}{A} = \frac{\Delta p D}{Ee} \psi$$

$$K_c = \frac{\Delta p \overline{V}_t}{\Delta \overline{V}_c} = \frac{\Delta p A}{\Delta A} = \frac{Ee}{\psi D} \quad (5-73)$$

在钻探工程中，钻杆和钻铤都应属于厚壁管，根据 E. B. Wylie 等人的研究，厚壁管 $\psi$ 的值确定方法如下：

$$\psi = \begin{cases} \dfrac{1}{1+\dfrac{e}{D}} \left[ \left( 1-\dfrac{\mu}{2} \right) + 2\dfrac{e}{D}(1+\mu)\left( 1+\dfrac{e}{D} \right) \right], & \text{仅上游端固定} \\[3mm] \dfrac{1}{1+\dfrac{e}{D}} \left[ (1-\mu^2) + 2\dfrac{e}{D}(1+\mu)\left( 1+\dfrac{e}{D} \right) \right], & \text{全管固定} \\[3mm] \dfrac{1}{1+\dfrac{e}{D}} \left[ 1+2\dfrac{e}{D}(1+\mu)\left( 1+\dfrac{e}{D} \right) \right], & \text{管子不受轴力} \end{cases} \quad (5-74)$$

不难看出，当 $e/D \rightarrow 0$ 时，厚壁管的 $\psi$ 值就退化成了相应的薄壁管计算公式。通常，薄壁管与厚壁管的分界线大约为 $D/e = 25$。

将式（5-74）代入式（5-73），得

$$\frac{1}{K_e} = \frac{1}{K_l} \left[ 1 + \psi \frac{K_l D}{Ee} + \beta_g \left( \frac{K_l}{K_g} - 1 \right) + \beta_s \left( \frac{K_l}{K_s} - 1 \right) \right] \quad (5-75)$$

因此，泥浆脉冲信号的传输速度为

$$a = \sqrt{\frac{K_e}{\rho}} = \sqrt{\frac{K_l/\rho}{1 + \psi \dfrac{K_l D}{Ee} + \beta_g \left( \dfrac{K_l}{K_g} - 1 \right) + \beta_s \left( \dfrac{K_l}{K_s} - 1 \right)}} \quad (5-76)$$

气体的体积弹性模数可取为 $K_g = mp$。此处，$m$ 为气体的比热容比，$p$ 为气体所承受的压力。

上述分析都是基于正脉冲的，此时流体的体积被压缩，管道膨胀。而负脉冲时的情形恰好相反，它将使管道收缩。所以，对于负脉冲信号，反映管路支承及弹性的因子（分母中的第二项）应取负值。即

$$a = \sqrt{\frac{K_l/\rho}{1 \pm \psi \frac{K_l D}{Ee} + \beta_g \left(\frac{K_l}{K_g} - 1\right) + \beta_s \left(\frac{K_l}{K_s} - 1\right)}} \qquad (5-77)$$

式中：对于正脉冲信号，取"$+$"号；对于负脉冲信号，取"$-$"号。

由式（5-77）可以看出，泥浆脉冲的传输速度与以下参数有关：

a. 流体的组成：体积含气率 $\beta_g$、固体的体积浓度 $\beta_s$。

b. 流体的性质：液体的体积弹性模数 $K_l$、气体的体积弹性模数 $K_g$、固体的体积弹性模数 $K_s$、液体密度 $\rho_l$、气体密度 $\rho_g$、固体密度 $\rho_s$。

c. 管道特性：管材的弹性模数 $E$、管材的泊松比 $\mu$、径厚比 $D/e$。

d. 环境参数：管道的支承情况、管道中的压力 $p$ 和温度 $t$。

e. 脉冲类型：正脉冲、负脉冲。

在常规的石油钻井条件下，除管道特性、管道的支承情况以及有限的脉冲类型外，其他参数都有可能在较大的范围内发生变化。

在下面的分析中，采用了以下基本参数：5 英寸（12.7cm）钻杆（外径 127mm，内径 108.6mm）；钻杆内的平均压力 $p=30$MPa、平均温度 $t=60$℃；管材的泊松比 $\mu=0.3$；气体的比热容比 $m=1.2$；管材和固体的弹性模数分别为 $E=2.1\times10^5$MPa 和 $K_s=1.618\times10^4$MPa；固体密度 $\rho_s=2660$kg/m³；对于水基泥浆，$K_l=2.04\times10^3$MPa，$\rho_s=1000$kg/m³；对于油基泥浆，$K_l=1.5\times10^3$MPa，$\rho_s=870$kg/m³。

a. 泥浆密度的影响。由式（5-68）可以看出，混合物的密度与各组分的含量和密度有关。液体密度 $\rho_l$ 主要取决于泥浆类型（水基还是油基），气体密度 $\rho_g$ 取决于管道中的压力和温度，固体密度 $\rho_s$ 还要取决于固相物质中各种组分（黏土、岩屑、重晶石粉等）的含量和密度。当然，液、气、固各组分的含量还对流体的压缩性产生影响。总之，随着泥浆密度的提高，通常泥浆脉冲的传输速度是降低的，如图 5-67 所示。

b. 含气量的影响。含气量对流体密度的影响很小，甚至可以忽略不计，但对流体的压缩性有很大影响。研究表明：泥浆脉冲的传输速度对含气量比较敏感，随着含气量的增加，传输速度下降，如图 5-68 所示。

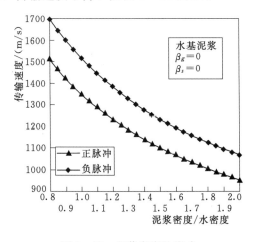

图 5-67 泥浆密度的影响

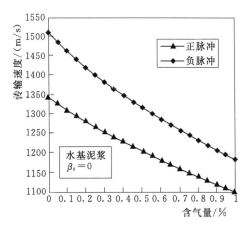

图 5-68 含气量的影响

c. 固体浓度的影响。与气体相反，固体浓度对流体密度的影响较大，但对流体压缩性的影响相对较小。理论上，如果固体浓度只对流体的压缩性产生影响，而流体的密度保持不变，则随着固体浓度的增加，传输速度是增大的；如果固体浓度只对流体密度产生影响，而流体的压缩性保持不变，则随着固体浓度的增加，传输速度是减小的；如果固体浓度对流体密度和压缩性的影响基本相当，则固体浓度对传输速度将没有明显的影响。实际上，固体浓度对流体的密度和压缩性都有影响，而影响的相对程度取决于固体和液体之间密度和压缩性的差异程度，如图 5-69 所示。

d. 泥浆类型的影响。泥浆通常分为水基和油基两大类。由于水基泥浆的压缩性较小（体积弹性模数较大），所以，对于相同的脉冲类型其传输速度高于油基泥浆，如图 5-70 所示。

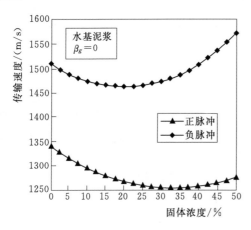

图 5-69　固体浓度的影响

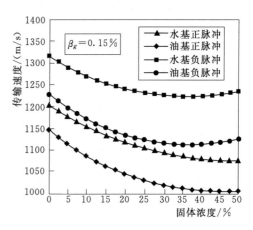

图 5-70　泥浆类型的影响

e. 径厚比的影响。径厚比只对管道的特性和支承情况产生影响，即式（5-77）中的

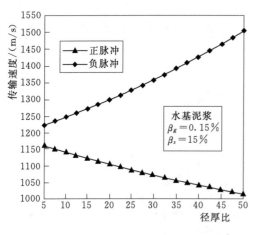

图 5-71　径厚比的影响

$\psi \dfrac{K_l D}{Ee}$。由于该项对于正、负脉冲信号时的取值符号相反，所以对于正脉冲，随着径厚比的增加，传输速度降低；而对于负脉冲，其传输速度将随着径厚比的增大而提高，如图 5-71 所示。

f. 脉冲类型的影响。对于正脉冲，流体的体积被压缩，管道膨胀。而负脉冲时的情形恰好相反，它使流体的体积膨胀，管道收缩。所以，负脉冲信号的传输速度高于正脉冲信号，如图 5-67～图 5-71 所示。

**2. 电磁波无线 MWD**

电磁波无线 MWD 的工作原理如图 5-72 所示，发射机将井下传感器测量的信息调制激励到用特殊工艺绝缘的上下钻柱之间，信号经由钻柱、套管、钻井介质、地层构成的信息通道传输到地面，地面接收系统通过测量地面两点之间的电位差的变化获得相关信息，指导工程施工。

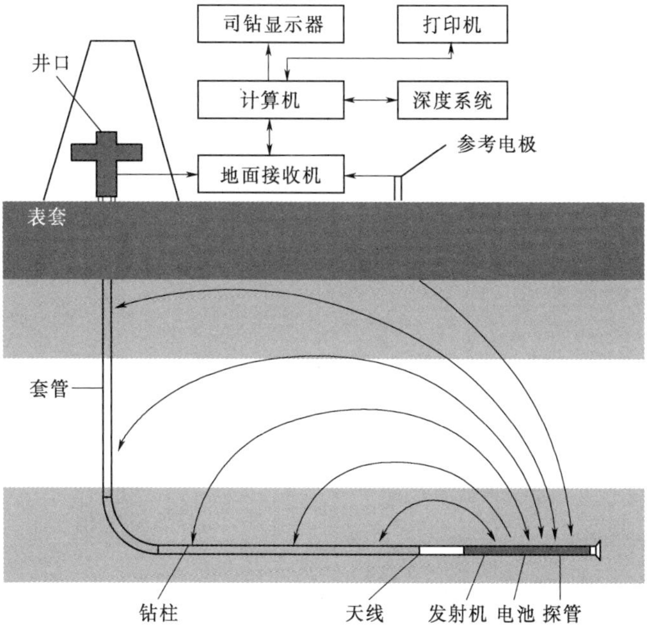

图 5-72　电磁波 MWD 的工作原理图

电磁波 MWD 的主要技术特点如下：①信息以电磁波的形式传输，受钻井介质影响小；②井下没有活动部件，可靠性高；③仪器结构形式对传输率选择限制少，传输率选择更灵活；④不受钻井循环和开停泵的限制，可连续传输信息节省钻井时间；⑤传输深度受地层电阻率影响较大；⑥结构简单，装卸方便；⑦容易实现双向通信。

俄罗斯生产的 ZTS 系列电磁波 MWD，通过电磁通道接收来自井底遥测系统的数据以实现钻井工艺参数监测。该系统具有发射信息量大，信号传递速度快、可扩展性强、结构简单、组装方便等优点。下面对其系统组成、工作原理及技术参数进行介绍。

（1）ZTS 系统组成。

ZTS 系列电磁波随钻测量系统由井下仪器（测量和发射）、地面仪器（接收和处理）及操作软件三大部分组成。

1）井下仪器。井下仪器包括：

a. 涡轮发电机总成（包括涡轮发电机、发电机保护罩、流体加速器和过滤器）。涡轮发电机通过泥浆循环发电，用于向监测井底参数的遥测系统供电，保证井下仪器正常工作。涡轮发电机包括带绕组的定子和外壳，其中定子为轴向静止状态，而外壳起转子的作用。在外壳中，固定了为建立磁场和在定子绕组上产生电动势的磁铁。

b. 探管（由几何参数测量短节即测斜仪短节、辅助参数及数据处理电源短节即电阻率或伽马加数据处理电源短节）。探管用于井底偏斜器的定向及井底连续测量，它的应用条件是所钻地层中没有磁性异常。探管通过电磁通道完成信息的传送。探管主要包括：散热器、保护罩、减振器、测斜模块、接触器。上述单元布置在金属保护罩里。保护罩由密封件和借助电解质相互隔开的隔离层组成。

c. 电磁波发射短节。

d. 保护总成。

e. 隔离器。使井内钻具中有一段不导电的区段能作为偶极子天线，以便探管内仪器通过发射器-散热器装置把信息发送到地面。隔离器由无磁外管及隔离层组成，无磁外管的管内装有带第二层保护管的探管。在无磁外管上有外槽，可用于卡瓦、钳子等工具夹持，还有用塑料包覆的隔离层。

f. 无磁钻铤。

2）地面仪器。地面仪器如图 5-73 所示，包括：

a. 地面信号接收装置。

b. 天线。

c. 司钻显示器及司钻接口箱。

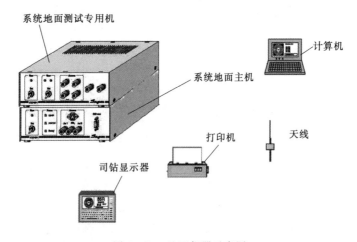

图 5-73 地面仪器示意图

d. 计算机。

e. 打印机。

地面信号接收装置用于接收来自井下仪器的信息，并把它转换成计算机能识别的数据。地面信号接收装置采用独立的轻便式机箱结构设计。机箱由外壳、面板和背板三部分组成，其外壳由二块Ⅱ形板构成。在机箱的下板上固定着带电源、微处理机和模-数转换器的印刷电路板。

在机箱的面板上装有电源开关、显示工作状态的指示灯、天线接线柱和与计算机COM 口相连的 2PM14 插口。在机箱的背板上装有电源保险管（1A）、接地保护端子和2PM14 数据输入插头。

3）操作软件。本系统带有操作软件一套，主要用于读取地面系统主机所接收的数据（井斜、方位角、工具面、电阻率、伽玛等地球物理参数），并根据数据准确描绘钻井钻进轨迹曲线，以便工程师分析判断是否与设计轨迹曲线相吻合。

（2）ZTS 系统工作原理。

ZTS 系列电磁波随钻测量系统的工作原理为：涡轮发电机通过泥浆循环发电后向井下仪器总成供电，启动仪器工作；井下仪器工作正常后将采集到的井斜、磁方位、工具面、泵转速等参数通过地层发射到地面，地面接收天线接收信号并传递给地面接收装置；地面接收装置对信号进行预放大并通过 RS-232 串口传递给计算机，计算机准确描绘钻井钻进轨迹曲线供工程师实时分析判断所绘曲线是否与设计轨迹曲线相吻合，从而采取相应措施。

ZTS 系列电磁波随钻测量系统工作原理示意图如图 5-74 所示。

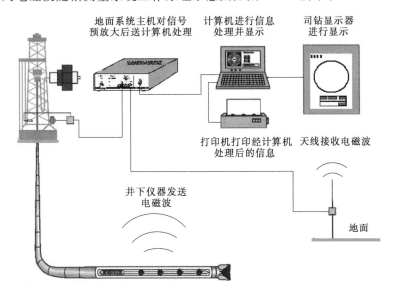

图 5-74 ZTS 系列电磁波随钻测量系统工作原理示意图

（3）ZTS 系统技术特性。

表 5-3　　　　　　　　　　测 量 范 围 及 精 度

| 测量项目 | 范　围 | 精　度 | 测量项目 | 范　围 | 精　度 |
|---|---|---|---|---|---|
| 井斜角/(°) | 0～120 | ±0.1 | 重力高边/(°) | 0～360 | ±1（井斜≥4.5） |
| 磁方位角/(°) | 0～360 | ±1（井斜≥6） | 电阻率/(Ω·m) | 0～200 | 实际值的±10% |
| 磁工具面/(°) | 0～360 | ±1.5（井斜<4.5） |  |  |  |

ZTS 系列电磁波随钻测量系统的技术特性包括测量范围及精度、工作环境参数、物理参数等三方面。

1）测量范围及精度。ZTS 系列电磁波随钻测量系统的测量范围及精度见表 5-3。

2）工作环境参数。ZTS 系列电磁波随钻测量系统的工作环境参数见表 5-4。

表 5-4　　　　　　ZTS 系列电磁波随钻测量系统的工作环境参数

| 项　　　目 | 参　　数 | 项　　　目 | 参　　数 |
|---|---|---|---|
| 工作温度范围/℃ | −40～+125 | 地层最小电阻率/(Ω·m) | ≥1 |
| 外保护筒最高承压/MPa | 100 | 最大抗拉抗压载荷 | 不低于螺杆钻具 |
| 泥浆泵排量范围/(L/s) | 172（25～60） | 最大扭矩 | 不低于螺杆钻具 |
|  | 108（7～20） | 系统可达到的最大垂直工作深度/m | 6000 |
| 泥浆含砂量/% | <3F.S | 钻孔最小弯曲率 | 108、172 [1 (°)/m]，$R=57.3$m |

# 5.4　定向钻具结构和工作原理

## 5.4.1　概述

在定向孔施工中，为了实现钻孔轨迹尽可能沿着设计轨迹钻进的目的，在钻进过程中需要对钻孔的前进方向进行实时控制（也称为钻孔轨迹控制）。因此，需要借助一些孔内的定向钻具来实现。定向钻具主要包旋转钻进定向钻具和滑动钻进定向钻具。

旋转钻进定向钻具包括偏心楔、射流钻头、下部钻具组合（BHA）、导向式螺杆钻具等，其工作特点是在钻进过程中，孔内钻具带动钻头沿造斜工具确定的方向旋转钻进。

1. 偏心楔

偏心楔是利用其倾斜楔面在钻压的作用下使钻头被迫吃进井壁，逐渐改变钻进方向从而实现造斜。它是早期的造斜工具，由于工艺复杂，现在仅用于套管内开窗侧钻或用于不宜用孔底动力钻具的钻孔。

2. 射流钻头

钻头上安放 1 个大喷嘴、2 个小喷嘴。造斜时，先定向，开泵循环，靠大喷嘴射流冲击出斜孔，再用钻头扩孔，反复操作，直至完成造斜，此工具仅适用于较软的地层和缺少井下动力钻具的情况。

3. 下部钻具组合（BHA）

此类工具不能用于造斜，仅用于对已有一定斜度的井眼进行增斜、降斜或稳斜。此类工具是在转盘钻进的基础上，利用靠近钻头的钻铤部分，巧妙地利用扶正器，得到各种性能的钻具组合。

BHA 钻具造斜原理是由钻头、钻铤、钻杆、扶正器组成的钻柱入孔前处于自由状态，入孔后在弯曲钻孔和钻压作用下钻柱弯曲并受到扶正器（支点）及孔壁的限制，从而使钻头对孔壁产生斜向力。此外，钻头轴线与钻孔轴线不重合，从而产生对孔壁的横向破碎和对孔底的不对称破碎，这就保证钻孔朝一定方向偏斜一定角度，从而达到变斜的目的。

滑动钻进是指在钻进过程中依靠井下动力钻具带动钻头旋转破碎岩石，而钻具本身不旋转，只做滑动前进。滑动钻进定向钻具包括弯接头＋动力钻具、弯外壳螺杆钻具和偏心垫块三种：

（1）弯接头＋动力钻具。弯接头接在动力钻具和钻铤之间。弯角越大，造斜率越高。弯曲点以上的刚度越大，造斜率越大。弯曲点至钻头的距离越小，且重量越小，造斜率越高。钻进速度越小，造斜率越高。此外，造斜率的大小还与井眼间隙、地层因素、钻头结构类型有关。

（2）弯外壳螺杆钻具（弯外壳）。将动力钻具的外壳做成弯曲形状，比弯接头的造斜能力更强。

（3）偏心垫块。在动力钻具壳体的下端一侧加焊一个"垫块"或加装一个偏心扶心器，垫块的偏心距高度越大，造斜率越大。

目前我国主要以孔底动力钻具作为定向钻进工具，其主要分为涡轮钻具、螺杆钻具和电动钻具三种。不论是哪种钻具其工作特点都是在钻进过程中，动力钻具的外壳及其上部的钻柱不旋转只滑动钻进，以利于定向造斜。只有动力钻具的主轴带动钻头旋转破岩，形成井眼。目前，我国常用螺杆钻具。

### 5.4.2　螺杆钻具的结构

螺杆钻具主要由旁通阀总成或代用接头、防掉总成、螺杆钻具总成（定子、转子）、万向轴总成（万向轴、万向轴壳体）和传动轴总成组成，如图 5-75 所示。

图 5-75　螺杆钻具结构图

1—接头；2—旁通阀；3—防脱悬挂螺帽；4—螺杆马达定子；5—螺杆马达转子；
6—万向联轴节；7—外壳；8—传动轴；9—轴承；10—驱动轴外管

#### 1. 旁通阀总成

旁通阀总成（By-pass Valver Assembly）位于螺杆钻具的上方，它由阀体、阀芯、阀套、弹簧和旁通孔组成。

在阀芯上下压差及弹簧的作用下阀芯在阀套中滑动，通过阀芯的运动改变钻井液的流向，使旁通含辛茹苦有旁通和关闭两个状态，如图 5-76 所示。在起钻、下钻作业过程中（停泵）或钻井液流量过小时，在弹簧力的作用下，阀芯让开旁通孔、旁通阀处于旁通状态［图 5-76（a）］，使钻柱中的钻井液直接流入环空；当钻井液流量和压力达到标准设定值时（开泵），流经阀芯的钻井液在阀芯的上下两端产生压差，迫使阀芯压缩弹簧而下移，关闭旁通阀孔［图 5-76（b）］，此时钻井液流经螺杆钻具，把钻井液的压能转变成机械能。

#### 2. 螺杆马达总成

螺杆钻具总成（Motor Assembly）由定子和转子组成，如图 5-77 示。定子是在钢管

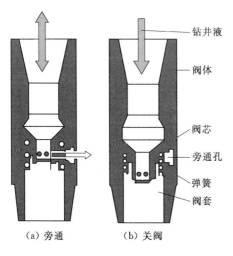

（a）旁通　　（b）关阀

图 5-76　旁通阀结构示意图

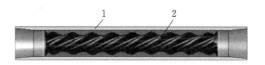

图 5-77　螺杆马达总成

1—定子；2—转子

内壁上压注橡胶衬套（丁腈橡胶）而成，橡胶内孔是具有一定几何参数的螺旋形。转子是一根经过特殊工艺加工而成的耐磨、抗腐蚀性好的左旋螺杆。螺杆钻具转子和定子在某一横截面上的啮合关系如图 5-78 所示。根据螺杆钻具线型理论研究结论可知，转子线型和定子线型是一对摆线类共轭曲线副，转子与定子相互啮合，利用两者的导程差形成螺旋密封线，同时形成密封腔。由于方向轴约束转子孤轴向运动，在高压钻井液流经螺杆钻具副时，各密封腔内不平衡的水压力则驱动转子作平面行星运动，密封腔沿着轴向移动，不断地生成与消失，完成能量的转换，这就是螺杆钻具总成的基本工作原理。

（1）定子。定子（Stator）按照橡胶材质的耐温程度可分为常温型（95～120℃）和高温型（105～150℃）两种。为了保证螺杆钻具的密封效果，应合理地选择转子与定子之间的配合尺寸。

（2）转子。常规转子是一根表面镀有耐磨材料（铬）的钢制螺杆，其上端是自由端，下端与万向轴相连。将转子加工成带合金喷嘴的中空结构称为中空转子，中空转子（图 5-79）可以增加钻头的水马力和钻井液的上返速度。螺杆钻具的总流量等于流经螺杆钻具密封腔内的流量和流经转子喷嘴的流量之和，每种规格的螺杆钻具都有其推荐的最大流量值。若流量过大，则转子会超速运转，定子和转子会先期损坏；若流量过小，螺杆钻具将停止转动。因此在选择转子喷嘴时，要确保螺杆钻具密封腔内的流量始终大于或等于最小推荐流量值，这样才能使螺杆钻具正常运转。当钻井液密度、喷嘴尺寸和螺杆钻具流量为定值时，流经转子喷嘴的流量和流经螺杆钻具密封腔内的流量是随负载的变化而变化的。当钻头提离井底后，螺杆钻具负载近似为零，此时流经转子喷嘴的流量最小，而流经螺杆钻具密封腔内的流量最大。当钻进时，杆钻具进出口压差不断增大，流经转子喷嘴的流量增加，流经螺杆钻具密封腔内的流量减少。

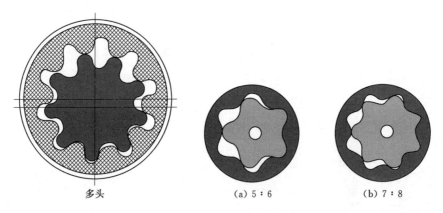

图 5-78 螺杆钻具任意一处 多头 　　　(a) 5∶6　　(b) 7∶8
的截面形状 　　　图 5-79 中空转子结构示意图

设流经螺杆钻具喷嘴的流量为 $q_z$，流经螺杆钻具密封腔内的流量为 $q_m$，则中空转子螺杆钻具的总流量 $q = q_m + q_z$，有

$$q_m = \frac{nq_1}{60\eta_v} \tag{5-78}$$

式中：$q_m$ 为流经螺杆钻具密封腔内的流量，L/s；$q_1$ 为中空转子螺杆钻具的每转排量，L/r；

$n$ 为螺杆钻具转速，r/min；$\eta_v$ 为容积效率，一般取 0.90。

$$q_z = q - q_m \qquad (5-79)$$

$$d = \sqrt[4]{898 \frac{\rho q_z^2}{\Delta p}} \qquad (5-80)$$

$$\Delta p = \Delta p_{st} + \Delta p_{op} \qquad (5-81)$$

式中：$\Delta p$ 为螺杆钻具压降，MPa；$\Delta p_{st}$ 为螺杆钻具启动压降，MPa；$\Delta p_{op}$ 为螺杆钻具工作压降，MPa；$d$ 为喷嘴直径，mm；$\rho$ 为钻井液密度，kg/L。

螺杆钻具的输出扭矩与螺杆钻具的压降成正比，输出的转速与输入的钻井液流量成正比，随着负载的增加，螺杆钻具的转速降低，因此在地面只能根据压力表的显示调近代钻压，根据流量计调近代泵的流量，以便于控制井下螺杆钻具的扭矩和转速。现场使用时，工作人员应在厂家推荐的范围内控制钻井液的流量，否则将直接影响螺杆钻具的效率，甚至引起螺杆钻具磨损加快，致使螺杆钻具先期损坏。

螺杆钻具常用的线型有短幅内摆线等距线型、短幅外摆线等距线型、内外摆线法线型和非摆线型四类。螺杆钻具转子的螺旋线有单头和多头之分（定子的螺旋线头数总比转子的头数多 1）。螺杆钻具在相同规格下，转子的头数越少，转速越高，扭矩越小；头数越多，转速越低，扭矩越大，如图 5-80 所示。螺杆钻具定子的一个导程（螺距×定子头数）组成一个密封腔，也称为一级。螺杆钻具常用的级数为 2～6 级，每级额定工作压降为 0.8MPa，最大压降为额定工作压降的 1.3 倍。比如四级螺杆钻具，额定压降为 3.2MPa，最大压降为 4.16MPa。压降超过此值螺杆钻具就会出现泄漏，转速迅速下降，严重时会完全停止转动，甚至造成螺杆钻具损坏，螺杆钻具在使用过程中要特别注意这一点。

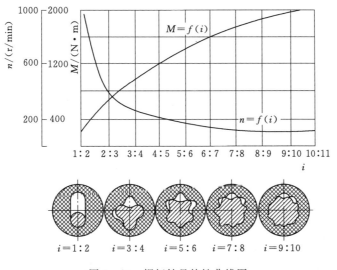

图 5-80　螺杆钻具特性曲线图

（3）万向轴总成（Cardan Shaft Unit）。万向轴总成主要由万向轴和万向轴壳体组成，如图 5-81 所示。

1）万向轴。万向轴的形式主要有 U 形瓣万向轴、挠性万向轴（一根直杆）和球形万

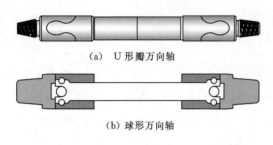

（a） U形瓣万向轴

（b）球形万向轴

图 5-81　万向轴示意图

向轴等形式，目前应用最普遍的是 U 形瓣万向轴。为了适应钻井工艺对螺杆钻具长寿命的要求，在引进吸取国外先进技术的基础上，国内又研发出了球形万向轴。球形万向轴采用油润滑，多个钢球传递扭矩，使其受力更合理、摆动更加灵活，大大延长了使用寿命。

2）万向轴壳体。万向轴的壳体通过上、下锥形螺纹分别与螺杆钻具定子壳体下端螺纹和传动轴壳体上端螺纹相连接，分为直螺杆钻具和弯外壳螺杆钻具两种。直螺杆钻具的万向轴壳体无结构弯角，而弯外壳螺杆钻具的万向轴带一个有结构角的弯壳体，根据结构弯角是否可调又分为不可调弯外壳螺杆钻具和可调弯外壳螺杆钻具，其中可调弯外壳螺杆钻具又分地面可调和井下可调弯外壳螺杆钻具两种。

地面可调弯外壳螺杆钻具结构弯角角度标记规定：以宽环形槽、尖环形槽来表示弯角度，每一宽环形槽表示 1°，每一尖槽表示 15′；标记槽位置距内螺纹端面 200～250mm。如图 5-82 所示。

图 5-82　螺标钻具弯壳体角度标示示意图

地面可调式万向轴壳体调节部件在 0°～3°范围内，如图 5-83（a）所示，可调节出十多种不同的结构弯角。增强了井眼轨迹控制的精确度，有效地提高了定向井钻井的效率。地面可调式万向轴壳体角度调节说明如下：

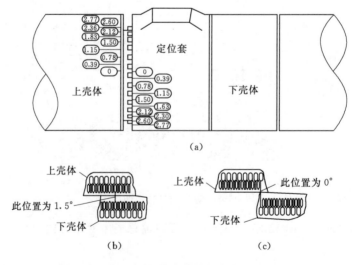

图 5-83　地面可调式壳体结构弯角调节示意图

a. 将上壳体卡紧，将下壳体退出两圈（螺纹为正扣）。

b. 将定位套向右移动后，旋至所需要的刻度，再左移使内部牙齿啮合，轴向复位，如图 5-83（a）所示。

c. 旋紧下壳体，使旋紧扭矩达到规定的扭矩值。

当上壳体与定位套的 1.5°刻度线对正时，此时万向轴壳体的结构弯角为 1.5°，如图 5-83（b）所示；当上壳体与定位套和 0°刻度线对正时，此时万向轴壳体的结构弯角为 0°时，如图 5-83（c）所示。

d. 上壳体与定位套刻度线相交确定的平面即为高边工具面。

井下可调弯外壳螺杆钻具是在井下实现结构弯角的调整，不用起下钻具，缩短了钻井周期，节约了钻井成本。目前，对于结构弯角的调整，国内是通过改变钻井泵的流量控制的一套井下液压机械装置，来实现可调弯外壳螺杆钻具结构弯角的调节；国外则是通过钻井液脉冲指令、电子短节控制井下执行机构来实现可调弯外壳螺杆钻具结构弯角的调节。

3）传动轴总成。传动轴总成（Shaft Assembly）由壳体、传动轴、上止推轴承、下止推轴承、径向扶正轴承、限流器及其他辅助零件等组成。上、下止推轴承分别用来受钻具在各种工况下产生的轴向力。径向轴承组则是用于对传动轴进行扶正作用，保证传动轴正常平稳工作。原来生产的螺杆钻具传动轴不是采用流动径向轴承组，而是采用滑动轴承组，在钢制的圆筒内壁上压铸造耐磨橡胶。为了对分流润滑和冷却轴承的钻井流进行限流，在橡胶内壁沿圆周均刻有轴向沟槽，通常称为限流器。流经万向轴壳体的大部分钻井液从限流器（也称导水帽）进入传动轴的中间通道，小部分钻井液（小于 7%）流经轴承组进行润滑和冷却，经传动轴壳体下部排向环空。传动轴的作用是将螺杆钻具的动力传递给钻头，同时承受钻压所产生的轴向和径向载荷，如图 5-84 所示。

国内常用的螺杆钻具传动轴总成主要有 7.0MPa 和 14.0MPa 两种结构形式，如图 5-85 所示。国外常用的传动轴总成如图 5-86 所示。

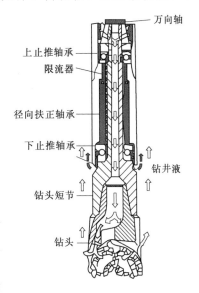

图 5-84　传动轴总成和工作原理

a. 钻头水眼最大压降为 7.0MPa 的传动轴总成，采用硬质合金制成径向轴承，在径向轴承之间有一组推力轴承。

b. 钻头水眼最大压降为 14.0MPa 的传动轴总成，由硬质合金径向轴承和金刚石复合片（PDC）的平面止推轴承组组成，其寿命更长、承载能力更大。

### 5.4.3　螺杆钻具的工作原理

螺杆钻具是以钻井液为动力的一种容积式井下动力钻具，其中螺旋形钢制转子与橡胶衬套（定子）构成一套密封件。由于钢制螺杆的螺杆头数总比橡胶衬套的螺杆头数少一个，故在两者间存在一个容积的渐进空穴，并有一定的偏心距。因此在上下空穴之间的压差作用下，高压液流便会迫使螺杆密封件移动旋转，从而将液压能转变为带动钻头旋转的

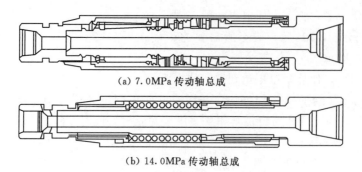

（a）7.0MPa 传动轴总成

（b）14.0MPa 传动轴总成

图 5-85 国内常用的传动轴总成

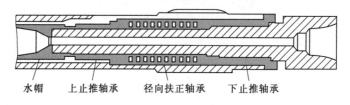

水帽　　上止推轴承　　径向扶正轴承　　下止推轴承

图 5-86 国外常用的传动轴总成

机械能。螺杆钻具的性能主要取决于转子和定子的性能。

### 5.4.4 螺杆钻具的工作特性

1. 理论特性

以单头螺杆钻具为例，简要分析螺杆钻具的理论工作特性。假设不计各种损失，容积式机械在工作过程中遵守有量守恒，所以单位时间内钻头输出的机械能（$M_{T\omega T}$）应等于单头螺杆钻具输入的水力能（$\Delta pq$），满足

$$M_{T\omega T} = \Delta pq \qquad (5-82)$$

根据容积式机械的转速关系，有

$$n_T = \frac{60q}{q_0} \qquad (5-83)$$

$$\omega_T = \frac{\pi n_T}{30} \qquad (5-84)$$

由以上三式，可得出

$$M_T = \frac{1}{2\pi} \Delta pq_0 \qquad (5-85)$$

$$N_T = \Delta pq \qquad (5-86)$$

式中：$M_T$ 为螺杆钻具的理论转矩，kN·m；$\omega_T$ 为钻头理论角速度，r/min；$n_T$ 为钻头理论转速（螺杆钻具输出的自转速），r/min；$\Delta p$ 为螺杆钻具进出口的压力降，MPa；$q_0$ 为螺杆钻具每转排量，L/s；$q$ 为流经螺杆钻具的流量，L/s；$N_T$ 为理论功率，kN。

根据式（5-83）～式（5-86）可得出以下重要的结论：

（1）螺杆钻具的转速只与自身的结构和钻井泵的流量 $q$ 有关，与工况无关。

（2）工作扭矩 $M_T$ 与压降 $\Delta p$ 和螺杆钻具的自身结构有关，与转速无关。

（3）转速和扭矩是两个独立的参数。

（4）螺杆钻具具有硬转速特性——不因负载 $M$ 的增大而降低转速；具有良好的过载能力—— $\Delta p$ 增大可导致工作转矩 $M$ 变大。

（5）立管压力表可作为井下螺杆钻具的监视器，$\Delta p$ 的变化可以显示出井下螺杆钻具的工作情况（转矩和钻压）。

（6）转速 $n$ 随着流量 $q$ 的变化呈线性变化，因此，可通过调节流量 $q$ 来实现调节螺杆钻具的转速。

（7）工作扭矩 $M$ 与转速 $n$ 均与螺杆钻具的结构有关，增大螺杆钻具每转的排量，可得到适应钻进作业的低转速大扭矩特性单头螺杆钻具的理论工作内线，如图 5-87 所示。

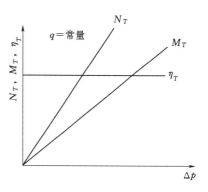

图 5-87 单头螺杆钻具的理论工作曲线

2. 实际特性

在实际使用中，由于螺杆钻具存在着转子与定子间的摩擦阻力和密封腔间的漏失，传动轴的轴承等处存在着机械损失和水力损失，则螺杆钻具存在着机械效率 $\eta_m$ 和水力效率 $\eta_v$，因此螺杆钻具的总效率为：

$$\eta = \eta_m \eta_v \tag{5-87}$$

螺杆钻具的转矩 $M$、钻头实际转速 $n$ 和实际输出功率 $N_0$ 为

$$M = M_T \eta_m = \frac{1}{2\pi} \Delta p q_m = \frac{1}{2\pi} \Delta p_2 q_0 C \tag{5-88}$$

$$n = n_T \eta_v = \frac{60q}{q_1} \eta_v \tag{5-89}$$

其中
$$C = \eta_m \left( 1 + \frac{\Delta p_1}{\Delta p_2} \right) = \eta_m \frac{\Delta p}{\Delta p_2}$$

式中：$C$ 为螺相干钻具的转矩系数；$q_m$ 为流经螺杆钻具密封腔内的每转排量，L/r；$\Delta p$ 为螺杆钻具的总压降，MPa；$\Delta p_1$ 为螺杆钻具的启动压降，MPa；$\Delta p_2$ 为螺杆钻具的负荷压降，MPa。

根据螺杆钻具转子和定子间的配合松紧程度而定，一般取 $\Delta p_1$ 为 0.5~1MPa。

三个压降之间的关系为

$$\Delta p = \Delta p_1 + \Delta p_2 \tag{5-90}$$

图 5-88 为某型螺杆钻具在实验台架上测得的工作特性曲线。图中 $\Delta p_2$ 为螺杆钻具钻进时的立管压力与循环时立管压力的差值，$\eta_L$ 曲线被称为负载效率曲线。

假设不计负载效率，螺杆钻具启动阶段的压降和机械、水力损失，只是工作阶段输出的机械能与有效水力能（$\Delta pq$）之间比值的关系，则

$$\eta_L = \eta \frac{\Delta p_2}{\Delta p} \tag{5-91}$$

分析对比图 5-87 和图 5-88，可得出以下结论：

（1）螺杆钻具的实际转速特性与总压降 $\Delta p$ 有关，实际特性要比理论特性要"软"。

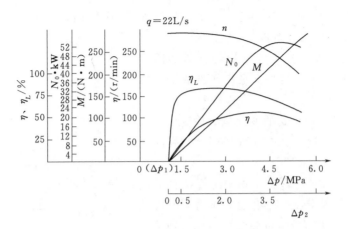

图 5-88 某型螺杆钻具的实际工作特性曲线

（2）转速曲线 $n$—$\Delta p$ 最初阶段较平缓，速率下降较小，对应的负载效率 $\eta_L$ 值较大。

（3）负载效率最大的工况点被定为螺杆钻具的工作点，工作点对应的工况参数是螺杆钻具的最优工作参数。

（4）在现场使用螺杆钻具时，应尽量使螺杆钻具的工况点在工作点附近工作。在此区域内，螺杆钻具具有极强的转速硬特性，这是涡轮钻具无法相比的。

# 5.5 双向成对跨江斜孔轨迹控制

### 5.5.1 概述

定向钻孔包括单孔底和多孔底钻孔。多孔底钻进是定向钻进中的一项新技术，它可以在已钻孔身的基础上增加若干分枝孔，局部加密勘探网，从而在不大量增加钻探工作量的前提下获取更多的岩矿实物样品，是提高矿区勘探工作效率的新途径。

多孔底钻进时，新增的分枝孔既可以在同一个垂直平面内弯向同一个方向［图 5-89（a），图 5-89（b）］，或弯向不同［图 5-89（c）］；还可以让分支孔沿不同方位的垂直平面钻入矿体［图 5-89（d）］，从而通过一个主孔就可全面掌握矿体形态。

设计分枝孔时应使其造斜工作量最小，钻进的时间消耗最短，能为孔底组合钻具和偏斜器提供自由通过的通道并保证钻杆有足够的强度储备。

有学者提出，按式（5-80）计算钻进分支孔的成本：

$$C=C_1\Delta\theta+C_2L_A \qquad (5-92)$$

式中：$C_1$ 为每造斜钻进 1°人工弯曲孔的附加费用，元；$\Delta\theta$ 为顶角增量；$C_2$ 为在该孔深间隔内每钻进 1m 孔的平均成本，元；$L_A$ 为新增孔身的长度，m。

施工多孔底定向孔时，一般先施工主干孔后施工分支孔，与主干孔轨迹同方位的先施工，与主干孔轨迹不同方位的后施工。一般多选择自下而上的顺序施工，首先必须按设计轨迹把主干孔钻至终孔深度，然后从最下部开始依次钻出分支孔孔段。这时已完工的分支孔将被人工孔底覆盖，所以在开新的分支孔之前应对下部的主孔段和分支孔进行全取心和其他测试工作。在这种情况下，常使用的分支孔之前应对下部的主干孔段和分支孔进行全

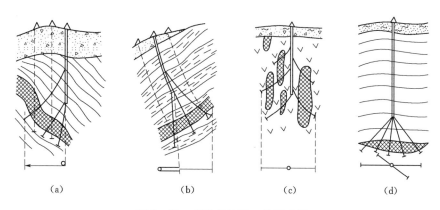

图 5 - 89 多孔底钻进工艺示意图

取和其他测试工作。在这种情况下，常使用固定式偏斜楔或连续造斜器来钻出分枝孔。

如果由上往下施工，则把主干孔钻至计算开第一个分枝孔的深度后便开始分支造斜，然后继续钻进主孔。这时最有效的工具是可打捞式偏斜器和连续造斜器。

用非金属胶结材料（水泥、腺醛树脂、环氧树脂等）建立人工孔底时，可从主干孔孔底一直灌注到开分支孔处，也可以只灌注靠近分支孔的一段；还可以先在开分支处以下适当位置安装金属孔底，再在其上部灌注非金属材料，既保证了牢固性，又减少材料消耗。非金属人工孔底材料应能与孔壁岩石良好黏接，并有较高的冲击韧性，其固化强度宜大于或接近孔壁岩石。水泥人工孔底适用于中硬岩石的孔壁。

### 5.5.2 偏心楔定向钻进工艺

1. 固定式偏心楔定向钻进工艺

固定式偏心楔多用于在已完工钻孔中部进行导斜并开出新分支孔。其工艺要点是：

（1）准备工作。选择合适的开孔部位（导斜点），准备定向钻进全过程的材料和器具等。

（2）建立人工孔底（"架桥"）。堵塞开孔点下部孔段，在钻孔中部为固定式偏心楔的安装与固定提供基础。

（3）定向安置偏心楔。偏心楔在地表定向，往孔内下放并定向固定。

（4）导斜钻进。用导斜钻具钻出分支孔并延伸一定孔深。

2. 可打捞式偏心楔定向钻进工艺

可打捞式偏心楔多用于正在钻进的钻孔孔底偏斜。以 XAD - 75 型可打捞式偏心楔（图 5 - 90）为例。该偏心楔由定向接头、导斜器体、楔体及卡固装置（包括楔铁、挡板、固定螺钉）组成。全长 2.5m，楔顶角为 2°。卡固装置为燕尾滑块式，燕尾滑块直接加工在楔体底端背面，与楔铁呈 8°斜面配合。

偏心楔上端直接连接 $\phi$71mm 绳索取芯钻杆，采用铅质定向键和定向用的薄壁斜口引鞋，定向后可实现偏心楔的双重固定。首先用直径 71mm 的绳索取芯钻杆将偏心楔下到离孔底 0.5m 处，然后从钻杆内下入定向仪进行定向。定向完毕从钻杆内提出仪器，将偏心楔下到孔底，加轴压，楔体向下挤压楔铁产生径向移动，与孔壁接触卡固。

导斜钻进时，在小一级钻头上接一根 4.5m 左右的 $\phi$50mm 钻杆，从绳索取芯钻杆内

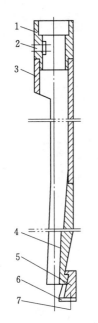

图 5-90　XAD-75 型可
打捞式偏心楔示意图

1—定向接头；2—定向键；
3—导斜器体；4—楔体；
5—楔铁；6—挡板；
7—固定螺钉

下到楔体楔面。导斜钻具到达楔面之前，可剪切掉铅质定向键。导斜钻进结束，从孔内提出导斜钻具并通过绳索取芯钻杆从孔内提出偏心楔。

此偏心楔用于绳索取心钻进纠斜或偏斜时，由于与偏心楔连接的钻杆在地面卡固，因此卡固可靠，定向准确，造斜成功率高，缺点是完成偏斜必须有两种规格的钻杆。

### 5.5.3　连续造斜器定向钻进工艺

1. 连续造斜器定向钻进工艺要点

（1）准备工作。选择完整或较完整、可钻性 5~9 级的地层作为造斜孔段，磨平孔底、修扩孔壁；准备好造斜器及配套器具，检查定向仪在钻杆内的通过性；准备好 0.5~2m 长的造斜后扫扩孔粗径钻具；配制流动性和排粉性能良好的低固相冲洗液；在造斜器及最上面的接头上刻划定向母线；根据回次造斜要求，按计算的安装角安装定向仪。

（2）下入造斜器。缓慢下放连续造斜器，禁止强力扭动钻杆或将造斜器作为扫孔钻具使用；连续造斜器下到离孔底 0.2~0.5m 左右位置，用垫叉将钻具卡在孔口。

（3）孔内定向。借助定向仪对造斜器进行定向。禁止下放时回转钻杆，定向完毕，合上立轴，夹牢钻杆锁接头。

（4）造斜钻进。大泵量冲孔，然后用给进油缸将造斜器缓慢下到孔底，在不回转的情况下加压 1~2min 使造斜器定子卡牢孔壁。送冲洗液，慢钻 5~10min，若无异常则转入正常钻进状态。工作时钻压较大，应防止倒杆时突然松卡般引起钻具弹跳破坏造斜器的孔底定向方位。根据岩层情况确定合理钻压，既要保证有效破碎岩石，又要保证足够的卡固力和侧向切削力。钻进中禁止提动钻具，造斜钻进的回次长度一般为 1~3m。用金刚石造斜全面钻头钻进较软岩层时，钻速宜慢，避免糊钻、烧钻。

（5）提出地表。缓慢提升连续造斜器至地表，检查造斜器的损伤和造斜钻头的磨损情况。

（6）修磨孔壁。用短粗径钻具＋全面钻头或取心钻头、塔式钻具修扩孔壁或延伸钻进。

（7）测斜。下入测斜仪，测定造斜效果。

2. 多回次造斜工艺要点

在垂直平面型单底或分支孔定向钻进中，通常需设计一个或多个造斜段，用连续造斜器一次造斜难以使造斜段顶角增至一个较大值，这时必须采用多回次造斜方式：

（1）连续造斜法。完成一个回次造斜后，提至地表更换钻头继续下孔造斜，多回次作业直到顶角达到要求为止。该方法适于中硬偏软地层，造斜强度≤0.6（°）/m。完成的造斜段孔身均匀、平滑。但在较硬岩层中，造斜器再次入孔困难，易出事故。

（2）间断造斜法。造斜与修孔交替进行，每个回次斜结束后下入短粗径钻具修扩孔壁和延伸钻孔后再下入连续造斜器继续造斜。该方法用粗径钻具容易通过已造斜孔段，但整个造斜段孔身不如用连续造斜法的均匀、平滑。

（3）交替造斜法。连续造斜法与间断造斜法的结合方式。既保证了造斜段孔身的通过性，又可保证孔身的均匀和平滑性。

### 5.5.4 螺杆钻具定向钻进工艺

1. 造斜钻具组合及使用要求

常用的孔底液动马达造斜钻具组合如图 5-91 所示，自下而上由钻头、扶正器、弯外管、螺杆马达、弯接头（又称定向接头）、无磁钻铤和钻杆等组成。其造斜件可以是弯外管或弯接头，或是两者的组合。由于螺杆钻具多与磁性导向仪器配套使用，因此，必须配备无磁钻铤（杆）。当采用有缆测斜仪时，还必须配备通缆水龙头。

下钻前应检查装配螺杆钻具。螺杆钻具使用的冲洗液含砂量应小于 1%，颗粒小于 0.3mm，尽量采用清水、无固相或低固相材料配制冲洗液。

螺杆钻受控定向钻进可以采用单点定向和随钻定向两种方法。后者在造斜钻进中可随时监测造斜

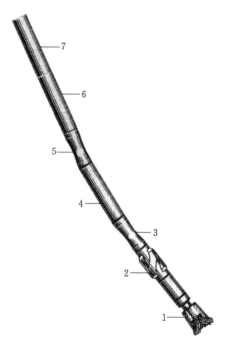

图 5-91　孔底液动马达造斜钻具组合
1—钻头；2—扶正器；3—弯外管；4—螺杆马达；
5—弯接头；6—无磁钻铤；7—钻杆

工具面向角的变化，通过拧转钻杆来调整工具面向角，因此得到广泛应用。在设置工具面向角时，应注意考虑反扭转角对工具面角的影响。

2. 造斜钻进准备工作

（1）合理选择造斜孔段。钻孔终孔水平位移大者应选择在钻孔上部造斜；水平位移小者则选择在钻孔下部。在满足安全钻进的条件下，应尽量降低造斜段位置，最大幅度地节约工作量，降低造斜成本。

（2）分支点应避开硬岩，尽量选择在中硬以下岩层中。

（3）施工多孔底定向孔时，分支点往往选择在主孔中部，在这种情况下必须选"架桥"建立人工孔底。用螺杆钻具钻分支孔时不宜用金属偏心楔架桥，应架"水泥桥"。"水泥桥"的质量（黏接强度、冲击韧性）对分枝孔的造斜钻进有决定性的作用。应将木塞下到预定孔位（至少在分支点以下 10m），经钻杆将水泥浆泵入孔内，待水泥浆凝固后，探水泥面并取样，与周围孔壁岩石强度接近的"等强度水泥桥"有助于分支点导斜钻进成功。

3. 螺杆钻造斜和分支孔钻进技术要点

（1）造斜钻进。

1）第四系松软地层。螺杆钻在该地层可取得良好的纠斜或纠偏效果。螺杆钻配用 2° 弯接头或 1.5°弯外管时，必须在钻杆柱下端与弯接头之间接一个长 1.5~2.0m、与钻孔同径的稳定器。

2）岩石孔段。Ⅴ级以下岩石选用硬质合金造斜钻头，Ⅵ级以上选用金刚石造斜钻头；

绳索取心钻杆的造斜强度选 0.3~0.5(°)/m，$\phi$50mm 普通钻杆选 0.8~1.0(°)/m；在单一稳定地层中可连续造斜钻进，而在软硬互层、易斜地层、对岩心采取率有一定要求的地层，宜分段造斜钻进；坚硬地层中应采用交替法造斜，以防造斜孔段曲率半径小造成钻杆折断。

（2）分支孔钻进。待"水泥桥"凝固后，下常规钻具探灰面并扫孔到分支点上 3m处，提出钻具。将造斜钻具下到距孔底 0.3~0.5m 处定向，拧紧防反转器螺母，启动水泵，开始用新造斜钻头钻进。在操作中要准确定向，不可随意上下提动钻具并控制钻速在0.5~0.8m/h，随时观察岩粉变化和泥浆泵泵压。

## 参 考 文 献

[1] 郭守忠．水利水电工程勘探与岩土工程施工技术 [M]．北京：中国水利水电出版社，2003．
[2] 孙志峰．水利水电岩土钻凿技术 [M]．长春：吉林科学技术出版社，2001．
[3] DL 291—2003 水利水电工程钻探规程 [S]．北京：中国电力出版社，2003．
[4] ＣＣ苏拉克申．定向钻进 [M]．汤风林，等，译：武汉：中国地质大学出版社，1991．
[5] 阳慕尧，张治平．受控定向钻孔技术的应用与前景 [J]．中国井矿盐，1995，(6)：12-13．
[6] 王清江，毛建华，韩贵金，等．定向钻井技术 [M]．北京：石油工业出版社，2009．

# 6 大顶角超深斜孔取芯技术

## 6.1 岩芯采取基本要求

### 6.1.1 钻探采集岩芯的要求

钻孔施工过程中获得岩矿样品是钻探的主要任务之一。钻探采集的有用矿物和围岩样品一般有岩芯、岩粉以及专门密封的样品。这些样品用来进行地球化学分析和矿物岩石鉴定，完成岩矿物理力学性质测定、煤的含气性评价和岩土承载性能试验等。在有些情况下还利用大量岩芯样品进行选冶工艺试验。

对钻探采集岩芯样品有下列要求：

（1）样品数量足够，能反映岩矿层性质在空间上的变化。

（2）样品物质成分保真，化验分析结果不超过技术允许的随机误差。

（3）样品无选择性破坏，不造成过高或过低评价其中的有益或有害组分。

（4）取样位置准确，不影响正确圈定矿体边界。

不同种类的岩矿样品可能在不同程度上满足上述要求。因此，对于一定类型的矿床，为解决一定的勘探任务，就得采集一定种类的岩矿样品。最通用的岩矿样品是岩芯。岩芯是由环状钻头钻成的圆柱状岩矿样品，钻进时收藏于岩芯管中，然后提升到地表。

为了获得可靠的地质信息，必须确保岩矿样品的质量。

岩芯直径是设计钻孔结构的决定性条件。限定了终孔的岩芯直径后，就可以从下到上地确定各个孔段的直径。

岩芯直径确定之后，岩芯数量是否足够，一般用岩芯采取率来衡量。岩芯采取率是取到地表的岩芯长度 $l_k$ 与回次钻进深度 $l_p$ 之比。可用式（6-1）表示：

$$B_k = \frac{l_k}{l_p} \times 100\% \tag{6-1}$$

一般要求：岩芯采取率不小于 65%，矿芯采取率不小于 75%，如果不足，应该进行补取。在有些情况下，如勘探砂矿和矿化不均匀的矿床，采用岩芯的体积或重量获得率（即回次进尺岩芯留存的体积或重量所占的百分比）来表征岩芯数量足够的程度则更为合适。

钻进过程中岩芯发生各种各样的磨损，最强烈的磨损是岩芯在岩芯管内自卡。因岩石分层或者裂隙而形成楔状岩芯，当其楔面与岩芯轴线成锐角又未卡死时，会产生周期性的折断和压碎；当其被岩芯管牵动并受到振动时，又会产生相互研磨。金刚石钻头工作温度的升高对岩芯也有一定的破坏作用。试验表明，当孔底温度达到 220℃ 时，岩芯就会裂成厚度为 5~10mm 的圆饼。饼状岩芯也是导致磨损的一个原因。

洗孔方式对保全岩芯起着重要作用。液体介质一方面会冲毁和冲蚀松散软弱和易溶的岩矿芯（如：亚黏土、亚砂土、砂土、软煤、岩盐等），另一方面在正循环的情况下，又会把因机械作用而破坏的岩芯颗粒从岩芯管内冲走。特别是轻颗粒、易溶解和挥发的成分最容易损失，从而造成岩矿样品成分的人为歪曲。

### 6.1.2　影响岩芯采取的因素

影响岩芯采取质量的因素是多方面的，并且也是极为复杂的，但是综合归纳起来可分为天然因素和人为因素两大方面。

天然因素就是客观存在的地质因素。其中主要包括：强度、裂隙性、矿物组成的均匀性、各向异性、层理、片理、软硬互层、产状条件以及层面与钻孔轴线的交角等。对岩芯采取率影响最大的是岩石强度和交替性、层面与钻孔斜交和裂隙性。如果岩矿石强度高，硬度大，结构均匀致密，构造完整，钻进中不怕冲刷、不怕振动，则易于得到完整性好和代表性强的岩芯。中国大陆科学钻探工程在施工科钻一井时，就曾经在孔深 4638.38～4642.63m 孔段获取一根长度为 4.25m 的完整柱状岩芯。但如果岩矿层松散、软弱、酥脆、破碎、胶结不良、软硬交替、裂隙多、节理片理发育、风化深、易溶蚀，钻进时怕冲刷、怕振动、怕磨损、怕淋蚀、怕污染，岩芯易成块状、粒状、粉状，则难以保证采取率和品质，有时甚至取不到岩芯。

人为因素分为技术因素和工艺因素，有时还包括组织管理因素，如操作人员技术不熟练，材料供应与技术保证不及时，工艺设计不正确等。

地质因素、工艺因素和技术因素并非相互独立，而是相互联系在一起的，共同对岩芯产生不利的影响，并且各种地质、技术和工艺因素的具体组合会造成岩芯不同程度的破坏和损失。在这些因素中应该把技术和工艺因素放在决定性的地位。如果根据岩矿层的性质和特点采取正确的钻进方法和工艺措施，那么可以提高岩芯采取质量，取得合格的岩矿样品。

破坏岩芯的工艺因素主要有以下四个方面：

（1）岩芯管的回转和振动。这种作用会导致质量不同和回转角速度不一的岩芯碎块在岩芯管摩擦力的影响下发生相互磨损。在裂隙发育岩石中，这种相互磨损比较强烈，并且强烈的程度与岩块接触面积成正比。而在胶结物软弱和岩石碎屑坚硬的非均质岩石中（如某些砂岩），岩芯磨损更为显著。

（2）冲洗液的冲刷和淋蚀。液流动力作用的大小取决于冲洗液单位消耗量（钻头单位直径所需冲洗液量）的多少和流速的高低。不同的钻进方法采用不同的冲洗液量和流速。一般金刚石钻进时冲洗液量较小，而冲击回转钻进时冲洗液量较大。冲洗液量大和流速高，则冲蚀作用强烈。另外，液流动力作用还与冲洗液种类有关。黏度较大的泥浆，由于其密度较大和流动时水力阻力较大而产生较大的破坏。正确选择孔底区冲洗液循环方式和采取相应的技术措施有助于减少岩芯损失。

（3）孔底破碎岩石方法和钻进规程参数。破碎岩石方法选择适当，钻头结构合理，与所钻岩矿层性质相适应，可加快钻进速度，缩短岩芯在岩芯管中经受破坏的时间，非常有利于提高岩芯采取率。

钻进规程参数对岩芯的保全有着不可忽视的影响。压力过大，对松软岩矿层会造成糊钻和岩芯堵塞，对坚硬岩矿层则导致钻头变形和孔底钻具弯曲，加速岩芯的机械破坏。转速过快，钻具受离心力作用大，横向振动大，也会加剧岩芯的机械破坏；而钻压不足和转速过低，则机械钻速太慢，延长岩芯经受破坏的时间。

（4）回次时间和回次进尺长度。回次时间越长，进尺越多，则岩芯被破碎、磨损、分选和污染的机会越多，不利于岩芯的保全。

影响岩芯采取质量的技术因素包括取芯钻具和卡芯装置的结构。取芯钻具和卡芯装置的选择必须与岩石性质相适应。岩芯管弯曲、不圆、与钻头不同心，工作时会振动，碰撞岩芯。岩芯卡断器规格不合要求，结构不当，会引起钻进时岩芯堵塞和附加磨损，或者不能保证岩芯提断和可靠地卡紧在岩芯管内。

技术因素与工艺因素有着密切的联系。取芯钻具和卡芯装置完善会抵消工艺因素的不利影响，否则会加速岩芯的破坏和损失。

### 6.1.3 岩矿层分类

为了反映地质因素对岩芯的形成和保全的影响，选择与之相适应的技术和工艺措施来提高岩芯采取质量，根据取芯难易程度的不同，大致可以将常见的岩矿层分为七类：

（1）完整、致密、少裂隙的岩矿层。这类岩矿层可钻性为 4～12 级。钻进时经得起振动，不易断裂破碎，耐磨性强，不怕冲刷，取芯容易，采取率高，取出的岩芯完整，代表性强。即便采用单层岩芯管正循环洗孔取芯钻进也可保证岩芯采取率。

（2）节理、片理、裂隙发育，硬或中硬，性脆易碎的岩矿层。这类岩矿层可钻性为 4～9 级。钻进时若受钻具回转振动和冲洗液冲刷，则易破坏成碎块和细粒而相互磨损，导致岩芯材料流失，物质成分可能贫化、富集或污染。采集较完整的岩芯困难，卡取也不容易。一般采用喷射反循环钻具和单动双管钻具取芯。对于可钻性级别低的岩矿层，有时还要采用无泵钻具和双动双管钻具。

（3）软硬不均，夹石、夹层多，层次变化频繁，性质不稳定的岩矿层。这类岩矿层（如薄煤层、氧化矿等）的围岩与矿层、岩层与岩层之间可钻性级别相差悬殊，钻进中很易破碎和磨损，软弱部分黏结性差，怕冲刷，煤层还怕烧灼变质。一般采用隔水单动双管、爪簧式单动双管和双动双管钻具取芯。

（4）软、松散、破碎、胶结性差的岩矿层。这类岩矿层可钻性为 1～4 级。松散易塌，胶结不良，钻进中易被冲蚀，岩芯呈细粒、粉末状，也易烧灼变质。一般采用内管超前式单动双管、带半合管的单动双管取芯。孔浅时可采用无泵钻具保证取芯质量。

（5）易被冲洗液溶蚀和溶化的岩矿层。这类岩矿层（如岩盐、冻土等）可钻性为 2～4 级。由于其可溶性，岩芯常溶蚀成蜂窝状或完全解体，取不上岩芯。因此要根据不同的盐类矿层采用饱和盐溶液作冲洗液，或选用无泵钻具，双管黄油护心钻进，在缺水干旱地区或冻土层也可用空气洗孔钻进。

（6）怕污染的岩矿层。这类岩矿层（如铝土矿、滑石、型砂、石墨矿等），钻进时岩屑或泥浆中的黏土颗粒混入矿芯，会改变矿石的品位和成分。为防止污染可采用活塞式单动双管取心。地层完整时可用清水做冲洗液。在缺水地区也可用空气洗孔钻进。

（7）淤泥和流砂类岩矿层。对于这类岩矿层，用一般取芯工具很难取上岩芯。需要采用花篮式或活阀式取样器。

俄罗斯全俄勘探技术研究所根据裂隙性程度、岩芯块度、岩石可钻性联合指标和岩石结构构造特性四项指标，制定了岩石按取芯难度的分类方案，对影响因素做了某种程度上的量化，不仅可以帮助评价取芯难度，而且还可以评价某类岩矿层岩芯损失的原因。

### 6.1.4 提高岩芯采取质量的途径

从以上针对不同岩矿层建议采用的取芯方法和工具来看，不外乎通过三个途径提高岩芯的采取质量：限制钻进过程中破坏因素作用的时间；保全岩芯管内的破碎岩芯；防止钻进过程中破坏因素的作用或减弱其烈度。

对于每种具体的取芯方法和工具来说，可能是以一种途径为主，其他途径为辅；也可能是几种途径兼而有之。最简单的提高岩芯采取质量的工艺措施是限制回次进尺长度。钻进矿层时通常把回次进尺限制在 1～2m，甚至 0.5m 以内，而采集最关键的岩矿样品时，可能回次进尺更短一些。但在勘探埋藏较深的矿床时，靠限制回次进尺提钻取芯，费用很高。在这种情况下，绳索取芯钻进将有利于降低成本。

在目前钻探实践中，基于保全岩芯管内的破碎岩芯，以获得合乎要求的岩芯、岩粉样品的途径，应用比较普遍。此种途径基本上能够保持岩芯、岩粉样品的原有矿物成分，保证较高的化验准确度。保全破碎的岩芯主要是借助于冲洗液的孔底反循环。在此情况下，冷却钻头和清洗孔底的强烈液流不是从已经形成的岩芯上部向下冲刷，而是从孔壁与岩芯管或外管与内管之间的空隙流入，经过钻头处的扼流到达岩芯管上部的自由空间，运动速度降低到岩粉在液体中自由沉降的水平，从而使岩矿样品，不论其破碎程度如何，都能存留在岩芯收集装置之中。喷射式钻具、封闭式钻具、气举钻具和无泵式钻具都属于用冲洗液孔底反循环的途径提高岩芯采取质量的取芯工具。

以防止钻进过程中破坏因素的作用或减弱其作用程度为主要途径，获得高质量岩芯的技术手段，是采用结构多样的双层岩芯管。双层岩芯管钻具多数为内管不转动式，再加上其他一些部件的配合，可以做成具有防振、防冲、防污、防磨等多功能的取芯工具，以适应不同岩矿层的取芯需要。

## 6.2 岩芯卡取方法

### 6.2.1 卡料卡取法

这种方法适用于合金钻进，一般是在中硬以上、完整、致密的岩矿层中采用。卡料可采用碎石、石英砂砾、铁丝等材料。卡取岩芯的操作方法及注意事项如下。

1. 卡料的规格和投入量

碎石应选用较硬的岩石如石英岩，敲成圆粒，直径 2～5 mm，投入量由岩芯直径的大小、长度决定，一般为 40～100 粒。铁丝一般采用 8 号或 10 号，长度为岩芯管直径的 1.5～3 倍，以单股和双股、三股拧成麻花状做成 3 种不同直径规格，卡料直径 3～10mm，视岩芯直径与钻头钢体内径之间的间隙大小适当确定混配直径规格与比率，不同直径卡料的总投入量一般为 8～15 股。

2. 卡料的投入方法

投卡料时应先将钻具提离孔底 0.07～0.10m，将卡料根据粒度或粗细的不同，按先小后大的顺序逐个投入，并用铁锤适当敲打孔口钻杆。卡料投完后，开泵冲送，泵量可由小逐渐增大。泵送一定时间后，将钻具慢慢放至孔底，观察水泵压力变化情况，如果泵压增高，并有憋水现象，说明卡料已到孔底，此时停泵回转数圈，上提钻具0.20～0.30m，再放至孔底，如果在下放过程中没有阻滞的现象，说明卡取成功，便可提钻。

### 6.2.2 卡簧卡取法

卡簧卡取法在金刚石单、双岩芯管钻进中应用较普遍，适用于硬或中硬、较完整、直径较均匀的岩芯，其使用方法及注意事项如下。

1. 卡簧材质及结构

卡簧一般是用弹簧钢65Mn或调质钢40Cr加工，硬度为HRC45～50。目前常用的卡簧有内槽式、外槽式和切槽式等，如图6-1所示。单层岩芯管钻具卡簧结构参数见表6-1。

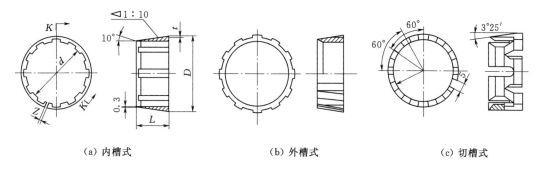

（a）内槽式 （b）外槽式 （c）切槽式

图6-1 岩芯卡簧的类型

表6-1 单层岩芯管钻具卡簧结构参数表（内槽式）

| 口径规格（代号） | 卡 簧 结 构 参 数 | | | | |
|---|---|---|---|---|---|
| | 大端外径 $D$ | 大端内径 $d$ | 卡簧长度 $L$ | 卡簧壁厚 $t$ | 缺口宽度 $Z$ |
| 30（RS） | 22.5 | 19.5 | 15 | 0.6 | 3 |
| 38（ES） | 31 | 27.5 | 18 | 0.7 | 3 |
| 46* | 34.5* | 29* | 18* | 0.75* | 3.8 |
| 48（AS） | 41 | 37.5 | 18 | 0.85 | 3 |
| 59* | 49* | 41.5* | 22* | 0.75* | 6.2 |
| 60（BS） | 52 | 47.5 | 20 | 0.85 | 3 |
| 75* | 65* | 54.5* | 25* | 0.75* | 8.3 |
| 76（NS） | 64 | 59.5 | 25 | 1 | 3 |
| 91* | 80* | 72.6* | 28* | 1.2* | 8.1 |
| 96（HS） | 80.5 | 75.5 | 25 | 1 | 3 |
| 110* | 97* | 88.5* | 32* | 1.3* | 7.4 |
| 122（PS） | 104 | 97.5 | 30 | 1.5 | 5 |
| 130* | 120* | 113.5* | 32* | 1.3* | 8.9 |
| 150（SS） | 126 | 119 | 30 | 1.5 | 5 |
| 175（US） | 151 | 143 | 40 | 2 | 5 |
| 200（ZS） | 172 | 164 | 40 | 2 | 5 |

注　表中数据引自GB/T 16950—2014《地质岩芯钻探钻具》。标*数据引自旧标准和部分厂家产品。

2. 卡簧与卡簧座、岩芯之间的间隙配合

卡簧与卡簧座的锥度要一致，卡簧的自由内径应比钻头内径小 0.3mm 左右，现场应用对同一规格钻头一般按 0.3mm 级差匹配 3 种。在不更换钻头时，检查卡簧自由内径是否合适的简单方法是将卡簧套在岩芯上。卡簧对岩芯既有一定的抱紧力，又能在岩芯上被轻轻推动即为合格，推动费力则为过小，停留不住则为过大。

3. 卡簧安放及钻进

为了减少残留岩芯，设计卡簧安放位置应尽量靠近钻头底部。正常钻进时，不能任意提动钻具，否则会在钻进中途提断岩芯，造成岩芯堵塞。

### 6.2.3　干钻卡取法

干钻卡取法无需投入卡料，利用某些岩矿层破碎易堵的特点达到取芯的目的。回次终了停泵，继续加压钻进 20~30cm，利用没有排除的岩粉挤塞卡紧岩（矿）芯。该方法一般是在硬质合金钻进松散、软质和塑性岩矿层时，用卡料和卡簧卡不住岩芯时采用。干钻取芯法容易造成孔内卡钻或烧钻，因此，干钻时间和进尺不宜过长。使用活动分水投球钻具，可以使干钻取芯获得更好的效果。

### 6.2.4　沉淀卡取法

沉淀卡取法是一种以岩屑为卡料挤塞卡取岩芯的方法，多用于反循环钻进。回次钻进终了时，停止冲洗液循环，利用岩芯管内的岩粉沉淀作为卡料挤塞卡住岩芯。此法适用于松软、脆、碎岩矿层。使用中要注意岩粉沉淀时间，通常取 10~20min，沉淀法常与干钻法结合使用。

## 6.3　单层岩芯管钻具

单层岩芯管钻具一般由钻头、扩孔器、单层岩芯管及异径接头组成，钻具结构简单、取芯直径较大，适用于金刚石、复合片、硬质合金钻进。硬质合金钻进用单管钻具一般无需匹配扩孔器，在完整、致密和少裂隙的岩矿层、或对取芯质量要求不高时采用。

### 6.3.1　金刚石单管钻具

金刚石单管钻具如图 6-2 所示。卡簧安装于钻头内锥面或扩孔器内锥面，为防止钻进中卡簧上窜或翻转，可在钻头内腔中设置卡簧座与限位短节，为防止钻孔弯曲和上部异径接头磨损，可在岩芯管与异径接头之间加装上扩孔器或在异径接头外表面喷焊或镶焊硬质合金。

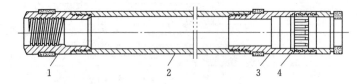

图 6-2　金刚石单管钻具结构示意图

1—异径接头；2—岩芯管；3—扩孔器；4—卡簧

### 6.3.2　投球单管钻具

钻具结构如图6-3所示。回次终了卡住岩芯之后，投入球阀关闭阀座内孔，隔离钻杆内水柱，可减少岩芯脱落机会。该钻具一般适用于可钻性3～4级具有黏性的岩层和煤层顶板，以及不易被冲蚀的硬煤层钻进。其缺点是提钻卸钻杆时，钻杆内的冲洗液会在孔口喷出。

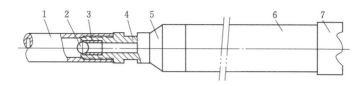

图6-3　投球接头钻具示意图

1—钻杆；2—钢球；3—球阀；4—投球接头；5—异径接头；6—岩心管；7—钻头

### 6.3.3　活动分水投球钻具

如图6-4所示，在普通单管钻具中增加适合于遇水膨胀地层安全钻进的导向管、起分流与防水压两用的分水投球接头和防止冲洗液冲刷的岩芯活动分水帽。岩芯管长度一般为1～2m，导向管长度6～8m。钻具适用于黏性大、塑性强、松散怕冲刷、遇水膨胀的高岭土矿中钻进。

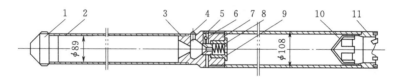

图6-4　活动分水投球钻具结构示意图

1—异径接头；2—导向管；3—投球接头；4—取球孔螺栓；5—小卡螺栓；6—小卡及弹簧；
7—球座；8—球座弹簧；9—弹簧座；10—活动分水帽；11—硬质合金钻头

# 6.4　双层岩芯管钻具

钻具由内外两层岩芯管组成，有双动双管钻具和单动双管钻具两大类。

### 6.4.1　双动双管钻具

**1. 双动双管钻具结构特点和适用地层**

钻进中内、外两层岩芯管同时回转的双层岩芯管钻具，一般适用于可钻性1～6级松软易坍塌以及可钻性7～9级中硬、破碎、易冲蚀的岩矿层钻进。

该类钻具结构简单、加工容易，钻进中可避免冲洗液对岩芯的直接冲刷和钻杆内水柱压力作用，缓和岩芯互相挤压和磨耗，但不能避免机械力对岩（矿）芯的破坏作用。在某些易堵塞地层中钻进，内层岩芯管的振动有利于岩芯进入岩芯管和防止岩芯管内岩芯自卡。

典型的双动双管钻具结构如图6-5所示。岩芯管长度一般为1.5～2m，内外管钻头差距视地层而定，一般为 30～50mm，如岩矿层松软、胶结性差、易被冲刷，则差距要大，反之，则差距应减少，甚至为零或负差距。黏性大、膨胀易堵地层钻进可以增大内管钻头内出刃或使用内肋骨钻头。

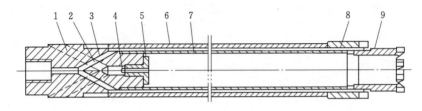

图 6-5　普通双动双管钻具结构示意图

1—回水孔；2—送水孔；3—双管接头；4—球阀；5—阀座；6—外管；

7—内管；8—外硬质合金钻头；9—内硬质合金钻头

双动双管钻具合金钻头也可采用一体式厚壁钻头，有底喷式和斜喷式，钻头底唇也可做成阶梯式。为了使适量冲洗液进入内管，可在内管上开设分流孔。

2. 操作注意事项

下钻接近孔底时，应用大泵量冲洗钻孔，扫孔到底后再调到正常的泵量钻进。

取芯一般采用干钻和沉淀卡取方法，较完整岩矿层也可用岩芯提断器取芯。

钻进中严禁提动钻具，特别是煤层钻进，以免冲刷岩芯，回次进尺也应限制。

### 6.4.2　普通单动双管钻具

钻进中外管回转而内管不转的双管钻具称为单动双管钻具。该类钻具不仅可避免冲洗液直接冲刷岩芯，同时，还可避免机械力对岩芯的破坏作用。

普通单动双管钻具适用于可钻性 7～12 级的完整和微裂隙或不均质和中等裂隙的岩矿层。钻具结构如图 6-6 所示，内管短节及卡簧座一般采用插入方式，卡簧座结构参数如图 6-7 及表 6-2～表 6-4 所示。单动装置及内管由芯轴和背帽调节卡簧座与钻头内台阶的间隙，一般取 3～5mm，保证内外管单动及冲洗介质分流。

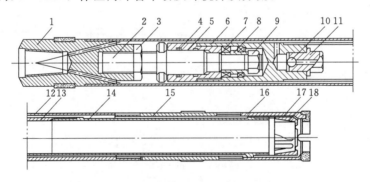

图 6-6　普通单动双管钻具结构示意图

1—异径接头；2—芯轴；3—背帽；4—密封圈；5—轴承上接头；6—轴承套；7—芯轴；

8—内套；9—螺帽；10—球阀；11—球阀座；12—外管；13—内管；14—短节；

15—扩孔器；16—钻头；17—卡簧座；18—卡簧

此外，普通单动双管钻具还有 DJ 型金刚石单动双管钻具（图 6-8）和钢球金刚石单动双管钻具（图 6-9）等结构类型。

单动双管钻具钻进前应检查单动装置的灵活程度，内、外管的垂直度和同芯度。取芯时，卡簧座应坐落于钻头内台阶上，提断岩芯拉力一般由外管承受。钻进规程参见金刚石钻进和硬质合金钻进，由于双管内外水路过水断面小，泵压一般要高于单管钻具 0.2～0.3MPa。

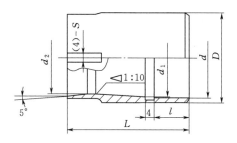

图 6-7 T 型、P 型双管钻具卡簧座

表 6-2　　　　　　　　T 型双管钻具卡簧座结构参数表　　　　　　单位：mm

| 口径规格（代号） | 卡簧座结构参数 | | | | | | |
|---|---|---|---|---|---|---|---|
| | 外径 $D$ | 插口直径 $d$ | 内锥大径 | 内锥小径 $d_2$ | 座长 $L$ | 插口长 $l$ | 过水槽宽 $S$ |
| 30（B-RT） | 22 | 20 | 20.25 | 18 | 50 | 15 | 4 |
| 38（B-ET） | 29 | 26 | 26.5 | 23.5 | 65 | 20 | 4 |
| 48（B-AT） | 38 | 34 | 35 | 31.7 | 65 | 20 | 6 |
| 60（B-BT） | 50 | 45.5 | 46.5 | 43 | 70 | 20 | 8 |
| 76（B-NT） | 65 | 59.25 | 59.5 | 56 | 70 | 20 | 8 |
| 96（B-HT） | 81 | 76 | 77 | 73.2 | 75 | 24 | 10 |
| 122（B-PT） | 105 | 100 | 100 | 96.5 | 75 | 24 | 10 |
| 150（B-ST） | 132 | 125 | 124 | 120.2 | 75 | 25 | 10 |
| 175（B-UT） | 158 | 146 | 146 | 141 | 90 | 25 | 10 |
| 200（B-ZT） | 183 | 168 | 166 | 161 | 90 | 25 | 10 |

**注**　表中数据引自 GB/T 16950—2014《地质岩芯钻探钻具》。T 型为标准设计。

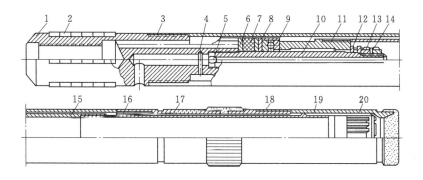

图 6-8 DJ 型金刚石单动双管钻具结构示意图

1—异径接头；2—合金；3—外管；4—销钉；5—球阀；6—垫圈；7—胶垫；8—保护罩；

9、12—推力轴承；13—螺母；14—锁紧圈；15—内管；16—内管短节；17—扩孔器；

18—钻头；19—卡簧座；20—卡簧

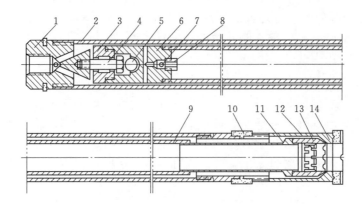

图 6-9　钢球金刚石单动双管钻具结构示意图

1—异径接头；2—外管；3—挂管接头；4—螺钉轴；5—钢球；6—内管接头；7—止回弹子；

8—止回阀座；9—内管；10—扩孔器；11—内管短节；12—卡簧；13—卡簧座；14—钻头

表 6-3　　　　　　　　　　　　P 型双管钻具卡簧座结构参数表　　　　　　　　　　单位：mm

| 口径规格<br>（代号） | 卡 簧 座 结 构 参 数 | | | | | | |
|---|---|---|---|---|---|---|---|
| | 外径 D | 插口直径 d | 内锥大径 $d_1$ | 内锥小径 $d_2$ | 座长 L | 插口长 l | 过水槽宽 S |
| 76（B-NP） | 57 | 54 | 53.5 | 51 | 60 | 20 | 8 |
| 96（B-HP） | 77 | 73 | 72.5 | 70 | 65 | 24 | 10 |
| 122（B-PP） | 98 | 95 | 93.5 | 90 | 80 | 30 | 12 |
| 150（B-SP） | 120 | 116 | 116 | 112 | 85 | 30 | 12 |
| 175（B-UP） | 144 | 140 | 137 | 133 | 90 | 35 | 15 |
| 200（B-ZP） | 165 | 160 | 155 | 151 | 90 | 35 | 15 |

注　表中数据引自 GB/T 16950—2014《地质岩芯钻探钻具》。P 型为厚壁设计。

表 6-4　　　　　　　　　　　　双管钻具卡簧结构参数表（内槽式）　　　　　　　　单位：mm

| 口径规格<br>（代号） | 卡 簧 结 构 参 数 | | | | |
|---|---|---|---|---|---|
| | 大端外径 D | 内径 d | 卡簧长度 L | 卡簧壁厚 t | 缺口宽度 Z |
| 30（RT） | 20 | 16.7 | 15 | 0.6 | 3 |
| 38（ET） | 26 | 22.5 | 18 | 0.7 | 3 |
| 48（AT/AM） | 34/38 | 29.5/32.5 | 20/20 | 0.85/0.85 | 3/3 |
| 60（BT/BM） | 45.5/49.5 | 41/43.5 | 22/22 | 0.85/0.85 | 3/3 |
| 76（NT/NM/NP） | 58.5/63.5/52 | 54/57.5/47 | 22/25/25 | 1/1/1 | 3/3/3 |
| 96（HT/HM/HP） | 76/81/71 | 71/72.5/65 | 25/28/28 | 1/1/1 | 3/3/3 |
| 122（PT/PP） | 98/92 | 93/86 | 25/30 | L5/1.5 | 5/5 |
| 150（ST/SP） | 122/114 | 117/107 | 28/30 | 1.5/1.5 | 5/5 |
| 175（UT/UP） | 144/135 | 138/128 | 28/35 | 2/2 | 5/5 |
| 200（ZT/ZP） | 164/153 | 158/146 | 28/35 | 2/2 | 5/5 |

注　表中数据引自 GB/T 16950—2014《地质岩芯钻探钻具》。T 型为标准设计，M 型为薄壁设计，P 型为厚壁设计。

# 6.5 斜孔绳索取芯技术

绳索取芯钻探是一种不提钻而由钻杆内捞取岩芯的先进钻进方法，具有钻进效率高、取心质量好、钻头寿命长、劳动强度低等特点。绳索取芯钻进工艺，钻孔深度可以自几十米的浅孔到几千米的深孔；可以钻进任意角度的钻孔，钻孔角度可以从 $0°\sim360°$；可钻进各种地层。

绳索取芯钻进工艺已经成为一种提高取芯效率、避免多次提钻而破坏孔壁的有效技术手段。大斜度钻孔由于升降钻具困难，孔壁稳定性问题突出，钻杆的下钻顶进和提钻拖曳，造成孔壁失稳现象更为显著，因此斜孔钻进采用绳索取芯技术具有独特的优越性。

斜孔绳索取芯钻探技术是一系列关键技术的组合，垂直孔钻进可以靠重力自由下放内管总成和打捞器，而斜孔钻进时不易实现内管总成和打捞器的自由下放；而且在钻进时，张簧容易收回，失去定位作用。因此大斜度孔绳索取芯不仅要掌握普通绳索取芯钻具的结构和工作原理，更要结合大斜度钻孔的要求、根据客观地层进行钻孔结构的合理设计，对设备、工艺、泥浆、钻头进行合理选择，对斜孔质量进行全面控制。

## 6.5.1 斜孔绳索取芯钻探技术的特点

*1. 斜孔绳索取芯钻探技术的主要优点*

（1）提高钻进效率。与常规绳索取芯技术一样，由于减少了起下钻具的辅助时间，相对地增加了纯钻进时间，从而使钻进效率大幅度提高，且这种趋势随着孔深的增大而增大。一般可提高 $25\%\sim100\%$。

（2）提高岩芯采取率。钻进过程中能够做到遇堵即提，减少岩芯的损耗。对于难采芯地层，可以采用三层管及其他多种型式的绳索取芯钻具，岩芯的采取率高，完整性好。

（3）延长钻头寿命。由于提钻次数减少，因此钻头在起下钻过程中的拧卸、碰撞的机会相应减少，加之绳索取芯钻杆与孔壁间隙小，相当于满眼钻进，钻头工作稳定，从而相应地提高了钻头寿命。

（4）有利于孔内安全、复杂地层钻进。起下钻次数减少，钻具对孔壁的抽吸、冲击、碰撞造成的破坏减少，从而减少因孔壁坍塌掉块造成的卡钻、埋钻事故。另外，绳索取芯上一级钻杆可做下一级钻具的套管，有利于钻穿复杂地层，且下方测斜仪器等测井设备时更加便捷。

（5）减小劳动强度。绳索取芯在正常条件下，起钻间隔为 $30\sim40m$，甚至可达 $100m$ 以上，由于起下钻具次数少，避免了频繁拧卸钻杆等工作，可以大大减少操作者的劳动强度，钻杆柱越长，此优点越明显。

*2. 绳索取芯钻探技术的主要缺点*

（1）钻杆内径大而管壁薄，连接强度要求高，加工精度要求高。为了保证内管总成能从钻杆内通过，采用薄壁大内径钻杆，降低了钻杆强度。随着钻孔加深，钻杆易发生断钻杆事故。

（2）钻头底唇面厚，钻进时破岩功率消耗大。绳索取芯钻具内管直径缩小，使钻头底唇面加厚，钻进时刻取芯面积增大，因此其动力消耗大，特别是在深孔钻进中，影响开高转速。

（3）循环阻力过大，钻井液要求高。钻杆柱与孔壁的间隙小，增加了钻杆柱的磨损，也使冲洗液循环阻力增大。一般要求钻井液是低黏、低切、低固相。配制钻井液受到上述要求限制，影响复杂地层的处理。

### 6.5.2 斜孔绳索取芯技术国内外现状

1947 年，美国长年公司（Longyear）将绳索取芯钻探技术从石油钻井引入地质岩芯钻探，20 世纪 50 年代开始试用。此后，西方工业国家，特别是主要的矿业大国，重视绳索取芯钻探技术的研究和利用，美国长年公司的 Q 系列绳索取芯钻具于 1967 年形成工业化标准。通过不断改进完善，取芯质量和劳动生产率等方面取得了很大进步，促使该技术在美国、德国、加拿大、法国及其他国家得到了广泛的推广和应用。

美国、澳大利亚、加拿大等国于 20 世纪 70 年代在金刚石岩芯钻探中的绳索取芯钻探工作量，已经占到钻探工作量的 90% 左右；到 20 世纪 80 年代已经研究开发出适合不同地层需要系列化的绳索取芯钻具，且钻具规格多数已经实现标准化。目前国外绳索取芯钻进台月效率多数在 1000m 以上，机械平均钻速可达 5~7m/h，深度不断加大。西方工业国家，特别是主要的矿业大国，十分重视绳索取芯钻探技术的研究和应用，致力于研究更有成效的绳索取芯钻具系列、突破 XI~XII 级坚硬致密的打滑岩层、更高强度的钻杆、更符合现场钻进需要的机械设备和附属工具、钻进规范的科学控制以及进一步阔大绳索取芯的应用领域等。

国外的绳索取芯钻具规格系列主要有三种：一是以美国长年公司钻进为代表的英制系列（DCDMA）；二是以瑞典克瑞留斯公司钻具为代表的公制标准系列（SIS）；三是俄罗斯钻具的规格系列。此外，在上述标准系列的基础上，日本利根等公司研制了适合钻进坚硬、松软、破碎等地层的绳索取芯钻具规格系列，德国 KTB 研制出陆壳超深孔绳索取芯钻具等。

以美国长年公司绳索取心钻具系列发展为例：

长年公司开发的绳索取芯钻具系列为 10WL 系列，钻杆和接头壁较厚，采用公母接头的平螺纹连接，螺纹连接强度很低；钻头唇面壁厚，取出的岩芯直径小，不能够满足绳索取芯钻进工艺要求和地质要求。1958 年长年公司对 10WL 系列钻具进行改进，研制了 Q 系列钻具，此钻具采用无接头的锥形螺纹连接，在钻杆两端直接加工锥形螺纹。这样不仅减少了螺纹数量和钻杆壁厚，提高了螺纹连接强度，而且减小了钻头唇面壁厚，增大了岩芯直径。Q 系列包括：EQ、AQ、BQ、NQ、HQ、PQ、SQ。钻孔直径为 37.72~145.5mm。由于 Q 系列孔径间隔和钻杆与钻孔环装间隙比较合理、钻杆和套管强度高、刚性大，而且上一级钻杆可以作下一级钻具的套管（AQ、BQ 除外），所以自 1967 年以来作为工业标准，并被澳大利亚、比利时、加拿大、英国、法国、日本等许多国家广泛采用。

1972 年长年公司研制了 CQ 系列钻具，该系列钻具克服了 Q 系列钻杆螺纹连接处薄弱，已损坏，使钻杆提前报废的缺点。CQ 系列减小了钻杆体壁厚，并在钻杆体两端采用等离子弧焊接两个内加厚、优质管材的公母螺纹接头，并做了表面热处理。

对于定向钻进和复杂条件地层的钻进，长年公司开发了 CHD 增强型绳索取芯钻具系列，1990 年在巴拉圭 Mallerguin 1 号井使用 CHD76、CHD101、CHD134 施工，只用了 123d 就完成了 2987m 钻进工作，岩芯采取率为 99.4%。

长年公司的 Q 系列水平孔和斜孔绳索取芯钻具的开发：Q-U 系列钻具用于钻进水平孔和仰孔，因其内管总成和打捞器不能靠自重在钻杆内到达孔底，必须靠泵送入孔底，所以 Q-U 系列是在 Q 系列基础上增加了密封圈并做了其他一些改进；Q3 系列钻具用于钻进松软、破碎地层，其结构与 Q 系列钻具相同，只是在内管中增加了半合管。

国内金刚石绳索取芯技术的研究试验工作始于 20 世纪 70 年代。1974 年，由勘探技术研究所设计，无锡钻探工具厂等工厂试制了 S56 绳索取芯钻具。到 20 世纪 80 年代中期，我国绳索取芯钻具初步形成系列，同时小口径金刚石高转速钻机、绳索取芯打捞绞车等装备配套基本完成。绳索取芯钻进技术得到大范围推广应用，取得了钻探成本下降、钻进效率提高、钻探质量改善、劳动强度降低等突出的技术经济效果。目前，我国绳索取芯钻进技术在地质岩芯钻探中逐步占据主导地位。

为满足斜孔钻探要求，我国冶金、煤炭钻探行业先后开发了满足斜孔施工的缓角度绳索取芯钻具，国内广泛使用 KS 系列坑道钻绳索取芯钻具，可以钻进任意角度的钻孔。与常规钻具的区别是，KS 系列钻具均设有泵送、定位、防漏等特殊机构以满足斜孔特定的施工要求。

### 6.5.3　斜孔绳索取芯关键技术问题

（1）绳索取芯钻具总成及打捞器靠重力投放打捞，大角度钻孔一般无法通过重力进行投放。

（2）大角度钻孔钻进时，由于钻具自重的作用，钻具与孔壁的摩擦导致钻机输出转矩大，钻具磨损严重，对钻具的强度要求更高。

（3）缓大角度钻孔钻进时由于弹卡自重影响，将导致弹卡定位失效。

（4）需要对内管进行扶正，保持其同芯；岩芯卡取装置易失效，会导致岩芯采取困难。

大斜度绳索取芯器的内管总成、打捞器都必须用泵压送到位，因此绳索取芯钻杆上端部要设置泵压送机构，这套装置一端与绳索取芯钻杆柱上端连接，另一端连接高压泥浆泵。当内管总成从此装置投入后，再拧上堵头。开动泥浆泵，可将钻具送至孔底外管总成固定位置。通过压力表上的显示，可反映是否到达孔底。

### 6.5.4　大顶角斜孔绳索取芯钻具结构

#### 6.5.4.1　大顶角斜孔绳索取芯钻具

大斜度绳索取芯钻具总成包括外管总成和内管总成。典型结构如图 6-10 所示。

外管总成连接在钻杆柱下端。不同于常规外管总成，其扩孔器单元的数量会根据斜孔的技术要求配套，稳定器的主要目的是稳定钻具和尽量减少岩芯外管的磨损，而不是扩孔和保径作用。钻具钻头稳定器公称直径一般较钻头直径小 0.2mm，而国内设计的常规钻具一般扩孔器较钻头外径大 0.5mm，钻头设计上要特别重视保径，其唇刃较长并设有保径规。如图 6-11 所示。

内管总成包括打捞机构、泵送机构、定位机构、悬挂机构、到位报信机构、岩芯堵塞报信机构单动机构、防涌机构、内管保护机构、内管长度调节机构、内管扶正机构、岩芯容纳和卡断机构，如图 6-12、图 6-13 所示。

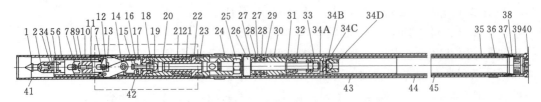

图 6-10　大斜度绳索取芯钻具典型结构

1—捞矛头；2—压紧弹簧；3—弹簧顶套；4—捞矛座；5、7—圆柱弹性销；6—回收管；8—螺栓；9—垫圈；10—弹
卡压缩弹簧；11—弹卡架；12—卡板；13—铰链；14—弹性圆柱销；15—导向螺栓；16—阀支架；17—螺钉；
18—阀体；19—阀衬；20—弹卡座下接头；21—密封圈；22—密封圈座；23—悬挂环；24—悬挂接头；
25—调节螺母；26—轴；27—弹性报信密封圈；28—垫片；29—球轴承；30—轴承座；31—球轴承；
32—缓冲弹簧；33—调节螺母；34A—直通式压注油杯；34B—钢球；34C—内管接头；
34D—球阀座；35—扶正环；36—扩孔器；37—卡簧挡环；38—卡簧座；
39—卡簧；40—钻头；41—弹卡挡头；42—弹卡室；43—内管短接；
44—内管；45—外管

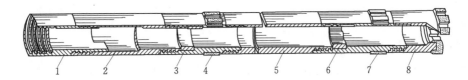

图 6-11　外管总成示意图

1—弹卡挡头；2—弹卡室；3—座环；4—上扩孔器；5—外管；6—扶正环；7—下扩孔器；8—钻头

图 6-12　$\phi76/\phi96$ 大斜度绳索取芯钻具内管总成实物图

图 6-13　大斜度绳索取芯钻具打捞器总成实物图

绳索取芯钻具各部分结构如下：

（1）泵送及到位报信机构。用泵压送内管总成时，所有钻井液的通路都被封堵，随内管总成深入孔底，泵压会逐渐升高。内管总成到位后，钻井液通路自动打开，钻井液流畅通，泵压下降，由此操作者即可判定内管总成是否到位。所以，内管总成泵入机构还能起到"到位报信"的作用。

泵送及到位报信机构原理如图 6-14 所示。

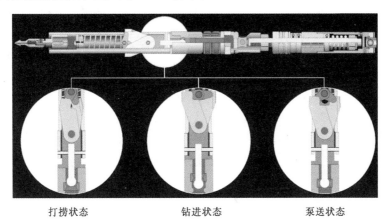

打捞状态　　　　　钻进状态　　　　　泵送状态

图 6-14　泵送及到位报信机构原理

（2）卡板定位机构。当内管总成在钻杆柱内前进时，卡板在弹卡压缩弹簧和铰链作用下向外张开一定角度沿钻杆柱内壁下滑，滑到弹卡室位置时，由于弹卡室内径比钻杆柱内径和弹卡挡头内径大，在弹卡压缩弹簧和铰链作用下继续张开，使两翼紧紧地贴附在弹卡室内壁上。钻进过程中，卡板的上端面紧顶在弹卡挡头下台级上，有效地防止了内管总成上窜，同时由于铰链处于自锁状态，将卡板也锁定，如图 6-15 所示。因此打仰角钻孔时，也不会因为回收管的重量是卡板收拢造成"打单管"现象。

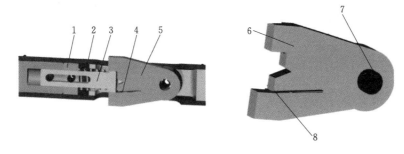

图 6-15　复合定位机构
1—垫块；2—弹簧；3—心轴；4—张簧；5—弹卡；6—弹卡；7—弹性圈柱销；8—张簧

（3）防涌机构。在弹卡架和与之相连接的接头的通水孔内装设钢球和弹簧构成防涌机构。钻进缓角度钻孔时，　且遇到高压涌水，弹簧将钢球顶在弹卡架中心孔内，高压涌水从接头上的出水孔涌入压迫钢球进而压迫内管总成。由于涌水压力作用不到活塞上，圆柱销就不会从弹卡钳中心方形凹槽内脱出来，弹卡钳也不能收拢，仍紧压顶在弹卡挡头上，内管总成仍能保持在弹卡定位位置进行钻进，避免了内管总成出位甚至被压出钻杆柱内孔的事故。

（4）岩芯堵塞报信机构。钻进过程中，如发生岩芯堵塞或岩芯管已经装满岩芯，岩芯对内管产生顶推力，该力使两组报信密封圈受压外径变大，将水路堵死，造成泵压升高，报知操作者应该立即打捞内管总成。

（5）内管保护机构。拔断岩芯时，上提钻具，岩芯于卡簧座的摩擦力使卡簧收拢抱紧岩芯；在岩芯未断以前，内管总成的轴随外管上行，使轴于轴承座产生滑动轴向位移，缓冲弹簧压缩，内管总成伸长，钻头内抬肩托住卡簧座将岩芯拔断。这样，拔断岩芯的力由外管总成承担，保护了内管使其免受损坏。

（6）内管扶正机构。由于大斜度原因，内管扶正机构极其重要，要保障钻具系统单动的可靠性，可靠的扶正机构能保持内管与外管的同轴性，使岩芯能顺利地进入卡簧座、卡簧和内管。宜在内管两端和中间设三道用青铜制造的扶正环。

（7）捞矛头持心装置。如图 6-16，为防止近水平孔钻进过程中捞矛头下落偏心致使打捞失败，研制的持心装置利用捞矛头 $y$ 轴方向的两个凸块限制捞矛头在该方向的自由运动，而与捞矛座侧向端面的贴合限制了 $z$ 轴方向的运动，保证了捞矛头与捞矛座在 $x$ 轴方向的自动同心。其转动的自由性不受限制，有效地保护了内管和岩芯不受破坏。

（8）快断机构。如图 6-17 所示，为了适应有限的坑道钻场空间，又尽可能增加内管总成长度，设计了内管总成快断机构。通过销轴连接弹簧套和连接轴，保证钻进工作状态时内管总成的整体性。提出内管时，松开滑动锁套，打出销轴，即可将内管总成快速断开为两个部分，有效地增加内管的长度。

图 6-16 捞矛头持心装置

1—捞矛头；2—弹性圆柱销；3—捞矛座

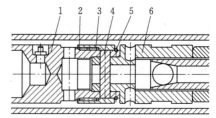

图 6-17 快断机构

1—弹簧套；2—弹簧；3—滑动锁套；
4—销轴；5—钢丝挡圈；6—连接轴

### 6.5.4.2 斜孔绳索取芯打捞工具

斜孔绳索取芯打捞工具由泵入机构、打捞机构、安全脱卡机构和卸流机构 4 个机构组成，如图 6-18 所示。

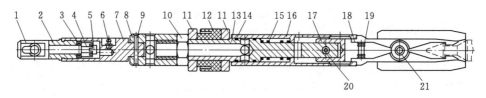

图 6-18 绳索打捞器结构图

1—带孔螺钉轴；2—压盖；3—轴承；4—螺母；5—开尾销；6—直通式压注杯；7—轴承套；8—连接套；
9—安全销；10—螺母；11—垫圈（活塞压盖）；12—泵入密封圈（活塞）；13—阀轴；14—密封圈；
15—弹簧；16—阀套；17—捞钩架；18—打捞钩；19—弹簧；20—圆柱弹性销；21—捞钩销

（1）泵入机构。当需要泵入打捞器时，将打捞器穿过钻杆柱端部的打捞密封器而放入内平的钻杆柱里面，由于此时自动封堵了活塞座中心通水孔，打捞器本身失去了钻井液通道，打捞器与钻杆柱内壁的环状间隙又被活塞封堵，开泵用钻井液压送打捞器。当打捞器到达内管总成上端，打捞钩通过捞矛头抱住其细径时，打捞器停止下行，阀套下行，阀轴的内通道打开，泵压下降，报信给操作者，打捞器已经到位，应停泵提升打捞器。

提升打捞器时，在绳索取心绞车钢丝绳拉力的作用下，圆柱弹性销带动捞钩架上移，由于打捞钩抱住捞矛头，活塞上方的钻井液通过阀轴中心通水孔下泄，从而减小了打捞内管总成时的抽吸作用和打捞阻力。

（2）打捞机构。钻井液的压力推动打捞器，使打捞钩通过捞矛头并抱住捞矛头细径部，开动绳索取芯绞车，将内管总成打捞出钻孔。

（3）安全脱卡机构。在普通绳索钻进工艺中，脱卡管靠重力下行，将打捞器与绳索总成脱卡，从而将打捞器提出钻孔。

在缓角度钻孔中，脱卡管无法靠重力到达总成上部，且由于活塞的存在，不能采用脱卡管实现安全脱卡，如果强行打捞将损坏总成或者钢丝绳断脱造成孔内事故。采用弹性销作为安全脱卡装置，当拉力超过安全销可承受压力时，安全销断裂，从而保证总成与打捞器顺利脱卡。

### 6.5.4.3　通缆式水接头

如图 6-19 所示，首先将钢丝绳穿过连接在钻杆上的通缆式水接头，连接在水力输送器的绳卡套上，然后将水力输送器放入钻杆内腔，接好水接头，开动泥浆泵，实现输送。通缆式水接头对钢丝绳的通过起密封作用，主要密封件是橡胶垫，压块起到定位和保护橡胶垫的作用。

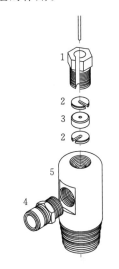

图 6-19　通缆式水接头
1—堵头 2—垫圈；3—密封圈；
4—接头 5—壳体

### 6.5.4.4　钻头和卡簧

在理想竖直钻孔中，钻进压力沿垂线方向作用于金刚石钻头底唇面上，主要磨损其底唇和内外侧面。钻头磨损正常，其进尺寿命相对较高。在斜孔中，钻头受力情况与直孔截然不同。钻进压力和重力作用于钻头底部下帮，将产生垂直孔壁的侧压力和垂直向下的直压力，测压力对钻头工作是极为不利的，钻头工作状况和磨损情况均产生了变化。钻头外侧面的磨损量大于直孔中磨损量，并随钻进压力的增加和钻孔顶角的增大，磨损量也相应增大。一方面，钻头易磨成外锥形；另一方面，在钻头内侧的上帮也存在侧压力，使钻头内侧磨耗量也比直孔大，所以钻头也易成喇叭形。同时，在斜孔中钻具弯曲严重、磨损厉害、机械振动大等，使金刚石钻头受到冲击碰撞，造成钻头受力极不稳定，导致钻头胎块脱落、钻头振裂、变形等。

为避免钻头非正常磨损，延长钻头寿命，不仅要适当控制压力、转速和钻孔弯曲度，而且应提高钻具刚性，做好钻具润滑减阻工作，尽量减少钻具机械振动；同时选择与地层相适应的金刚石钻头，并加强钻头内、外保径工作，如图 6-20 所示。

同样，卡簧相比较磨损较大。宜使用 50CrV4 制造（化学成分相当于国产 50CrVA），内表面卡心部位喷涂一层硬质合金粉末。

#### 6.5.4.5 大顶角斜孔绳索取芯附属装置和设备

**1. 井口密封导流装置**

如图 6-21 所示，该装置在孔口起到封水和导水作用，钻孔终孔后可取出再用。分为内管和外管两部分，使用该装置时孔口表面要用特制钻头修平，固定在完整基岩上。

**2. 大斜度钻孔木马夹持器**

对于大斜度钻孔而言，绳索取芯钻杆的拧卸扣影响起下钻效率和施工安全性。由于大斜度钻孔钻杆孔口夹持特点，重力方向与孔口轴线不一致，常规的自重式夹持器（图 6-22）难以满足要求，目前起下钻过程中钻杆主要采用手工拧卸，起下钻施工效率低、劳动强度大。大斜度钻孔绳索取芯钻杆的机械化拧卸装置的应用研究，对于提高施工效率并降低操作人员的劳动强度非常重要。图 6-23 为一种特殊设计的大斜度液压夹持

图 6-20 大斜度钻孔
钻头规径刃

器。利用钻机液压系统提供动力，夹持器卡瓦密闭，通过在孔口注锚杆将夹持器进行固定。这样当提下钻时，通过液压力使卡瓦靠拢卡紧钻杆。

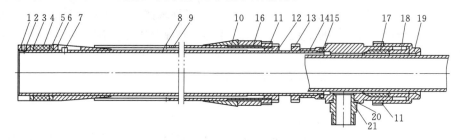

图 6-21 井口密封导流装置

1—圆螺母；2—开槽锥端螺钉；3—支承环；4—V形密封环；5—压环；6—内锥套；7—开槽平端螺钉；
8—内管；9—外管；10—导正套；11—大圆螺母；12—导正螺母；13—小圆螺母；14—连接头；
15—O形圈；16—垫套；17—密封圈；18—顶套；19—压盖；20—组合密封圈；21—水管接头

图 6-22 普通自重式夹持器

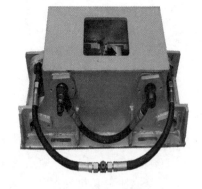

图 6-23 大斜度角度钻孔液压加持器

**3. 高压水龙头及连接**

缓角度绳索取芯钻具高压水龙头要求高压下不泄漏、单动性好、整体耐用度高及大的

芯管（能通过总成），如图6-24。一般通过在泵出口处加装四通阀实现正常钻进和钻具输送。

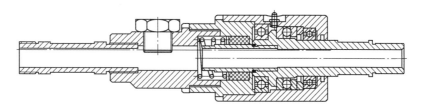

图6-24 高压水龙头结构

4. 大斜度绳索钻杆

绳索取芯钻杆是绳索取芯钻进技术中的非常关键的环节，直接影响深孔钻探施工的成败和经济性。与斜孔绳索取芯钻杆有关的问题有钻杆强度和钻深能力问题，钻杆拧卸机械化问题和钻杆长度问题。涉及钻杆接头材质、机加工精度及热处理、螺纹扣形、钻进规程参数不够合理等方面的原因。实践表明：大斜度绳索取芯钻杆采用的端部加厚加摩擦焊接工艺生产的加强型绳索取芯钻杆，重点保护钻具的螺纹连接部位。

（1）钻杆与岩石的接触比较多，钻杆受力情况比普通的绳索取芯钻具受力更加复杂。

（2）当孔深相近时，近水平孔钻杆承受的扭矩比垂直孔钻杆承受的扭矩要大得多。

（3）绳索取芯钻杆壁薄的特点决定了螺纹连接处是钻杆柱最薄弱的环节。

（4）钻杆长度尺寸设计为1.5m、2m等，最长不超过3m。

（5）钻杆内平，以泵送内管总成及打捞器。

（6）设计钻杆外径$\phi$71mm、内径$\phi$60mm，以减小钻机消耗功率，提升钻机的钻深能力。

（7）钻杆接手比原接手外径增加2mm。采用钻杆接头强化处理新途径，提高接头和螺纹表面耐磨性及强度，进一步提高钻杆寿命。

（8）钻杆接头部分采用进口成分材料，调质处理后再在一定的部位外圆处采用高频淬火处理，得到一层高的耐磨层。接头材料为30CrMnSiA，杆体材质为45MnMoB。

（9）采取"负角度面"防脱扣螺纹技术，并科学合理调整螺纹副锥度、齿高及公差精度等参数，达到提高连接强度，增加使用可靠性的技术目标。

湖北金地的大斜度加强型绳索钻杆技术参数为：

（1）材质：钻杆体选用45MnMoB，接头选用30CrMnSiA。

（2）钻杆尺寸：钻杆体<71×5mm，两端镦粗内加厚到<58mm，外加厚到<74mm。

（3）接头外径：<74mm。

（4）钻杆定尺长度：4.5m。

（5）钻杆最小内径：<58mm。

（6）螺纹长度：50mm。

（7）接头端螺纹锥度：1：30。

（8）钻杆螺纹锥度：1：30。

（9）接头螺纹扣牙高：公扣牙高1.25mm，母扣牙高1.2mm。

（10）钻杆螺纹扣牙高：1.25mm。

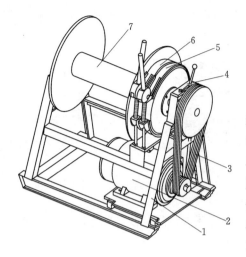

图 6 - 25　绳索取芯绞车
1—机架；2—电动机；3—带传动；4—离合器；
5—提升抱闸；6—制动抱闸；7—卷筒

（11）牙型角：5°。

（12）钻杆最大抗拉能力：70t。

（13）钻杆最大抗扭能力：10000N·m。

5. 绳索取芯绞车

绳索取芯绞车（图 6 - 25）按照动力来源，绳索取芯绞车分为单驱动式和机装式两种。单驱动绞车由动力机单独驱动，与钻机动力无联系。单驱动绞车可以安装在任意场所，并且工作时噪声小、机械磨损小。机装式绞车是装在钻机上，依靠钻机传递的动力驱动绞车。这种绞车结构简单，安装紧凑，且不需要专用的动力。但是在绞车工作时，必须开启钻机，这样工作噪声大，浪费钻机动力机的有效功率，而且一旦钻机出现故障，就会影响到绞车的正常工作，这限制了钻机与绞车的独立性，对于现场施工极其不利。因而，斜孔现场使用的绞车以电动机单驱动绞车为主。如图 6 - 25 所示，绳索取芯绞车由电动机、离合器、变速箱、卷筒、钢丝绳、刹车等部件组成，该绞车的电动机、变速箱、离合器和刹车都置于绞车左侧，导向轮和滑动轴位于卷筒正前方，由于大斜度绳索取芯钻具内管取芯的角度和重量问题，使用过程中，绞车的导向轮受到钢丝绳的牵制，沿滑动轴任意摆动，因而钢绳排布较乱。

为了解决这个问题，不少单位设计了自动排绳机构，有机械式、电动式、液压气动式等，其中机械式自动排绳机构最为常见。但由于可靠性差、制造成本和维护要求高，目前尚未普及。

2012 年中国地质大学（武汉）工程学院以 S3000 绳索取芯绞车为依托，设计了一种绳索取芯绞车多功能装置，它具有自动排绳、测深和称重的功能。该装置（图 6 - 26）安装于绳索取芯绞车上，使其除了具有收绳和放绳的基本功能之外，还具有自动排绳、称重和测深三种功能。为了能将三种功能集成于一体，使该装置的结构紧凑，将称重系统和测深系统集成于自动排绳装置的导向机构上。该装置的总体结构布局分两部分，工作主体位于卷筒的正前方，自动排绳装置的传动装置位于卷筒侧面。

自动排绳装置采用机械式进行排绳，卷筒为动力，经链传动使双螺旋轴旋转，带动导向机构往复运动。导向机构上的三个滚轮中，靠近卷筒一侧的滚轮是导向滚轮，在导向机构沿滑动轴的轴向运动时，导向滚轮引导钢丝绳均匀排列在卷筒上。中间的一个滚轮是称重滚轮，置于该滚轮下方的压力传感器通过该滚轮测量钢丝绳的拉力。最外侧的一个滚轮是测深滚轮，用于测量钢丝绳在井眼中的长度。

自动排绳装置主要由传动装置和导向装置组成。传动装置主要包括多级链传动、双螺旋轴和滑块。它是以卷筒为动力源，通过多级链传动减速，带动双螺旋轴转动。双螺旋轴在旋转时，在螺旋槽中有一个滑块在沿双螺旋轴的轴向运动。通过螺旋传动将双螺旋轴的旋转运动转化为滑块的直线运动。导向机构的动力来自滑块，滑块在螺旋槽中滑动时，它

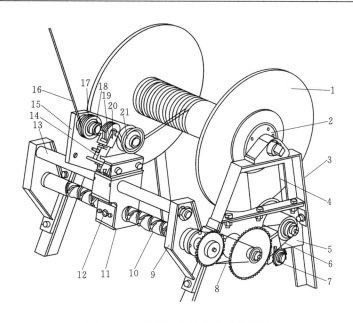

图 6-26　绳索取芯绞车多功能装置

1—卷筒；2—链轮；3—支架；4—第一级传动；5—轴承支架；6—第二季传动；7—张紧轮；

8—第三级传动；9—双轴支架；10—双螺旋轴；11—导向机构；12—螺栓；13—滑动轴；

14—压力传感器；15—支撑板；16—钢丝绳；17—测深滚轮；18—传动轴；

19—称重滚轮；20—测力滚轮支撑架；21—导向滚轮

通过一个连接螺栓推动导向机构沿滑动轴往返运动，导向滚轮引导滚轮槽中的钢丝绳有规律地左右移动，均匀地排列在卷筒上。导向的三个滚轮是实现自动排绳、称重和测深三种功能的主要工作部件，它们为称重系统和测深系统提供支撑。

称重系统的称重功能是借助导向机构上的三个滚轮实现的。导向滚轮、称重滚轮和测深滚轮改变钢丝绳的走向，使称重滚轮两侧钢绳形成的角度，且使压力传感器沿该角度的角平分线方向布置。由力的合成的知识可知，作用在压力传感器方向上的合力等于钢绳拉力，因而压力传感器测得的压力即是钢绳拉力。传感器测得压力值之后由数显表实时显示钢丝绳的拉力，即可实现称重的功能。

测深系统主要由测深滚轮、轴、轴承、联轴节、旋转编码器以及电源和数显表等组成。测深系统是通过测量井眼中的钢丝绳来显示捞矛头在井眼中的深度的。下放捞矛头时，钢丝绳带动测深滚轮旋转，旋转编码器也随之旋转，旋转编码器测得滚轮旋转的转角，将信号传输给数显表，由数显表将表示转角的信号转化为表示已下放钢丝绳的长度值，实时显示。上提捞矛头的测深过程与下放过程相反，因而可以实现测深的功能。

## 6.6　复杂地层原状取芯技术

我国岩芯钻探进入金刚石钻进时代后，小口径单管、单动双管和绳索取芯钻具完成的工作量比重占岩芯钻探工作量的绝大部分。在完整、致密的岩层中，这些钻具的取芯质量已无问题，但在复杂地层中却远远不能满足地质要求。某些钻探研究机构研制开发了几种结构相对复杂的钻具，如单动双管喷反式钻具、三层管式金刚石钻具，为了解决坚硬破碎层岩芯易堵塞的问题，还用液动冲击器配合金刚石钻进以提高回次进尺。各种钻具虽然取得一定成效，但复杂地层取芯难的状况仍不能从根本上改观。其根本原因在于钻具隔水、保真措施不力，岩芯卡取或承托不可靠，或岩芯出管方法对岩芯外观造成的伤害。我国绳索取芯钻具的取芯与护芯原理，30年来未有大的改进，难以在松软地层中取芯，更无法运用于弱胶结与无胶结的松散地层。

"八五"至"九五"期间，勘探技术研究所进行了空气反循环中心取样方法（CSR）和水力反循环连续取芯方法（HRC）的研究。CSR取样量大，层位反映准确，适用于各类地层，但由于样品不成形，不利于地质人员进行深入的地质研究，难以推广。HRC连续取芯方法在完整的硬地层中和强塑性地层中，可连续取上长度较长的岩芯，但在硬、脆、碎地层中钻进时，岩芯输送过程中易发生通道堵塞，而对松散地层和裂隙充填发育的地层则完全不适应。

针对松软、破碎、胶结性差的岩石，我国曾设计出如图6-27中所示的簧片式取芯工具。其簧片从张开到合拢的直径变化较大，有利于保证岩芯碎块的采取率。但如果岩石很软，钢质簧片可能造成岩芯的人为破坏；如果岩石很坚硬，则容易掰断簧片，所以必须保持簧片座在钻进过程中不旋转。

近年来，针对硬、脆、碎和节理、片理、裂隙发育的破碎地层，北京探矿工程研究所研制出一种新型密闭胶体取样技术。密闭胶体取芯钻具的结构原理如图6-28所示。

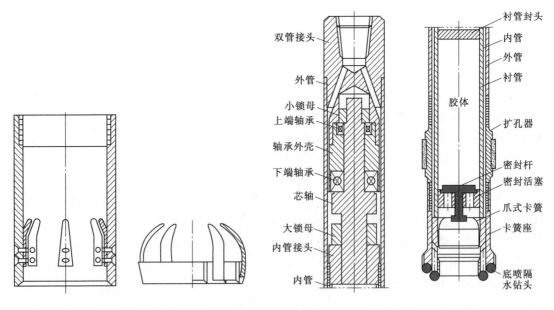

图6-27　簧片式取芯钻具结构示意图　　图6-28　硬、脆、碎地层用密闭胶体
　　　　　　　　　　　　　　　　　　　　　　取芯钻具结构示意图

密闭胶体取样钻具采用了单动三层管结构，在取样器内管内部安置透明的塑料内衬管，密闭胶体由密封活塞封闭在内衬管中。取芯钻进前，下钻至离孔底0.5m循环冲洗液，缓慢下放钻具，取芯钻进时，随岩芯进入内衬管，驱动密封杆与密封活塞相对位移，

内衬管中密封的密闭胶体开始流出,岩芯继续进入内衬管驱动密封杆与密封活塞一起向上运动,密闭胶体被不断顶出,一部分及时地包裹岩芯,另一部分从钻头底部挤出排到外环状空间,破碎岩芯在内管中被半胶结,碎岩之间由胶体充填,缓冲岩芯之间的摩擦,固定破碎岩芯的位置。取芯钻进结束后,用爪式卡簧卡紧岩芯上提钻具进行割芯,同时爪式卡簧上的爪式弹簧片自动收缩,抱紧岩芯,防止岩芯在提钻过程中脱落。起钻到地面后,将内衬管与其内部的岩芯一起取出,并可进行封装处理,以避免岩芯在运输的过程中受到破坏。该技术可以有效减少岩芯脱落、避免岩芯受冲洗液冲刷,提高破碎、无胶结复杂地层的取芯率,但胶体包裹岩芯,对岩芯的原状性保持不够。

中国大陆科学钻探中使用的"液动潜孔锤-螺杆马达-绳索取芯"三合一钻具取得了较好的效果,然而该技术在汶川科学钻探项目中使用却存在一定的局限性。首先,尽管在破碎地层中采用液动锤钻进能够增加回次进尺长度,提高钻进效率,但由于强烈的机械振动会使岩石破碎情况加剧,破坏了岩芯的原状结构,满足不了地学研究的特殊要求;其次,钻孔所在龙门山断裂带,历史上发生过许多次地震,钻遇的岩层破碎严重,钻进中存在取芯困难、孔壁坍塌、卡钻等问题。

石油钻井中钻取的地层多为松软、松散的沉积地层,在复杂地层取芯钻具的研究程度上较地质岩芯钻探要深些,同时由于石油钻探的孔径较大,允许的钻头壁厚相对较大,对于卡芯机构的设计实现相对容易些。

国外针对复杂、破碎地层研究了一系列取芯工具,下面简单介绍几种典型的取芯钻具。

### 6.6.1 防卡取芯钻具

防卡取芯技术使用叠式内筒衬管来减少卡芯的影响,当卡芯发生后可以继续取芯,直到解决 3 次卡芯或内筒填满,取芯作业才结束。国外设计的 JamBuster 取芯设备配有高扭矩的 171.5mm×88.9mm 取芯筒,其特点是:①两个叠式衬套配有一层铝合金内筒;②采用销钉把叠式衬套锁在一起,出现卡芯剪断销钉,叠式衬套自由上行,销钉的强度与地层的硬度相适应;③内装卡芯指示器,可与抗回旋钻头一起用于 CoreGard 低污染取芯设备、胶体取芯设备和常规取芯设备中。利用这一技术在倾斜地层、未固结易塌岩石或膨胀泥岩里取芯,取芯效率可提高 30%～50%。

### 6.6.2 保形取芯技术

贝克休斯公司为各种地层岩芯保形提供有效的内筒和衬筒。保形取芯使用有保护作用的内筒和衬筒,这种保护衬筒在需要时可在井场做伽马测试,在回收或处理时保护岩芯的完整性。保形取芯工具有以下优点:①提高岩芯质量和岩芯收获率;②减少岩芯卡芯;③节省钻进时间。保护筒可选用铝合金筒、玻璃钢筒和塑料筒,玻璃钢和铝合金衬筒可代替保形取芯的标准内筒。为保护岩芯在处理和运输期间的完整性,可以铝合金内筒代替钢内筒。尤其是在高温高压地区更是有用,多节(每节长 9.14m)铝合金内筒可连接起来进行长筒取芯,如接成 18m、27m 和 55m,然后将充满岩芯的衬筒切割、加盖密封,使用多用途的井场处理设备运到化验室。玻璃钢内筒(每节长 9.14m)也可连接起来进行长筒作业,尤其对于未固结地层和易碎地层取芯。当井底温度高于 121℃时,不宜使用玻璃钢内筒,因高温会影响玻璃钢的强度。在松软、易碎易散和未固结地层,铝合金、玻璃钢或塑料筒可以放在标准钢内筒里面做衬筒，确保岩芯的收获率。

### 6.6.3 液力提升全封闭取芯技术

油田的许多产层是未固结的、破碎的类似水泥型的或者与稠油混在一起的难取芯地层。这种地层由于岩芯强度较弱，使用常规的岩芯爪难以抓住岩芯，未固结的岩芯堆积使标准岩芯爪失败。除此之外，标准岩芯爪可能破坏岩芯，造成卡芯。采用液力提升全封闭取芯技术，可消除固结性差地层的取芯收获率低的问题。这种技术的配套设备的优点是：①由于岩芯爪完全隐藏在光滑的钢衬筒之外，所以岩芯毫无阻力地进入衬筒；②全封闭岩芯爪利用液力提升钢衬筒，可活动的蛤盖完全封闭内筒；③备用的岩芯爪是弹性岩芯爪，它对成柱性岩芯起到抓住岩芯而割断岩芯的作用。平滑的岩芯进入内筒，避免了岩芯的破坏和钻头喉部的卡芯，全封闭岩芯爪完全封闭岩芯筒和抓住成柱性差的岩芯。实践证明，这种设备对于未固结的岩芯极其可靠，它还适用于破碎或易于卡芯的地层。液压提升设备可与铝合金和玻璃钢内筒配合使用，也可与常规的和螺纹加强的取芯筒配合使用。

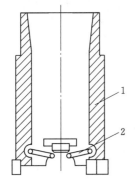

图 6-29　卡板式取芯钻具

### 6.6.4 卡板式取芯钻具

为了提高破碎地层的取心率，俄罗斯研制出如图 6-29 所示的卡板式取芯钻具。在钻头钢体上安装了可沿心轴转动的卡板，其转动范围不超过 90°，最稳定的状态是接近水平位置。当岩芯进入岩芯管时，岩芯推动卡板向上翻转，使通道内径大于岩芯直径，坚硬岩芯不易使卡板破坏。起钻时卡板在自重和岩芯摩擦力的作用下自动回到水平位置，完成卡芯。该结构可在硬而破碎的地层中保证较高的采取率。

### 6.6.5 GW 系列全适应取芯工具

（1）取芯工具结构。GW 系列取芯工具主要由加压总成、悬挂分流总成、扶正器、外筒、内筒、双岩芯爪复合割芯总成、取芯钻头等组成。取芯工具结构图如图 6-30 所示。

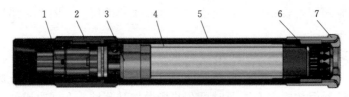

图 6-30　取芯工具结构图

1—加压总成；2—扶正器；3—悬挂分流总成；4—内筒；5—外筒；6—割芯总成；7—取芯钻头

（2）工作原理。GW 系列取芯工具结合了松散地层取芯工具和硬地层取芯工具的优点。取芯工具采用液压全封闭割芯和自锁式卡箍岩芯爪割芯相结合的方式。该工具的工作原理是：对于软地层取芯，钻进结束后，在取芯工具不离开井底的情况下投入加压钢球憋压。在高压作用下，整个内筒下移，割芯总成的全封岩芯爪收缩切断岩芯，卡箍岩芯爪起辅助作用；对于硬地层、破碎地层取芯，复合割芯岩芯爪的全封岩芯爪不能收缩切断岩芯，导致内筒无法下移而憋泵，加压泄压总成会在高压下将高压安全销钉剪断而自动泄压，通过上提取芯工具启动割芯总成的自锁式卡箍岩芯爪直接拔断岩芯。取芯工具在较低的工作压力下实现加压功能，在高压实现自动泄压功能，其压力值的大小通过泄压与加压的压力梯度进行控制，不需要额外单独使用泄压接头。在硬地层、软地层、破碎地层中取芯中均可采用同一套取芯工具和相同的工艺，实现了工具的全适应。

（3）关键技术。

1）加压泄压自动一体化设计。全适应取芯工具结合了松散加压取芯工具和硬地层取芯工具的特点，软地层和硬地层、破碎地层均采用加压式割芯和自锁式割芯相互结合的复合割芯模式，为防止因地层硬度不同或者内筒发卡时造成的憋泵难题，设计了加压泄压一体化总成。该总成的外体即为取芯工具的安全接头，活塞采用两级活塞原理，一级活塞和二级活塞的受力面大小不同，从而形成不同的剪切压力梯度，在全封岩芯爪工作压力内一级活塞实现加压功能，当高于额定工作压力时，为防止高压憋泵的事故，第二级活塞在设计的安全预设压力下自动泄压。一体化设计总成简化了取芯工具结构，提升了取芯工具的可靠性，降了的配件成本。

2）双岩芯爪复合割芯总成。GW 系列取芯工具的复合割芯总成采用了全封闭岩芯爪与卡箍岩芯爪相结合的方式，软地层以全封闭岩芯爪为主，硬地层以卡箍岩芯爪为主，二者互为补充，起到双重割芯与承托岩芯的作用，复合割芯总成结构如图 6-31 所示。

3）铝合金割缝式取芯内筒。割缝式取芯内筒与现有的割缝筛管类似，取芯内筒采用铝合金材质，每段割缝长度为 1m，缝隙为 0.2mm，且每段割缝之间与下一段割缝之间成 180°关系，软地层和硬地层均采用岩芯和内筒一起切割的方式，切割长度为 1m，切割后的取心内筒直接成为两半，达到半合管的效果。交叉式割缝取芯内筒比普通半合管内筒相比，主要优点有：强度高、变形小、加工难度小。割缝式取芯内筒如图 6-32 所示。

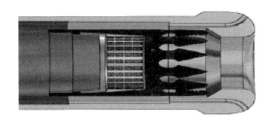

图 6-31 双岩芯爪复合割芯总成

图 6-32 交叉式割缝取芯内筒

4）斜向/径向低冲蚀取芯钻头。钻井液流动时会冲蚀岩芯，造成取芯技术指标低和岩芯污染严重的问题，根据地层硬度与胶结程度的不同设计了不同类型的低冲蚀取芯钻头：软地层低冲蚀取芯钻头采用圆弧形冠部，内部设计独立 U 环形水槽，设计斜向水眼，水眼顶部采用径向设计，钻井液径向冲向井壁而非井底，保证松软岩芯不被钻井液冲蚀。硬地层取心钻头采用锥形冠部，斜向 5°的水眼，减少钻井液冲蚀；根据外径越大，切屑齿受到的纵向力越小、侧向力越大且线速度越大的特点，提升了锥形弧面上的布齿密度，降低单个齿的纵向和侧向力，提升了取芯钻头的使用寿命和机械速度。

（4）割芯工艺。GW 系列取芯工具具有高压下的自动泄压功能，因此对于软、硬地层均可采用相同的割心工艺，即：停钻—投球加压—上提取芯工具—起钻出芯。该工具也可在对地层认识比较清楚的情况下采取针对性强的特殊的割芯工艺：软地层取芯，当钻完取芯进尺后，工具不提离井底，投入加压钢球，推动全封闭岩芯爪弯曲切断并承托岩芯，割芯完成后起钻出芯；对于胶结良好成柱性好的地层，取芯完成后，直接上提取芯工具，依托卡箍岩芯爪割芯；对于硬地层破碎岩芯，根据井深先上提钻具 0.5～1.0m，保证取芯钻头刚好提离井底，依托卡箍岩芯爪割断岩芯，然后投入加压钢球，推动全封闭岩芯爪弯曲并承托岩芯从而保证岩芯收获率。

### 6.6.6 伸缩叠合型柔性（袋）管取芯内管

设计加工一种三重管的柔性内管取芯钻具，有效解决上述常用钻具存在的问题，再配套使用相应的取芯钻头及取芯单向性罩爪簧钻进，使钻探取芯样品扰动度小于 5%，水分保真度大于 90%，取芯率达到 80%～95%。

1. 研究的重点及难点

（1）肠衣的材质：初步确定材质为复合塑料，以满足刚柔相济，硬而可叠、软而不破的原则，同时又具有优越的抗拉性、抗刺穿性、抗撕裂性，抗缓冲强度也很高。

（2）钻具的设计与加工，配套的钻头及爪簧系统。

2. 基本结构、工作原理及具体实施方案

（1）取芯内管结构。轴向折叠柔性袋管结构如图 6-33 所示，径向折叠柔性袋管结构如图 6-34 所示。

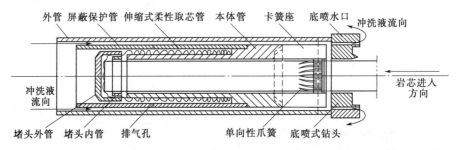

图 6-33 轴向折叠柔性袋管结构图

（2）工作原理。如图 6-34 所示，本体管与卡簧座丝扣连接后，将柔性（袋）管叠合套入本体管另一端，头部用堵头做双层封闭，再将屏蔽管插入本体管，管内组成安装完毕。最后将内管总成植入外管中，当岩芯（样）经卡簧进入取粉管中顶升堵头，柔性袋管同步逐次向前伸出直至回次结束。卸出外管后，芯样靠自重脱出，分段截取原状样保存。

（3）具体实施方案（以径向折叠法为例）。取芯管由 4 部分组成：工具式本体筒、塑

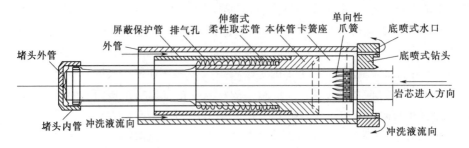

图 6-34 径向折叠柔性袋管结构图

料质袋管、导向堵头、屏蔽式保护管。工具式本体筒与卡簧座丝扣连接，塑料质袋管叠合套入本体筒，上部用堵头封住，堵头同时起导向、防冲和减压作用。屏蔽保护筒设有对称的2个排气。

如图6-35所示，该装置设在钻杆中。具体结构为：取样钻杆端部连接钻头，钻头上端连接卡簧座，卡簧座内壁设有卡簧。

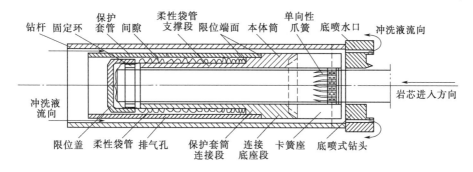

图6-35 取芯管实施方案图

本装置中的取芯本体筒分为3段：第一段为连接底座段，连接底座段与卡簧座连接，即连接底座段的端面设有锥台槽与卡簧座上的锥台配合连接；第二段为保护套管连接段，保护套管连接段上套设连接有保护套管，连接底座段与保护套管连接之间设保护套管连接段限位端面；第三段为柔性袋管支撑段，保护套管连接和柔性袋管支撑段之间设有柔性袋管限位断面。柔性袋管支撑段与保护套管之间有间隙，折叠的柔性袋管设在间隙中，即套在柔性袋管支撑段上。保护套管上开设有排气孔。柔性袋管的端部连接取芯盖，取芯盖包括柔性袋管端部固定环，与柔性袋管端部固定环连接的芯样端部限位盖，柔性袋管端部夹持在柔性袋管端部固定环和芯样端部限位盖之间。

### 6.6.7 双管强制取芯钻具

在坚硬完整的岩（矿）层中钻进时，要获取质量满足要求的岩芯并不困难，只要操作得当，采用一般的单管正循环钻进，便可取得质量较好的岩芯。但对于节理裂隙发育、松散、破碎、怕冲蚀的复杂地层，就必须设计专用的取芯工具。

所有专用的取芯工具都是为了防止或减轻对岩芯的机械破坏作用设计的。为了防止液流对岩芯的冲刷，可以采用双层岩芯管、分水接头、反循环冲洗和内管超前等措施；为了减轻钻具的机械振动对岩芯的影响，可以采用双管单动减振、弹簧室减振、加导下管减振等措施；为了减轻钻具对岩芯的磨损，可以采用内壁光滑、孔底反循环等措施；为了防止岩芯污染，可以采用活塞隔离、内管压入隔离等措施；为了保持岩样的原生结构，可以采用半合管或三层管、内管超前压入等措施。这些措施都能够起到相应的作用。

但是，对于极松散破碎地层，要想获得高质量的岩芯，首先要使岩芯能够顺利进入岩芯管内，其次要能够牢固卡住岩芯。现有取芯钻具在极松散破碎地层取芯时，有的岩芯能够顺利进入岩芯管中，但却不能牢固地卡住岩芯。例如卡簧取芯钻具，对于完整岩芯，能够牢固抱住岩芯并拉断，但卡簧直径变化范围很小，对于其松散破碎岩芯根本卡不住；有的能够很好地卡住破碎岩芯，但岩芯进入岩芯管时已造成一定的机械损伤，其至岩芯根本无法进入到岩芯管中。因此，极破碎地层中取芯钻具的理想设计思路是：在结构设计上采取一定的措施防止液流对岩芯的冲刷、防止钻具的机械振动对岩芯的影响、防止岩芯污染、保持岩样的原状性，同时，最重要的是，卡芯之前，卡芯机构必须完全敞开，便于岩芯顺利进入岩芯管中，卡芯时，卡芯机构必须有较大的直径变化范围，能够牢固卡住岩芯。

基于该思路，设计出双管强制取芯钻具，该钻具的卡芯爪簧在取芯前，完全敞开，岩芯能够顺利进入岩芯管内，取芯时，从钻杆内投下一带倒刺的球阀，近使内管相对外管向下一定的位移，此时爪簧完全关闭，牢固卡住岩芯。下面将详细介绍其结构和工作原理。

1. 提钻式双管强制取芯钻具的结构和工作原理

双管强制取芯钻具的结构如图 6-36 所示，主要包括上接头、带倒刺的衬套、销阀、连杆、滑阀、出水口、外接头、溢流管、岩屑收集器、滤管、内岩芯管、爪簧和爪簧座等部件。

卡取岩芯机构主要由爪簧和爪簧座组成，如图 6-37 所示。爪簧的设计：在一个薄壁圆筒上均匀地加工 10 条长 30mm、宽 0.3~0.8mm 的垂直缝隙，圆筒被 10 条缝隙分隔成 10 个爪子，每隔一个爪子上安装半球形的铆钉。爪簧座的设计：圆筒内部带一内锥面。卡取岩芯时，如前所述，在水压力的作用下，爪簧相对爪簧座位移，铆钉与爪簧座的内锥面配合，迫使爪子收紧，安装铆钉的 5 个爪子形成内圈，没有安装铆钉的 5 个爪子形成外圈，牢固地卡住岩芯，当岩芯比较破碎时，爪子可以并拢，同样能够可靠地取上岩芯。

销阀与带倒刺的衬套配合机构如图 6-38 所示。销阀的前部是球状结构，其尾部用紧固螺钉 1 压住一薄铜片，衬套内部带有倒刺状结构。由强制取芯钻具的工作机理可知，爪簧卡紧岩芯的握固力与钻具内管总成所受的竖向压力密切相关。如果能够保持这个竖向水压力，则起钻过程中爪簧能够始终紧紧卡住岩芯，岩芯不会脱落。销阀衬套配合机构正是为此目的而设计的。

销阀投入钻具后与带倒刺的衬套配合，销阀前部的球状结构堵住水路形成水压，而销阀尾部的薄铜片则与衬套的倒刺结构配合，使得销阀即使在起钻过程中钻具发生振动也不会相对衬套向上位移，这样其前部的球状结构就能始终牢固地堵住水路形成水压，显然这种设计机构远远优于传统常规设计的球阀。

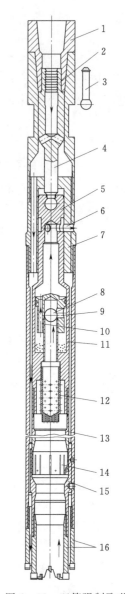

图 6-36　双管强制取芯
钻具结构图

1—上接头；2—衬套；3—销阀；
4—连杆；5—滑阀；6—出水口；
7—外接头；8—钢球；9—水口；
10—溢流管；11—岩屑收集器；
12—滤管；13—内岩芯管；
14—爪簧；15—爪簧座；
16—钻头

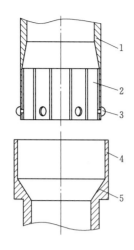

图 6-37 爪簧卡取岩芯机构
1—爪簧；2—爪子；3—铆钉；
4—爪簧座；5—锥面

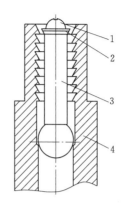

图 6-38 销阀衬套配合机构
1—紧固螺钉；2—薄铜片；
3—销阀；4—衬套

双管强制取芯钻具按如下方式工作：

正常钻进时，销阀留在地表不投入取芯钻具内。冲洗液经过衬套的中心通道后进入取芯钻具内外管之间的环状间隙，直达孔底，冲洗液的流向如图 6-40 中向下的箭头所示。冲洗液到达孔底后分为两部分，一部分沿钻具内腔上升，另一部分沿钻具外管与孔壁之间的环状间隙上升。沿钻具内腔上升的液流携带部分岩屑经滤管后较大颗粒的岩屑留在岩芯管内，含有小颗粒岩屑的冲洗液继续上升，顶开钢球，经水口进入岩屑收集器，在离心力作用下小颗粒的岩屑样品沉积在岩屑收集器内，较为干净的冲洗液经溢流管继续上升，最终从出水口进入钻具与孔壁之间的环状间隙完成循环。

进尺结束后要提钻取芯时，先停泵，把销阀通过水龙头投入钻具内，再短暂开泵后关泵。销阀投入后沿钻杆内腔直达取芯钻具并堵死取芯钻具中芯水路，开泵后，取芯钻具内管总成在水压作用下相对钻具外管整体向下位移，爪簧与带内锥度的爪簧座后收紧卡死岩芯，同时滑阀与外接头的出水口错开，内管基本处在封闭状态，可以很好地保护收集的岩屑和岩芯。

2. 技术关键点及备选方案

(1) 爪簧和台阶的设计。爪簧和台阶的设计是确保岩芯顺利进入岩芯管，牢固卡住岩芯的关键，其目标是：二者发生相对位移配合时，爪簧能够顺利地收拢，牢固卡住岩芯；驱动爪簧向下位移收拢的液压力不是太高；爪簧能够经久耐用。

目前采用的方案：爪簧的材质为 30 钢，其结构为在一个薄壁圆筒上均匀割出 10 条缝，形成 10 个爪子，每隔一个爪子上安装半球形的铆钉，卡芯时安装有铆钉的 5 个爪子先收拢，没有安装铆钉的 5 个爪子后收拢，内外两层牢固卡住岩芯。台阶为带一坡度的平面。该方案具有一定的优点，同时也存在一些问题。初步试验表明：驱动爪簧向下位移收拢的液压力较高。

备选方案：爪簧的材质选用弹簧钢片或其他耐磨材料，爪子的形状及爪子之间的缝隙进行优化设计，与其配合的台阶设计成圆弧形（图6-39所示），其收拢方式仍然采用内层先收拢、外层后收拢的方式。

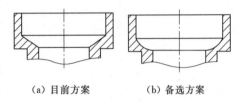

（a）目前方案　　　　（b）备选方案

图6-39 台阶设计方案

（2）保持岩芯原状性的设计。为了保持岩芯的原状性，岩芯管提至地表后，岩芯应能够顺利从岩芯管中取出，而不能通过敲打等方式人为对其产生扰动和破坏。

目前设计的样机是双管钻具，试验表明，从岩芯管内取出岩芯时，不能很好地保证岩芯的原状性。因此，下一步改进设计，拟在内管中再增加第三层衬管，其材质可选用铝合金、玻璃钢或塑料。

（3）钻具单动性的设计。钻进过程中，为了减少钻具对岩芯的破坏作用，一般采用内管不回转的单动钻具。双管强制取芯钻具中实现单动性的机构是球形铰接，其设计目标是尝试提高实现单动的可靠性，便于维护，但该结构形式在我国钻具单动性设计中很少使用，其实际效果需经实践检验。

备选方案：采用我国钻具设计中常用的推力轴承来实现双管强制取芯钻具的单动性。

（4）冲洗液循环线路设计。双管强制取芯钻具中冲洗液的循环线路如图6-40所示。冲洗液从钻杆内部经双管强制取芯钻具内外管之间的环状间隙直达孔底钻头处。在外的管接头处设计了水力障碍，其外径略大于岩芯外管，流至孔底的冲洗液只有一部分沿岩芯外管与孔壁之间的环状间隙上返，另一部分冲洗液则强制性地从岩芯内管中上返，强制上升流可避免冲洗液冲蚀岩芯，并保持小块岩芯处于浮动状态，从而降低岩芯自卡的可能性，避免岩芯的重复破碎，使岩芯采取率明显提高。

（5）岩粉过滤和收集装置。双管强制取芯内，沿岩芯内管上升的冲洗液通道上安装有过滤器，可以防止大颗粒的岩粉冲走，同时在过滤器的上方安装有岩粉收集器，采集和贮存孔底收集的细小岩粉，收集的孔底岩粉，能最大限度地保证样品的准确性和代表性，精确地反映所钻的孔段实际情况，同时还能保证了孔底冲洗液的清洁，使它在循环时不会积聚在孔壁上。岩粉收集器作为一个可选部件，需要时可安装，不需要时可卸掉。

（6）带倒刺球阀。双管强制取心钻具卡芯时，需借助地表泵产生的水压力驱动内管总成向下位移，一般的做法

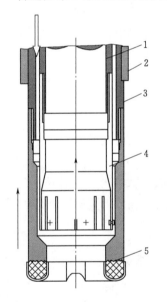

图6-40 双管强制取芯钻具
冲洗液循环线路
1—岩芯内管；2—水力障碍；
3—岩芯外管；4—爪簧；
5—钻头

是进尺结束时向钻杆内投入一钢球，钢球堵住内管总成的中心水流通道，从而形成一定的水压，驱动内管总成下行。

考虑到钻具在提升过程中产生的振动，可能导致钢球不能稳定可靠地堵住中心水流通道，项目组设计出如图6-41所示的带倒刺球阀，可稳定可靠堵住中心水流通道。

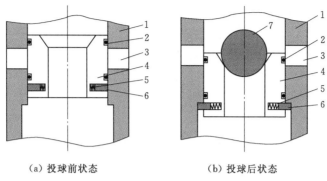

（a）投球前状态　　　　（b）投球后状态

图 6-41　定位卸荷阀结构原理示意图

1—外管；2—密封圈；3—水口；4—芯阀；5—弹簧；6—销轴；7—球阀

（7）定位卸荷阀的设计。由强制取芯钻具的工作原理可知，取芯时，带倒刺的球阀投入钻杆内后堵住内管的中心通道，钻杆柱内的水压力迫使内管总成向下位移，爪簧收拢卡住岩芯。在整个提钻过程中，钻杆柱内的静水压力一直作用在内管总上，这样爪簧才能始终保持可靠的收拢状态。

起钻时，钻杆柱内充满水很容易把操作人员的衣服、鞋子打湿，对施工带来不便，尤其是冬天气温低的时候，如果能设计一定位卸荷阀可很好地解决这一问题。

拟设计的定位卸荷阀如图 6-41 所示。

正常钻进时，芯阀封闭水口，水从芯阀的中心通道流过；进尺结束后取心时，投入球阀，球阀堵住芯阀的中心通道，在水压力的作用下，芯阀及整个内管总成向下位移一定距离后，销轴在弹簧的作用下弹出定位，整个内管总成不能再向上窜动，同时，水口打开卸荷。

### 3. 绳索强制取芯钻具

图 6-42 为 S-75 绳索取芯钻具结构图。绳索强制取芯钻具仅需对 S-75 绳索取芯钻具内管总成中的悬挂部件（图 6-42 中部件Ⅰ）和卡芯部件（图 6-42 中部件Ⅱ）做改进，其余零部件不变。S-75 绳索取芯钻具部件Ⅰ和部件Ⅱ工作机理是：内管总成下入孔底后，悬挂环坐落在座环上，冲洗液

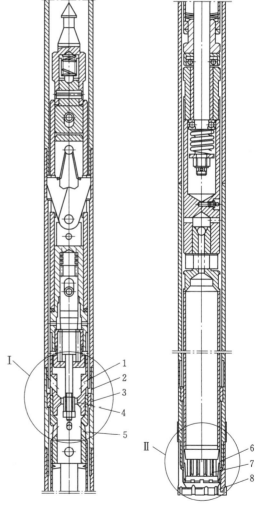

图 6-42　S-75 绳索取芯钻具结构图

1—进水口；2—悬挂环；3—座环；4—阀堵；5—出水口；
6—卡簧座；7—卡簧；8—钻头

Ⅰ—需改进设计的部件 1；Ⅱ—需改进设计的部件 2

从进水口进入，打开阀堵后从出水口进入内外管间的环状间隙直至孔底。卡芯时，卡簧座下移至钻头的内台阶，卡簧沿着卡簧座的内锥面移动，抱紧并拉断岩芯改进后的部件Ⅰ如图 6-43 所示，悬挂环通过销钉固定在悬挂接头上，同时阀堵及悬挂接头的内部结构做了一些变化。改进后的部件Ⅱ如图 3 所示，主要由卡心接头、爪簧及爪簧座等零件组成，卡心接头通过插接的方式与爪簧及爪簧座配合，爪簧座内设有 30°的内台阶。

　　将改进后的部件Ⅰ（图 6-43）和改进后的部件Ⅱ（图 6-44）分别代替图 6-42 中的部件Ⅰ和部件Ⅱ即为绳索强制取芯钻具，绳索强制取芯钻具的工作机理如下：内管总成下入孔内后，仍然通过悬挂环坐落在座环上。正常钻进时，冲洗液由进水口进入悬挂接头内部，推开阀堵，使阀堵处于图 6-43 中的虚线位置，冲洗液经过中心通道后经出水口进入内外管间环状间隙直至孔底。此时，图 6-44 中爪簧座通过销钉悬挂在卡心接头上，爪簧座与钻头的内台阶之间有 2~4mm 的过水间隙。

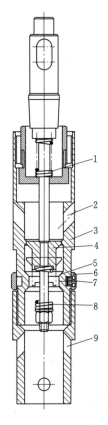

图 6-43　改进后的部件Ⅰ
1—弹簧；2—进水口；3—悬挂接头；4—阀堵；
5—悬挂接头内台阶；6—悬挂环；7—销钉；
8—弹簧；9—出水口

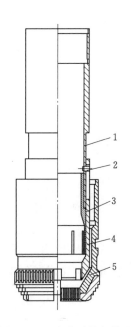

图 6-44　改进后的部件Ⅱ
1—卡心接头；2—销钉；3—爪簧；
4—爪簧座；5—阶梯钻头

　　钻进结束需卡取岩芯时，先关闭地表泵，将地表泵的由正常钻进泵量挡位调至最高泵量挡位，同时将泵的安全阀调至设计压力，再开泵，在大泵量水力作用下，图 6-43 中阀堵迅速下移至悬挂接头的内台阶处，并堵住冲洗液的中心通道，泵压骤然升高，销钉被剪断，整个钻具的内管总成相对于外管向下位移一定距离（设计值为2cm），图6-44中卡心接头向下位移，爪簧座位于钻头的内台阶上，同时卡心接头推动爪簧向下位移，爪簧碰到爪簧座的内台阶后被迫收拢，从而牢固地卡住破碎岩芯。

室内试验的目的是确定固定悬挂环销钉的合理直径，该直径与地表泵的泵压对应；确定爪簧的合理结构形式（包括爪子的数目、厚度、长度和切缝形式等）；检验绳索强制取芯钻具是否能够完成预设的动作。

（1）销钉剪切试验。加工销钉的材料为20号钢，参考理论计算的结果将销钉加工为直径 $d=3\sim7$mm 不等，在压力机上进行剪切试验，得到表6-5所示的试验数据。

表 6-5　　　　　　　　　　销 钉 剪 切 试 验 数 据

| 序号 | 销钉直径/mm | 平均剪断力/kN | 对应泵压/MPa |
|---|---|---|---|
| 1 | 3.0 | 4.693 | 1.9 |
| 2 | 3.5 | 5.517 | 2.24 |
| 3 | 4.0 | 6.451 | 2.62 |
| 4 | 4.5 | 7.495 | 3.04 |
| 5 | 5.0 | 8.649 | 3.51 |
| 6 | 5.5 | 9.913 | 4.03 |
| 7 | 6.0 | 11.287 | 4.58 |
| 8 | 6.5 | 12.770 | 5.19 |

根据表6-5的数据可确定实际钻进时绳索强制取芯钻具所需配备销钉的合理直径并设定安全阀的卸荷压力，其原则是：剪断销钉对应的地表泵压大致为正常钻进时最大泵压的2倍（这样可以防止正常钻进时某些异常情况下泵压升高而导致剪断销钉的误操作），再根据剪断销钉对应的地表泵压便可确定销钉的直径；安全阀的卸荷压力可以设置成略高于剪断销钉对应的泵压。例如：正常钻进时最大泵压为1.5MPa，则剪断销钉对应的地表泵压可设置为3.0MPa，查表6-5可知销钉对应的直径为4.5mm，此时，安全阀的卸荷压力可设置为3.5MPa或4.0MPa。

（2）爪簧收拢试验。最初设计的爪簧是在一个薄壁圆筒上通过线切割均匀加工10条长20mm、宽0.3～0.8mm的等宽度缝隙，圆筒被10条缝隙分隔成10个爪子，线切割时切线并不通过圆心，而是先把圆筒的内径均分成10等份后，通过5条切缝分成5个内层爪子和5个外层爪子，爪子的结构及切缝形式如图6-45所示。

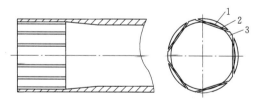

图 6-45　爪簧结构图
1—外层爪；2—切缝；3—内层爪

试验时，把爪簧与30°的台阶配合，并通过压力机施加压力迫使爪簧收拢。试验表明：爪簧在1kN左右的轴向压力作用下就能收拢，并分成内外两层，爪簧内径由43mm收拢到32mm，爪簧的收拢程度没有预计的理想，主要是由于内层爪子之间相互挤碰，妨碍了爪簧的进一步收拢。

为了加大爪簧的收拢程度，项目组对爪簧进行了改进设计：将爪子的长度由 20mm 加长为 25mm，同时等宽度的线切割缝改成 V 形，再次试验时取得了较好的效果。

加工爪簧的材料为 20 号钢，爪簧收拢后通过专用的工具可轻易修复，爪簧可反复使用。

## 参 考 文 献

[ 1 ] 鄢泰宁 . 岩土钻掘工艺学 [M]. 长沙：中南大学出版社，2014.

[ 2 ] 汤凤林，加里宁 А Г，段隆臣 . 岩心钻探学 [M]. 武汉：中国地质大学出版社，2009.

[ 3 ] 王达，何远信，等 . 地质钻探手册 [M]. 长沙：中南大学出版社，2014.

[ 4 ] 赵大军 . 岩土钻掘设备 [M]. 长沙：中南大学出版社，2010.

[ 5 ] 王扶志，张志强，宋小军，等 . 地质工程钻探工艺与技术 [M]. 长沙：中南大学出版社，2008.

[ 6 ] 何清华，朱建新，刘祯荣，等 . 旋挖钻机设备、施工与管理 [M]. 长沙：中南大学出版社，2016.

[ 7 ] 《工程地质手册》编委会 . 工程地质手册 [M]. 第四版 . 北京：中国建筑工业出版社，2007.

[ 8 ] JGJ/T 87—2012，建筑工程地质勘探与取样技术规程 [S]. 北京：中国建筑工业出版社，2012.

[ 9 ] DZ/T 0227—2010，地质岩心钻探规程 [S]. 北京：中国标准出版社，2010.

[10] 李石磊 . 国内钻井取心技术现状与发展 [J]. 化工设计通讯，2017，43（12）：252.

[11] 张思慧 . 钻井取心技术及应用实践研究论述 [J]. 中国石油和化工标准与质量，2017，37（02）：124 – 125.

[12] 欧阳涛 . 气体钻井取心工艺技术研究 [J]. 中国石油和化工标准与质量，2013（22）：173.

[13] 王昌明 . 钻井取心常规技术应用初探 [J]. 中国石油和化工标准与质量，2012（11）：77.

[14] 王尤富，臧士宾，胡斌，等 . 油田常规钻井取心岩样测定润湿性的试验研究 [J]. 石油天然气学报 . 2014，36（8）：113 – 115.

[15] 陈立，万尚贤，李伟成，等 . 气体钻井取心技术研究及进展 [J]. 钻采工艺，2010，33（6）：8 – 11.

[16] 黄松伟 . 普光气田空气钻井取心技术 [J]. 石油钻探技术，2009，37（3）：110 – 113.

[17] 于波 . 胜利空气钻井取心在哈深 201 井的应用 [J]. 山东工业技术，2016（10）：297.

[18] 王丽忱，甄鉴，张露 . 钻井取心技术现状及进展 [J]. 石油科技论坛，2015，34（2）：44 – 50.

[19] 谢绍军 . 钻井取心出心装置研制 [J]. 石油天然气学报，2008，30（1）：269 – 270.

# 7  轻便式气囊隔离随钻压水试验器

## 7.1  概　　述

### 7.1.1  国内外钻孔压水试验器的现状

水利水电工程勘察中，经常要进行钻孔压水试验，钻孔压水试验的原理是在一定压力下将水压入用栓塞隔开的一定长度的孔段内，以了解岩体裂隙发育情况和透水性的一种野外原位试验方法。

根据分类方式的不同，压水试验有以下几种不同分类：

（1）按密封方式的不同，有单管顶压式、双管循环式。国内常用的方法有两种，分别是单管顶压式和双栓塞水压式。单管顶压式的优点是操作简单，设备成本低，适合于浅孔；缺点是钻进一定深度做一次压水，辅助时间长，工效低，不适合深孔，调整栓塞位置与试段长度困难，试验成果与地质条件的关联性差，栓塞易损坏，止水效果较差。双栓塞水压式的优点是压水试验与纯钻进可以部分或全部分离，工效高，深孔、浅孔都适合，可以灵活调整栓塞位置与试段长度，试验成果与地质条件的关联性好，某些操作步骤可以合并进行，试验时间较短；缺点是栓塞的止水可靠性不易检验，由于钻程较长，岩粉堵塞裂隙的可能性增大，设备成本高。

目前国内压水试验器有橡胶柱（球）塞止水器和手动（压气或压水）橡胶气囊止水栓塞，手动压水式比较常用，在帷幕灌浆工程中广泛使用。

国外钻孔压水试验止水主要采用随钻压水试验器，其次为橡胶气囊止水栓塞，如图7-1所示。

橡胶柱（球）塞止水器采用钻杆自重＋钻机加压使橡胶膨胀止水，如果止水不当，必须将试验器从孔内提出调整，另外胶塞如果卡在孔内，处理比较困难；橡胶气囊止水使用手动压气（或压水）使气囊膨胀止水，气囊连接在钻杆下端，如果因地层原因止水不当，可以适当上提钻杆调整，不易卡在孔内，比橡胶柱（球）塞具有优势，是压水试验规程建议采用的止水方式。

图7-1  橡胶气囊止水装置

（2）按密封介质的不同，有水压

式、气压式和气水混合式等。

（3）按提钻方式不同，目前国内外压水试验采用两种方式进行：一种是将钻杆从钻孔全部提出，然后下入压水试验器进行试验；另一种是不提钻（不完全提出钻杆，只上提少量钻杆，给试验段腾出空间）从钻杆内下入试验器进行压水试验（通常称为随钻压水试验）。不同方式采用的钻进钻杆、钻具不同：第一种方式使用普通钻杆钻进；第二种压水试验必须结合绳索取芯钻进工艺。目前国内普遍采用前一种压水方式，每累计钻进一个试验段（一般为 5m）就要洗孔、提钻，然后下入压水试验器进行试验，由于起下钻具频繁，纯钻进时间少，辅助时间多，钻孔越深、效率越低。

### 7.1.2    随钻压水试验器研究目的

随着水利水电工程钻孔越来越深，钻孔多深达 100m 甚至好几百米，采用常规钻探＋常规压水试验起下钻等辅助时间过多，工作效率很低（目前单台钻机每月工程量很少超过150m），钻孔过程每 1～3m 就要提钻一次，累计 5m 还要洗孔、提钻、试验，几百米的钻孔总共需要起下钻几百次（平均 1m 余起下一次钻具或试验器），费时费力，对于斜孔钻进，起下钻等辅助时间更多。在日趋激烈的勘察市场竞争中，在单价越来越低，工期、安全要求越来越严，成本不断攀升的情况下，经济效益越来越差，加上其他各种各样的不利因素，钻探工作如何挖潜创新、提高效率成为生存的关键。

随钻压水试验器研制目的就是要结合绳索取芯钻探工艺，研制一种不提钻（只上提试验段钻具，留出试验段空间）即可进行孔内压水的试验器具及配套装置，减少钻探作业辅助工作时间，降低劳动强度，降低成本、提高效率，并保证钻探压水试验成果质量。

## 7.2    随钻压水试验器工作原理与结构设计

### 7.2.1    工作原理

常规压水试验器的工作原理是通过钻杆自重压力和钻机调压使橡胶柱塞（或球塞）膨胀与孔壁形成相对密封，然后从钻杆往试验段压水。为了使橡胶柱塞（或球塞）能够压缩，在其下端设置顶杆（钻杆，长度与试验段长度相当），工作原理如图 7-2 所示。它主要的缺点有：

（1）试验前必须全部提出钻杆、钻具，然后下入压水试验器进行试验。一个压水试验单元，下钻、起钻次数最少不低于 6 次，钻探效率低、劳动强度大。

（2）下入试验器之前，试验段的长度及橡胶柱塞（或球塞）在孔内位置已经通过配置试验器下面的顶杆（钻杆）确定，如果因橡胶柱塞（或球塞）所处位置不当不能止水，必须将试验器从孔内提出在地面进行调整后重新下入。

轻便式气囊隔离随钻压水试验器工作原理是在不全部提钻情况下，从绳索钻杆内快速下入试验器，通过使用橡胶气囊及气水分流的手段进行钻孔压水试验，工作原理如图 7-3所示。

试验器总体由上、下 2 个气囊隔离系统组成，中间由定位接头连接，气囊从绳索取芯钻杆（相当于从孔口至试验段上端的全孔为套管）下入，下气囊定位于钻头下端，上气囊定位于绳索取芯钻杆内，定位接头（锥形台阶）通过钻头内台阶悬挂定位。

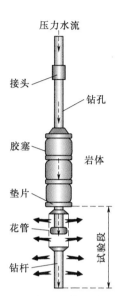

图 7-2 常规压水试验原理图

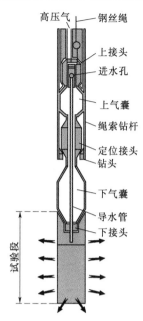

图 7-3 随钻压水试验原理图

上气囊膨胀后与绳索钻杆内壁形成密封，保证钻杆内高压水通过导水管流往试验段，否则水流会从孔壁与钻杆间隙流出地表，下气囊膨胀后与孔壁形成密封，保证试验段顶部相对密封。

气流通道：高压气泵→高压气管→阀门及压力表→气管穿过孔口封堵接头→气管穿过钻杆内→气管连接压水试验器上接头水管→高压气进入分气室→通过接头进入气水分流接头→从接头通孔与导水管间环状间隙进入上气囊总成→从中间定位接头与导水管环状间隙进入下气囊总成→持续送气升压使气囊膨胀→防止高压水从钻杆内（与上气囊间）往下漏失、防止试验段水从钻孔壁（与下气囊间）往上漏失。

水流通道：高压水泵→高压水管→阀门及压力表、流量表→孔口封堵接头→高压水进入钻杆→高压水从气水分流接头孔（通孔）进入接头内 T 形连接的导水管→导水管从中间穿过 2 个气囊、2 个接头→高压水进入压水试验段→往地层渗透（或少量绕渗漏失）。

轻便式气囊隔离随钻压水试验器主要优点在于提钻时间少，劳动强度低，试验段长度调整方便。

### 7.2.2 结构设计

轻便式气囊隔离随钻压水试验器由 6 个部分组成，包括 2 个气囊、3 个接头、1 根导水管，从上往下依次为：上接头总成、导水管、上气囊总成、中间定位接头、下气囊总成、下接头。其结构原理如图 7-4 所示，结构组成如图 7-5 所示。

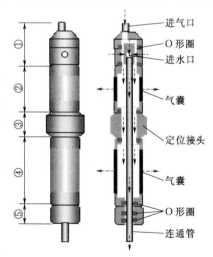

图 7-4 压水试验器结构组成图
①上接头总成；②上气囊总成；③中间定位接头；④下气囊总成；⑤下接头

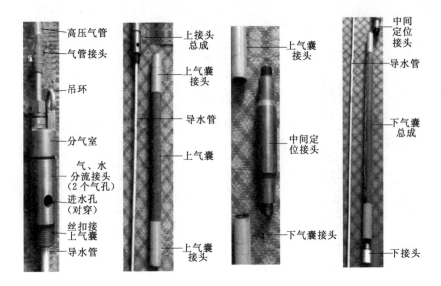

图 7-5 轻便式气囊隔离随钻压水试验器结构组成图

上接头总成由气管接头、吊环、进气通道及进水通道组成，气、水为两个独立通道。上接头与导水管采用丝扣连接。

下气囊在未充气时外径比钻头唇部内径小，可以穿过到达预先设计的密封孔段，中间接头外径比钻头唇部内径大，可以起到定位作用，中间接头设置通孔（直径 27mm），作用是气体及导水管通道。

上气囊位于套管内，作用是防止压力水从中间接头与钻头间环状间隙漏出，再从钻孔与绳索取芯钻杆的环状间隙漏走。

下接头位于试验器底部，中间设置有导水管穿过孔，为防止下气囊高压气体从环状间隙漏出，设置了两道 UC 密封圈（D22，d22）。

气囊总成根据孔径、钻孔密封长度（下气囊有效密封长度不小于 8 倍钻孔直径）的要求需要在专门厂家定制，因国内水利水电工程灌浆使用分段卡塞灌浆较多，气囊总成的橡胶材料，生产工艺均十分成熟。气囊总成装配如图 7-6 所示。

轻便式气囊隔离随钻压水试验器其他配套设备及构件主要包括送气、送水及提升三个部分。送气部分组成：高压气泵、高压气管（直径 10mm，耐压 2MPa 以上）及绞车系统、压力表、阀门、接头连接件、卡子（与钢丝绳绑定）。高压气泵也可用高压水泵代替，不影响气囊膨胀效果。送水部分组成：高压水泵、压力表、孔口分水、分气接头（亦称孔口封堵接头）。提升部分组成：钢丝绳（直径 4~6mm）及绞车、绳卡等。

### 7.2.3 关键技术

采用随钻压水试验器进行压水试验的方法适用于绳索取芯钻进技术，当绳钻内管和岩芯提出后，不需提出绳钻外管和钻头，直接将压水试验装置下入钻孔内，对钻孔试验段进行密封，并进行压水试验。

由于高压清水是通过绳索钻杆输送到试验段，而试验器也是从钻杆内下入后定位在试验段与钻杆之间，然后采用高压气体将气囊膨胀达到止水目的。在试验中，水、气处于分

流状态，与常规气囊压水试验器比较，随钻压水
试验器有以下关键技术需要解决：

（1）关键部位的密封、止水技术。

1）孔口三通的止水与密封，孔口三通（亦称
孔口封堵接头）是水、气进入钻杆的共同通道，
高强度软管（同时可以上下牵引、悬挂试验器）
连接气泵与试验器的气囊。如果软管不能与三通
形成密封，高压清水会从软管处泄露，导致水流
无法升压，不能完成压水试验。

经调研，采用橡胶塞密封，旋压止水。孔口
封堵接头实物及装配如图 7-7 所示，孔口三通结
构如图 7-8 所示。

密封原理：旋紧压盖时，放在锥形槽内的橡
胶塞被挤压与高压软管形成贴合，同时，由于高
压气体形成对外抵抗张力，保证了高压软管与橡
胶塞形成紧密封闭。关键在于橡胶塞材料的选择
与高压塑料管的材质。经调研，国内橡胶材料品
种齐全，有强度足够、软硬及变形程度合适的型
号可供选择；高压软管种类也繁多，可选择高强
度内缠丝塑料管，具有抵抗变形的足够强度与
硬度。

2）钻杆内部及试验段的止水。采用国内成熟
的橡胶气囊止水技术，气囊可以采用气压或水压
方式。止水长度、气囊大小、额定压力根据不同
要求可以在专业厂家定制。

3）试验器总成间各连接部位的密封。试验器
总成间各连接部位采用橡胶密封圈密封，根据重
要性不同，采用不同形式的密封圈。

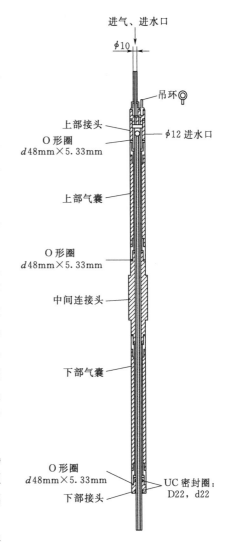

图 7-6　气囊总成装配图

图 7-7　孔口封堵接头实物及装配图

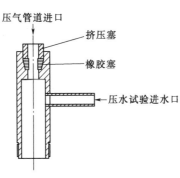

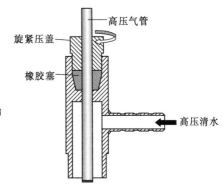

图 7-8　孔口三通结构图

（2）高压水、气分流技术。高压水、气分流是随钻压水试验器最关键的技术，它是通过构建合理的结构措施使水、气在有限的空间内畅流且互不干扰渗漏，要求结构简洁、可靠，故障率低，便于加工、操作、维护、维修。主要结构件包括：①气、水分流接头（上接头）；②绳索钻杆密封气囊（上气囊）；③定位接头（依托金刚石钻头定位）；④试验段密封气囊（下气囊）；⑤气、水隔离密封接头（下接头）。

高压水、气从地面经孔口送入到试验段、气囊，在试验器总成中必须是两个独立的通道，必须相互隔离、密封。为减少水流压力损失，管路弯曲尽量少，长度尽可能缩短，管径尽量大，满足水流量要求。

试验器从钻杆中下入，通过定位接头定位，上气囊膨胀止水，水只能通过气、水分流接头的进水口流向试验段，试验段依靠下气囊止水，下接头防止高压水上返，防止高压气下串。

# 7.3　随钻压水试验器操作方法

## 7.3.1　前期准备与试验设备检查

（1）前期设备器材准备。主要设备、器材见表 7-1。

表 7-1　　　　　　　　　　试验主要设备、器材表

| 序号 | 设备器材名称规格 | 数量 | 单位 | 备　注 |
|------|------------------|------|------|--------|
| 1 | 300 型地质钻机 | 1 | 台 | |
| 2 | 160 水泵 | 2 | 台 | |
| 3 | 75mm 绳索取芯钻杆 | 300 | m | |
| 4 | 75mm 绳索取芯钻具 | 2 | 套 | |
| 5 | 轻便式气囊随钻压水试验器 | 1 | 套 | |
| 6 | 小型空压机 | 1 | 台 | |
| 7 | 电动绞车 | 2 | 台 | |
| 8 | 10mm 高强度塑料水管 | 260 | m | |
| 9 | 其他辅助器材 | 若干 | | 包括管路、接头、量测器具、仪表 |

（2）人员培训。

1）技术交底。试验之前，编制钻探作业计划书，拟定参与人员、钻探技术方案、钻探工艺，制定安全、质量保证措施。成立钻探 QC 小组，全面开展各项准备工作。

在试验之前对参与人员进行绳索取芯技术、随钻压水试验器技术及操作要求及要领进行培训交底。培训工作由公司技术人员及聘请的专业人员承担。

2）安全交底。针对钻探作业的共性、试验地域的特点及钻探作业设备、仪器操作要求等，查找钻探作业危险源，制定本钻探作业安全作业交底书，在进场作业前对全体人员进行交底。

（3）主要器材压水气囊的检查。

止水栓塞（气囊）长度不小于 8 倍钻孔直径。一般情况下随钻压水试验器止水气囊长

度可以满足规范要求（定制产品，考虑了规范要求），但带班机长还是应负责测量随钻压水试验器各部分的结构组成，使机组人员在脑海中建立清晰的空间模型，弄清钻头、试验器等在钻孔内的相对位置，弄清气囊有效长度、弄清试验段的实际长度，确保试验的准确度。

随钻压水试验器下入孔内前，应进行地表试验，验证气囊、各接头止水的可靠性，可将气囊总成放置于与孔内一致的套管内进行试验，充气压力不得大于试验压力的80%。

气囊有效止水长度小于气囊长度，因为气囊两端与接头固定部分不能膨胀，实际有效长度应在地表试验中测量，因材料性能差异，相同长度的气囊不一定有效止水长度也相同。

（4）主要设备供水设备（压水试验供水水泵）的检查。

1）试验用的水泵应符合下列要求：

a. 工作可靠，压力稳定，出水均匀。

b. 在1MPa压力下，流量能保持100L/min。

c. 水泵出口应安装容积大于5L的稳压空气室。

吸水龙头外应有1～2层孔径小于2mm的过滤网。吸水龙头至水池底部的距离不小于0.3m。供水调节阀门应灵活可靠，不漏水，且不宜与钻进共用。

2）量测设备（压力、流量）。测量压力的压力表和压力传感器应符合下列要求：

a. 压力表应反应灵敏，卸压后指针回零，量测范围应控制在极限压力值的1/3～3/4。

b. 压力传感器的压力范围应大于试验压力。流量计应能在1.5MPa压力下正常工作，量测范围应与水泵的出力相匹配，并能测定正向和反向流量。宜使用能测量压力和流量的自动记录仪进行压水试验。

3）水位计应灵敏可靠，不受孔壁附着水或孔内滴水的影响。水位计的导线应经常检测，对于有破损的部位要进行可靠修复，无法修复时必须更换。

4）试验用的仪表应专门保管，不应与钻进共用，并定期进行检定。

## 7.3.2　造孔

（1）压水试验钻孔的孔径一般为59～150mm，常用孔径为75mm和91mm。

（2）压水试验钻孔宜采用金刚石或合金钻进，不应使用泥浆等护壁材料钻进。在碳酸盐类地层钻进时，应选用合适的冲洗液。

（3）试验钻孔的套管脚必须止水。

（4）在同一地点布置两个以上钻孔（孔距10m以内）时，应先完成拟做压水试验的钻孔。

（5）钻孔过程中应经常计算、校核孔深，下入钻孔内的钻杆根数、单根长度及总长、主动钻杆长度、地面至机台面高度等涉及钻孔深度的数据应抄写在钻场黑板上，便于核对，班组交接班时应对孔内情况进行交底，已经完成的压水试验具体深度，避免压水试验漏段。

## 7.3.3　试验长度的规定

按有关规程，试段长度一般为5m，特殊情况依据地质工程师要求而定。

压水试验相邻试段应互相衔接，可少量重叠，但不能漏段。残留岩芯可计入试段长度之内。

### 7.3.4 试验压力的确定

压水试验可采用五点法和单点法,不同工程视具体情况而定。

五点法压水试验应按三级压力、五个阶段进行,即 $P_1 \sim P_2 \sim P_3 \sim P_4$ ($=P_2$) $\sim P_5$ ($=P_1$),$P_1 < P_2 < P_3$。$P_1$、$P_2$、$P_3$ 三级压力宜分别为 0.3MPa、0.6MPa 和 1MPa。

单点法压水试验即在一个压水试验段中采用一级不变的压力值进行压水试验,压力值大小依据钻孔任务书的要求。

### 7.3.5 试验操作的流程

采用随钻压水试验器进行压水试验的操作流程如图 7-9 所示。

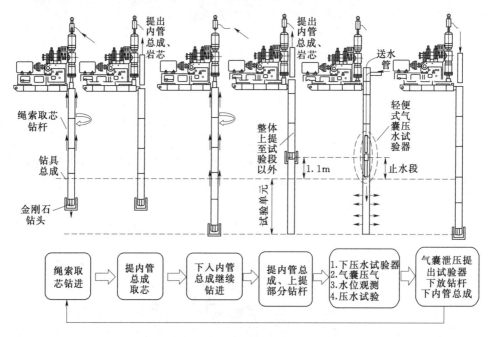

图 7-9 随钻压水试验流程示意图

钻孔(绳索取芯钻进)完成 1 个压水试验段深度→洗孔→取芯→钻杆上提(5m＋下气囊总成的长度)→观测全孔水位→试验器地面检测、下随钻压水试验器→气囊充气隔离止水→试验段水位观测→安装各种仪表→压水试验→试验完成气囊泄压从孔内提出→钻具下到孔底,下入钻杆、内管,钻进下一压水单元。

(1)试验前的辅助工作。试验开始前,应对各种管路、阀门、设备、仪表的性能和工作状态进行检查,发现问题立即处理。

随钻压水试验器应进行地表试验,检测其完好性。随钻压水试验地面设备安装如图 7-10 所示。

气泵可采用手动气压泵或水压泵替代,如果钻孔深度不大(400m 以内),可以不使用钢丝绳,直接用高压气管下入气囊隔离塞。

(2)洗孔。

1)洗孔应采用压水法,在保证孔壁稳定前提下,尽量用较大的泵量。必须对试验段

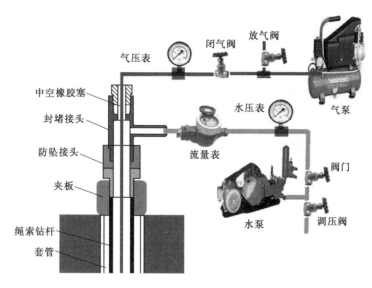

图 7-10 随钻压水试验地面设备安装示意图

全段进行冲洗，所以洗孔时钻具必须到底。可以在打捞岩芯前冲洗，如果考虑过长时间冲洗对于取芯不利，也可以在打捞岩芯后重新接上主动钻杆进行冲洗。

2）洗孔应至孔口回水清洁，肉眼观察无岩粉时方可结束。

3）对于严重漏失钻孔，当孔口无回水时，洗孔时间不得少于 15min。

（3）绳索钻杆上提与定位。洗孔完成后上提绳索取芯钻杆，上提高度以钻头提离孔底高度计算。钻头上提高度如图 7-11 所示。

$$H=h_1+h_2 \tag{7-1}$$

式中：$H$ 为钻头提离孔底高度，cm；$h_1$ 为试验段长度，cm，一般为 500cm；$h_2$ 为下气囊有效止水端至钻头的长度，cm。

本次研制的随钻压水试验器 $h_2=110$cm。

钻杆提升就位后，连接专用放坠落接头，在孔口用专用夹板固定。随钻压水试验器孔内安装如图 7-12 所示。

（4）试段隔离、岩心管隔离。

1）绳索取芯钻杆一般为 3m1 根，孔内接头较多，下入前必须仔细检查其密封性，必须保证接头不漏水，不合格钻杆不得使用。对于老旧钻杆，采用生料带缠绕防漏。

2）试验器下入孔内前应严格检查，特别是接头的止水、气囊的完好，对其进行地表试验，测量气囊有效长度，同时检验管路、阀门、量测仪表是否完好。下栓塞前应对压水试验工作管进行检查，不得有破裂、弯曲、堵塞等现象。接头处应采取严格的止水措施。

3）为保证气囊密封效果，气囊充气压力比最大时段压力大 0.2～0.3MPa，并在试验过程中充气（水）压力应保持不变（屏压）。上气囊、下气囊连通，压力相同，上气囊用于隔离岩芯管与孔壁的通道，下气囊用于隔断试段与其上部孔段的通道。

4）下气囊应安设在岩石较完整的部位（对岩芯仔细核查），定位应准确。

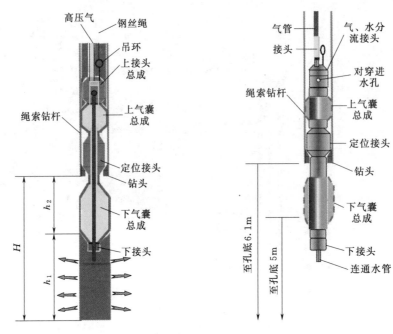

图 7-11　钻头上提高度示意图　　图 7-12　随钻压水试验器孔内安装示意图

5）当气囊隔离无效时，应分析原因，采取移动气囊的措施。气囊只能向上移，其范围不应超过上一次试验的塞位。禁止向下移动气囊（压水漏段）。

（5）两次水位观测。

1）洗孔后、下入试验器前应首先观测 1 次孔内水位，试段隔离后，再观测工作管内水位。绳索钻杆上提并固定后，在钻杆内进行全孔水位观测；下入试验器后，不要接上孔口封堵接头（否则管口封死，无法观测水位），先对气囊充气至 1MPa，使上、下气囊膨胀止水，观测试验段水位。水位观测结束标准示例表如表 7-2 所示。

表 7-2　　　　　　　　　　　　　水位观测结束标准示例表

| 观测时间<br>（时：分） | 水位深度<br>/m | 水位变化幅度<br>/cm | 下降速度<br>/(cm/min) | 结束标准：水位下降速度连续<br>2 次均小于 5cm/min |
|---|---|---|---|---|
| 11：05 | 29.76 | | | |
| 11：10 | 29.50 | 26 | 5.2 | |
| 11：15 | 29.42 | 8 | 1.6 | 不能结束 |
| 11：20 | 29.10 | 32 | 6.4 | 不能结束 |
| 11：25 | 29.00 | 10 | 2 | 不能结束 |
| 11：30 | 29.10 | 10 | 2 | 水位上升，不能结束 |
| 11：35 | 29.00 | 10 | 2 | 不能结束 |
| 11：40 | 28.90 | 10 | 2 | 结束 |

2）工作管（绳索取芯钻杆）内水位观测应每隔 5min 进行 1 次。当水位下降速度连续 2 次均小于 5cm/min 时，观测工作即可结束，用最后的观测结果确定压力计算零线。

3) 在工作管内水位观测过程中如发现承压水时,应观测承压水位。当承压水位高出管口时,应进行压力和涌水量观测。

(6) 压力和流量观测。

1) 在向试段送水前,应打开排气阀,待排气阀连续出水后,再将其关闭。高压气管采用橡胶塞密封,如果有水渗漏,应旋紧压盖,如果压盖全部旋紧仍不能止水,应更换橡胶塞或采取其他措施止水。

2) 流量观测前应调整调节阀,使试段压力达到预定值并保持稳定。

3) 流量观测工作应每隔 1~2min 进行 1 次。当流量无持续增大趋势,且 5 次流量读数中最大值与最小值之差小于最终值的 10%,或最大值与最小值之差小于 1L/min 时,本阶段试验即可结束,取最终值作为计算值。

4) 将试段压力调整到新的预定值,重复上述试验过程,直到完成该试段的试验。

5) 在降压阶段,如出现水由岩体向孔内回流现象,应记录回流情况,待回流停止,流量达到上述 3) 的标准后方可结束本阶段试验。

6) 在试验过程中,对附近受影响的露头、井、洞、孔、泉等应进行观测。

7) 在压水试验结束前,应检查原始记录是否齐全、正确,发现问题必须及时纠正。

### 7.3.6 试验资料的整理

试验资料整理参照 SL 31—2003《水利水电工程钻孔压水试验规程》,应包括校核原始记录,绘制 $P—Q$ 曲线,确定 $P—Q$ 曲线类型和计算试段透水率等内容。$P—Q$ 曲线分为五种类型:A 型(层流型)、B 型(紊流型)、C 型(扩张型)、D 型(冲蚀型)和 E 型(充填型)。$P—Q$ 曲线类型及曲线特点见表 7-3。

试段透水率按式(7-2)计算:

$$q = \frac{Q_3}{LP_3} \tag{7-2}$$

式中:$q$ 为试段的透水率,Lu;$L$ 为试段长度,m;$Q_3$ 为第三阶段的计算流量,L/min;$P_3$ 为第三阶段的试段压力,MPa。

试段透水率取两位有效数字。

(1) 绘制 $P—Q$ 曲线时,应采用统一比例尺,即纵坐标($P$ 轴)1mm 代表 0.01MPa,横坐标($Q$ 轴)1mm 代表 1L/min。曲线图上各点应标明序号,并依次用直线相连,升压阶段用实线,降压阶段用虚线。

(2) 试段的 $P—Q$ 曲线类型应根据升压阶段 $P—Q$ 曲线的形状以及降压阶段 $P—Q$ 曲线与升压阶段 $P—Q$ 曲线之间的关系确定。

(3) 当 $P—Q$ 曲线中第 4 点与第 2 点、第 5 点与第 1 点的流量值绝对差不大于 1L/min 或相对差不大于 5% 时,可认为基本重合。

(4) 每个试段的试验成果,应采用试段透水率和 $P—Q$ 曲线的类型代号(加括号)表示,如 0.23(A)、12(B)、8.5(D)等。

(5) 当某一工程或某一地段的压水试验成果中,出现较多的试段 $P—Q$ 曲线为 C 型或 D 型时,应结合该工程或该地段的地质资料和钻孔岩芯情况进行分析,并在工程地质报告中加以说明。

表 7 - 3　　　　　　　　　　　　　　　　　　　*P—Q* 曲线类型及曲线特点

| 类型 | A 型（层流型） | B 型（紊流型） | C 型（扩张型） | D 型（冲蚀型） | E 型（充填型） |
|---|---|---|---|---|---|
| *P—Q* 曲线 | | | | | |
| 曲线特点 | 升压曲线为通过原点的直线，降压曲线与升压曲线基本重合 | 升压曲线凸向 *Q* 轴，降压曲线与升压曲线基本重合 | 升压曲线凸向 *P* 轴，降压曲线与升压曲线基本重合 | 升压曲线凸向 *P* 轴，降压曲线与升压曲线不重合，呈顺时针环状 | 升压曲线凸向 *Q* 轴，降压曲线与升压曲线不重合，呈逆时针环状 |

# 7.4　随钻压水试验器的应用

随钻压水试验器通过室内试验和现场生产性试验，取得了较好的试验效果，效率高，数据准确，操作安全可靠，并分别在云南某引水工程等数十个工程中获得应用，具有广泛的应用前景。对于超深斜孔钻进，起钻、下钻等辅助时间更多，采用随钻压水试验器结合绳索取芯钻探工艺，即可进行孔内压水的试验器具及配套装置，减少钻探作业辅助工作时间，降低劳动强度，降低成本、提高效率，并保证钻探压水试验成果质量。

本随钻压水试验器取得了国家实用新型专利证书，获得了 2015 年度国家工程建设（勘察设计）优秀 QC 小组一等奖和 2015 年全国优秀 QC 小组荣誉称号。

下面简要介绍随钻压水试验器在云南某引水工程中应用情况。

## 7.4.1　工程概况

云南某引水工程位于云南省中北部，地处金沙江、南盘江、澜沧江、红河四大水系分水岭地带，该引水工程是从金沙江虎跳峡以上河段引水，以解决滇中地区严重缺水问题的特大型引水工程。工程区地质构造复杂，出露的岩性主要有：泥质板岩、砂质板岩、绢云英微晶片岩、绢云母石英片岩、绢云英千枚岩、白云岩、大理岩、砂岩、泥岩，及安山岩、玄武岩等。

针对该工程勘探试验孔深度大、岩体破碎、地应力环境复杂、孔内地下水位低、钻探工艺与孔深差异大等特点，开发研制了深孔双塞高压压水试验系统。该系统适合深孔、干孔等情况，可进行千米级的高压压水试验。高压压水试验现场场景如图 7 - 13 所示。

随钻压水试验器在本工程的应用成果：①开发了一套串联双塞的气/液压加卸压系统，该系统适合绳索取芯钻探工艺，最高压力可超过 10MPa；②实现了封隔气囊、压水管路两个管路系统的单独工作，全过程可单独控制，提高了试验效率；③形成了一套压力、流量自动采集分析系统；④对原压水系统的强度和刚度进行局部改进，该系统可进行千米级的钻孔高压压水试验。

随钻压水试验成果见表 7 - 4。

图7-13　云南某引水工程随钻压水试验现场场景

表7-4　　　　　　　　　　　　　压水试验钻孔情况一览表

| 钻孔编号 | 钻　孔　1 | 钻　孔　2 |
|---|---|---|
| 典型剖面 | | |
| 地层岩性 | 泥盆系下统格绒组上段（$D_1g^3$）<br>千枚岩、片岩 | 巨甸岩群陇巴组上段（$Pt_3l^2$）<br>绢云母石英千枚岩夹石英微晶片岩 |
| 隧洞埋深/m | 586 | 350 |
| 压水试验段/m | 504～605 | 243～365 |
| 试验压力 | 常规压水试验（$P_{max}=1MPa$） | 选择261～265m和270～275m两段进行了<br>2.15MPa高压压水试验，其余段为常规压水试验 |
| 地下水埋深/m | 4.54 | 65.0 |

## 7.4.2　试验技术要求

随钻压水高压压水试验基本按照 SL 31—2003《水利水电工程钻孔压水试验规程》、DL/T 5148—2001《水工建筑物水泥灌浆施工技术规范》、DL/T 5125—2001《水电水利岩土工程施工及岩体测试造孔规程》等规范执行，主要步骤及要求如下：

（1）确定测试段：钻孔成孔（孔径75mm）后，根据钻孔地质资料选择测试段，测试段长度一般为 5m，如含断层破碎带、裂隙密集带等强透水带的孔段，可根据现场情况进行调整。

（2）座封：采用两个可膨胀的特制橡胶封隔器，通过钻杆将其放置到选定位置，加压使封隔器膨胀座封于孔壁上，形成测试段。

（3）注水加压：通过钻杆和液压泵对试验段注水，采用五点法进行压水试验。

（4）压力和流量观测：调整调节阀，使试验压力达到预定值并保持稳定后，进行流量观测。流量观测工作应每隔 1min 进行一次，当压力与流量稳定达到稳定标准后，本级试验即可结束，可进行下级试验。试验压力控制在 1～5MPa。

（5）解封：测试完毕后，排出封隔器内液体或气体使之恢复原状，封隔器解封后，将设备移至下一测试段测试。

### 7.4.3　压水试验成果资料整理

钻孔 1 和钻孔 2 两孔试验成果分别见表 7-5、表 7-6。

钻孔 1 和钻孔 2 两孔压水试验 $P$—$Q$ 曲线多为充填型，少量的为层流、紊流或冲蚀型。其中钻孔 2 孔浅部的两个较高压力的压水试验曲线为冲蚀型，说明不同压力条件下，受围岩性质与地应力环境等因素的影响，压水试验岩体的渗流机理有所差异；

钻孔 1 孔透水率多在 0.1～1Lu 之间，属微透水岩层；钻孔 2 孔透水率除局部破碎段较高外，其余为 1～3Lu，属弱透水岩层。可见两类岩体虽为千枚岩、片岩类岩层，但因受到构造、裂隙发育等因素影响，透水率均有一定差异。

表 7-5　　　　　　　　　钻孔 1 压水试验成果表

| 序号 | 试验起止深度/m | 试验段长/m | $P$—$Q$ 曲线类型 | 透水率/Lu |
|---|---|---|---|---|
| 1 | 504～509 | 5 | E（充填）型 | 0.71 |
| 2 | 510～515 | 5 | E（充填）型 | 0.71 |
| 3 | 516～521 | 5 | E（充填）型 | 0.68 |
| 4 | 522～527 | 5 | E（充填）型 | 0.68 |
| 5 | 528～533 | 5 | E（充填）型 | 0.71 |
| 6 | 534～539 | 5 | E（充填）型 | 0.72 |
| 7 | 540～545 | 5 | E（充填）型 | 0.66 |
| 8 | 546～551 | 5 | E（充填）型 | 0.68 |
| 9 | 552～557 | 5 | E（充填）型 | 0.74 |
| 10 | 558～563 | 5 | E（充填）型 | 0.72 |
| 11 | 564～569 | 5 | E（充填）型 | 0.78 |
| 12 | 570～575 | 5 | E（充填）型 | 0.72 |
| 13 | 576～581 | 5 | B（紊流）型 | 0.70 |
| 14 | 582～587 | 5 | B（紊流）型 | 0.74 |
| 15 | 588～593 | 5 | B（紊流）型 | 1.16 |
| 16 | 594～599 | 5 | E（充填）型 | 0.26 |
| 17 | 600～605 | 5 | A（层流）型 | 0.22 |

**注**　1. 孔内稳定水位基本在孔口。

　　　2. 压水试验合计 17 段。

表 7-6 钻孔 2 压水试验成果表

| 序号 | 试验起止深度 /m | 试验段长 /m | P-Q 曲线类型 | 透水率 /Lu | 备注 |
|---|---|---|---|---|---|
| 1 | 243~248 | 5 | | >15 | 孔口不起压 |
| 2 | 261~265 | 5 | D（冲蚀）型 | 0.81/1.02 | $P_{max}=2.15MPa$ |
| 3 | 270~275 | 5 | D（冲蚀）型 | 0.91/1.33 | $P_{max}=2.15MPa$ |
| 4 | 276~281 | 5 | E（充填）型 | 0.76 | |
| 5 | 282~287 | 5 | E（充填）型 | 1.07 | |
| 6 | 291~296 | 5 | A（层流）型 | 1.3 | |
| 7 | 297~302 | 5 | E（充填）型 | 2.15 | |
| 8 | 303~308 | 5 | E（充填）型 | 1.82 | |
| 9 | 312~317 | 5 | E（充填）型 | 2.3 | |
| 10 | 318~323 | 5 | E（充填）型 | 2.58 | |
| 11 | 324~329 | 5 | E（充填）型 | 4.68 | |
| 12 | 330~335 | 5 | E（充填）型 | 4.93 | |
| 13 | 336~341 | 5 | B（紊流）型 | 1.4 | |
| 14 | 342~347 | 5 | E（充填）型 | 2.5 | |
| 15 | 348~353 | 5 | E（充填）型 | 2.28 | |
| 16 | 354~359 | 5 | E（充填）型 | 2.16 | |
| 17 | 360~365 | 5 | E（充填）型 | 1.1 | |

**注** 1. 孔内稳定水位为 65m。
2. 压水试验合计 17 段。
3. 第 15 和第 16 段进行了高压压水，最大压力均为 2.15MPa。

# 参 考 文 献

[1] SL 31—2003，水利水电工程钻孔压水试验规程 [S]. 北京：中国水利水电出版社，2003.

[2] 长江水利委员会三峡勘测研究院. 水利水电工程勘探与岩土工程施工技术 [M]. 北京：中国水利水电出版社，2002.

[3] 马明，范子福，曾立新，等. 水利水电工程钻探与工程施工治理技术 [M]. 武汉：中国地质大学出版社，2009.

[4] 李守圣，葛字家，王飞等. 一种新型的钻孔压水试验技术及工程应用 [J]. 资源环境与工程，2013，27（4）：515-521.

[5] 易学文，周晓，李守圣，等. 水利水电工程钻探绳索取心钻进中压水试验研究 [J]. 探矿工程（岩土钻掘工程），2012，39（增刊1）：88-90.

[6] 周晓，易学文，李守圣，等. 绳索取心钻进在水利水电勘探中存在的问题及解决思路 [J]. 探矿工程（岩土钻掘工程），2013，40（3）：24-27.

[7] 杨进，韩金明. 钻孔压水试验技术的应用与探讨 [J]. 甘肃水利水电技术，2005，41（2）：141-142.

# 8 大顶角超深斜孔孔内测试

水利水电工程地质勘察中，充分利用钻孔（包括铅直孔、斜孔）进行必要的孔内测试，是获得工程地质问题定量评价和工程设计所需有关工程地质资料的主要手段。

勘察过程中常用的孔内测试主要有三大类：①水文地质试验，如压水试验、抽水试验、岩溶连通试验等；②岩土物理、化学性质测试，如电视录像、有害气体测试、放射性测试等；③岩土力学性质测试，如声波测试、变形试验、岩体地应力测试等。一般根据勘察研究需要，在一个或多个钻孔中按岩（土）体类型有选择地分别进行孔内测试。

## 8.1 压 水 试 验

目前国内外常规钻孔压水试验主要采用两种方式进行：一种是将钻杆从钻孔全部提出，然后下入压水试验器进行试验；另一种是不提钻（不完全提出钻杆，只上提少量钻杆，给试验段腾出空间），从钻杆内下入试验器进行压水试验（通常称为随钻压水试验）。不同方式采用的钻进钻杆、钻具不同，第一种方式使用普通钻杆钻进，第二种压水试验必须结合绳索取芯钻进工艺。目前国内普遍采用前一种方式，使用国际通用吕荣压水试验方法，即三级压力（$P_1 < P_2 < P_3$）五个阶段 $[P_1 \sim P_2 \sim P_3 \sim P_4 (=P_2) \sim P_5 (=P_1)]$ 法，我国现行 $P_1$、$P_2$、$P_3$ 三级压力分别为 0.3MPa、0.6MPa 和 1MPa。

### 8.1.1 基本原理

钻孔压水试验是用专门的止水设备（栓塞）把一定长度的孔段隔离开，然后用固定的水头向该孔内压水，水从孔壁裂隙向周围渗透，最终渗透水量会趋于一稳定值。根据压水水头、试段长度和渗入水量，便可确定裂隙岩体的渗透性能。通常以透水率（$q$）来表示，即试段单位压力单位长度的压入水流量，取两位有效数字。试段透水率采用第三阶段的压力值（$P_3$）和流量值（$Q_3$）按式（8-1）计算：

$$q = \frac{Q_3}{LP_3} \tag{8-1}$$

式中：$q$ 为试段的透水率，Lu；$L$ 为试段长度，m；$Q_3$ 为第三阶段的计算流量，L/min；$P_3$ 为第三阶段的试段压力，MPa。

其中，试段压力的确定应遵守下列规定：

（1）当用安设在与试段连通的测压管上的压力计测压时，试段压力按式（8-2）计算：

$$P = P_p + P_z \tag{8-2}$$

式中：$P$ 为试段压力，MPa；$P_p$ 为压力计指示压力，MPa；$P_z$ 为压力计中心至压力计算零线的水柱压力，MPa。

（2）当用安设在进水管上的压力计测压时，试段压力按式（8-3）计算：

$$P = P_p + P_z - P_s \tag{8-3}$$

式中：$P_s$ 为管路压力损失，MPa。

（3）压力计算零线的确定应遵守下列规定：

1）当地下水位在试段以下时，压力计算零线为通过试段中点的水平线。

2）当地下水位在试段以内时，压力计算零线为通过地下水位以上试段中点的水平线。

3）当地下水位在试段以上时，压力计算零线为地下水位线。

（4）管路压力损失的确定应遵守下列规定：

1）当工作管内径一致，且内壁粗糙度变化不大时，管路压力损失可用式（8-4）计算：

$$P_s = \lambda \frac{L_P}{d} \frac{v^2}{2g} \tag{8-4}$$

式中：$\lambda$ 为摩阻系数，MPa/m，$\lambda = 2 \times 10^{-4} \sim 4 \times 10^{-4}$；$L_P$ 为工作管长度，m；$d$ 为工作管内径，m；$v$ 为管内流速，m/s；$g$ 为重力加速度，m/s$^2$，$g = 9.8$。

2）当工作管内径不一致时，管路压力损失应根据实测资料确定。实测方法按 SL 31—2003《水利水电工程钻孔压水试验规程》附录 A 执行。

### 8.1.2　试验设备

（1）止水栓塞。栓塞长度不小于 8 倍钻孔直径，止水可靠、操作方便。宜采用水压式或气压式栓塞。常用止水栓塞见表 8-1。

（2）供水设备。试验用的水泵应工作可靠，压力稳定，出水均匀，在 1MPa 压力下，流量能保持 100L/min。水泵出口应安装容积大于 5L 的稳压空气室。

表 8-1　　　　　常 用 止 水 栓 塞

| 序号 | 止水栓塞类别 | 适 用 条 件 |
|---|---|---|
| 1 | XSQ75 绳索取芯气压封隔器 | 孔深 300m 内绳索取芯钻进不提钻压水试验 |
| 2 | XS75 型水压封隔器 | 孔深 300m 内自上而下逐段压水试验 |
| 3 | S75 气压式绳索压水试验封隔器 | 孔深 300m 内自上而下逐段压水试验 |
| 4 | ZYF-1 型水压单双封隔器 | 适用孔径 59～150mm |
| 5 | 油压封隔器 | 适用于高压压水试验 |

吸水龙头外应有 1～2 层孔径小于 2mm 的过滤网，吸水龙头至水池底部的距离不小于 0.3m。供水调节阀门应灵活可靠，不漏水，且不宜与钻进共用。

（3）量测设备。

1）压力表与流量计。测量压力的压力表应反应灵敏，卸压后指针回零，量测范围应控制在极限压力值的 1/3～3/4，压力传感器的压力范围应大于试验压力。

流量计应能在 1.5MPa 压力下正常工作，量测范围应与水泵的出力相匹配，并能测定正向和反向流量。

宜使用能测量压力和流量的自动记录仪。采用非自动记录仪时，试验用测量压力表和流量表与钻进用流量表安装如图8-1所示。

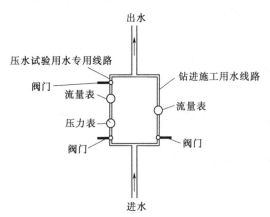

图8-1　试验用测量压力表和流量表与
钻进用流量表安装示意图

2）水位计。水位计应灵敏可靠，不受孔壁附着水或孔内滴水的影响。水位计的导线应经常检测。

试验用的仪表应专门保管，不应与钻进共用，并定期进行检定。

### 8.1.3　试验方法及步骤

#### 1. 试验方法

钻孔压水试验应随钻孔的加深自上而下地用单栓塞分段隔离进行。岩石完整、孔壁稳定的孔段，或有必要单独进行试验的孔段，可采用双栓塞分段进行。

试段长度宜为5m。含断层破碎带、裂隙密集带、岩溶洞穴等的孔段，应根据具体情况确定试段长度。相邻试段应互相衔接，可少量重叠，但不能漏段。残留岩芯可计入试段长度之内。

压水试验钻孔的孔径宜为59～150mm；宜采用金刚石或合金钻进，不应使用泥浆等护壁材料钻进，在碳酸盐类地层钻进时，应选用合适的冲洗液。试验钻孔的套管脚必须止水。在同一地点布置孔距10m以内的两个以上钻孔时，应优先完成拟做压水试验的钻孔。试验用水应保持清洁，当水源的泥沙含量较多时，应采取沉淀措施。

#### 2. 试验步骤

试验工作应包括洗孔、试段隔离、水位测量、仪表安装、压力和流量观测等步骤。试验开始时，应对各种设备、仪表的性能和工作状态进行检查，发现问题立即处理。

（1）洗孔。

1）应采用压水法，洗孔时钻具应下到孔底，流量应达到水泵的最大出力。

2）洗孔应至孔口回水清洁，肉眼观察无岩粉时方可结束。

3）当孔口无回水时，洗孔时间不得少于15min。

（2）试段隔离。

1）下栓塞前应对压水试验工作管进行检查，不得有破裂、弯曲、堵塞等现象。接头处应采取严格的止水措施。

2）采用气压式或水压式栓塞时，充气（水）压力应比最大试段压力 $P_3$ 大0.2～0.3MPa，在试验过程中充气（水）压力应保持不变。

3）栓塞应安设在岩体较完整的部位，定位应准确。

4）当栓塞隔离无效时，应分析原因，采取移动栓塞、更换栓塞或灌制混凝土塞位等措施。移动栓塞时只能向上移，其范围不应超过上一次试验的塞位。灌制混凝土塞位的方法按SL 31—2003《水利水电工程钻孔压水试验规程》附录B执行。

（3）水位观测。

1）下栓塞前应首先观测1次孔内水位，试段隔离后，再观测工作管内水位。

2）工作管内水位观测应每隔 5min 进行 1 次。当水位下降速度连续 2 次均小于 5cm/min 时，观测工作即可结束，用最后的观测结果确定压力计算零线。

3）在工作管内水位观测过程中如发现承压水时，应观测承压水位。当承压水位高出管口时，应进行压力和涌水量观测。

（4）压力和流量观测。

1）在向试段送水前，应打开排气阀，待排气阀连续出水后，再将其关闭。

2）流量观测前应调整调节阀，使试段压力达到预定值并保持稳定。

3）流量观测工作应每隔 1～2min 进行 1 次。当流量无持续增大趋势，且 5 次流量读数中最大值与最小值之差小于最终值的 10%，或最大值与最小值之差小于 1L/min 时，本阶段试验即可结束，取最终值作为计算值。

4）将试段压力调整到新的预定值，重复上述试验过程，直到完成该试段的试验。

5）在降压阶段，如出现水由岩体向孔内回流现象，应记录回流情况，待回流停止，流量达到第 3）条．规定的标准后方可结束本阶段试验。

6）在试验过程中，对附近受影响的露头、井、洞、孔、泉等应进行观测。

7）在压水试验结束前，应检查原始记录是否齐全、正确，发现问题必须及时纠正。

### 8.1.4　试验资料整理

试验资料整理应包括校核原始记录，绘制 $P—Q$ 曲线，确定 $P—Q$ 曲线类型和计算试段透水率等内容。$P—Q$ 曲线分为五种类型，即：A 型（层流型）、B 型（紊流型）、C 型（扩张型）、D 型（冲蚀型）和 E 型（充填型）。$P—Q$ 曲线类型及曲线特点见表 8-2，试段透水率按式（8-1）计算。

（1）绘制 $P—Q$ 曲线时，应采用统一比例尺，即纵坐标（$P$ 轴）1mm 代表 0.01MPa，横坐标（$Q$ 轴）1mm 代表 1L/min。曲线图上各点应标明序号，并依次用直线相连，升压阶段用实线，降压阶段用虚线。

（2）试段的 $P—Q$ 曲线类型应根据升压阶段 $P—Q$ 曲线的形状以及降压阶段 $P—Q$ 曲线与升压阶段 $P—Q$ 曲线之间的关系确定。

（3）当 $P—Q$ 曲线中第 4 点与第 2 点、第 5 点与第 1 点的流量值绝对差不大于 1L/min 或相对差不大于 5% 时，可认为基本重合。

（4）每个试段的试验成果，应采用试段透水率和 $P—Q$ 曲线的类型代号（加括号）表示，如 0.23（A）、12（B）、8.5（D）等。

（5）当某一工程或某一地段的压水试验成果中，出现较多的试段 $P—Q$ 曲线为 C 型或 D 型时，应结合该工程或该地段的地质资料和钻孔岩芯情况进行分析，并在工程地质勘察报告中加以说明。

### 8.1.5　工程应用实例

斜孔与铅直孔内压水试验无本质差别。以某水电站工程选定坝址大坝右坝肩某铅直孔选取 2 个试段压水试验为例。试验采用方式为将钻杆从钻孔全部提出，然后下入压水试验器进行；试验方法使用国际通用吕荣法，即三级压力（$P_1<P_2<P_3$）五个阶段（$P_1～P_2～P_3～P_4(=P_2)～P_5(=P_1)$）法。2 个试段钻孔直径为 91mm，试验钻杆直径为 50mm，压力表至孔口高度均为 0m。

表 8-2                       $P—Q$ 曲线类型及曲线特点

| 类型 | A型（层流型） | B型（紊流型） | C型（扩张型） | D型（冲蚀型） | E型（充填型） |
|---|---|---|---|---|---|
| $P—Q$ 曲线 | （曲线图） | （曲线图） | （曲线图） | （曲线图） | （曲线图） |
| 曲线特点 | 升压曲线为通过原点的直线，降压曲线与升压曲线基本重合 | 升压曲线凸向 $Q$ 轴，降压曲线与升压曲线基本重合 | 升压曲线凸向 $P$ 轴，降压曲线与升压曲线基本重合 | 升压曲线凸向 $P$ 轴，降压曲线与升压曲线不重合，呈顺时针环状 | 升压曲线凸向 $Q$ 轴，降压曲线与升压曲线不重合，呈逆时针环状 |

（1）试段地质背景。该钻孔所处部位基岩地层系中晚元古界（$Pt_{2-3}$）变质岩，岩性为花岗片麻岩，片麻理倾向近 W，倾角 $70°\sim80°$，2 个试段岩体均呈微新状，实例试段主要地质特征具体见表 8-3，岩芯照片如图 8-2 所示。

表 8-3                         实例试段主要地质特征

| 试段编号 | 试段孔深/m | 试验前地下水埋深/m | 钻孔岩芯特征描述 |
|---|---|---|---|
| 试段 1 | $74.8\sim80.0$ | 54.0 | 花岗片麻岩：灰色，微新状，中粗粒变晶结构。裂隙共发育 12 条，其中陡倾角 2 条，中倾角 6 条，缓倾角 4 条，多微张，充填钙质。岩芯完整程度较好，多呈长 $10\sim35cm$ 柱状，最长达 55cm 柱状，少见碎块。岩芯采取率为 96%，$RQD$ 为 80% |
| 试段 2 | $90.0\sim95.0$ | 54.0 | 花岗片麻岩：灰色，微新状，中细粒变晶结构。暗色矿物多，偶见裂隙发育，多微张，充填钙质。岩芯完整程度较好，主要呈长 $18\sim30cm$ 柱状，局部因机械破碎呈碎块状。岩芯采取率为 100%，$RQD$ 为 94% |

（a）试段 1（孔深 $74.8\sim80.0m$）岩芯照片

（b）试段 2（孔深 $90.0\sim95.0m$）岩芯照片

图 8-2 实例钻孔试段岩芯照片

（2）试段试验结果。2个试段的三级压力五个阶段吕荣法压水试验经校核后数据结果见表8-4。

表8-4 实例试段压水试验结果

| 试段1（孔深74.8～80.0m） | | 试段2（孔深90.0～95.0m） | |
|---|---|---|---|
| 压力 $P$/MPa | 流量 $Q$/(L/min) | 压力 $P$/MPa | 流量 $Q$/(L/min) |
| 0.3 | 0.40 | 0.3 | 0.30 |
| 0.6 | 0.90 | 0.6 | 0.55 |
| 1 | 1.70 | 1 | 0.80 |
| 0.6 | 1.30 | 0.6 | 0.40 |
| 0.3 | 0.70 | 0.3 | 0.20 |

（3）试段 $P$—$Q$ 曲线及类型、透水率成果。2个试段的试验压力 $P$、流量 $Q$ 数据结果绘制成 $P$—$Q$ 曲线，见表8-5；试段透水率按式（8-1）计算的结果见表8-5。

表8-5 实例试段压水试验成果

| 试段编号 | $P$—$Q$ 曲线 | 类型名称 | 透水率/Lu |
|---|---|---|---|
| 试段1 | 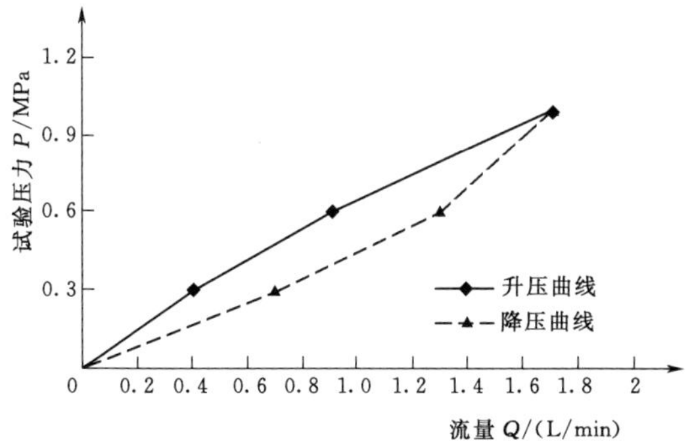 | D型（冲蚀型） | 0.21 |
| 试段2 | 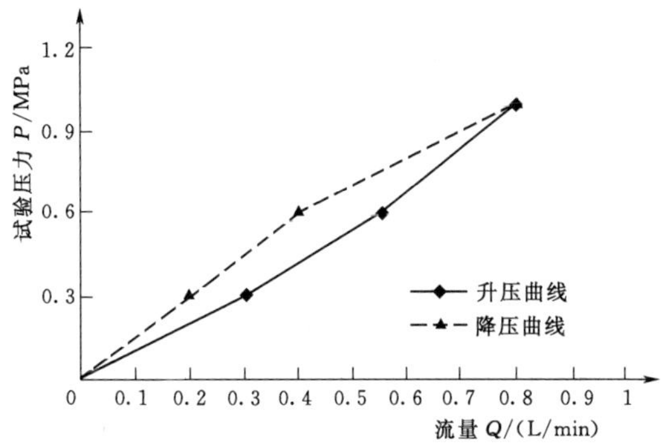 | E型（充填型） | 0.10 |

# 8.2 声 波 测 试

声波测试是弹性波检测方法中的一种，是一种轻便、灵活、快捷、高效的物探检测方法。利用频率为数千赫兹到 20Hz 的声频弹性波在不同类型介质中具有不同的传播特征，研究其在不同性质和结构的岩体中的传播特征，反映声波在岩体介质中的传播速度、振幅、频率等声学参数及变化度，以评价岩体完整性、风化程度等。钻孔声波测试常用的有单孔声波和跨孔声波两种测试方法。

## 8.2.1 基本原理

声波测试是建立在固体介质中弹性波传播理论基础上，以人工激振的方式向介质发射声波，在一定的空间距离上接收被测介质物理特性传播速度、振幅、频率等声波参数，通过数据处理与分析，从而对被测岩体完整性、风化程度做出评价。

## 8.2.2 测试设备

声波检测可采用专用声波仪，具有数字采集和存储功能，最小采样间隔不大于 $0.1\mu s$，采样长度不小于 1024 点，频率响应范围 10Hz～500kHz，声时检测精度 $\pm0.1\mu s$，发射电压为 100～1000V，发射脉宽为 1～500$\mu s$，触发方式宜有内、外、信号、稳态等方式。

声波测试前应对声波仪器设备进行检查，内容包括触发灵敏度、探头性能、电缆标识等。

## 8.2.3 测试方法及要求或步骤

### 8.2.3.1 单孔声波测试

（1）测试方法。单孔声波测试反映的是沿孔深方向孔壁附近岩体波速值的变化情况，是反映微观的、局部的测试结果。单孔声波测试采用一发双收装置（图 8-3），利用声波在一定距离沿孔壁岩体滑行的时间来测定岩体的声波速度。

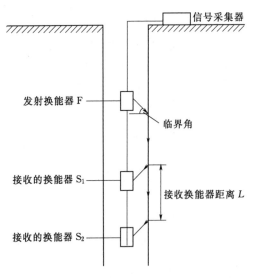

图 8-3 单孔声波测试观测系统示意图

根据式（8-5）即可获得孔壁附近岩体的纵波速度值 $V_p$：

$$V_p = \frac{L}{\Delta t} = \frac{L}{t_2 - t_1} \qquad (8-5)$$

式中：$L$ 为两个接收换能器间距，m；$t_1$ 为接收换能器 $S_1$ 的纵波初至时间，s；$t_2$ 为接收换能器 $S_2$ 的纵波初至时间，s；$\Delta t$ 为两个接收换能器纵波初至时间差，s。

（2）测试要求。

1）单孔声波探头一般采用一发双收装置，其发射换能器与两个接收换能器之间的距离分别为 30cm 和 50cm。

2）单孔声波宜从孔口向孔底按点距 0.2m 逐一进行测试，电缆深度标识应准确，检测时每 10 个点应校对一次。

3）单孔声波应在无金属套管、有水耦合的钻孔中测试，漏水严重的钻孔，采取分段封堵措施进行逐段测试，对大顶角超深斜孔封堵无效时，使用干孔换能器。

4）声波测试孔造孔完成后应用清水冲洗钻孔，孔内不能有岩屑或掉块，以保证声波检测探头进出畅通。

5）检测工作开始前应对声波探头进行检查，在注水的专用厚壁金属钢管或水池中校验探头测试的钢管或水的波速，同时还应对电缆标记进行校对复核工作等。

6）当孔壁较破碎或钻孔较深时，应加大发射源功率，或采用具有前置放大功能的接收探头。

#### 8.2.3.2 跨孔声波测试

（1）测试方法。跨孔声波测试反映的是两孔间岩体波速情况，是反映宏观的、整体的测试结果，一般要求两钻孔空间状态平行，两孔的孔径和深度应大致相同，两孔间距根据仪器性能、地层岩性和岩体完整性等因素确定。

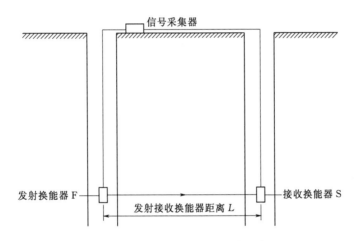

图 8-4 跨孔声波测试观测系统示意图

跨孔声波测试采用单发单收换能器（图 8-4），发射换能器 F 激发的声波穿透岩体到达接收换能器 S，通过声波仪读出首波的到达时间。由于 F、S 在孔中的位置已知，根据 F、S 点坐标，算出两点间的空间距离，根据式（8-6）便可得出两点之间岩体的声波速度：

$$V_p = L/t \qquad\qquad (8-6)$$

式中：$L$ 为两点间的空间距离，m；$t$ 为首波的到达时间，s。

但在实际工作中，两钻孔间无法保证空间绝对平行，发射接收换能器距离 $L$ 无法通过两孔间距直接得到，故而需进行孔斜测量和孔距校正。

孔距校正根据孔口标高、两孔间距、钻孔的倾角和方位角，按式（8-7）计算测点间距 $D_H$：

$$D_H = [(X_A - X_B)^2 + (Y_A - Y_B)^2 + (Z_A - Z_B)^2]^{1/2} \qquad (8-7)$$

$$X_A = H\sin\alpha_A \cos(360° - \beta_A)$$

$$Y_A = H\sin\alpha_A \sin(360° - \beta_A)$$

$$Z_A = H\cos\alpha_A$$

$$X_B = H\sin\alpha_B\cos(360°-\beta_B) + D\cos(360°-\beta_B)$$

$$Y_B = H\sin\alpha_B\sin(360°-\beta_B) + D\sin(360°-\beta_B)$$

$$Z_B = H\cos\alpha_B$$

式中：$H$ 为测点孔深，m；$D$ 为两孔间孔口水平距离，m；$X_A$、$Y_A$、$Z_A$ 为 A 孔测点坐标，m；$X_B$、$Y_B$、$Z_B$ 为 B 孔测点坐标，m；$\alpha_A$、$\alpha_B$ 为 A 孔和 B 孔的倾角，(°)；$\beta_A$、$\beta_B$ 为 A 孔和 B 孔的方位角，(°)。

根据式（8-8）、式（8-9）即可获得两孔间岩体的纵波、横波速度值 $V_p$、$V_s$：

$$V_p = \frac{D_H}{t_p} \qquad (8-8)$$

$$V_s = \frac{D_H}{t_s} \qquad (8-9)$$

式中：$t_p$ 为两孔间纵波的传播时间，s；$t_s$ 为两孔间横波的传播时间，s。

（2）测试步骤。

1）跨孔声波探头为单发单收换能器，采用水平同步观测方式。

2）跨孔声波宜从孔底向孔口检测，点距一般为 0.4m，电缆深度标识应准确，检测时每 10 个点应校对一次。

3）跨孔声波测试孔造孔完成后应用清水冲洗钻孔，孔内不能有岩屑或掉块，以保证声波检测探头进出畅通。

4）检测工作开始前应对声波探头进行检查，在水池中应按不同间距进行测量，绘制 3~4 个测点曲线求取零值。

5）当孔壁较破碎或钻孔较深时，应加大发射源功率，或采用具有前置放大功能的接收探头。

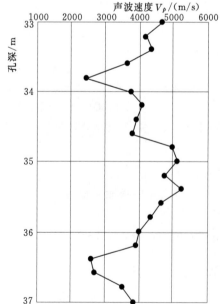

图 8-5 钻孔声波 $V_p$ 曲线图

6）跨孔声波测试应进行孔斜测量和孔距校正。

**8.2.4 测试资料整理**

（1）对原始记录进行整理，将外业采集的各测点波形曲线导入计算机。

（2）计算声波纵波或横波速度。

（3）绘制声波曲线图。

（4）对声波速度按工程部位、检测目的及地质条件进行统计、综合分析。当多个孔在同一剖面或断面时，波速曲线宜绘制在同一剖面或断面上。

**8.2.5 工程应用实例**

以某水电站工程选定坝址大坝右坝肩某铅直孔孔深 33~37m 段进行声波测试为例，地质背景见 8.1.5，孔径为 φ91mm，测试采用武汉岩海公司生产的 RS-ST01C 声波仪。钻孔声波测试成果见表 8-6，钻孔声波曲线如图 8-5 所示。

表 8-6 钻孔声波测试成果

| 孔深/m | $V_p/(m/s)$ | 孔深/m | $V_p/(m/s)$ | 孔深/m | $V_p/(m/s)$ |
|---|---|---|---|---|---|
| 33.0 | 4651 | 34.4 | 3922 | 35.8 | 4348 |
| 33.2 | 4167 | 34.6 | 3774 | 36.0 | 4000 |
| 33.4 | 4348 | 34.8 | 5000 | 36.2 | 3922 |
| 33.6 | 3636 | 35.0 | 5128 | 36.4 | 2597 |
| 33.8 | 2439 | 35.2 | 4762 | 36.6 | 2703 |
| 34.0 | 3774 | 35.4 | 5263 | 36.8 | 3509 |
| 34.2 | 4082 | 35.6 | 4651 | 37.0 | 3846 |

# 8.3 钻孔全景图像检测

钻孔全景图像检测是充分利用现有钻孔对地质资料的进一步搜集,通过沿孔壁的观察,直观、真实获取钻孔孔壁岩层表面特征的原始图像,主要应用于划分地层、区分岩性,确定岩层节理、裂隙、断层、破碎带和软弱夹层的位置、厚度、产状,观察钻孔揭露的岩溶洞穴的情况,对观察钻孔细部地质特征具有独特优势。

### 8.3.1 基本原理

钻孔全景图像检测采用全孔壁数字成像技术(图 8-6)。孔壁在摄像头上的成像为一个同心圆环,把圆环按成图时刻的数字罗盘所记录的角度差值还原展开,再附加上成图时刻由深度计数器所记录的深度信息,就可以得到环形钻孔壁的平面展开图,将钻孔壁的平面展开图按深度拼接就可以得到全孔壁的展开图,也可将平面展开图卷曲还原成钻孔壁复原图。探头采集的图片和录像直接存储到计算机里,通过解释软件就可以分析钻孔的情况。

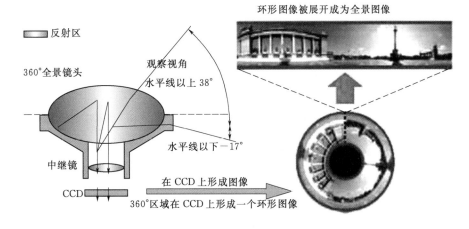

图 8-6 全孔壁数字成像示意图

### 8.3.2 测试设备

彩色电视录像仪采用专用的超高清全智能数字钻孔彩电成像仪，采集速度快、成像清晰、直观。该仪器采用小口径孔内数码录像和计算机信息采集技术，将钻孔周边360°画面展示。可任意旋转调节，通过系统软件可直接点击计算出任一岩层的倾向倾角，详细观测有关地层岩性的变化、岩体结构状况、裂隙的产状及其充填物性质等内容；在室内亦可回放并进行详细解释与分析，为综合地层岩性分析、岩体质量评价提供依据。

### 8.3.3 测试方法及要求

（1）测试方法。钻孔全景图像检测采用先进的 DSP 图像采集与处理技术，配合高效图像处理算法，可保证全景图像实时自动采集。全景视频图像和平面展开图像实时呈现，图像清晰逼真；系统高度集成，探头全景摄像，无需调焦，可对所有的观测孔（铅直孔、水平孔、斜孔、俯角孔、仰角孔）进行360°全方位、全柱面的观测成像。野外数据采集操作方便，室内软件处理简洁直观，可显示输出平面展开图，立体柱状图。

（2）测试要求。

1）钻孔全景图像检测应在无套管的干孔或清水钻孔中进行。

2）对探头与电缆接头部位进行防水处理，一般用硅脂等材料。

3）对深度计数器进行深度系数校正以及零点校正，一般将取景窗中心位于地面水平线的位置定为深度零点。

4）确定孔口孔径及钻孔变径情况，以便确定观测窗口及深度增量等参数。

5）调整三脚架各脚高度及计数器位置，使探头在孔内居中，并调节摄像头焦距、光圈，使得能够得到井壁的清晰反射图像。

6）钻孔全景图像检测宜在电缆下放时做正式测量记录。

7）在观测过程中要注意电缆的下放速度，以观察清晰为宜。

8）对于主要地质异常现象，图像应清晰可辨。

9）对于斜孔，应采用带三维电子罗盘的探头。

### 8.3.4 测试资料整理

（1）将野外采集数据导入到计算机。

（2）全孔壁展开分析，做好各种检测参数记录，为后续数字岩芯库建立积累基础资料。

（3）结合钻孔地质资料，对钻孔全景图像资料进行综合分析，应对钻孔地质现象做出描述，并计算出裂隙、断层、软弱夹层等的倾角、倾向及其厚度。

（4）钻孔图像检测应提交编辑后的图像和典型地质现象的图片，并对裂隙、断层、软弱夹层等做统计分析。

### 8.3.5 工程应用实例

以某水电站工程选定坝址大坝右坝肩某铅直孔孔深 $50 \sim 52m$ 段进行全景图像检测为例，地质背景见 8.1.5 节，孔径为 $\phi 91mm$，检测采用武汉固德科技公司 GD3Q 系列超高清全智能数字钻孔彩电系统。钻孔全景图像检测如图 8-7 所示。

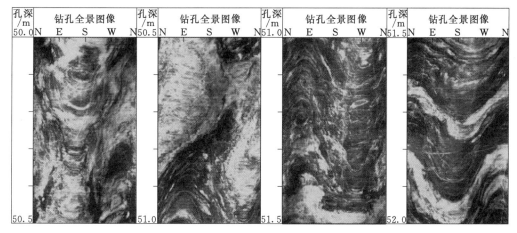

图 8-7  钻孔全景图像检测图

# 8.4  钻孔径向加压法试验

钻孔径向加压法试验是在钻孔中通过对一定长度孔壁施加径向压力并测取孔壁的径向变形，按照弹性力学平面应变问题求得钻孔测试部位岩体的弹性模量和变形模量，主要测试设备可采用钻孔膨胀计或钻孔弹模计，完整和较完整的中硬岩和软质岩可采用钻孔膨胀计，各类岩体均可采用钻孔弹模计。现行主要采用钻孔弹模计。

### 8.4.1  基本原理

钻孔弹模计利用钻孔千斤顶的原理设计并改进而成，提高了传感器的测试精度及量测范围。试验是利用仪器内部的 4 个千斤顶活塞推动 2 块刚性承压板对钻孔壁岩体施加一对称的条带荷载。在承压板上装有 LVDT 线性差动变压器式位移传感器，用来测量钻孔孔壁岩体在加载时的径向变形。

### 8.4.2  测试设备

钻孔弹模仪主要由加压系统和位移测试系统组成，最大工作压力可达 70MPa，活塞最大行程为 15mm，变形量测精度达 0.001mm。钻孔弹模仪结构如图 8-8 所示。

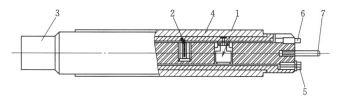

图 8-8  钻孔弹模仪结构简图

1—双向活塞；2—电路装置；3—位移传感器；4—承压板；

5—高压油管；6—电缆接头；7—安装杆接头

### 8.4.3  试验方法及步骤

（1）试验方法。通过测试在不同压力下的变形，根据式（8-10）计算出测试部位岩体的变形模量 $E_0$ 或弹性模量 $E_e$：

$$E = AHDT(\nu,\beta)\frac{\Delta Q}{\Delta D} \tag{8-10}$$

式中：$A$ 为二维公式计算三维问题的影响系数；$H$ 为压力修正系数；$D$ 为钻孔直径，mm；$\Delta Q$ 为压力，MPa；$\Delta D$ 为变形增量，mm；$T(\nu,\beta)$ 为由承压板接触孔壁时圆周角大小和岩体泊松比有关的系数。

数据处理时，钻孔岩体弹性模量为式（8-10）中的 $\Delta Q$、$\Delta D$ 在压力变形曲线上对应工程压力段的增量值（即切线模量），岩体变形模量为 $\Delta Q$、$\Delta D$ 在压力变形曲线上对应工程压力的总变化量值（即割线模量）。

（2）试验步骤。

1）按照要求连接仪器各个部位，并检查仪器的完好性。

2）选定测试部位，将仪器送到预定位置。

3）施加预压，将仪器固定并使承压板与岩壁充分接触。

4）当二次仪表读数稳定后（即相邻两次读数差与同级压力下，第一次变形读数和前一级压力下最后一次变形读数差之比小于 5%），读取初始读数，开始施加载荷，以后每隔 3～5min 读数一次，采用逐级加载方式，待二次仪表读数稳定后读取相应载荷级下的变形值。

5）加载到预定值后，逐级卸载并读数，直到初始载荷。

6）移至下一个试验点位置，重复 3）～5）项步骤。

### 8.4.4　测试资料整理

绘制各测点的压力与变形关系曲线；计算测试部位岩体的变形模量 $E_0$ 或弹性模量 $E_e$，绘制各测点的压力与变形模量和弹性模量关系曲线，以及与钻孔岩心柱状图相对应的沿孔深的变形模量和弹性模量分布图。

### 8.4.5　工程应用实例

以某水电站工程选定坝址河床某铅直孔孔深 61～90m 段进行径向加压法试验为例，地质背景见前述 8.1.5 节，孔径为 $\phi$91mm，试验采用长江科学院岩基研究所根据 1992 年水利部技术发展基金研制开发的 CJBE91-Ⅰ 型钻孔弹模仪。试验加压最大压力为 16MPa。钻孔径向加压法试验结果见表 8-7。加压过程中钻孔径向加压法试验压力与变形关系曲线如图 8-9 所示。

表 8-7　　　　　　　　　　钻孔径向加压法试验结果

| 孔深/m | 变形模量 $E_0$/GPa | 弹性模量 $E_e$/GPa | 孔深/m | 变形模量 $E_0$/GPa | 弹性模量 $E_e$/GPa | 孔深/m | 变形模量 $E_0$/GPa | 弹性模量 $E_e$/GPa |
|---|---|---|---|---|---|---|---|---|
| 61.0 | 59.1 | 70.9 | 71.0 | 13.6 | 15.8 | 81.0 | 19.7 | 26.6 |
| 62.0 | 59.1 | 67.2 | 72.0 | 22.2 | 34.5 | 82.0 | 49.8 | 79.8 |
| 63.0 | 60.2 | 79.8 | 73.0 | 6.3 | 8.3 | 83.0 | 56.0 | 79.8 |
| 64.0 | 57.0 | 79.8 | 74.0 | 11.4 | 19.9 | 84.0 | 56.0 | 85.1 |
| 65.0 | 56.0 | 79.8 | 75.0 | 36.7 | 49.1 | 85.0 | 43.7 | 49.1 |
| 66.0 | 50.6 | 53.2 | 76.0 | 49.1 | 70.9 | 86.0 | 35.8 | 39.9 |
| 67.0 | 55.0 | 70.9 | 77.0 | 41.4 | 55.5 | 87.0 | 40.4 | 63.8 |
| 68.0 | 46.2 | 67.2 | 78.0 | 29.0 | 36.5 | 88.0 | 34.3 | 88.0 |
| 69.0 | 44.9 | 53.2 | 79.0 | 31.6 | 33.6 | 89.0 | 44.9 | 89.0 |
| 70.0 | 43.1 | 70.9 | 80.0 | 41.4 | 49.1 | 90.0 | 7.0 | 90.0 |

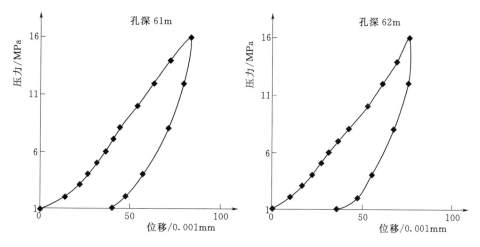

图 8 - 9 钻孔径向加压法试验压力与变形关系曲线图

# 8.5 自 然 γ 测 井

地球物理测井（简称测井）是依据地质体物理学基础产生的一种科学技术方法，它运用物理学的原理和方法，使用专门的仪器设备，沿钻井（钻孔）剖面测量岩石的物性参数，包括电阻率、声波速度、岩石密度、射线俘获及发射能力等参数。测井是工程地质用来解决有关问题的手段和依据之一，主要有电法测井、放射性测井、声波测井以及地层倾角测井等。自然 γ 测井是放射性测井（也称核测井）方法中的一种，在核测井技术中发展最早，应用也最广泛。

### 8.5.1 基本原理

自然 γ 测井是在钻孔内测量岩层中自然存在的放射性元素核衰变过程放射出来的 γ 射线的强度，来研究地质问题的一种测井方法。岩石的自然放射性是由岩石中放射性核素的种类及其含量决定的，主要由 $^{238}U$ 系、$^{232}Th$ 系两个放射系和放射性核素 $^{40}K$ 所产生。$^{238}U$ 系和 $^{232}Th$ 系这两个放射系中每种核素发射的 γ 射线的能量和强度均不同，有些核素还发射多种能量的 γ 射线，因而 γ 射线的能量分布是复杂的。$^{40}K$ 是发射单能 γ 射线的核素。地层中存在自然 γ 射线，但需要其分布具有特异性，才具备自然 γ 测井的条件。

当 γ 射线的能量低于 30MeV，它与物质的相互作用主要有光电效应、康普顿效应和电子对效应。自然 γ 测井测量的 γ 射线，能量均在 10MeV 以下，它与地层的相互作用主要是通过上述三种效应进行的。

（1）光电效应。γ 光子与物质原子的束缚电子相互作用，其能量大于电子在原子中的结合能时，可能把全部能量交给壳层中的电子，使它脱离原子而运动，并具有一定的动能，而 γ 光子完全吸收，这种现象称为光电效应。

（2）康普顿效应。当入射 γ 光子与原子的电子壳层中一个电子发生了一次碰撞时，γ 光子将一部分能量交给电子，使它从原子里射出并具有动能；同时 γ 光子本身即被散射，被散射的 γ 光子改变了原来的动量和能量，这种现象称为康普顿效应。在康普顿效应中，

γ光子本身并不消失，只是能量比入射γ光子低。

（3）电子对效应。随着入射光子能量的增长，光电效应的吸收作用很快减弱，康普顿效应也逐渐减弱。当入射γ光子能量大于1.022MeV时，γ光子与物质的相互作用，可能形成电子对效应。

γ射线与物质的相互作用，到底哪一种效应占优，主要取决于γ射线能量的高低和吸收物质的原子序数。对于能量为$E$的γ射线：

1）$E < 0.1 \text{MeV}$时，光电效应占优。对于原子序数高的吸收物质，光电效应占优。此时γ射线的全部能量转移给原子中的束缚电子，使这些电子从原子中发射出来，γ射线本身消失。

2）$0.1 \text{MeV} \leqslant E < 2.0 \text{MeV}$时，康普顿效应占优。对于原子序数低的吸收物质，康普顿效应占优。此时γ射线与原子的核外电子发生非弹性碰撞，γ射线的一部分能量转移给电子，使它反冲出来，而反射光子的能量和运动方向都发生了变化。

3）$E \geqslant 2.0 \text{MeV}$时，电子对效应占优。对于原子序数高的吸收物质，电子对形成占优。此时γ射线与物质原子的原子核库仑场作用，光子转化为正-负电子对，电子对形成效应的阈能为1.022MeV，当入射的γ光子能量小于1.022MeV，不可能形成电子对，而当入射的γ光子能量大于1.022MeV时，在重核附近形成电子对比较容易。

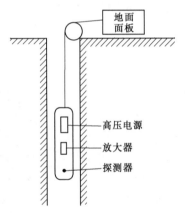

图8-10 自然γ测井基本原理示意图

自然γ测井采用专门的自然γ测井仪进行测试，基本原理如图8-10所示。测试时，井下仪器在井内自下而上提升，来自岩层的自然γ射线穿过井内浆液和仪器外壳进入探测器。探测器将接收到的一连串γ射线转换成一个个电脉冲，然后经井下放大器加以放大，使之能有效地沿电缆送到地面上。地面仪器接收到井下电脉冲信号以后，再次放大，并经一系列电路处理，便得到自然γ测井曲线。

### 8.5.2 测试设备

自然γ测井仪随地面测井系统的需要，沿着模拟（半自动、全自动）-数字-数控-成像的方向发展，推出了多种系列多种型号。根据测井时的组合特性需应用不同类型的仪器，见表8-8。

自然γ测井整个测量装置由井下仪器和地面仪器两大部分组成。

表8-8 自然γ测井仪分类

| 特 征 | 分 类 | | |
| --- | --- | --- | --- |
| | 单独测井 | 模拟组合测井 | 遥传组合测井 |
| 典型仪器 | ZGJ-Q | ZGJ-D/FG91 | ZGJ-C/GR24XA |
| 信号特征 | 脉冲 | 脉冲/直流 | 编码 |
| 供电 | 180VAC | 180VAC | 220VAC |

（1）井下仪器。主要包括：γ射线探测器、供给该探测器所需的高压电源，以及将探

测器输出的电脉冲进行放大的放大器等。

（2）地面仪器。主要包括：将来自井下的一连串电脉冲转换成连续电流的一整套电路，以及电源等。

### 8.5.3 测试方法及步骤

（1）测试方法。γ射线的俘获是通过γ射线探测器来实现的。γ射线与探测器物质相互作用的过程中，主要通过8.5.1节所述的三种效应而产生次级电子。这些电子能引起物质中原子的电离和激发，γ射线探测器利用这两种物理现象来探测γ射线。

自然γ测井测试时，将井下仪器在井内自下而上提升，来自岩层的自然γ射线穿过井内浆液和仪器外壳进入探测器，由探测器将γ射线俘获。

（2）测试步骤。测试工作包括设备准备与连接、下置井下仪器、地面仪器安装、调试及测量等步骤。测试开始时，应对各种设备、仪器的性能和工作状态进行检查，发现问题立即处理。

### 8.5.4 测试资料整理

自然γ测井测试资料整理的关键是对获得的自然γ测井曲线进行识别，也是识别地层的重要依据，包括划分岩性、估算岩层泥质含量与地层对比等，首先要掌握自然γ测井曲线特征，其次要熟悉曲线有深度位移产生的原因。

**1. 自然γ测井曲线特征**

探测器在井内测得的自然γ测井理想状态下曲线如图8-11所示。图中以探测器为中心的圆圈，表示探测器的探测范围。据此曲线分析，可以得出自然γ测井曲线的基本特征如下：

（1）在岩层界面附近出现从高到低或从低到高的变化，并在岩层界面处表现为较明显的转折。

（2）只有岩层厚度较大时，对着岩层中心处的自然γ测井读数才能很好地反映岩层自然放射性的真实情况。

（3）对着高放射地层，自然γ测井曲线显示高读数，并在岩层中心处出现极大值。对厚岩层来说，该极大值能很好地反映地层的放射性强度。随着岩层厚度变薄，极大值随之降低。

（4）上下围岩的自然放射性相同时，曲线相对于岩层中呈对

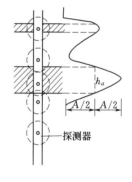

图8-11　自然γ测井曲线
（理想状态）
$h_a$—岩层视厚度；A—曲线幅度

称形状。反之，曲线不对称。岩层厚度大于2倍探测半径时，可用曲线上最大幅度一半的地方（半幅值点）划分岩层的上下界面。如果岩层厚度较薄，岩层界面的位置移向曲线的顶端。

（5）井内有泥浆时，在井径一般或较小时，井内泥浆对测井曲线不影响，但对于大井径时，测量结果主要反映的是泥浆的自然放射性。

实际测井中，仪器在井内有一定的提升速度，使得探测器在井内每一深度上的停留时间较短；另外，地面仪器中将脉冲数平均化为连续电流的计数率电路的时间常数也有一定的数值，且不可能太长。基于这两方面的原因，实测的自然γ测井曲线同理想曲线之间存在一定的差别。

由于地层中放射性元素衰变是随机的，因此，在一定时间内放射出的γ射线数不可能

完全相同。但从统计角度来看，它基本上围绕着一个平均值在一定范围内波动。这就是通常所说的统计涨落，或放射性涨落。放射性涨落现象的存在，使得采用同样的测量时间，在同一地层上测得的自然 γ 读数并不一致表现在测井曲线上，呈锯齿状的变化，如图 8 - 11 所示。

曲线上锯齿状变化的程度，与测井时选用的时间常数有关，还与仪器在井内的提升速度有关。当仪器的提升速度一定时，时间常数越大，统计起伏引起的误差会越小。但在实际工作中，为了保证一定的提升速度，时间常数不可能选的太大。因而，曲线上的统计起伏变化总是存在的。

2. 曲线有深度位移产生的原因

所谓深度位移，是根据实测自然 γ 测井曲线的分层原则（如用半幅值点）定出的岩层界面深度与实际深度之间有一偏差，而且前者比后者偏浅。

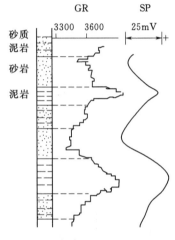

图 8 - 12　自然 γ 测井曲线特征

由于井下仪器有一定的提升速度和地面仪器有一定的时间常数，这两种因素导致了曲线有深度位移。可以想象，对一定时间内的电脉冲数进行累计的计数率电路的时间常数，造成了测井记录具有一定的"惰性"，它使得当仪器在井下以一定的速度提升时，不同放射性强度的地层进入探测范围之后，记录仪器还来不及马上反映这一实际放射性强度的变化。于是，曲线上所反映的不同放射性地层的界面便滞后了一段时间，即深度向上挪动了一定的距离。同时，曲线的形状也受到了一定的歪曲，即曲线的对称性破坏，极大值变小，极小值变大。特别是薄地层，这种畸变更明显。

可以看出，随着仪器提升速度的加快和时间常数的变大，曲线的深度位移和形态畸变均随之加剧。

为了尽可能减小这种影响，在实际测井工作中应通过试验选择合适的提升速度和时间常数。同时，在整理资料时，需通过和其他曲线的对比，将整个曲线下移一定深度。

# 8.6　有 害 气 体 测 试

有害气体是指对人或动物的健康产生不利影响，或者说对人和动物的健康虽无影响，但使人或动物感到不舒服，影响人或动物舒适度的气体，如 $CH_4$、$NH_3$、$H_2S$、$SO_2$ 和 CO 等。有害气体的危害程度用气体浓度衡量，即空气中的有毒有害物质的含量。随着水利水电工程地下洞室埋深和规模的扩大，有可能出现天然有害气体问题，在勘察期，必要时可利用勘探钻孔、平洞开展有害气体成分含量测试。若工程建设中存在天然有害气体问题，则须加强安全防护意识和防护措施的落实。

## 8.6.1　基本原理

自然界中气体的存在是具有一定浓度的，并且具有物理化学性质、或物理性质、或电化学性质，基于气体这两方面的属性，针对不同类型的气体，研发出不同气体传感器，形成气体检测仪的关键部件。在现场原位探测时，所需检测气体进入气体传感器经识别后，由仪器记录下来，从而得到所需检测气体的浓度质量分数或体积分数。

### 8.6.2 测试设备

前期勘探期用来天然有害气体的检测设备应首选便携式测试仪器，而且优先选择组合式测试仪，做到少而精。由于各类仪器的发展很快，具体仪器可根据需要和市场供应情况选用。

常见天然有害气体可选用 PGM-7800/7840 多种气体检测仪（图 8-13）和 JCB-CA 甲烷检测报警仪（图 8-14），测试成分包括 $H_2S$、$CO$、$CO_2$、$Cl_2$、$NH_3$、$SO_2$、$NO$、$NO_2$ 和 $CH_4$，放射性氡气的检测可选用美国 RAD7 测氡仪（如图 8-15）。此外，HDS-1 快速数字闪烁测氡仪和 FD-3017 测氡仪也是可选对象。

图 8-13　PGM-7800/7840　　图 8-14　甲烷检测报警仪　　图 8-15　美国 RAD7 测氡仪
气体检测仪

### 8.6.3 测试方法及步骤

（1）测试方法。常见天然有害气体在现场钻孔内原位探测采用的是气敏传感器法。固体气敏元件（半导体式和电化学式）对某些气体特别敏感，当它们接触或处于待测气体中时，其导电性能或电阻值将发生明显变化，并与气体的浓度有关，故可据此测定气体的组分。气敏元件小巧、结构简单、响应速度快、灵敏度高，其技术发展很快，在许多领域获得广泛的应用。

（2）测试步骤。测试前根据地质因素分析孔内可能会出现的天然有害气体，选用相匹配的多种气体检测仪或单一气体检测仪。

测试工作包括洗孔、设备准备与连接、下置孔内器具（可利用钻具及钻杆，但接头处需密封处理）、在孔口地面处仪器调试及测量。测试开始时，应对设备仪器的性能和工作状态进行检查，发现问题立即处理。

洗孔使得孔壁不被岩粉或泥浆糊住孔壁即可，并停置静止一定时间（一般48h），待恢复到原始状态以后开始测试。孔内器具可自上而下置放或自下而上提升至所需测试深度处，分别记录仪器测试到的有害气体和不同有害气体的浓度值结果。

### 8.6.4    测试资料整理

测试资料整理包括校核钻孔有害气体测试原始记录，绘制不同有害气体浓度随孔深变化曲线及分析规律。不同孔深有害气体测试记录样例见表8-9。绘制有害气体浓度随孔深变化曲线时，可采用纵坐标代表孔深，从上往下由0m增大至实际孔深；横坐标代表浓度值，自左往右由小到大。

表8-9                                    钻孔有害气体测试记录样表

| 孔号 | | | 测试时间 | | |
|---|---|---|---|---|---|
| 有害气体类型 | | | 浓度单位 | | |
| 序号 | 测试深度/m | 浓度值 | 序号 | 测试深度/m | 浓度值 |
| | | | | | |
| | | | | | |
| | | | | | |

# 8.7    放 射 性 测 试

不稳定的原子核能自发地改变核结构，这种现象称核衰变，分为 α 衰变、β 衰变、γ 衰变 3 种类型。在核衰变过程中总是放射出具有一定动能的带电或不带电的粒子，即 α、β 和 γ 射线，这种现象称为放射性。一些不稳定的核素经过 α 或 β 衰变后仍处于高能状态，很快（约 $10^{-13}$ s）再发射出 γ 射线而达稳定态。环境中的放射性是其中可能的职业危害因素之一，水利水电工程中建设地下工程时，应充分重视其危害。在勘察期，必要时可利用勘探钻孔、平洞开展放射性成分含量测试。

### 8.7.1    基本原理

环境中的天然放射性的来源包括 3 种。①宇宙射线及其引生的放射性核素。宇宙射线来自于宇宙空间，引生的放射性核素是其与大气层、土壤、水中的核素发生反应产生的。②天然系列放射性核素。多数在地球起源时就存在于地壳之中，有 3 个系列，即铀系（母体是 $^{238}U$）、锕系（母体是 $^{235}U$）、钍系（母体是 $^{232}Th$）。③自然界中单独存在的核素，约有 20 种，如 $^{40}K$、$^{209}Bi$ 等。

自然界地下天然放射性核素存在于土壤和岩石及其所含地下水中，含量变动很大，主要决定于岩石层的性质及土壤的类型。主要有：① α 放射性核素，即 $^{239}Pu$、$^{226}Ra$、$^{224}Ra$、$^{222}Rn$、$^{210}Po$、$^{222}Th$、$^{234}U$ 和 $^{235}U$；② β 放射性核素，即 $^{3}H$、$^{90}Sr$、$^{89}Sr$、$^{134}Cs$、$^{137}Cs$、$^{131}I$ 和 $^{60}Co$。这些核素出现的可能性较大，其毒性也较大。

地壳内的天然放射性元素（核素）衰变时将放射出 α、β 和 γ 射线，这些射线穿过介质便会产生游离、荧光等特殊的物理现象。放射性勘探就是借助研究这些现象，利用专门仪器（如辐射仪、射气仪等），通过测量放射性元素的射线强度或射气浓度来寻找放射性元素矿床和解决有关地质问题的一种物探方法。

### 8.7.2　测试设备

放射性测试可选用自然伽玛测量（简称伽玛测量或 γ 测量）、α 射线测量。SL 326—2005《水利水电工程物探规程》对仪器设备提出了要求。

（1）环境 γ 测量仪器。

1）量程范围：低量程为 $1\times10^{-8}\sim1\times10^{-5}$ Gy/h；高量程为 $1\times10^{-5}\sim1\times10^{-2}$ Gy/h。

2）相对固有误差小于 15%。

3）能量响应为 $5\times10^{5}\sim3\times10^{6}$ eV，相对响应之差小于 30%（相对 $^{137}$Cs 参考 γ 辐射源）。

4）角响应为 0°~180°，$\overline{R}/R$ 不小于 0.8（相对 $^{137}$Cs 参考 γ 辐射源，$\overline{R}$ 为角响应平均值，$R$ 为刻度方向上的响应值）。

（2）α 射线测量仪。

1）应用大闪烁体制做闪烁探测器，探测射线的效率 $Am^{241}$ 应大于 60%。

2）在极限条件下读数与正常读数相对误差应小于 15%。

3）一周内不做调整，重复读数相对误差应小于 15%。

钻孔包括斜孔中放射性测试一般选用自然 γ 测量，采用辐射仪测量岩石的天然 γ 射线的强度和 γ 射线的能谱，有 γ 测井（总量）和能谱测井两种。辐射仪分为便携式辐射仪、多功能辐射仪、一体式辐射仪、分体式辐射仪、长杆式辐射仪等。仪器一般由探测器、放大器和记录装置等电子元器件组成。为了使用方便，辐射仪发展的样式越来越多，具体仪器可根据需要和市场供应情况选用。

### 8.7.3　测试方法及步骤

自然 γ 能谱测井与自然 γ 测井测试方法及步骤基本一致。所不同的是，自然 γ 能谱测井使用自然 γ 能谱仪测量 γ 射线的能谱，得到自然 γ 能谱测井曲线，即钾（K）、钍（Th）、铀（U）含量随深度变化曲线以及自然 γ 总计数率曲线。详见 8.5.3 节。

### 8.7.4　测试资料整理

自然 γ 测井测试资料整理见 8.5.4 节。自然 γ 能谱测井曲线的特点（图 8-16）与自然 γ 测井曲线的特点类似。自然 γ 能谱测井所受环境的影响与自然 γ 测井基本相同。

自然 γ 能谱测井测试资料整理除对能谱测井曲线进行识别外，还可计算 Th/U、Th/K 比值研究沉积环境。陆相沉积、氧化环境、风化层：Th/U>7；海相沉积、灰色或绿色页岩：Th/U<7；海相黑色页岩、磷酸盐岩、碳酸盐岩：Th/U<2。从化学沉积物到碎屑沉积物，Th/U 比值增

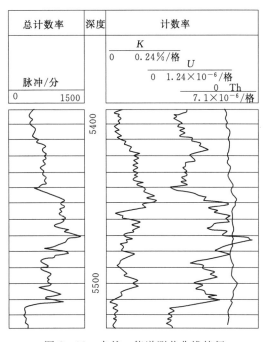

图 8-16　自然 γ 能谱测井曲线特征

大；沉积物的成熟度增加，Th/K 比值增大；低能还原环境 U 含量高。

# 参 考 文 献

[1] 胡广韬，杨文远．工程地质学 [M]．北京：地质出版社，2005.

[2] 董学晟．水工岩石力学 [M]．北京：中国水利水电出版社，2004.

[3] SL 31—2003 水利水电工程钻孔压水试验规程 [S]．北京：中国水利水电出版社，2003.

[4] 彭土标．水力发电工程地质手册 [M]．北京：中国水利水电出版社，2011.

[5] GB 50487—2008 水利水电工程地质勘察规范 [S]．北京：中国计划出版社，2009.

[6] GB 50287—2016 水力发电工程地质勘察规范 [S]．北京：中国计划出版社，2017.

[7] GB/T 50266—2013 工程岩体试验方法标准 [S]．北京：中国计划出版社，2013.

[8] SL 264—2001 水利水电工程岩石试验规程 [S]．北京：中国水利水电出版社，2001.

[9] DL/T 5368—2007 水电水利工程岩石试验规程 [S]．北京：中国电力出版社，2007.

[10] 常士骠，张苏民．工程地质手册 [M]．第四版．北京：中国建筑工业出版社，2006.

[11] 林宗元．岩土工程试验监测手册 [M]．北京：中国建筑工业出版社，2005.

[12] 埃利斯 D V．地球物理测井基础及应用 [M]．张守谦，顾纯学，译．北京：石油工业出版社，1993.

[13] 杨云侠．自然 γ 测井仪的研制 [D]．西安：西安石油大学，2009.

[14] 次乾．矿场地球物理 [M]．西安：西安石油大学出版社，2004.

[15] 肖忠祥．数据采集原理 [M]．西安：西北工业大学出版社，2001.

[16] 冯宝华．核测井的特殊功能及其资料在区域地质调查和地层学研究中的应用——地层学研究方法的增新 [J]．地层学杂志，2005，11（增刊）：641-644.

[17] 施文．有毒有害气体检测仪器原理和应用 [M]．北京：化学工业出版社，2009.

[18] 袁建新．地下洞室有害气体测试评价与防护技术研究 [D]．南京：河海大学，2007.

[19] 周菊兰，郑道明．地下工程中有害气体的检测与防治 [J]．四川水力发电，2011（4）：17-19，28.

[20] 郝越进，李毓军，郭欣，等．钼矿钻探有毒有害气体检测与防范 [J]．华北科技学院学报，2015（1）：51-55.

[21] 梅稚平，肖扬，李洪强，等．水电工程地下洞室有害气体成因及防治措施 [J]．隧道建设，2010（6）：638-642.

[22] SL 326—2005 水利水电工程物探规程 [S]．北京：中国水利水电出版社，2005.

[23] 俞誉福，等．环境污染与人体健康 [M]．上海：复旦大学出版社，1985.

[24] 邓争荣，吴树良，雷世兵，等．水利水电地下工程勘察中的放射性测试 [J]．人民长江，2012，43（13）：28-31.

[25] 张启升，程德春，等．地球物理找水方法技术与仪器 [M]．北京：地质出版社，2013.

# 9 双向成对跨江大顶角超深斜孔钻探技术应用实例

## 9.1 概　　述

某水电站为Ⅰ等大（1）型水电站工程，总库容近 25 亿 $m^3$，装机容量 3400MW。枢纽工程由挡水建筑物、泄水建筑物、引水发电系统等主要建筑物组成。其中，挡水建筑物布置于主河床，设计为碾压混凝土重力坝，最大坝高 206m；泄水建筑物单独布置在河床中间；电站采用岸边引水式地面厂房，坝式进水口位于右岸非溢流坝段和右岸连接坝段之间，引水压力管道按单机单洞平行布置。采用一次拦断河床、隧洞导流、围堰全年挡水的导流方式。大坝上下游布置全年挡水土石围堰，右岸布置 3 条导流洞。

水电站坝址区属于构造剥蚀中低山地貌区，地势总体上北高南低、东高西低，山脉首要优势方向呈近南北向延伸。两岸山脉临江山顶高程 1000～1500m，冲沟较为发育，河谷呈较开阔的 V 形，河床地面高程 229～249m。区内岸坡大部分地表分布第四系残坡积层黏土夹母岩风化碎屑或碎石，厚度一般为 3～25m；河床上覆第四系冲积层，厚度一般为 11～50m，上部为粉细砂～中细砂，下部为砂砾卵石夹含漂石。下伏基岩地层为中上元古界念青唐古拉岩群（$Pt_{2-3}Nq$）结晶变质岩，部分出露，岩性大多为花岗片麻岩，左岸局部分布有带状云英片岩，右岸部分地段分布有很晚时期侵入的花岗岩，以岩株形态产出。坝址区在大地构造上处于冈底斯—念青唐古拉褶皱系（Ⅱ）伯舒拉岭—高黎贡山褶皱带（$Ⅱ_2$）中的铜壁关褶皱束（$Ⅱ_2^3$）。出露基岩片麻理（片理）走向 NNW～NE（355°～15°），以恩梅开江东侧近岸为界，以左倾向近 E，倾角 65°～80°；以右倾向近 W，倾角 70°～80°。区内除发育有区域性恩梅开江断裂（$F_4$）之外，裂隙性断层和裂隙是主要构造形迹。

## 9.2 顺 河 断 裂 特 征

该顺河断裂（$F_4$）经历了不同性质的构造活动，包括中晚元古代变质—变形同期的韧性剪切变形和韧性变形之后喜马拉雅早中期叠加的脆性变形，由 Chipwi 韧性剪切带、碎裂岩带、$F_{41}$～$F_{43}$ 及 $F_{40}$ 断层共同构成。

### 9.2.1 Chipwi 韧性剪切带

Chipwi 韧性剪切带形成于中晚元古代，变质—变形同期，系由韧性剪切变形构造活动形成。

发育宽度 500～800m，分布高程 255～500m，以粗糜棱岩（即斑状变晶花岗片麻岩）

为主，微新状岩体完整程度好、强度高。

带内粗糜棱岩具有强烈定向组构，岩石遭受了高温高压环境下的强烈韧性剪切变形，具常见的粗糜棱结构，并可见流体作用表现生成的长英质条带及透镜状、眼球状、旋转碎斑、书斜构造等特征（图 9-1）。

### 9.2.2 碎裂岩带

碎裂岩带系在喜马拉雅早中期，沿早期形成的韧性剪切变形较强的变形带或者韧性剪切带边缘，发生了脆性变形构造活动，破裂产生较宽的破碎带，再经后期热液重结晶胶结成岩而形成。

发育于韧性剪切带西侧，顺恩梅开江河床左侧及近岸展布，上坝址一带宽度 34～85m；中坝址一带宽度 36～84m；下坝址一带宽度 83～140m。微新状碎裂岩（图 9-2）岩体完整程度较好、强度高。

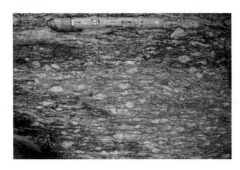 

图 9-1 粗糜棱岩（眼球状）　　　图 9-2 微新状碎裂岩（碎裂纹发育）

### 9.2.3 F₄₁～F₄₃断层

$F_{41}$～$F_{43}$ 断层系在喜马拉雅早中期，沿早期形成的韧性剪切变形较强的变形带或者韧性剪切带边缘发生脆性变形构造活动时，破裂产生较宽破碎带的主破裂带，在热液重结晶胶结成岩作用之后的时期，活动程度相对较轻，仅于主破裂带处形成宽度不等的软弱构造岩带，并经以后长期地质作用软化及部分泥化。

走向 N5°～25°E，倾向近东（下坝址一带扭转倾向西），倾角 65°～85°。$F_{41}$～$F_{43}$ 断层除主断带构造岩外，还有后期蚀变的软弱破碎岩。断层经组成物质取样测年等综合研究，不具活动性，其软弱构造岩带物质为泥化物或夹碎石，由碎裂岩岩屑或夹杂细小岩块组成，亦称之为"断层泥化带"。

上坝址一带，$F_{41}$ 断层软弱构造岩带宽度 17.8～25.8m，$F_{42}$ 断层软弱构造岩带宽度 5.2～24.1m，$F_{43}$ 断层软弱构造岩带宽度 0.1～18.0m，分布于河床偏左岸；中坝址一带，$F_{41}$ 断层软弱构造岩带宽度 13.4～42.1m，$F_{42}$ 断层软弱构造岩带宽度 2.8～10.8m，$F_{43}$ 断层软弱构造岩带宽度不超过 1m，分布于河床偏左岸；下坝址一带，$F_{41}$ 断层软弱构造岩带宽度 0～3.9m，$F_{42}$ 断层软弱构造岩带宽度 0.1～3.0m，未见 $F_{43}$，主要分布于左岸岸坡，地表高程 250～300m。

### 9.2.4 F₄₀断层

$F_{40}$ 断层系在喜马拉雅早中期，沿早期形成的韧性剪切变形较强的变形带或者韧性剪切带边缘发生脆性变形构造活动时，破裂产生的破裂带。

位于左岸岸坡，呈 NNE 向展布，地表高程 450～610m，总体上向 E 陡倾，局部扭转，在上坝址、中坝址一带宽度 28～64m，向南延伸至下坝址一带宽度有所变窄，主要由碎裂岩、构造破裂岩等组成。

### 9.2.5 坝基 $F_{41}$、$F_{42}$ 断层工程特性

选定下坝址坝基 $F_{41}$、$F_{42}$ 断层呈 NNE 向展布于河床左侧及近岸，走向 5°～25°，总体倾向 W，倾角 72°～85°，地表出露高程 250～300m。据坝址区钻孔及平洞揭示，坝址区 $F_{41}$ 断层软弱构造岩带宽度 0～3.9m（局部地段以破裂面的形式存在）；$F_{42}$ 断层软弱构造岩带宽 0.1～3.0m。$F_{41}$、$F_{42}$ 断层软弱构造岩带物质主要为泥化物或夹碎石，呈散体结构，岩体基本质量属 V 类。

坝基 $F_{41}$、$F_{42}$ 断层顺河床左侧及近岸展布，软弱构造岩带宽度窄，变形模量 0.01～0.04GPa，虽然性状差，但是易于工程处理，便于施工，经挖槽回填混凝土塞，并加强固结灌浆措施等工程处理后，大坝坝基不会因其产生不均匀沉降变形；断层带软弱物质在渗流压力长期作用下，可能导致的坝基渗透变形，可通过加强帷幕灌浆等防渗工程措施防范。

## 9.3　筑　坝　工　程　地　质　问　题

### 9.3.1　断层活动性

活动断层是指在第四纪期间晚更新世（10 万年）以来活动过的，并在今后仍有可能活动的断层。活动断层的鉴定有直接测定活动物质年龄的方法和一些间接的判断方法（地质、地貌、水文地质标志，考古标志，测量和监测标志，地球化学和地球物理标志等）。由于工程区位于国外经济非常落后的偏远山区，交通不便，尤其区域地震地质资料非常匮乏，对 $F_4$ 断裂的活动性鉴定主要通过地质、地貌标志的野外调查，结合断裂带物质的热释光（TL）法测年和电子自旋共振（ESR）法测年等方法综合判定。

$F_4$ 断裂在近场区内走向 NNE，在水电站水库、坝址区基本沿江展布，坝址以南沿近江左岸山坡向南延伸，并逐渐偏离河床，在河床东边 SSW 向延伸。在河床一线的古老变质岩基底中，沿变质带方向发育，断裂沿线不同地段分布有侵入花岗岩、辉长岩等岩体，并可见明显的断裂破碎带和断层构造岩。

$F_4$ 断裂破碎带规模在近场区内较小，但向南延出区外，断裂连续性好，破碎带规模加大，就此野外对河谷展布的断裂向南进行了追索，调查了 4 个露头没有发现 $F_4$ 断裂带的地震活动记录，亦未见断裂错断上覆第四纪 T1 阶地、T2 阶地沉积物，采用热释光（TL）法和电子自旋共振（ESR）法对 $F_4$ 断裂带物质测试的最新活动年龄为 14.2 万～79.8 万年。勘察研究成果表明，$F_4$ 断裂是一条早更新世、中更新世活动较强，晚更新世以来不活动的断裂，为非活动断层。

### 9.3.2　断裂工程地质特征

结合坝址区枢纽建筑物布置方案，针对性地对 $F_4$ 断裂带开展了工程地质测绘、物探、钻探、洞探、坑槽探、声波测试、原位力学性质及渗透变形试验、室内物理力学性质试验等大量的勘察研究工作，其中为查明其边界、物质组成等工程性状沿，河床两岸布置

斜孔 12 个，累计完成进尺约 2489m。勘察成果表明，Chipwi 韧性剪切带在坝址区宽度 500～800m，以粗糜棱岩（斑状变晶花岗片麻岩）为主，微新状岩体的岩矿单轴抗压强度 90～110kPa，变形模量 18～23GPa，岩体完整性好、强度高，是大坝优良的建基岩体；F₄ 断裂的碎裂岩带和 F₄₁、F₄₂ 断层发育于韧性剪切带西缘，对建筑物方案布置和基础处理存在重大影响。

碎裂岩带在下坝址大坝轴线处宽度为 86m 左右，坝趾处为 92m 左右。碎裂岩全强风化带钻孔岩芯多呈碎屑、砂土状及少量碎块状，$RQD$ 一般为 0，纵波波速值 2120～2856m/s，厚度一般为 5～15m，局部缺失，在大坝轴线一带，其下限高程 235～277m；弱风化带钻孔岩芯主要呈碎块状，极少量柱状，$RQD$ 一般为 9％～27％，纵波波速值 2941～4762m/s，厚度一般小于 10m，局部达 15m 左右，在大坝轴线处，其下限高程 235～268m。以下为微新岩体，钻孔岩芯多呈柱状，$RQD$ 一般为 53％～82％，在邻近微风化上限 22～38m 范围内，纵波波速为 3603～4500m/s，以下多为 4500～4900m/s。坝基微新碎裂岩多为中硬岩，少量坚硬岩。

根据坝基岩体质量工程地质分类原则，坝基强风化碎裂岩呈散体状结构，由岩块夹泥或泥夹岩块组成，强度低，工程性质差，为 V 类岩体，不宜作为大坝建基岩体，需挖除。弱风化碎裂岩呈碎裂状，结构面发育～很发育，多张开，岩块间嵌合力差，为 IV₂B 类岩体。微新碎裂岩大部分呈次块状结构，结构面中等发育，软弱结构面分布不多，岩体较完整，有一定的强度，多为 III₁B 类岩体，少量岩体完整性较差，存在不利于坝基稳定的软弱结构面，属 IV₁B 类岩体。弱风化和微新碎裂岩主要物理力学性质参数见表 9-1。

表 9-1　　　　　　　　　　　　碎裂岩主要物理力学性质参数

| 岩石名称 | 风化状态 | 结构类型 | 岩类别 | 容重 $\gamma$ /(kN/m³) | 饱和单轴抗压强度 $R_b$/MPa | 纵波波速 $V_p$ /(m/s) | 变形模量 $E_0$/GPa | 泊松比 $\nu$ | 岩体抗剪断强度 | | 混凝土/岩体抗剪断强度 | | 混凝土/岩体抗剪断强度 $f$ |
|---|---|---|---|---|---|---|---|---|---|---|---|---|---|
| | | | | | | | | | $f$ | $c'$/MPa | $f$ | $c'$/MPa | |
| 碎裂岩 | 弱风化 | 碎裂 | IV₂B | 26.0 | 30～40 | 2800～3500 | 2～4 | 0.30 | 0.7～0.9 | 0.6～0.8 | 0.6～0.7 | 0.4～0.6 | 0.5～0.6 |
| | 微新 | 块裂 | IV₁B | 26.2 | 40～55 | 2800～3500 | 3～5 | 0.28 | 0.8～0.9 | 0.7～0.8 | 0.7～0.8 | 0.5～0.7 | 0.5～0.6 |
| | | 次块 | III₁B | 26.3 | 40～55 | 3500～4500 | 5～8 | 0.27 | 0.9～1.0 | 0.8～1.0 | 0.7～1.0 | 0.6～0.8 | 0.6～0.7 |

F₄₁、F₄₂ 断层后期活动程度相对较轻，仅在主断面处形成宽小于 4m 的软弱构造岩带，多表现为泥化物或泥化物夹碎石。F₄₁、F₄₂ 断层走向 5°～25°，总体倾向 W，倾角 72°～85°，在下坝址大坝轴线处 F₄₁ 断层带宽度 2.0m、F₄₂ 断层带宽度 1.1m；下坝址坝趾处 F₄₁ 断层带呈破裂面、F₄₂ 断层带宽度 1.3m。

F₄₁、F₄₂ 断层软弱构造岩带取样室内颗粒组成分析试验定名为粉土质砂和含细粒土砾，少量粉土质砾，其中 F₄₁ 断层软弱构造岩带的泥化程度较 F₄₂ 断层高。这两个断层带的岩石质量指标 $RQD$ 均为 0，声波纵波速 2105～2855m/s，带内物质主要呈散体结构，岩体质量属 V 类。F₄₁、F₄₂ 断层带主要物理力学性质参数见表 9-2。

**表 9 - 2**　　　　　　　　　**F₄₁、F₄₂ 断层带主要物理力学性质参数**

| 物质组成 | 结构类型 | 岩体类别 | 容重 $\gamma$ /(kN/m³) | 变形模量 $E_0$/GPa | 抗剪断强度 | | 允许承载力 $R$/MPa | 渗透系数 $K$ /(cm/s) | 临界水力比降 $J_{cr}$ | 允许水力比降 $J_{al}$ |
|---|---|---|---|---|---|---|---|---|---|---|
| | | | | | $f$ | $c'$/MPa | | | | |
| 泥化物 | 散体 | V | 20.2 | 0.01～0.02 | 0.25～0.30 | 0.01～0.03 | 0.2～0.3 | $i×10^{-4}$～$i×10^{-5}$ | 1.5～2.0 | 0.75～1.0 |
| 泥化物夹碎石 | 散体 | V | 20.5 | 0.03～0.04 | 0.30～0.35 | 0.03～0.05 | 0.3～0.5 | $i×10^{-3}$～$i×10^{-4}$ | 1.3～1.5 | 0.65～0.75 |

### 9.3.3 断裂筑坝工程地质问题

根据该水电站设计方案，选定坝址左岸非溢流坝段中约 5 个坝段位于 F₄ 断裂的碎裂岩带和 F₄₁、F₄₂ 断层带上，该部位大坝坝高 158～173m，属于高坝范畴。在 F₄ 断裂带上筑坝涉及的工程地质问题主要有水库诱发地震、坝基抗滑稳定、坝基变形与渗漏及渗透稳定问题等。

*1. 水库诱发地震*

该水电站总库容近 25 亿 m³，为特大型水库，库首段的库水深度达 110～150m，库水深度越大，蓄水造成附加孔隙水压力和水体重量相应增大，诱震的概率与强度就越大。另外，水库区干流库段岸坡以深切峡谷高陡斜坡为主，干流库盆顺直，也有利于诱发地震。

该水电站水库干流库段长约 55km，F₄ 断裂由选定下坝址向上游穿越的 13km 长库首段，该库段河谷深切，呈 V 形谷，河谷宽 300～500m，两岸谷坡陡立，岸坡地形坡度一般大于 35°。

库首段出露岩性主要为前寒武系结晶基底斑状变晶花岗片麻岩和花岗片麻岩，夹少量石英片岩，其块状岩质陡坡库岸发育 76°∠50°、130°∠74° 等数组平行或斜切岸坡的节理带，以陡倾、半闭合状、长大延伸的构造裂隙为主，次为卸荷裂隙。由水库库盆的岩石类型分析，库首段块状硬质岩类有利于诱发岩体浅表应力调整型水库地震。库首水位抬升130m 左右，且为深切峡谷的库岸地貌，结合工程类比，库首段块状硬质岩类诱发浅表破裂型水库地震的可能性较大，诱震强度 M≤3.0 级。

F₄ 断裂破碎带规模特征以断裂中段和南段较为明显，断裂南段在坝址下游附近主要表现为 NNE 优势方向的裂隙密集带和构造碎裂岩，带宽 30～150m，往深处延伸的产状难以断定。沿断层带未见明显新构造活动迹象，断层活动多发生在中更新世，为非活动断层，断裂沿线的地震活动性微弱，建库后诱发构造型水库地震的可能性小。

根据水库地震的发震特点，预测评价认为，库首 13km 左右库段及坝址附近具备诱发水库地震的可能，类型主要为块状硬质岩类浅表破裂型，发震的最大强度在 3.0 级左右。

根据水库诱发地震的震级与震中烈度，求算水库地震对水电站坝址建筑物的影响烈度，结果表明，水库诱发地震对坝址建筑物的影响烈度不超过 V 度，对坝址建筑物和库区居民生命财产基本无影响。另外，未突破坝址区Ⅷ度的地震基本烈度值，水库诱发地震不改变大坝抗震设计的基本条件。由于本工程为 200m 级的高坝大库，鉴于工程的重要性，在水库蓄水前需建立地震监测台网，并开展水库运行期间的地震监测工作。

2. 坝基抗滑稳定

影响大坝坝基抗滑稳定的因素主要是坝基缓倾角结构面空间分布、产状、性状、连通率以及侧向边界条件等，分析抗滑稳定首先需要坝基具备潜在滑移边界条件，再根据潜在滑移结构面的力学参数标准值核算大坝稳定性，便于针对性地采取工程处理措施。

$F_4$ 断裂的碎裂岩带和 $F_{41}$、$F_{42}$ 断层带上，大坝地基共实施了 8 个钻孔、3 条平洞，其中钻孔电视录像显示未见缓倾角裂隙性断层，平洞揭露了 5 条缓倾角裂隙性断层。钻孔中缓倾角裂隙随机分布，竖直线密度小于 0.2 条/m，和其他坝段相比属于缓倾角裂隙不发育区。14～18 号坝段地基缓倾角裂隙性断层和大部分缓倾角裂隙分布在高程 235～250m 之上，处于坝基开挖范围内，少量建基面以下的缓倾角裂隙多短小、产状凌乱、空间分布不一，不构成潜在滑移边界条件。因此，该水电站 $F_4$ 断裂的碎裂岩带和 $F_{41}$、$F_{42}$ 断层带上，大坝地基不存在坝基抗滑稳定问题。

$F_{41}$、$F_{42}$ 断层走向 5°～25°，总体倾向 W，倾角 72°～85°。坝基范围内 $F_{41}$、$F_{42}$ 断层软弱构造岩带宽度分别为 0～2.1m、0.9～2.0m，软弱构造岩多表现为泥化物，性状差。虽然坝基不存在抗滑稳定问题，但是 $F_{41}$、$F_{42}$ 断层带可构成 $F_4$ 断裂带坝段坝基滑动的侧向切割条件，须进行专门性工程处理。

3. 坝基变形

根据大坝基础开挖方案，大坝建基面以下的碎裂岩主要为微新岩体，其中位于 $F_{41}$ 断层上下盘的碎裂岩，呈次块状结构，变形模量 5～8GPa，为 Ⅲ$_{1B}$ 类岩体，强度满足大坝建基岩体的要求，可以直接作为坝基持力层；位于 $F_{42}$ 断层下盘影响带内的碎裂岩岩体，呈块裂结构，变形模量 3～5GPa，为 Ⅳ$_{1B}$ 类岩体，相对东侧的微新斑状变晶花岗片麻岩岩体变形模量 18～23GPa，其变形模量明显偏低，在坝体重力作用下，会产生变形问题。

大坝建基面以下 $F_{41}$、$F_{42}$ 断层带中的泥化物和泥化物夹碎石，呈散体结构，性质软弱，变形模量 0.01～0.04GPa，在坝基岩体中强度最低，是坝基变形最薄弱的部位。

可见，$F_{42}$ 断层下盘影响带岩体和 $F_{41}$、$F_{42}$ 断层带是 $F_4$ 断裂带中性状相对较差和最差的部位，均是坝基变形须进行专门性工程处理的对象。

4. 坝基渗漏及渗透稳定

坝基在 $F_4$ 断裂带中的钻孔实施了压水试验，据统计，在微风化碎裂岩中共计压水试验 142 段，其中：属微透水（$q < 1Lu$）的压水试验 56 段，占其总段数的 39.4%；属弱透水（$1Lu \leqslant q < 10Lu$）的压水试验 84 段，占其总段数的 59.2%（图 9-3）。由此可知，坝基微风化碎裂岩岩体主要属弱透水，其次为微透水，透水性较其两侧微风化斑状变晶花岗片麻岩及花岗片麻岩岩体略强。

据 $F_{41}$、$F_{42}$ 断层带泥化物现场渗透变形试验成果（表 9-3），表明 $F_{41}$、$F_{42}$ 断层带渗透系数多在 $10^{-4}$～$10^{-3}$ 量级，属中等透水。$F_{41}$ 断层带泥化物临界水力比降最小值为 0.9，破坏水力比降小值为 8.8，渗透变形形式为局部流土；与其两盘接触部位临界水力比降最小值为 0.9，破坏水力比降最小值为 7.9，渗透变形形式为接触冲刷。$F_{42}$ 断层带泥化物临界水力比降最小值为 0.8，破坏水力比降最小值为 5.7，渗透变形形式为局部流土；与其两盘接触部位临界水力比降最小值为 1.1，破坏水力比降小值为 3.1，渗透变形形式为接触

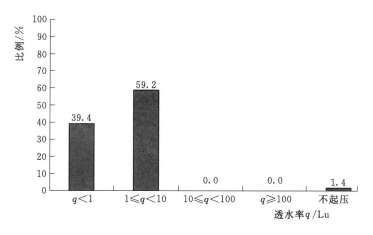

图 9-3 坝基微新碎裂岩压水试验统计直方图

冲刷或局部流土。

表 9 - 3    $F_{41}$ 、$F_{42}$ 断层带现场渗透变形试验成果

| 试样编号 | 临界水力比降 $J_{cr}$ | 破坏水力比降 | 渗透系数 $K$ /(cm/s) | 渗透变形形式 | 试样部位 |
|---|---|---|---|---|---|
| MPD9$F_{41}$左-1 | 1.7 | 10.7 | $5.30 \times 10^{-5}$ | 局部流土 | 断层带泥化物 |
| MPD9$F_{41}$左-2 | 1.0 | 8.9 | $2.20 \times 10^{-4}$ | | |
| MPD9$F_{41}$右-1 | 1.0 | 8.8 | $2.90 \times 10^{-3}$ | | |
| MPD9$F_{41}$右-2 | 0.9 | 9.2 | $1.70 \times 10^{-4}$ | | |
| MPD9$F_{41}$左-3 | — | 7.9 | $1.10 \times 10^{-3}$ | 接触冲刷 | 断层带泥化物与上盘接触部位 |
| MPD9$F_{41}$左-4 | 3.1 | 9.2 | $1.53 \times 10^{-3}$ | | |
| MPD9$F_{41}$右-3 | 2.1 | 10.6 | $4.80 \times 10^{-4}$ | 接触冲刷 | 断层带泥化物与下盘接触部位 |
| MPD9$F_{41}$右-4 | 0.9 | >8.7 | $2.80 \times 10^{-4}$ | — | |
| MPD13$F_{41}$-1 | 2.9 | 10.1 | $4.10 \times 10^{-4}$ | 接触冲刷 | 断层带泥化物与下盘接触部位 |
| MPD13$F_{41}$-2 | 1.5 | 9.7 | $4.90 \times 10^{-4}$ | | |
| MPD9$F_{42}$左-1 | 0.8 | 6.13 | $1.87 \times 10^{-3}$ | 局部流土 | 断层带泥化物 |
| MPD9$F_{42}$左-2 | — | 5.8 | — | | |
| MPD9$F_{42}$右-1 | 1.0 | 5.7 | $1.22 \times 10^{-3}$ | | |
| MPD9$F_{42}$右-2 | 3.4 | 12.1 | $2.10 \times 10^{-4}$ | | |
| MPD9$F_{42}$左-3 | — | 12.1 | | 接触冲刷 | 断层带泥化物与上盘接触部位 |
| MPD9$F_{42}$左-4 | — | 12.1 | | | |
| MPD9$F_{42}$右-3 | 1.2 | 14.1 | $1.88 \times 10^{-3}$ | 接触冲刷 | 断层带泥化物与下盘接触部位 |
| MPD9$F_{42}$右-4 | 1.1 | >2.1 | $1.10 \times 10^{-3}$ | — | |
| MPD13$F_{42}$-1 | 2.2 | 5.4 | $3.57 \times 10^{-3}$ | 局部流土 | 断层带泥化物与下盘接触部位 |
| MPD13$F_{42}$-2 | 1.2 | 3.1 | $3.63 \times 10^{-3}$ | | |

由上述可知，$F_{41}$、$F_{42}$ 断层带性状极差，在长期高水头渗透压力作用下，可能产生局

部流土或接触冲刷等形式的渗透破坏，需加强防渗工程措施。碎裂岩部位坝段按照坝基防渗标准（岩体透水率 $q \leqslant 1Lu$）进行防渗处理，透水率 1Lu 线埋深达 140m 左右，在整个坝基防渗帷幕中防渗深度最大，形成凹槽状。

综上所述，$F_4$ 断裂带上筑坝工程地质问题主要为坝基变形和渗漏及渗透稳定问题，可通过专门性工程处理措施加以解决。总之，在选定坝址 $F_4$ 区域性深大断裂带上可以兴建水电站工程，筑坝技术可行。

## 9.4　双向成对跨江大顶角斜孔钻探

### 9.4.1　简述

某水电站河谷发育有区域性顺河断裂（$F_4$），查明该顺河断裂的空间分布、规模、物质组成、工程性状等特征，是本水电站工程地质研究的关键技术问题之一。为了避免采用河底过河平洞施工带来的安全风险，需在两岸近水岸边布置成对穿江斜孔（图 9-4），替代过河平洞，以查明该顺河断裂的特性。

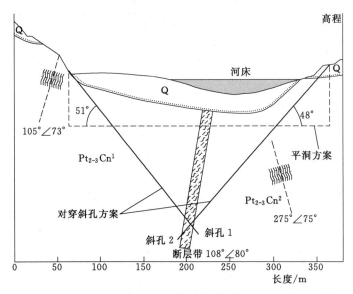

图 9-4　双向成对跨江大顶角斜孔钻探示意图

### 9.4.2　斜孔布置及钻探技术难点

1. 斜孔布置

（1）布置原则。从探查河床部位发育的区域性顺河断裂空间分布、规模、物质组成、工程性状等特征目的出发，考虑钻场环境安全、易于钻场平整、钻探期间不易受河水上涨影响等因素，在坝址结合大坝建筑物，就近河床部位或区域性顺河断裂边界附近设计跨江斜孔孔口位置，为控制整个河床部位不留空当，左、右侧各一孔成对布置，方向相反，孔末交叉重叠一定长度。在中坝址布置实施 1 对双向跨江斜孔，在下坝址布置实施 2 对双向跨江斜孔。

（2）基本参数。双向成对跨江斜孔设计方向与大坝轴线平行，本工程斜孔方位角右岸为112°、左岸为292°；计划孔深据成对斜孔孔口位置间水平距离，每孔力求基本均分，但以揭穿区域性顺河断裂边界为目标，具体孔深210～280m，并保证孔末交叉重叠长度5～10m；每一斜孔设计斜度（斜孔轴线与地表水平面夹角）从尽量减少孔深出发，斜度48°～55°，即对应顶角42°～35°。

（3）钻遇地层及岩性。布置的斜孔穿越地层为第四系冲积层（$Q^{al}$）或残坡积层（$Q^{edl}$）、中上元古界（$Pt_{2-3}$）结晶变质岩、区域性顺河断裂构造岩，岩性有：黏土夹母岩风化碎屑或碎石、砂砾卵石，斑状变晶花岗片麻岩、花岗片麻岩、碎裂岩、断层泥化带，其中斑状变晶花岗片麻岩、花岗片麻岩总体完整程度好；碎裂岩微裂纹发育，胶结程度总体上较好，但部分岩体相对较破碎；断层泥化带宽度较大，岩体软弱、破碎。

2. 斜孔工程地质技术要求

为了斜孔工程地质目的需要，对其提出了工程地质基本要求，具体如下：

（1）合理设计钻孔结构，终孔孔径91mm，特殊情况下不小于75mm。

（2）采取有效措施提高岩芯采取率，严格控制回次进尺，一般地段钻进回次进尺控制在3m以内；软弱、破碎等特殊地段应控制在0.5～1m以内，遇堵必须提钻。

（3）岩芯采取率全强风化基岩段平均不小于85%，弱风化及以下基岩段平均不小于90%，软弱、破碎等特殊地段平均不小于85%。

（4）钻进过程中，应及时记录回水颜色、水量变化、钻进速度、掉钻、异味气体及钻进异常现象等，并及时向地质工程师反映情况。

（5）当上一钻次岩芯采取率达不到要求时，应在下一钻次中采取必要措施，保证岩芯采取率达到要求；当连续二回次岩芯采取率均未达到要求时，应认真进行机组讨论，采取有效的工艺和措施，保证岩芯采取率要求。

（6）钻孔班报原始记录应真实、整洁、齐全。岩芯应按顺序摆放到岩芯箱，放置岩芯隔板，及时填写岩芯牌，并进行岩芯编号。

（7）钻孔开钻及终孔，均须经地质工程师批准。

（8）认真观测钻孔初见水位、交接班水位及终孔稳定水位，并详细记录。

（9）采用32.5级以上水泥配制水泥砂浆，进行全孔段封孔。

3. 斜孔钻探技术难点

本工程斜孔深度大，单孔最大孔深达280m余，尤其是下坝址其中一对跨江斜孔深度均达280m余，钻探技术难度主要表现在以下几点：

（1）斜孔深度超过常规铅直孔深度，设计斜度偏小，钻探人员无类似斜孔施工经验，钻孔工程地质要求高，工期紧。

（2）超深、大顶角、高精度斜孔国内尚无成熟经验可以借鉴。

（3）穿越第四系松散堆积层和断层泥化带，孔壁易坍塌。

（4）穿越软弱、破碎岩体宽度大，孔内事故概率高，易产生掉块卡钻或偏斜过大等事故。

（5）穿越地层构成复杂，硬软（碎）互层多，加之岩体发育裂隙，钻孔极易弯曲。

（6）钻探操作不当、技术参数使用不合适造成钻孔弯曲，一旦弯曲度过大，易产生钻孔毁灭性事故，致使中途报废而前功尽弃。

### 9.4.3 双向成对跨江大顶角斜孔设计与施工

#### 9.4.3.1 钻孔结构设计

钻孔结构是指钻孔由开孔至终孔，钻孔剖面中各孔段的深度和口径的变化情况（钻孔口径随钻孔深度不断增大而逐级减小的钻孔构造设计，钻孔结构设计主要取决于地质勘查目的和地层结构及性状）。一般来说，换径次数越多、钻孔结构越复杂；换径次数越少，钻孔结构越简单。在可能情况下，应使钻孔结构尽量简单。

1. 双向成对跨江大顶角斜孔钻孔结构设计原则

（1）深孔、超深孔、复杂地质条件的钻孔需采用多级钻孔口径，且应适当加大口径级差。在满足地质设计要求的前提下，尽可能采用较小口径的钻孔结构。

（2）尽可能减少换径，简化钻孔结构。在地层变化不确定时，不得换径。

（3）不稳定孔段一般采用套管护壁，条件允许时采用裸眼钻进。

2. 钻孔结构设计依据

（1）钻孔的用途和目的。

（2）地层的地质结构、岩石物理力学性质。

（3）钻孔任务书要求的最小终孔直径。

（4）钻孔的设计深度和钻孔的方位、顶角大小。

（5）钻进方法、钻探设备性能参数。

3. 钻孔结构设计的步骤

（1）根据地质要求确定终孔孔径。

（2）根据地层条件、钻孔设计深度、钻进方法、护壁措施及设备能力因素，合理确定开孔直径、换径次数和换径深度，阐明选择钻孔结构的依据。

（3）根据地层情况确定护壁堵漏措施，根据换径深度确定套管的规格、数量。

（4）绘制钻孔结构图。

4. 双向成对跨江大顶角斜孔钻孔结构设计

（1）斜孔终孔深度超过 250m，拟分 4 级钻孔，3 层套管护壁，钻孔直径分别为 $\phi150mm$、$\phi130mm$、$\phi110mm$、$\phi91mm$），相应的套管分别为 $\phi146mm$、$\phi127mm$、$\phi108mm$，如图 9-5 所示。

（2）根据前期垂直孔地质勘察情况，结合斜孔的设计顶角，计划 $\phi150mm$ 钻孔深度最大至 30m，$\phi130mm$ 钻孔深度最大至 60m，$\phi110mm$ 钻孔深度最大至 110m，$\phi91mm$ 钻进至终孔。特殊情况下最小终孔孔径不小于 $\phi75mm$。

1）开孔及风化层钻孔孔径 $\phi150mm$，合金钻头单管钻进，泥浆护壁，钻穿覆盖层（或砂层）下入 $\phi146mm$ 套管护壁。如果覆盖层较深，为防止钻孔坍塌，则采用 $\phi150mm$ 合金钻头钻进 30m 后下入 $\phi146mm$ 套管，换 $\phi130mm$ 钻具

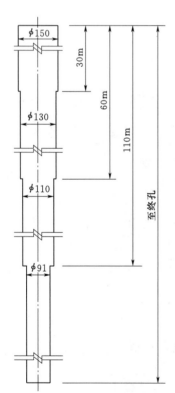

图 9-5 某水电站勘察
斜孔钻孔结构图

钻进，钻至完整基岩，下入 $\phi$127mm 套管护孔。

2）基岩完整地层孔径 $\phi$91mm，金刚石单管钻进。

3）断层孔径 $\phi$91mm 或 $\phi$75mm，单动双管或单管金刚石钻进。

4）终孔孔径 $\phi$91mm 或 $\phi$75mm。

### 9.4.3.2 钻探设备选择

**1. 钻探设备选择的一般原则**

根据施工区域自然条件、地层条件、钻孔深度、钻孔倾角、钻进方法确定钻探设备类型，包括钻机、泥浆泵、动力机、钻塔、拧管机、泥浆搅拌机、泥浆净化设备和照明发电机的规格及数量，掌握主要设备的性能和参数。

**2. 双向成对跨江大顶角斜孔的钻探设备选择**

（1）钻塔改造与安装。无论垂直孔或斜孔钻探，钻塔天车、钻机立轴、孔位必须是"三点一线"，否则无法提钻。垂直孔钻探时天车、立轴、孔位必须同一垂直线上，斜孔钻探时，天车、立轴、孔位在同一条斜线上。

由于斜孔钻探时天车与钻孔孔口不在垂直于地面的轴线上，钻塔在提钻时将产生偏心受力，为便于钻具提升，现有钻塔必须做相应改造。钻塔安装在 C20 混凝土基座上，在混凝土基座中预埋螺杆加固。由于钻探支撑腿受力较大，应在四个方向设置地锚、拉绳，防止发生意外。

（2）钻机的选择。因钻孔倾斜度较大、孔深较深，钻进阻力大，需选用重量较大、重心较低、扭矩大地质钻机，本项目选用 XY-4 型岩心钻机。

（3）水泵的选择。本项目选用 BW160 泥浆泵。

（4）其他配套工具、器材。配套钻具为合金单管钻具，金刚石单管钻具、金刚石双管钻具，钻孔事故处理工具及其他必要的钻探工具器材。

### 9.4.3.3 双向成对大顶角斜孔定向与钻机安装

钻孔位置确定后，初步平整钻场，采用全站仪测放斜孔方位，并在钻孔开孔孔位及延长线方向共布设 3 个观测点位（三点一线），便于工人在钻机安装调试过程中测量与操作。

斜孔位置、方位确定后，开挖钻机基座基槽，基槽轴线与斜孔轴线在水平面的投影保持垂直，基槽开挖完成经测量检查无误后，浇筑钻机基座混凝土，同时预埋钻机地脚螺杆（8 根螺杆）。为保证预埋螺杆位置的准确性，混凝土浇筑前按照钻机机架底座及螺杆孔位尺寸制作木模板框架，并将制作好的预埋螺杆安装固定在木模板框架上，整体放入基槽浇筑，混凝土基座的平整度在浇筑过程中采用水平尺测量控制。

基槽深度 50～60cm，宽度比钻机底座超出 15～20cm，采用不低于 C20 混凝土浇筑，混凝土拌和时加入适当速凝剂。木模板框架在混凝土浇筑完成后作为钻机基座垫板，木板厚度不小于 5cm。

基座浇筑待凝 24h 后安装钻机，如图 9-6 所示，并通过调整回转器角度调整斜孔倾角。

通过多年的斜孔钻探实践，斜孔开孔环节是保证斜孔成功的关键，以往斜孔开孔一般采用预埋孔口管的方式。预埋管的方位、倾角也是严格按照设计角度，钻探技术参数亦严格控制，符合规程规范要求，但往往成孔效果不太理想，甚至半途而废。分析原因主要

图 9-6 现场斜孔施工钻机安装图

如下：

（1）预埋管的轴线很难与钻孔设计轴线、钻机立轴轴线保持在一条直线上，实际上斜孔开孔后轴线就开始偏向了，钻孔弯曲度过大后，钻孔阻力急剧增大，钻孔事故增多，甚至造成钻孔报废。

（2）预埋管与开孔钻具之间至少有 3mm 以上的间隙，在重力、钻孔加压等作用下，钻具不可能在预埋管中居中，不可避免造成开孔即偏斜。如果钻探参数使用过大，加剧偏斜，容易引发钻孔事故甚至废孔，总而言之，预埋管在斜孔钻进时起不到真正定向作用。

由于本次对穿斜孔深度较大，为保证斜孔钻探成功率，采用预埋钻具定向开孔，具体方法为：

（1）钻机安装完成后，适当松开回转器锁紧螺母调整主动钻杆倾斜度，主动钻杆倾斜度即钻孔倾斜度（顶角＝90°－倾角）。

（2）将开孔短钻具连接到主动钻杆上，找准并标记斜孔开孔的具体位置。

（3）卸掉开孔钻具，向后移开钻机，在斜孔孔口位置开挖深度不小于 80cm，长度、宽度不小于 60cm 的坑槽（保证钻具全部预埋在混凝土中）。

（4）基槽开挖完成后，将钻机移动到开孔位置，装上开孔钻具并用拧紧。

（5）下降主动钻杆，将开孔钻具防至基槽内，然后将主动钻杆下卡盘拧紧，用罗盘测量开孔钻具方位及倾斜度。

（6）用纸＋塑料胶带在开孔钻具外缠绕，同时用胶带将钻头底部封死，防止混凝土进入。

（7）将开孔钻具用 C20 混凝土浇筑在基槽内，混凝土浇筑过程中，避免对开孔钻具产生撞击。

（8）由于孔口混凝土需要在钻孔过程中长时间受力，为提供整体强度，一般需要加入钢筋笼，钢筋直径 20～25mm，间距 20cm 左右。

（9）为减少开孔等待时间，一般在混凝土中加入适量速凝剂。

（10）混凝土终凝 24h 后开孔钻进。

预埋钻具定向开孔克服了预埋导向管容易造成倾角和方位发生偏斜的缺点，是保证大顶角深孔成功的关键点之一。

**9.4.3.4　钻进方法和钻具组合选择**

1. 钻进方法和钻具组合选择的一般原则

(1) 按照岩石可钻性选择合理的钻进方法，一般 5 级以下岩石选用硬质合金钻进方法，6 级以上岩石应以金刚石钻进方法为主；金刚石复合片及聚晶金刚石钻进适用于 4～7 级、部分 8 级岩石；坚硬致密打滑岩层宜采用冲击回转钻进方法。

(2) 中深孔、深孔钻探，宜采用金刚石绳索取芯钻进、液动马达及液动潜孔锤绳索取芯钻进方法。

(3) 根据地层和钻进方法选择单管、双管、绳索取芯或三重管等钻具，确定钻头类型和规格。

(4) 按口径分段确定钻进方法并说明依据，确定钻头类型、钻具组合及钻进技术参数，确定分层钻进技术要求和措施。

2. 双向成对跨江大顶角斜孔的钻进方法和钻具组合选择

(1) 钻头：主要为 $\phi91$mm 金刚石单管钻头，配备其他规格钻头（$\phi110$mm 合金钻头、$\phi110$mm 金刚石钻头、$\phi91$mm 合金钻头、$\phi91$mm 金刚石双管钻头、$\phi75$mm 金刚石双管钻头）。

金刚石钻头必须坚持排队使用，防止出现孔内事故。

(2) 钻具：根据钻头确定，尽可能采用长钻具，有利于防止钻孔过度偏斜，金刚石钻具必须配备金刚石扩孔器，并适时测量外径、更换，防止孔径过小夹钻。

(3) 工具配备：配备充分、合理的钻探工具，如常规操作工具、修理工具、事故处理工具、各种测量工具。

**9.4.3.5　钻进技术参数选择**

1. 钻进技术参数选择的一般原则

钻进技术参数包括钻压、转数、泵量。主要根据采用的钻进方法、钻探设备的能力、地层条件、岩石性质、完整程度、钻头类型、结构确定。不同的钻进方法、钻孔结构、钻具组合采用不同的钻进技术参数。合理选择钻进技术参数是保证钻孔质量的关键。

2. 双向成对跨江大顶角斜孔钻进参数的选择

(1) 开孔。开工对于孔斜控制十分重要，采用预埋导向钻具开孔。导向钻具用不低于 C20 混凝土浇筑，导向钻具宜全部浇筑在混凝土内。若开孔地层为岩石，基槽开挖时应尽量凿平并清理干净，确保混凝土与岩石紧密结合；若开孔地层为土层，基槽应挖至坚实地层并夯实、平整后进行下部作业。

开孔必须采用低压力，低转速，泥浆护壁。

分级下管前必须测量孔斜，如果孔斜、孔向偏差过大，采取在管脚焊接偏心片的方式纠斜。

管脚、管口采取止水及可靠固定措施，防止保护管在钻进过程中晃动或丝扣松脱，必要时采用水泥浆或水泥砂浆将保护管固定。

(2) 基岩钻进。根据岩石完整程度和取芯要求，采用金刚石单管或双管钻进，减阻剂一般采用皂化油（加量 0.5％左右，冲洗液变为乳白色），冲洗液流量不超过 32～45L/

min，泵压不超过 1MPa。由于斜孔钻进摩擦阻力较大，钻压应比规程大 100～200kg，即 800～1200kg，地层变化不大时，各班组应采用相同压力，有利于保持孔斜度。

转速：200～800r/min，具体转速根据钻进感觉而定。

（3）断层破碎带钻进。断层破碎带钻进大体上与一般基岩段一致，采用 $\phi$91mm 金刚石双管钻进，但回次进尺应减少，遇堵塞必须提钻，以提高岩芯采取率和岩芯完整度。

断层破碎带等取芯困难时采用半合管取芯，冲洗液流量必须减小，一般不超过 20L/min，以不烧钻为标准，同时钻机转速不宜过高，一般控制在 200～400r/min。

**9.4.3.6 冲洗液类型和护壁堵漏措施选择**

1. 冲洗液类型和护壁堵漏措施选择的一般原则

（1）钻进完整、孔壁稳定的浅孔地层，可采用清水作冲洗液。

（2）钻进斜孔、定向孔和深孔应加入润滑剂。

（3）钻进完整、轻微水敏性地层时，应采用低固相或无固相冲洗液。

（4）钻进蚀变严重、水敏性强的岩层，应在冲洗液中加入适量的防塌抑制剂。

（5）钻进岩盐等水溶性地层，应选用饱和盐水等强抑制性冲洗液。

（6）钻进中地层发生漏失或涌水，应根据压力平衡钻进技术，采用低密度冲洗液（如泡沫泥浆等）或加重泥浆。

2. 冲洗液类型和护壁堵漏措施选择的步骤

（1）不同地层选用的冲洗液类型和性能，说明依据。

（2）冲洗液的配制、性能调整的方法；膨润土、添加剂和润滑剂用量计划。

（3）护壁堵漏措施。

（4）冲洗液循环和固控系统设计。

3. 双向成对跨江大顶角斜孔的冲洗液类型和护壁堵漏措施选择

泥浆基本材料选用优质膨润土粉，为使黏土粉加速分散和水化，使泥浆性能稳定，加入化学处理剂，纯碱、高黏度 CMC。纯碱的添加量为土重的 2%，防失水剂、中低黏度 CMC，使泥浆相对密度 1.1～1.15、黏度 18～20、失水量 23，泥浆工艺采用正循环，由于水上作业泥浆流失量较大，尚需配 1.2m×2m×1.2m 备用泥浆池用泥浆搅拌机搅拌，以使流失的泥浆得到及时的补充。

选用钠基膨润土（钠土）和植物胶作为配制冲洗液分散相，根据地层岩性的不同，其具体的配比方式主要有：

配比一：配制纯黏土冲洗液，配方为：钠土：水＝（5～6）：100（重量比）。方法：先把水与钠土搅拌均匀，用 pH 试纸测定 pH 值，加入适量烧碱（氢氧化钠）调整冲洗液 pH 值达到 9 以上，用漏斗黏度计测得黏度在 25s 以上。

配比二：配制无固相冲洗液，配方为：植物胶：水＝2：100（重量比），烧碱（氢氧化钠）为植物胶干粉重量的 8%～10%。方法：先把计量好的水放入搅拌桶内，投入烧碱的量与水搅拌均匀，再把植物胶放入搅拌桶内搅拌均匀，在条件允许时浸泡 4～8h 再使用，通过浸泡以后的浆液黏度达 100s 以上，pH 值在 9～11 之间。

配比三：配制低固相泥浆，配方为：植物胶：钠土：水＝1：（5～6）：100（重量比），烧碱（氢氧化钠）为植物胶干粉重量的 8%～10%。方法：先按配比二的方法把植物胶搅拌均匀，再把钠土均匀加入后搅拌均匀，最后加入烧碱（氢氧化钠）使泥浆的 pH 值在 9 以上，在条件允许时，若能浸泡 4～8h 再使用，其浆液黏度也可达 100s 以上。

低固相的泥浆中加入了 SM 植物胶浆液，可以制得 SM 植物胶泥浆。这种钻井液相较普通泥浆，黏度有所提高，失水量也降低了。与此同时，这种钻井液还具有护胶、减振、润滑作用。较高的黏度可以降低对岩芯的冲刷；低失水可以降低岩芯和孔壁的水化作用；护胶作用是指其能在岩芯表面形成一层胶膜，从而对岩芯起到保护的作用；减振作用是基于 SM 植物胶是一种黏弹性的液体，加入泥浆后可以吸收钻具回转中振动产生的部分能量，从而减小振动对岩芯的损害；润滑作用可以减少钻井液与岩芯之间的冲刷作用，进而起到保护岩芯的作用。

#### 9.4.3.7 钻孔质量要求与保证措施

1. 工程质量指标

根据地质设计确定钻孔六项质量指标的具体要求。

2. 质量保证措施

（1）取芯方法，取芯工具的配备、使用和操作。

（2）测斜仪器选择，易斜地层的防斜、纠斜措施。

（3）封孔设计，包括封填孔段、架桥或封孔材料和灌注方法、检验方法等。

（4）保证质量的具体技术措施，薄弱环节技术攻关方案。

3. 双向成对跨江大顶角斜孔的工程质量指标和质量保证措施

（1）岩芯采取率。钻孔布置在基岩上，强风化基岩段不得小于 85%；弱风化及以下基岩段平均不得小于 90%。

（2）为了保证地质资料的获取，必须采取有效措施提高岩芯采取率，采取合理的钻探工艺，严格控制回次进尺。一般地段钻进回次进尺控制在 3m 以内，遇到软弱、破碎等特殊地段应控制在 1～0.5m 以内，遇堵必须提钻。

（3）钻进过程中，应及时记录回水颜色、水量变化、钻进速度、掉钻、异味气体及钻进异常现象等，并及时向地质人员反映情况。

（4）当上一钻次岩芯采取率达不到要求时，应在下一钻次中采取必要措施，保证岩芯采取率达到要求；当连续二回次岩芯采取率均未达到要求时，应认真进行机组讨论，采取有效的工艺和措施，保证岩芯采取率要求。

（5）钻孔原始记录应真实、整洁、齐全。岩芯应按顺序摆放到岩芯箱，放置岩芯隔板，及时填写岩芯牌，并进行岩芯编号，岩芯要求照相。班报中须记录钻场平整时钻孔处开挖的土层高度。

（6）钻孔开钻及终孔均须经地质人员批准同意。

#### 9.4.3.8 孔内事故预防与处理措施

1. 孔内事故预防与处理措施的基本原则

根据以往施工经验，对主要孔内事故提出预防与处理措施。

2. 双向成对跨江大顶角斜孔的孔内事故预防与处理措施

（1）孔内事故预防：钻杆、钻具的裂纹、磨损检查。

（2）钻头排队使用：正常钻进时，操作台不能离人，注意水泵不能缺水，防止烧钻。

一旦有烧钻迹象时，必须立即将钻具提离孔底，保持冲洗液畅通。

（3）钻具不得长时间悬空回转，扫孔、扩孔和扫脱落岩芯时，必须挂好提引器，并控制下扫速度，提钻投卡料前，必须清孔，防止埋钻。

（4）防止工具、石头等落入孔内，无人时必须将孔口盖好，用钻机压住。

（5）孔深时，必须按要求使用润滑液。

#### 9.4.3.9　安全技术措施

1. 安全技术措施的一般要求

防寒、防火、防洪、防滑坡、防雷电等自然灾害和突发事件处理预案；钻探操作安全技术要求和措施；卫生防疫、环境保护的要求和措施等。

2. 双向成对跨江大顶角斜孔的安全技术措施

（1）人身安全，安全防护用品的穿戴；操作及配合安全，钢丝绳及易损件的更换；特别在孔深或事故处理时防止钻塔倾覆。

（2）用电安全。

（3）机械安全，部件紧固、机油等更换。

#### 9.4.3.10　成本预算

1. 成本预算的一般要求

根据岩石可钻性、定额、钻进方法及岩层复杂程度计算台时，做出成本预算。

2. 双向成对跨江大顶角斜孔的成本预算

（1）设计工程量：左岸 CHK29 斜孔设计孔深 240m，右岸 CHK30 斜孔设计孔深 250m。

（2）成本预算：主要包括人员费、设备费、材料费及易耗品。人员费按 400 元/m；设备二台套，每台套 25 万元；材料费按 300 元/m；易耗品按 400 元/m；其他按 200 元/m。

#### 9.4.4　孔内试验

（1）钻孔声波测试：钻孔进行全孔段声波测试。

（2）钻孔全景图像检测：钻孔进行全孔段孔壁全景图像检测。

（3）压水试验：在 $F_1$ 断层带岩体中完成 6～10 段压水试验。

# 9.5　工程管理和技术经济分析

### 9.5.1　施工组织管理

项目确定后，如何更好地完成项目，就必须对项目进行施工组织管理。组织是一切管理活动取得成功的基础，项目组织是指由一组个体成员为实现具体的项目目标而组织的协同工作的队伍。项目组织的根本使命是在项目经理的领导下，协同工作，共同努力，增强组织的凝聚力，为实现项目目标而努力工作。项目组织为了完成某个特定的项目任务，通常由不同部门、不同专业的人员组成一个特别的工作组织，它不受既存的职能组织构造的束缚，但也不能代替各种职能组织的职能活动。项目组织的主要目的是充分发挥项目管理职能提高项目管理的整体效率，以达到项目管理的目的。

1. 组织管理的一般原则

组织是人们为了达到某个目的而形成的，然而现实中有的组织能高效率、低成本地实现组织目的，有些组织则不仅不能促进组织目标的实现，还可能阻碍组织目标的实现。为了组织高效率运行，普遍接受的组织管理的一般原则有：

（1）目标一致性原则。组织是为了组织目标而组建的，然而组织又是一个可以细分的系统，自上而下，从左到右相互依存的各部门及人员都会有自己部门或个人的目标，只有使各部门或个人的目标的整合与组织目标一致时组织的目标才能有效实现。

（2）有效的管理层次和管理幅度原则。管理幅度是指一个上级管理者直接领导下级的人数。管理层次是指从最高层到最低层所经历的层次数。管理幅度和管理层次成反比，增加管理幅度则会减少管理层次，相反，减少管理幅度会增加管理层次。

（3）责任与权利对等原则。组织设计要明确各层次各岗位的管理职责及相应的管理权限，且管理职责与管理权限要对等。若有权无责，或责任小于权利，则会助长瞎指挥，乱拍板，滥用职权。有责无权或权利太小，一方面不利于职责的完成，另一方面又会束缚管理者的工作积极性和创造性。

（4）合理分工与密切协作原则。合理的分工便于积累经验和实施业务的专业化。合理的分工有利于明确职责，在强调合理分工的前提下还要强调密切协作，只有密切协作才能将各部门、各岗位的工作努力合成以实现组织整体目标的力量。

（5）集权与分权相结合的原则。各级管理组织机构之间有集权和分权的关系，集权有利于组织活动的统一便于控制。分权有利于组织的灵活性，但使控制变得困难。因此，集权和分权要适度，以适合组织的任务与环境。凡是关系到组织全局的问题要实行集权，而通过授权，使中层或基层都有一定的管理职责和权限，这也是分工原则的体现。

（6）环境适应性原则。组织是一个与环境有着资源、信息等交换的开放系统，并受环境发展变化的制约，因此组织的设计要考虑环境变化对组织的影响。一方面要建立适应环境特点的组织系统，另一方面要考虑在环境发生变化时组织所应具有的灵活性及可变革性。

2. 组织管理的形式

一个项目一旦确立，首先要面临两个问题：一是确立项目与公司的关系，即项目的组织结构；二是必须确定项目内部的组成。一般项目的组织形式有职能式、项目矩阵式等多种形式。对于小型勘察项目用项目矩阵式。

项目部设项目经理、项目总工，下设综合办公室、工程技术部、质量安全部、合同财务部、设备材料部等部门。组织机构图如图9-7所示。

3. 项目经理

（1）项目经理的任职应具备以下条件。

1）须取得注册建造师资格证书、安全生产资格证书，其资格等级和职称等级符合相关规定要求。

2）具备决策、组织、领导和沟通能力，能正确处理和协调与业主、相关方之间及企业内部各专业、各部门之间的关系。

3）具有一定的专业技术知识和类似项目的管理经验，包括工程技术知识、经营管理知识、有关项目管理的经济和法律、法规知识等。

4）具有良好的职业道德，工作认真负责，坚持原则，秉公办事，作风正派，知人善用。

（2）项目经理的产生。

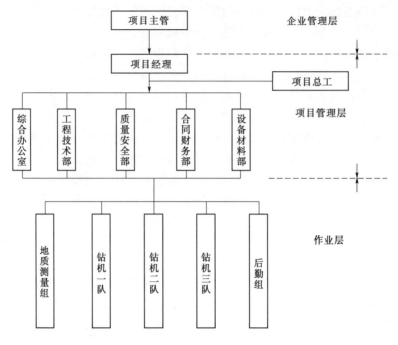

图 9-7 项目部组织机构图

1）项目经理由经营计划部或分公司提名，公司分管领导批准任命，原则上与中标文件拟定项目经理保持一致。

2）通过竞聘方式产生。

（3）项目经理履行下列职责。

1）代表公司履行承包人职责，对工程具体负责，履行工程合同，确保质量、工期、安全、成本等目标的实现；当项目经理离开现场须经业主的同意，项目经理离开现场后，其职权由项目副经理接替。

2）负责组织项目经理部贯彻公司的质量方针、质量目标、有效保持公司的质量保证体系。

3）建立完善的项目经理部组织机构，确定各部门及岗位人员，按照《项目经理部部门、岗位人员与公司职能部门关系》和各自岗位职责对其工作质量进行全面的监督和管理。

4）执行内部经济责任制，有效控制工程成本，厉行节约，杜绝浪费，确保工程成本控制目标的实现。

5）负责项目工程安全生产，文明施工的管理，落实安全生产责任制和安全措施，争创文明工地。

6）合理配置项目工程的技术、人员、设备等资源，满足工程质量和进度要求。

7）合理安排施工，保证工程按计划工期完成。

8）参加管理评审，组织实施合同修改评审。

9）严格执行《过程控制程序》，确保工程质量形成过程处于受控状态。

10）负责物资采购计划和工程不合格评审和处置，监督纠正和预防措施制定和实施。

11）参与项目工程不合格评审和处理，监督纠正和预防措施制定和实施。

12）组织新技术、新工艺、新材料的应用。

（4）项目经理具有下列权限。

1）经授权组建项目部，提出项目部的组织机构，选择、聘用项目部成员，确定项目部人员的职责。

2）在授权范围内，按（3）规定的职责，行使相应的管理权。

3）在合同范围内有偿使用公司的相关资源，并取得有关部门的支持。

4）主持项目部的工作，组织制定项目的各项管理制度。

5）根据法定代表人授权，协调和处理与项目有关的内、外事项。

4. 项目部人员聘用原则及其职责

（1）项目部人员聘用原则。

1）项目部的人员组成采取优先聘用内部具备资格人员的原则。如内部人员无法满足项目施工要求，应经公司同意聘用外单位具备资格人员。

2）公司所属范围内人员均属于内部人员。

3）内部人员使用按有偿借用原则。

（2）项目总工程师职责。

1）全面负责项目工程的技术管理工作。

2）负责编制项目工程的施工组织设计、质量计划和施工方案，参加项目工程合同修改的评审。

3）负责组织项目工程的图纸会审，技术交底，协同解决工程施工过程中的技术问题。

4）严格执行技术规范、规程、标准，组织实施"检验和试验控制程序"，审批项目工程检验计划，核定分部分项工程质量自评结果。

5）组织对不合格品的评审和处置，制定纠正和预防措施，并组织实施。

6）负责项目工程上与质量有关的文件和资料的管理。

（3）工程技术部主任职责。

1）负责施工现场管理，按施工组织设计组织施工生产。

2）组织作业人员熟悉图纸、掌握规范，执行质量标准，并严格按图纸施工。

3）按工程施工进度计划，合理调配作业人员、设备，提高功效，确保工程按计划工期完成。

4）负责对工程过程产品的正确标识。

5）参与对不合格品的评审和处置，组织实施纠正和预防措施。

6）负责施工现场环境的管理，做到文明施工。

7）注重安全生产，消除安全隐患。

（4）质量安全部主任职责。

1）参加项目部组织的合同修改评审。

2）会同材料员对工程所用原材料和半成品及业主提供产品进行验证。

3）参加施工图会审和技术交底。

4）按《检验和试验控制程序》，编制检验和试验计划，执行规定的技术规范、规程、标准，保存检验和试验记录，确保工程质量形成过程处于受控状态。

5）负责过程产品检验和试验状态的正确标识。

6）负责对不合格进行标识、记录、隔离，参加不合格品评审和处置，对纠正和预防措施跟踪检查、验证。

7）负责与质量有关的文件和资料收集、汇总、归档工作，建立本部门受控文件清单，确保使用设备，做好设备使用记录。

8）确认检验、测量该试验设备的有效状态，负责设备的日常维护、保养，正确使用设备，做好设备使用记录。

9）负责统计技术的正确应用。

（5）合同财务部主任职责。

1）在项目经理的领导下，负责项目部的合同管理、财务及工程款结算工作。

2）负责合同相关资料收集、整理等管理工作，负责施工进度、质量、资金计划的编制工作。

3）负责对各施工队工程款核定、支付工作。

4）负责项目部日常财务收支的审核和报销工作。

5）负责定期对该项目的施工成本进行成本核算。

6）定期向项目经理部编报财务报表及相关的成本分析。

7）配合工程部的统计人员对工程进度进行统计。

8）编制工资及施工津贴发放报表。

9）负责本工程项目的日常账务处理工作。

10）负责银行存款及现金的管理工作。

11）根据工程进度计划，制定资金使用计划并保证资金计划的落实。

12）参加工程竣工验收和工程决算，编制项目经济、成本财务分析总结报告。

（6）物资设备部主任职责。

1）负责编制采购计划，经批准后实施采购。

2）负责进货物资的验证，填写验证记录，收集保存相关的质量证明资料。

3）负责进货物质及其检验和试验状态的正确标识。

4）负责不合格进货物资的处置。

5）参与业主提供产品的验证工作。

6）做好现场材料进场和堆放的管理，保持文明整洁。

7）建立材料管理账册，严格材料接收、发放手续，控制材料的消耗。

8）负责对施工料具的维护、保养。

（7）测量工程师职责。

1）负责项目工程施工测量放样工作。

2）确认测量设备的有效状态，负责设备的日常维护、保养，正确使用设备，做好使用记录。

3）做好测量放样记录并保存。

（8）作业班组长职责。

1）负责组织本班组人员，按照施工生产计划，按时完成生产任务。

2）负责组织班组人员，严格执行技术规范、操作规程和作业指导的规定，严格工序管理，保证作业过程和工程质量符合规定要求。

3）参加项目经理部组织的技术交底，并负责向本队人员进行技术交底。

4）负责组织自检工作，做好自检记录。

5）支持配合质量管理工作，确保不合格的材料不使用，不合格的过程不转序。

6）负责所使用的施工机械、设备、器具的维护保养工作。

7）负责组织厉行节约，杜绝浪费，努力降低原材料消耗。

（9）作业人员职责。

1）严格执行施工技术规范、操作规程和作业指导的规定，按时完成工作任务。

2）拒绝接收不合格工序和转序工作任务。

3）做好使用设备和器具的维护保养。

5. 组织管理目标的确定

（1）项目管理目标的确定。

根据施工项目的特点、施工条件、合同要求以及公司实际情况，由项目主管组织有关生产、技术、经营、财务、法律等人员以及项目经理、项目总工对施工项目技术、经济、风险等方面进行评估，共同研究确定项目管理目标。

（2）项目管理目标应包括：

1）公司与业主签订的合同所规定的质量、进度目标。

2）成本目标或利润目标。

3）安全生产、文明施工目标。

4）企业文化目标：包括合同信誉、社会信誉等。

5）企业竞争力目标：包括技术进步、员工素质的提高、管理水平的提高等。

（3）组织管理目标责任，其主要内容包括：

1）项目经理部组织机构以及项目经理、总工及项目部各部门岗位职责。

2）项目部任务分配、施工队伍组成、原材料供货和机械设备供应方式。

3）项目的质量、进度、安全、经济效益指标，后续项目洽谈、职工培训、新工艺和新方法开发应用等目标。

4）对项目部奖惩的依据、标准。

5）公司及项目部成员履约保证形式。

6）项目经理解职和项目部解体的条件及办法。

## 9.5.2 项目成本与合同管理

（1）项目中标并签订合同后，负责投标的单位应在 10 日内将合同文件、投标过程中的不平衡报价、预算的合同风险等向项目部交底。

（2）项目主管组织相关人员讨论编制项目实施阶段的预算和项目主要经济指标，项目部予以配合。

（3）项目部根据公司下达的预算编制项目控制指标，按月、季、年度对项目的成本进行分析核算，并及时报送公司。

（4）施工过程中，工程变更设计、索赔通过项目部自身努力，取得明显效益的，公司根据效益情况对相关人员进行奖励。若业主对项目部进行奖罚，则公司以此为依据对相应人员进行奖罚。

（5）项目竣工后，主合同、分包合同、劳务合同、设备租赁合同统一归档存公司经营计划部。

（6）工程结束后，项目部应办理各类物资、财产的评估、移交、退场事宜，积极办理工程变更、索赔、终期计量支付、竣工决算及催收工作，安排缺陷责任期内留守人员，并在预算内控制其费用。

### 9.5.3　施工准备

（1）施工总布置原则。

1）施工场地的规划是本着节约用地，方便施工、操作安全、合理布局的原则，最大限度地减少对环境的影响，尽量避免和减少相邻标段交叉施工的干扰，以确保在正常施工的同时，保证交通和供水、供电等设施的正常运转。

2）场地划分和布置符合国家有关安全、防火、卫生、环境保护等规定。

3）合理利用地形，合理使用场地，布置紧凑，减少占地面积和减少准备工程量。

4）各种施工设施的布置，能满足主体工程施工工艺的要求，避免干扰，避免和减少设备器材的重复和往返运输，并为均衡生产创造条件。

5）分期布置适应各施工期的特点，注意各施工期之间工艺布置的衔接和施工连续性，避免迁建、改建和重建。

（2）施工交通。施工区域对外的联系主要通过已有公路及电站场内道路解决。安排2台交通车，配备专职司机，用于工作联系、接送工人上下班及其他。交通车按施工区内规定办理各种出入证件并遵守交通规则。

（3）制定整个工程设备计划，见表9-4。

表9-4　　　　　　　　　　　　工程设备计划表

| 序号 | 品　名 | 型号规格 | 单位 | 数量 | 重量/kg | 总重量/kg |
|---|---|---|---|---|---|---|
| 一 | 钻机设备及常用器材 | | | | | |
| 1 | 钻机 | XY-4钻机 | 台套 | 2 | 2500 | 5000 |
| 2 | 钻机 | XY-2钻机 | 台套 | 4 | 1500 | 6000 |
| 3 | 钻机 | XY-2PC钻机 | 台套 | 6 | 1000 | 6000 |
| 4 | 拧管机 | NY-100型拧管机 | 台 | 2 | 230 | 460 |
| 5 | 钻机角架 | 9m铁三脚架 | 副 | 6 | 750 | 4500 |
| 6 | 钻机角架 | 7m铁三脚架 | 副 | 7 | 500 | 3500 |
| 7 | 钻机角架 | 10m木三脚架 | 副 | 2 | 150 | 300 |
| 8 | 钻机角架 | 12.5m木三脚架 | 副 | 2 | 180 | 360 |
| 9 | 电瓶 | 21片 | 个 | 6 | 45 | 270 |
| 10 | 水龙头 | XY-2、XY-2PC | 个 | 22 | 6 | 132 |

续表

| 序号 | 品　　名 | 型 号 规 格 | 单位 | 数量 | 重量/kg | 总重量/kg |
|---|---|---|---|---|---|---|
| 11 | 水龙头水封 | XY-2、XY-2PC | 组 | 100 | 0.03 | 3 |
| 12 | 水龙头轴承 | XY-2、XY-2PC套 | 个 | 10 | 0.1 | 1 |
| 13 | 水龙头轴芯 | XY-2、XY-2PC | 根 | 10 | 0.6 | 6 |
| 14 | 水龙头变径接头 | XY-2钻机立杆配套 | 个 | 7 | 0.5 | 3.5 |
| 15 | 水龙头变径接头 | XY-2PC | 个 | 10 | 0.5 | 5 |
| 16 | 钻机立杆 | 长5m | 根 | 8 | 55 | 440 |
| 17 | 钻机立杆 | 长4.5m | 根 | 10 | 50 | 500 |
| 18 | 钻机枕木 | 2m×0.25m×0.15m | 根 | 12 | 20 | 240 |
| 19 | 钻机枕木 | 2m×0.2m×0.10m | 根 | 44 | 20 | 880 |
| 20 | 滑车 | 10t | 个 | 4 | 25 | 100 |
| 21 | 滑车 | 8t | 个 | 7 | 18 | 126 |
| 22 | 滑车 | 5t | 个 | 12 | 15 | 180 |
| 23 | 滑车 | 2t | 个 | 10 | 3 | 30 |
| 24 | 三缸泵 | 重探3D-5/40型往复泵 | 台套 | 12 | 450 | 5400 |
| 25 | 泥浆泵 | 长沙BWQ-160型泥浆泵 | 台套 | 12 | 120 | 1440 |
| 二 | 钻具及钻杆 | | | | | |
| 1 | 开孔钻具 | $\phi$150 | 套 | 5 | 12 | 60 |
| | | $\phi$130 | 套 | 20 | 8 | 160 |
| 2 | 普通双管单动钻具 | $\phi$110 | 套 | 4 | 120 | 480 |
| | | $\phi$91 | 套 | 4 | 80 | 320 |
| 3 | 普通双管单动钻头 | $\phi$110 | 个 | 12 | 0.6 | 7.2 |
| | 普通双管单动钻头 | $\phi$91 | 个 | 12 | 0.5 | 6 |
| 4 | 普通双管单动钻头 | $\phi$110 | 个 | 4 | 0.6 | 2.4 |
| | 普通双管单动钻头 | $\phi$91 | 个 | 4 | 0.5 | 2 |
| 5 | 普通双管钻具卡簧、卡簧座、短接管 | $\phi$110 | 套 | 8 | 1 | 8 |
| | 普通双管钻具卡簧、卡簧座、短接管 | $\phi$91 | 套 | 8 | 1 | 8 |
| 6 | 李工牌双管单动钻具 | $\phi$110 | 套 | 2 | 120 | 240 |
| | 李工牌双管单动钻具 | $\phi$91 | 套 | 2 | 80 | 160 |
| 7 | 李工牌双管单动钻头 | $\phi$110 | 个 | 4 | 0.8 | 3.2 |
| | 李工牌双管单动钻头 | $\phi$91 | 个 | 4 | 0.7 | 2.8 |
| 8 | 李工牌双管钻具卡簧、卡簧座、短接管 | $\phi$110 | 套 | 4 | 0.5 | 2 |
| | 李工牌双管钻具卡簧、卡簧座、短接管 | $\phi$91 | 套 | 4 | 0.5 | 2 |

| 序号 | 品　名 | 型号规格 | 单位 | 数量 | 重量/kg | 总重量/kg |
|---|---|---|---|---|---|---|
| 9 | 钻杆 | φ50 | m | 3500 | 6.04 | 21140 |
|  | 钻杆锁接头 | φ65 | 副 | 1500 | 7.3 | 10950 |
| 10 | 反丝钻杆 | φ50 | m | 300 | 6.04 | 1812 |
|  | 反丝钻杆接头 | φ65 | 副 | 120 | 7.3 | 876 |
| 三 | 钻探管材 |  |  |  |  |  |
| 1 | 岩芯管 | φ130 | 根 | 20 | 12.13 | 242.6 |
|  |  | φ110 | 根 | 60 | 10.26 | 615.6 |
|  |  | φ91 | 根 | 80 | 8.38 | 670.4 |
|  |  | φ75 | 根 | 60 | 6.81 | 408.6 |
| 2 | 套管 | φ168（内扣厚壁打管） | m | 60 | 38 | 2280 |
|  |  | φ146 | m | 60 | 14 | 840 |
|  |  | φ127 | m | 300 | 12.13 | 3639 |
|  |  | φ108 | m | 600 | 10.26 | 6156 |
|  |  | φ89 | m | 400 | 8.38 | 3352 |
| 3 | 沉淀管 | φ127 | 根 | 18 | 9.6 | 172.8 |
|  |  | φ108 | 根 | 40 | 8.2 | 328 |
|  |  | φ89 | 根 | 60 | 6.7 | 402 |
| 4 | 套管接头 | φ146 | 个 | 60 | 3 | 180 |
|  |  | φ127 | 个 | 240 | 2 | 480 |
|  |  | φ108 | 个 | 330 | 1 | 330 |
|  |  | φ89 | 个 | 160 | 0.8 | 128 |
| 四 | 钻头类 |  |  |  |  |  |
| 1 | 合金钻头 | φ150 | 个 | 20 | 1.2 | 24 |
|  |  | φ130 | 个 | 100 | 1 | 100 |
|  |  | φ110 | 个 | 100 | 0.8 | 80 |
|  |  | φ91 | 个 | 100 | 0.6 | 60 |
|  |  | φ75 | 个 | 20 | 0.4 | 8 |
| 2 | 复合片合金钻头 | φ130 | 个 | 20 | 1.3 | 26 |
|  |  | φ110 | 个 | 20 | 1 | 20 |
|  |  | φ91 | 个 | 10 | 0.8 | 8 |
| 3 | 金刚石钻头 | φ150 | 个 | 12 | 1 | 12 |
|  |  | φ130 | 个 | 60 | 0.8 | 48 |
|  |  | φ110 | 个 | 100 | 0.6 | 60 |
|  |  | φ91 | 个 | 350 | 0.5 | 175 |
|  |  | φ75 | 个 | 50 | 0.4 | 20 |

| 序号 | 品　名 | 型号规格 | 单位 | 数量 | 重量/kg | 总重量/kg |
|---|---|---|---|---|---|---|
| 4 | 金刚石扩孔器 | $\phi130$ | 个 | 5 | 0.6 | 3 |
| | | $\phi110$ | 个 | 30 | 0.4 | 12 |
| | | $\phi91$ | 个 | 120 | 0.3 | 36 |
| | | $\phi75$ | 个 | 20 | 0.2 | 4 |
| 五 | 专用接头类 | | | | | |
| 1 | 管靴 | $\phi168$ | 个 | 5 | 6 | 30 |
| 2 | 盖头 | $\phi168$ | 个 | 5 | 12 | 60 |
| | | $\phi150$ | 个 | 10 | 12 | 120 |
| | | $\phi130$ | 个 | 36 | 11 | 396 |
| | | $\phi110$ | 个 | 18 | 10 | 180 |
| | | $\phi91$ | 个 | 10 | 10 | 100 |
| 3 | 沉淀管接头 | $\phi130$ | 个 | 6 | 13 | 78 |
| | | $\phi110$ | 个 | 40 | 12 | 480 |
| | | $\phi91$ | 个 | 60 | 7 | 420 |
| | | $\phi75$ | 个 | 20 | 5 | 100 |
| 4 | 套管夹板 | $\phi146$ | 个 | 6 | 18 | 108 |
| | | $\phi127$ | 个 | 18 | 15 | 270 |
| | | $\phi108$ | 个 | 18 | 15 | 270 |
| | | $\phi89$ | 个 | 4 | 13 | 52 |
| 5 | 钻杆公母接头粗牙扣 | $\phi65$ | 个 | 40 | 1 | 40 |
| 6 | 弹子公母接头 | $\phi65$ | 个 | 20 | 0.8 | 16 |
| 7 | $\phi42$钻杆母扣细牙变$\phi50$公扣粗牙公扣 | | 个 | 24 | 0.5 | 12 |
| 六 | 专用工具 | | | | | |
| 1 | 打砣 | 75kg | 个 | 13 | 75 | 975 |
| 2 | 打砣 | 100kg | 个 | 2 | 100 | 200 |
| 3 | 提梁 | XY-2钻机用 | 个 | 7 | 8 | 56 |
| 4 | 提梁 | 2PC钻机用 | 个 | 8 | 7.5 | 60 |
| 5 | 提引器 | | 个 | 4 | 2 | 8 |
| 6 | 提引器 | | 个 | 12 | 2 | 24 |
| 7 | 板叉 | | 个 | 16 | 5 | 80 |
| 8 | 垫叉 | | 个 | 16 | 6 | 96 |
| 9 | 拧管机上垫叉 | | 个 | 3 | 11 | 33 |
| 10 | 拧管机下垫叉 | | 个 | 3 | 10 | 30 |

| 序号 | 品　名 | 型 号 规 格 | 单位 | 数量 | 重量 /kg | 总重量 /kg |
|---|---|---|---|---|---|---|
| 11 | 三环钳 | $\phi168\sim\phi146$ | 把 | 10 | 12 | 120 |
| | | $\phi146\sim\phi127$ | 把 | 12 | 10 | 120 |
| | | $\phi127\sim\phi108$ | 把 | 40 | 9 | 360 |
| | | $\phi108\sim\phi89$ | 把 | 40 | 7 | 280 |
| | | $\phi89\sim\phi75$ | 把 | 40 | 5 | 200 |
| 12 | 正丝母锥 | $\phi75/65$ | 个 | 2 | 1 | 2 |
| 13 | 正丝母锥 | $\phi91/65$ | 个 | 2 | 1.5 | 3 |
| 14 | 正丝钻杆公锥 | $\phi50/65$ | 个 | 4 | 0.5 | 2 |
| 15 | 正丝套管公锥 | $\phi127/65$ | 个 | 2 | 1.5 | 3 |
| 16 | 正丝套管公锥 | $\phi108/65$ | 个 | 2 | 1.3 | 2.6 |
| 17 | 正丝套管公锥 | $\phi89/65$ | 个 | 2 | 1.2 | 2.4 |
| 18 | 正丝套管公锥 | $\phi75/65$ | 个 | 2 | 1.1 | 2.2 |
| 19 | 反丝套管公锥 | $\phi127/65$ | 个 | 2 | 1.5 | 3 |
| 20 | 反丝套管公锥 | $\phi108/65$ | 个 | 2 | 1.3 | 2.6 |
| 21 | 反丝套管公锥 | $\phi89/65$ | 个 | 2 | 1.2 | 2.4 |
| 22 | 反丝套管公锥 | $\phi75/65$ | 个 | 2 | 1.1 | 2.2 |
| 23 | 反丝钻杆母锥 | $\phi91/65$ | 个 | 2 | 3 | 6 |
| 24 | 反丝钻杆母锥 | $\phi75/65$ | 个 | 2 | 2.5 | 5 |
| 25 | 反丝钻杆公锥 | $\phi50/65$ | 个 | 3 | 1.5 | 4.5 |
| 七 | 五金工具 | | | | | |
| 1 | 管子钳 | 48 英寸 | 把 | 3 | 10 | 30 |
| | | 36 英寸 | 把 | 23 | 5 | 115 |
| | | 24 英寸 | 把 | 36 | 2 | 72 |
| 2 | 工具箱 | | 个 | 28 | 3 | 84 |
| 3 | 大铁锤 | 8 磅 | 把 | 20 | 4 | 80 |
| 4 | 小铁锤 | 2 磅 | 把 | 20 | 1 | 20 |
| 5 | 钢丝钳 | | 把 | 20 | 0.5 | 10 |
| 6 | 内六角扳手 | | 套 | 2 | 1 | 2 |
| 7 | 套筒扳手 | | 套 | 2 | 12 | 24 |
| 8 | 钢锯弓 | | 把 | 20 | 0.5 | 10 |
| 9 | 一字起子 | 10 英寸 | 把 | 20 | 0.2 | 4 |
| 10 | 十字起子 | 10 英寸 | 把 | 20 | 0.2 | 4 |
| 11 | 黄油枪 | | 把 | 2 | 1 | 2 |
| 12 | 钢丝刷 | | 把 | 20 | 0.4 | 8 |

| 序号 | 品 名 | 型 号 规 格 | 单位 | 数量 | 重量/kg | 总重量/kg |
|------|------|------------|------|------|---------|-----------|
| 13 | 平挫 | | 把 | 2 | 0.5 | 1 |
| 14 | 半圆挫 | | 把 | 2 | 0.5 | 1 |
| 15 | 圆挫 | | 把 | 1 | 0.5 | 0.5 |
| 16 | 剪刀 | | 把 | 16 | 0.5 | 8 |
| 17 | 万用电表 | | 个 | 20 | 0.5 | 10 |
| 18 | 测水位绞车 | | 个 | 18 | 4 | 72 |
| 19 | 尖嘴钳 | | 把 | 2 | 0.5 | 1 |
| 20 | 卡弹簧钳 | | 把 | 2 | 0.5 | 1 |
| 21 | U形环（斜扣） | 20～22 | 个 | 40 | 0.3 | 12 |
| 22 | 钢丝绳卡 | | 个 | 100 | 0.1 | 10 |
| 23 | 钢卷尺 | | 把 | 20 | 0.1 | 2 |
| 24 | 铝合金伸缩梯 | 6m | 个 | 2 | 10 | 20 |
| 25 | 活动扳手 | $\phi12$ | 把 | 18 | 1 | 18 |
| 26 | 活动扳手 | $\phi10$ | 把 | 18 | 1 | 18 |
| 27 | 叉子扳手 | $\phi32～\phi30$ | 把 | 18 | 0.6 | 10.8 |
| 28 | 叉子扳手 | $\phi27～\phi24$ | 把 | 18 | 0.5 | 9 |
| 29 | 叉子扳手 | $\phi24～\phi22$ | 把 | 18 | 0.5 | 9 |
| 30 | 叉子扳手 | $\phi22～\phi19$ | 把 | 18 | 0.5 | 9 |
| 31 | 叉子扳手 | $\phi19～\phi17$ | 把 | 18 | 0.4 | 7.2 |
| 32 | 叉子扳手 | $\phi17～\phi14$ | 把 | 18 | 0.4 | 7.2 |
| 33 | 叉子扳手 | $\phi14～\phi12$ | 把 | 18 | 0.3 | 5.4 |
| 34 | 叉子扳手 | $\phi10～\phi8$ | 把 | 18 | 0.1 | 1.8 |
| 35 | 叉子扳手 | $\phi15～\phi13$ | 把 | 18 | 0.1 | 1.8 |
| 八 | 试验工具 | | | | | |
| 1 | 标贯锤 | 63.5kg | 个 | 8 | 63.5 | 508 |
| 2 | 标贯器 | | 个 | 8 | 15 | 120 |
| 3 | 触探头 | | 个 | 8 | 2 | 16 |
| 4 | 压水试验器 | | 套 | 20 | 10 | 200 |
| 5 | 取土样器 | $\phi110$ | 套 | 5 | 8 | 40 |
| 6 | 土样合 | $\phi110$ | 个 | 300 | 0.2 | 60 |
| 7 | 压水试验器胶塞 | $\phi130$ | 个 | 20 | 1 | 20 |
| | | $\phi110$ | 个 | 150 | 0.8 | 120 |
| | | $\phi91$ | 个 | 200 | 0.6 | 120 |
| | | $\phi75$ | 个 | 80 | 0.3 | 24 |

| 序号 | 品　名 | 型号规格 | 单位 | 数量 | 重量/kg | 总重量/kg |
|---|---|---|---|---|---|---|
| 8 | 压水试验器胶垫片 | $\phi130$ | 个 | 20 | 0.4 | 8 |
| | | $\phi110$ | 个 | 200 | 0.4 | 80 |
| | | $\phi91$ | 个 | 250 | 0.3 | 75 |
| | | $\phi75$ | 个 | 50 | 0.2 | 10 |
| 9 | 测绳 | 军用电话线 | 米 | 1500 | 0.2 | 300 |
| 10 | 水表 | 25（高压） | 个 | 40 | 110 | 4400 |
| 11 | 压力表 | 1.6MPa | 个 | 40 | 0.5 | 20 |
| 12 | 班报表、标贯表 | | 本 | 30 | 0.3 | 9 |
| 13 | 压水表、水位表 | | 本 | 20 | 0.3 | 6 |
| 14 | 岩芯牌 | | 张 | 5000 | | 5 |
| 九 | 水管及接头 | | | | | |
| 1 | 泥浆泵吸水管 | 内径2英寸的内缠丝 | m | 120 | 1 | 120 |
| 2 | 铁水管 | 2英寸 | m | 60 | 4.88 | 292.8 |
| 3 | 铁水管 | $\phi40$ | m | 120 | 3.84 | 460.8 |
| 4 | 铁水管 | 1.2英寸 | m | 12 | 3.13 | 37.56 |
| 5 | 铁水管 | $\phi25$ | m | 3000 | 2.42 | 7260 |
| 6 | 铁水管 | $\phi20$ | m | 100 | 1.63 | 163 |
| 7 | 铁水管 | $\phi15$ | m | 60 | 1.26 | 75.6 |
| 8 | 铁水管直接头 | $\phi25$ | 个 | 500 | 0.05 | 25 |
| 9 | 铁水管弯接头（90°） | $\phi25$ | 个 | 100 | 0.06 | 6 |
| 10 | 铁水管三通接头 | $\phi25$ | 个 | 50 | 0.08 | 4 |
| 11 | 铁水管外丝接头 | $\phi25$ | 个 | 100 | 0.05 | 5 |
| 12 | 铁水管活接头 | $\phi25$ | 个 | 20 | 0.1 | 2 |
| 13 | 铁水管弯接头（90°） | 1.2英寸 | 个 | 50 | 0.09 | 4.5 |
| 14 | 铁水管外丝接头 | 1.2英寸 | 个 | 50 | 0.06 | 3 |
| 15 | 铁水管直接头 | $\phi20$ | 个 | 20 | 0.04 | 0.8 |
| 16 | 铁水管弯接头（90°） | $\phi20$ | 个 | 50 | 0.05 | 2.5 |
| 17 | 铁水管三通接头 | $\phi20$ | 个 | 100 | 0.07 | 7 |
| 18 | 铁水管外丝接头 | $\phi20$ | 个 | 150 | 0.04 | 6 |
| 19 | 铁水管直接头 | $\phi15$ | 个 | 20 | 0.03 | 0.6 |
| 20 | 变径接头 | 1.2英寸变1.0英寸 | 个 | 20 | 0.05 | 1 |
| 21 | 变径接头 | 1.0英寸变6分 | 个 | 120 | 0.04 | 4.8 |
| 22 | 变径接头 | 6分变4分 | 个 | 15 | 0.03 | 0.45 |
| 23 | 不锈钢球阀 | $\phi25$ | 个 | 100 | 1 | 100 |
| 24 | 不锈钢球阀 | $\phi20$ | 个 | 150 | 1 | 150 |

续表

| 序号 | 品　名 | 型号规格 | 单位 | 数量 | 重量/kg | 总重量/kg |
|---|---|---|---|---|---|---|
| 25 | 不锈钢球阀 | ϕ15 | 个 | 10 | 0.8 | 8 |
| 26 | 高压胶管 | ϕ40 内缠丝 | m | 180 | 1.8 | 324 |
| 27 | 高压胶管 | ϕ25 内缠丝 | m | 900 | 1.7 | 1530 |
| 28 | 白胶水管 | ϕ25 | m | 3000 | 0.5 | 1500 |
| 十 | 其他器材 | | | | | |
| 1 | 钢丝绳 | ϕ14 | m | 1000 | 0.5 | 500 |
| 2 | 白棕绳 | ϕ16 | m | 1000 | 0.5 | 500 |
| 3 | 铁锹 | | 把 | 20 | 0.5 | 10 |
| 4 | 挖锄 | | 把 | 20 | 2 | 40 |
| 5 | 十字镐 | | 把 | 20 | 4 | 80 |
| 6 | 钢钎 | | 根 | 30 | 2 | 60 |
| 7 | 井字架 | | 个 | 18 | 25 | 450 |
| 8 | 塑料油壶 | 25kg | 个 | 40 | 0.2 | 8 |
| 9 | 塑料油壶 | 15kg | 个 | 18 | 0.2 | 3.6 |
| 10 | 塑料油壶 | 10kg | 个 | 18 | 0.2 | 3.6 |
| 11 | 葫芦 | 5t | 个 | 1 | 10 | 10 |
| 12 | 葫芦 | 3t | 个 | 1 | 3 | 3 |
| 13 | 葫芦 | 1t | 个 | 1 | 2 | 2 |
| 14 | 彩条布 | 50m×6m | 件 | 18 | 15 | 270 |
| 15 | 铁丝 | 8 号 | kg | 50 | | 50 |
| 16 | 铁丝 | 10 号 | kg | 200 | | 200 |
| 17 | 铁丝 | 12 号 | kg | 200 | | 200 |
| 18 | 铁丝 | 14 号 | kg | 50 | | 50 |
| 19 | 铁丝 | 细扎丝 | kg | 10 | 10 | 100 |
| 20 | 电焊机 | 2kW（二相交流） | 台 | 1 | 45 | 45 |
| 21 | 电焊机 | 7kW（三相交流） | 台 | 1 | 70 | 70 |
| 22 | 乙炔瓶 | | 个 | 1 | 35 | 35 |
| 23 | 氧气瓶 | | 个 | 2 | 35 | 70 |
| 24 | 氧焊配套设施 | | 套 | 1 | 10 | 10 |
| 25 | 切割机 | 三相 | 台 | 1 | 25 | 25 |
| 26 | 电焊条 | 2.3 | 件 | 2 | 25 | 50 |
| 27 | 铜焊条 | | kg | 5 | | 5 |
| 28 | 硼砂 | | 合 | 2 | 1 | 2 |
| 29 | 三相切割机切割片 | | 件 | 1 | 20 | 20 |
| 30 | 手动角磨机切割片 | | 片 | 50 | 0.05 | 2.5 |

| 序号 | 品　名 | 型号规格 | 单位 | 数量 | 重量/kg | 总重量/kg |
|---|---|---|---|---|---|---|
| 31 | 手动角磨机 | | 个 | 1 | 3 | 3 |
| 32 | 手动电钻 | | 个 | 1 | 7 | 7 |
| 33 | 台虎钳 | | 台 | 1 | 20 | 20 |
| 34 | 龙门钳 | | 台 | 1 | 15 | 15 |
| 35 | 手动绞管器 | 绞4分～1.5英寸铁管 | 套 | 1 | 15 | 15 |
| 36 | 抓钉 | | kg | 100 | | 100 |
| 37 | 三角皮带 | B2500 | 根 | 30 | 0.1 | 3 |
| 38 | 螺丝 | 6mm×30mm | 套 | 50 | 0.01 | 0.5 |
| 39 | 螺丝 | 8mm×30mm | 套 | 50 | 0.01 | 0.5 |
| 40 | 螺丝 | 10mm×30mm | 套 | 50 | 0.01 | 0.5 |
| 41 | 螺丝 | 12mm×50mm | 套 | 50 | 0.02 | 1 |
| 42 | 螺丝 | 14mm×50mm | 套 | 50 | 0.03 | 1.5 |
| 43 | 螺丝 | 16mm×50mm | 套 | 50 | 0.03 | 1.5 |
| 44 | 螺杆 | 14mm×150mm | 套 | 60 | 0.05 | 3 |
| 45 | 螺杆 | 14mm×200mm | 套 | 30 | 0.06 | 1.8 |
| 46 | 地脚螺杆 | 14mm×800mm | 套 | 100 | 0.4 | 40 |
| 47 | 手摇麻花钻 | 14mm | 把 | 3 | 0.5 | 1.5 |
| 48 | 油锯 | | 把 | 1 | 0.5 | 0.5 |
| 49 | 木工手锯 | | 把 | 2 | 0.5 | 1 |
| 50 | 安全帽 | | 双 | 50 | 0.4 | 20 |
| 51 | 胶手套 | | 双 | 300 | 0.02 | 6 |
| 52 | 帆布手套 | | 双 | 500 | 0.01 | 5 |
| 53 | 工作服 | | 套 | 100 | 1.5 | 150 |
| 54 | 编织袋 | | 个 | 500 | 0.01 | 5 |
| 55 | 雨衣 | | 件 | 50 | 0.5 | 25 |
| 56 | 电筒 | | 把 | 50 | 0.1 | 5 |
| 57 | 雨鞋 | | 双 | 50 | 0.5 | 25 |
| 58 | 工作鞋 | | 双 | 50 | 1 | 50 |
| 59 | 机油 | | kg | 400 | | 400 |
| 60 | 液压油 | | kg | 500 | | 500 |
| 61 | 黄油 | | kg | 100 | | 100 |
| 62 | 泥浆粉 | | t | 20 | | 20000 |
| 63 | 对讲机 | 顺风耳（覆盖10km） | 个 | 25 | 1 | 25 |
| 64 | 激光打印机 | A4 | 台 | 1 | 35 | 35 |
| 65 | 打印纸 | A4 | 件 | 1 | 25 | 25 |

| 序号 | 品　名 | 型　号　规　格 | 单位 | 数量 | 重量/kg | 总重量/kg |
|---|---|---|---|---|---|---|
| 十一 | 水上钻探专用 | | | | | |
| 1 | 锚绳（钢丝绳） | $\phi14$ | m | 2000 | 0.5 | 1000 |
| 2 | 钢丝绳 | $\phi9.3$ | m | 200 | 0.4 | 80 |
| 3 | 救生圈 | | 个 | 15 | 0.5 | 7.5 |
| 4 | 救生衣 | | 件 | 50 | 0.5 | 25 |
| 5 | U 形环（斜扣） | 20～22 | 个 | 20 | 0.8 | 16 |
| 6 | 钢丝绳卡 | $\phi14$ 钢丝绳配套 | 个 | 30 | 0.2 | 6 |
| 7 | 钢丝绳卡 | $\phi9.3$ 钢丝绳配套 | 个 | 30 | 0.15 | 4.5 |
| 十二 | 发电设备及器材 | | | | | |
| 1 | 柴油发电机组 | 15kW | 套 | 1 | 800 | 800 |
| 2 | 汽油发电机 | 5kW | 台 | 1 | 120 | 120 |
| 3 | 柴油发电机组 | 3kW | 台/套 | 12 | 80 | 960 |
| 4 | 电线 | $4.2mm^2$ | m | 600 | 0.05 | 30 |
| 5 | 花线 | | m | 300 | 0.02 | 6 |
| 6 | 卡口灯头 | | 个 | 150 | 0.02 | 3 |
| 7 | 灯泡 | 100W | 个 | 500 | 0.02 | 10 |
| 8 | 闸刀 | 10A（二相） | 个 | 30 | 0.5 | 15 |
| 十三 | 钻机配件（XY-4） | | | | | |
| 1 | 扇形齿轮 | | 副 | 2 | 6 | 12 |
| 2 | 蝶形弹簧 | X-1-45 | 块 | 5 | 1.2 | 6 |
| 3 | 卡瓦 | X-1-61A | 块 | 15 | 0.3 | 4.5 |
| 4 | O 形圈 280×8.6 | GB 1235—76 | 根 | 10 | 0.01 | 0.1 |
| 5 | O 形圈 255×8.6 | GB 1235—76 | 根 | 10 | 0.01 | 0.1 |
| 6 | O 形圈 300×5.7 | GB 1235—76 | 根 | 5 | 0.01 | 0.05 |
| 7 | 压脚 | X-6-1-12 | 个 | 15 | 1 | 15 |
| 8 | 压簧 | X-6-1-13 | 个 | 15 | 0.01 | 0.15 |
| 9 | 撑脚 | X-6-1-18 | 个 | 30 | 3 | 90 |
| 10 | 弹簧 | X-6-1-56 | 个 | 20 | 0.02 | 0.4 |
| 11 | 摩擦片组件 | G3-1-4-20-0 | 副 | 2 | 1.5 | 3 |
| 12 | 销 10dc6＋60 | GB/T 880—86 | 个 | 15 | 0.01 | 0.15 |
| 13 | 销 8dc6＋40 | GB/T 880—86 | 个 | 15 | 0.01 | 0.15 |
| 十四 | 钻机配件（XY-2） | | | | | |
| 1 | 卡瓦 | XY2-0105A-0 | 块 | 12 | 0.3 | 3.6 |
| 2 | 压板 | XY2-01A-8 | 块 | 3 | 0.02 | 0.06 |
| 3 | 碟形弹簧 | XY2-01A-18 | 块 | 5 | 0.5 | 2.5 |

续表

| 序号 | 品　名 | 型　号　规　格 | 单位 | 数量 | 重量/kg | 总重量/kg |
|---|---|---|---|---|---|---|
| 4 | 单列向心推力球轴承 | CB292 - 83 | 个 | 2 | 3 | 6 |
| 5 | 沉头螺钉 M8×16 | CB68 - 85 | 个 | 30 | 0.01 | 0.3 |
| 6 | 单向推力球轴承 | CB301 - 84 | 个 | 2 | 3 | 6 |
| 7 | 大圆弧锥齿轮 | XY2 - 02 - 3 | 个 | 1 | 2 | 2 |
| 8 | 齿轮 | | 个 | 2 | 3 | 6 |
| 9 | 螺旋伞齿轮 | | 个 | 2 | 4 | 8 |
| 10 | 齿轮 | | 个 | 1 | 2 | 2 |
| 11 | 单列向心球轴承 | | 个 | 2 | 3 | 6 |
| 12 | 滚针轴承 | | 个 | 3 | 0.03 | 0.09 |
| 13 | 单列向心球轴承 | | 个 | 1 | 3 | 3 |
| 14 | 游星齿轮轴 | XY2 - 04 - 16 | 个 | 3 | 0.05 | 0.15 |
| 15 | 挡板 | XY2PB - 03 - 15 | 块 | 15 | 0.03 | 0.45 |
| 16 | 只有外冲压圈滚针轴承 7943/30 | | 个 | 9 | 0.02 | 0.18 |
| 17 | 二、四挡齿轮 | XY2 - 05 - 5 | 个 | 1 | 1 | 1 |
| 18 | 输出轴 | XY2 - 05 - 6 | 个 | 1 | 2 | 2 |
| 19 | 一、三挡齿轮 | XY2 - 05 - 7 | 个 | 1 | 2 | 2 |
| 20 | 万向接组件 | XY2 - 0510 - 0 | 套 | 2 | 6 | 12 |
| 21 | 万向接组件专用螺栓 | | 套 | 100 | 0.02 | 2 |
| 22 | 一、三挡拔叉 | XY2 - 05 - 13 | 个 | 1 | 0.05 | 0.05 |
| 23 | 二、四挡拔叉 | XY2 - 05 - 14 | 个 | 1 | 0.05 | 0.05 |
| 24 | 倒挡拔叉 | XY2 - 05 - 36 | 个 | 1 | 0.05 | 0.05 |
| 25 | 倒挡齿轮 | XY2 - 05 - 40 | 个 | 1 | 0.7 | 0.7 |
| 26 | 铜套 | XY2 - 05 - 41 | 个 | 1 | 0.3 | 0.3 |
| 27 | 小齿轮 | XY2 - 05 - 42 | 个 | 1 | 0.7 | 0.7 |
| 28 | 二、三挡齿轮 | XY2 - 05 - 45 | 个 | 1 | 1.6 | 1.6 |
| 29 | 单列向心球轴承 | GB277 - 89 | 个 | 1 | 3 | 3 |
| 30 | 单列向心球轴承 | GB5276 - 89 | 个 | 2 | 3 | 6 |
| 31 | 从动联轴器 | XY2 - 0606 - 0 | 个 | 1 | 0.7 | 0.7 |
| 32 | 离合器中压片 | XY2 - 06 - 8 | 个 | 1 | 0.5 | 0.5 |
| 33 | 调整螺杆 | XY2 - 06 - 13 | 个 | 15 | 0.02 | 0.3 |
| 34 | 分离杠杆 | XY2 - 06 - 14 | 个 | 30 | 0.02 | 0.6 |
| 35 | 弹簧 | XY2 - 06 - 22 | 个 | 50 | 0.05 | 2.5 |
| 36 | 离合器从动盘组件 | XY2 - 0618 - 0 | 个 | 10 | 0.75 | 7.5 |
| 37 | 分离爪 | XY2 - 06 - 19 | 个 | 1 | 0.3 | 0.3 |
| 38 | 油泵传动装置 | XY2 - 0625 - 0 | 个 | 1 | 7 | 7 |

续表

| 序号 | 品　名 | 型号规格 | 单位 | 数量 | 重量/kg | 总重量/kg |
|---|---|---|---|---|---|---|
| 39 | 弹性圈 | XY2－06－4 | 个 | 300 | 0.01 | 3 |
| 40 | 给进油缸下油管 | XY2－0732－0 | 个 | 1 | 0.7 | 0.7 |
| 41 | 给进油缸上油管 | XY2－0733－0 | 个 | 1 | 0.7 | 0.7 |
| 42 | O形橡胶密封圈 | GB 1235—76 | 个 | 10 | 0.01 | 0.1 |
| 43 | O形橡胶密封圈 | GB 1235—76 | 个 | 10 | 0.01 | 0.1 |
| 44 | 密封圈 | XY－2－02－10 | 个 | 10 | 0.02 | 0.2 |
| 45 | V形夹织橡胶圈密封 | HC4－337－66 | 组 | 5 | 0.02 | 0.1 |
| 46 | Y形密封圈 | HG4－335－66 | 个 | 10 | 0.01 | 0.1 |
| 47 | O形橡胶密封圈 | | 个 | 10 | 0.01 | 0.1 |
| 48 | O形橡胶密封圈 | GB 1235—76 | 个 | 10 | 0.01 | 0.1 |
| 49 | V形夹织橡胶圈密封圈 | HG4－337－66 | 个 | 5 | 0.01 | 0.05 |
| 50 | V形夹织橡胶圈密封圈 | HG4－337－66 | 个 | 5 | 0.01 | 0.05 |
| 51 | V形夹织橡胶圈密封圈 | HG4－337－66 | 个 | 5 | 0.01 | 0.05 |
| 52 | O形橡胶密封圈 | 60A52－4 | 个 | 10 | 0.02 | 0.2 |
| 十五 | 钻机配件（XY－2PC） | | | | | |
| 1 | 主动半联轴器 | XY2PB－0401－1c | 个 | 2 | 7 | 14 |
| 2 | 大圆弧锥齿轮 | XY2PB－01－6a | 个 | 4 | 12 | 48 |
| 3 | 立轴导管 | XY2PB－01－8 | 根 | 2 | 15 | 30 |
| 4 | 角接触球轴承 46216 | GB 292—83 | 个 | 8 | 12 | 96 |
| 5 | 角接触球轴承 36216 | GB 292—83 | 个 | 4 | 12 | 48 |
| 6 | 卡瓦 | XU－6－23C | 块 | 15 | 0.1 | 1.5 |
| 7 | 开槽沉头螺钉 M10×8 | GB 68—85 | 个 | 50 | 0.01 | 0.5 |
| 8 | 压板 | XU300－6－22 | 块 | 15 | 0.02 | 0.3 |
| 9 | 平底推力轴承 8130 | GB 301—84 | 个 | 4 | 2 | 8 |
| 10 | O形橡胶密封圈 | GB 1235—76 | 个 | 10 | 0.01 | 0.1 |
| 11 | 230.5×6 | | 个 | | | |
| 12 | O形橡胶密封圈 | GB 1235—76 | 个 | 10 | 0.01 | 0.1 |
| 13 | 245×6 | | 个 | | | |
| 14 | 碟形弹簧 | XU300－6－4 | 个 | 10 | 1.5 | 15 |
| 15 | 深沟球轴承 | GB 276—89 | 个 | 2 | 1 | 2 |
| 16 | 小弧锥齿轮 | XY2PB－02－12a | 个 | 4 | 0.5 | 2 |
| 17 | 传动轴 | XY2PC－02－02 | 根 | 1 | 4 | 4 |
| 18 | 双联齿轮 | XY2PB－02－4 | 个 | 1 | 3 | 3 |
| 19 | 铜垫 | XY2PB－02－5 | 个 | 1 | 0.05 | 0.05 |

| 序号 | 品　　名 | 型　号　规　格 | 单位 | 数量 | 重量/kg | 总重量/kg |
|---|---|---|---|---|---|---|
| 20 | 倒挡齿轮 | XY2PC - 02 - 9 | 个 | 1 | 1 | 1 |
| 21 | 拔叉 | XY2PC - 02 - 14 | 个 | 1 | 0.4 | 0.4 |
| 22 | 徘徊齿轮 | XY2PC - 02 - 31 | 个 | 1 | 0.5 | 0.5 |
| 23 | 拔叉 | XY2PC - 02 - 32 | 个 | 1 | 0.4 | 0.4 |
| 24 | 滚针环轴承 | GB 276—94 | 个 |  | 0.05 | 0 |
| 25 | 深沟球轴承 | GB 276—94 | 个 | 2 | 1 | 2 |
| 26 | 从动半联轴器 | XY2PB - 0403 - 0 | 个 | 1 | 12 | 12 |
| 27 | 离合器从动盘组件 | XY2PB - 0403 - 5 | 套 | 20 | 0.7 | 14 |
| 28 | 离合器中压片 | XY2PB - 04 - 5 | 个 | 1 | 0.5 | 0.5 |
| 29 | 调整螺杆 | XY2PB - 06 - 13 | 根 | 60 | 0.02 | 1.2 |
| 30 | 分离杠杆 | XY2 - 06 - 14 | 根 | 60 | 0.02 | 1.2 |
| 31 | 带防尘盖的深沟球轴承 | GB 9278—89 | 个 | 2 | 3 | 6 |
| 32 | 分离瓜 | XY2PB - 04 - 9 | 个 | 2 | 0.3 | 0.6 |
| 33 | 离合器分离轴承 |  | 个 | 5 | 0.4 | 2 |
| 34 | 弹簧 | XY2PB - 04 - 12 | 个 | 100 | 0.02 | 2 |
| 35 | 油泵传动装置 | XY2PB - 0402 - 0 | 个 | 1 | 7 | 7 |
| 36 | 吸油管 M139×2×100 | XY2PB - 06 - 2 | 根 | 1 | 0.5 | 0.5 |
| 37 | 齿轮油泵 | GB 32 - 0 | 个 | 3 | 5 | 15 |
| 38 | 高压软管 M122×1.5×640 | XY2 - 0723 - 0 | 根 | 5 | 0.5 | 2.5 |
| 39 | 高压软管 M122×1.5×1160 | XY2 - 0718 - 0 | 根 | 5 | 1 | 5 |
| 40 | 给进油缸下油管 | XY2PB - 0608 - 0 | 根 | 1 | 0.75 | 0.75 |
| 41 | 给进油缸上油管 | XY2PB - 0607 - 0 | 根 | 1 | 0.75 | 0.75 |
| 42 | 回油管 M127×1.5×1300 | XY2PB - 06 - 3 | 根 | 4 | 1 | 4 |
| 43 | 高压软管 M122×1.5×2000 | XY2 - 0734 - 0 | 根 | 5 | 1.5 | 7.5 |
| 44 | O形橡胶密封圈 | GB 1235—76 | 个 | 10 | 0.01 | 0.1 |
| 45 | O形橡胶密封圈 | A52 - 4 | 个 | 10 | 0.01 | 0.1 |
| 46 | V形夹织橡胶密封圈 | HG4 - 337 - 66 | 个 | 5 | 0.01 | 0.05 |
| 47 | V形夹织橡胶密封圈 | HG4 - 337 - 66 | 个 | 5 | 0.01 | 0.05 |
| 48 | V形夹织橡胶密封圈 | HG4 - 337 - 66 | 个 | 5 | 0.01 | 0.05 |
| 49 | V形夹织橡胶密封圈 | HG4 - 337 - 66 | 个 | 5 | 0.01 | 0.05 |
| 50 | V形夹织橡胶密封圈 | HG4 - 337 - 66 | 个 | 10 | 0.01 | 0.1 |
| 51 | V形夹织橡胶密封圈 | HG4 - 337 - 66 | 个 | 5 | 0.01 | 0.05 |
| 52 | Y形夹织橡胶密封圈 | HG4 - 337 - 66 | 个 | 10 | 0.02 | 0.2 |
| 53 | 无骨架防尘圈 | Q/2B - 336 - 77 | 个 | 5 | 0.01 | 0.05 |

| 序号 | 品　名 | 型 号 规 格 | 单位 | 数量 | 重量/kg | 总重量/kg |
|---|---|---|---|---|---|---|
| 十六 | 泥浆泵配件（长沙 BWQ-160 型） | | | | | |
| 1 | 连杆 | | 根 | 2 | 3 | 6 |
| 2 | 连杆瓦 | Q160-4 | 块 | 20 | 0.02 | 0.4 |
| 3 | 连杆螺帽 | Q160-7 | 个 | 20 | 0.01 | 0.2 |
| 4 | 连杆螺栓 | Q160-8 | 个 | 20 | 0.01 | 0.2 |
| 5 | 连杆垫片 | Q160-9 | 个 | 10 | 0.01 | 0.1 |
| 6 | 十字头 | Q160-15 | 个 | 3 | 1.5 | 4.5 |
| 7 | 活塞杆 | Q160-21 | 个 | 10 | 0.6 | 6 |
| 8 | 密封圈 | Q160-9 | 个 | 20 | 0.01 | 0.2 |
| 9 | 钢球 | GB 308-77 | 个 | 10 | 0.05 | 0.5 |
| 10 | 阀座 | Q160-35 | 个 | 20 | 0.05 | 1 |
| 11 | 泵体 | Q160-36 | 个 | 1 | 4 | 4 |
| 12 | 缸套 | Q160-37 | 个 | 2 | 0.5 | 1 |
| 13 | 压盖 | Q160-39 | 个 | 5 | 0.02 | 0.1 |
| 14 | 活塞皮碗 | Q160-40 | 个 | 100 | 0.05 | 5 |
| 15 | 皮碗座 | Q160-41 | 个 | 5 | 0.2 | 1 |
| 16 | 皮碗压板 | Q160-43 | 个 | 5 | 0.2 | 1 |
| 17 | V 形圈 B25×40 | HG4-337-66 | 个 | 100 | 0.05 | 5 |
| 18 | 输入轴 | Q160-59 | 个 | 2 | 0.5 | 1 |
| 19 | 轴承 210 | GB 276-94 | 个 | 2 | 2 | 4 |
| 20 | 大齿轮 | Q160-63 | 个 | 1 | 4 | 4 |
| 21 | 离合器分离轴承 | Q160-9 | 个 | 5 | 0.4 | 2 |
| 22 | 曲轴 | Q160-61 | 个 | 2 | 15 | 30 |
| 十七 | 三缸泵配件（重庆 3D-5/40 型往复泵） | | | | | |
| 1 | 缸套 | 3D-5/40-0010 | 个 | 6 | 0.5 | 3 |
| 2 | 皮碗塞 | 3D-5/40-0105 | 个 | 30 | 0.02 | 0.6 |
| 3 | 连杆轴瓦 | 3D-5/40-1103A | 个 | 9 | 0.02 | 0.18 |
| 4 | 阀座 | 3D-5/40-2002 | 个 | 21 | 0.02 | 0.42 |
| 5 | 球阀 | 3D-5/40-2003 | 个 | 9 | 0.03 | 0.27 |
| 6 | 活塞杆 | | 个 | 6 | 0.3 | 1.8 |
| 十八 | 常柴 1110 柴油机配件 | | | | | |
| 1 | 活塞环 | | 副 | 20 | 0.02 | 0.4 |
| 2 | 连杆瓦 | | 副 | 20 | 0.02 | 0.4 |
| 3 | 气缸床 | | 张 | 20 | 0.02 | 0.4 |

续表

| 序号 | 品　名 | 型号规格 | 单位 | 数量 | 重量/kg | 总重量/kg |
|---|---|---|---|---|---|---|
| 4 | 油泵芯套 | | 个 | 20 | 0.02 | 0.4 |
| 5 | 喷油嘴 | | 个 | 20 | 0.02 | 0.4 |
| 6 | 缸套 | | 个 | 5 | 1 | 5 |
| 7 | 进气门 | | 个 | 10 | 0.02 | 0.2 |
| 8 | 排气门 | | 个 | 10 | 0.02 | 0.2 |
| 9 | 气门导管 | | 个 | 20 | 0.02 | 0.4 |
| 10 | 进气门座 | | 个 | 10 | 0.02 | 0.2 |
| 11 | 排气门座 | | 个 | 10 | 0.02 | 0.2 |
| 12 | 机油泵 | | 个 | 5 | 0.5 | 2.5 |
| 13 | 柴油滤清 | | 个 | 10 | 0.02 | 0.2 |
| 14 | 机油滤清 | | 个 | 5 | 0.02 | 0.1 |
| 十九 | 常柴180柴油机配件 | | | | | |
| 1 | 活塞环 | | 副 | 15 | 0.02 | 0.3 |
| 2 | 连杆瓦 | | 副 | 15 | 0.02 | 0.3 |
| 3 | 气缸床 | | 张 | 15 | 0.02 | 0.3 |
| 4 | 油泵芯套 | | 个 | 10 | 0.02 | 0.2 |
| 5 | 喷油嘴 | | 个 | 15 | 0.02 | 0.3 |
| 6 | 缸套 | | 个 | 5 | 1 | 5 |
| 7 | 进气门 | | 个 | 20 | 0.02 | 0.4 |
| 8 | 排气门 | | 个 | 20 | 0.02 | 0.4 |
| 9 | 气门导管 | | 个 | 20 | 0.02 | 0.4 |
| 10 | 进气门座 | | 个 | 20 | 0.02 | 0.4 |
| 11 | 排气门座 | | 个 | 20 | 0.02 | 0.4 |
| 12 | 机油泵 | | 个 | 5 | 0.5 | 2.5 |
| 二十 | 常柴1115柴油机配件 | | | | | |
| 1 | 活塞环 | | 副 | 10 | 0.02 | 0.2 |
| 2 | 连杆瓦 | | 副 | 10 | 0.02 | 0.2 |
| 3 | 气缸床 | | 张 | 10 | 0.02 | 0.2 |
| 4 | 油泵芯套 | | 个 | 10 | 0.02 | 0.2 |
| 5 | 喷油嘴 | | 个 | 20 | 0.02 | 0.4 |
| 6 | 缸套 | | 个 | 5 | 1 | 5 |
| 7 | 进气门 | | 个 | 10 | 0.05 | 0.5 |
| 8 | 排气门 | | 个 | 10 | 0.05 | 0.5 |
| 9 | 气门导管 | | 个 | 10 | 0.02 | 0.2 |
| 10 | 进气门座 | | 个 | 10 | 0.02 | 0.2 |

| 序号 | 品　名 | 型号规格 | 单位 | 数量 | 重量/kg | 总重量/kg |
|---|---|---|---|---|---|---|
| 11 | 排气门座 | | 个 | 10 | 0.02 | 0.2 |
| 12 | 机油泵 | | 个 | 5 | 1 | 5 |
| 13 | 缸套水圈 | | 个 | 10 | 0.02 | 0.2 |
| 二十一 | 常柴395柴油机配件 | | | | | |
| 1 | 油泵总成 | | 个 | 1 | 20 | 20 |
| 2 | 活塞环 | | 副 | 20 | 0.02 | 0.4 |
| 3 | 连杆瓦 | | 副 | 20 | 0.02 | 0.4 |
| 4 | 气缸床 | | 张 | 5 | 0.02 | 0.1 |
| 5 | 油泵芯套 | | 个 | 20 | 0.02 | 0.4 |
| 6 | 喷油嘴 | | 个 | 20 | 0.01 | 0.2 |
| 7 | 缸套 | | 个 | 6 | 1 | 6 |
| 8 | 进气门 | | 个 | 15 | 0.05 | 0.75 |
| 9 | 排气门 | | 个 | 15 | 0.05 | 0.75 |
| 10 | 气门导管 | | 个 | 20 | 0.05 | 1 |
| 11 | 进气门座 | | 个 | 10 | 0.02 | 0.2 |
| 12 | 排气门座 | | 个 | 10 | 0.03 | 0.3 |
| 13 | 缸套水圈 | | 个 | 12 | 0.01 | 0.12 |
| 14 | 水泵 | | 个 | 2 | 4 | 8 |
| 15 | 气动开关 | | 个 | 4 | 0.02 | 0.08 |
| 16 | 调节器 | | 个 | 4 | 0.02 | 0.08 |
| 二十二 | 常柴4100柴油机配件 | | | | | |
| 1 | 气缸床 | | 张 | 4 | 0.1 | 0.4 |
| 2 | 机油滤芯总成 | | 个 | 2 | 0.1 | 0.2 |
| 二十三 | 维修柴油机专用工具 | | | | | |
| 1 | 活塞环抱箱 | | 个 | 1 | 0.1 | 0.1 |
| 2 | 气门铰刀 | | 套 | 1 | 3 | 3 |
| 3 | 电动磨气门器 | | 个 | 1 | 0.5 | 0.5 |
| 4 | 电钻 | 配钻花一套 | 套 | 1 | 6 | 6 |
| 5 | 叉子扳手 | | 套 | 1 | 1 | 1 |
| 6 | 活动扳手 | | 套 | 1 | 3 | 3 |
| 7 | 套筒扳手 | | 套 | 1 | 5 | 5 |
| 8 | 梅花扳手 | | 套 | 1 | 2 | 2 |
| 9 | 平口起子 | 10号、8号、6号 | 把 | 4 | 0.1 | 0.4 |
| 10 | 十字起子 | | 把 | 1 | 0.1 | 0.1 |

| 序号 | 品　　名 | 型　号　规　格 | 单位 | 数量 | 重量/kg | 总重量/kg |
|------|---------|---------------|------|------|---------|-----------|
| 11 | 剪刀 | | 把 | 1 | 0.15 | 0.15 |
| 12 | 钢丝钳 | | 把 | 1 | 0.5 | 0.5 |
| 13 | 卡簧钳 | | 把 | 2 | 0.15 | 0.3 |
| 二十四 | 行政用品 | | | | | |
| 二十五 | 食堂用具 | | | | | |
| 二十六 | 营地配套设施 | | | | | |
| 二十七 | 药品 | | | | | |

### 9.5.4　施工现场与工程质量管理

1. 工程质量保证体系

（1）建立项目质量保证体系，分级管理，层层负责。项目经理为项目质量管理的第一责任人，总工和专职质检工程师为第二责任人，项目质检部门、工程技术部门、材料设备部门及各施工班组负责人等分别为相关项目工程质量直接（或相关）责任人。

（2）制定项目工程质量管理办法，明确相关人员质量职责，制定质量控制措施和检评细则，尤其要明确对所有相关人员的切实可行的奖罚措施和详细规定。

（3）根据公司质量管理体系的要求并结合合同技术规范的规定对工程质量进行管理，要求按图施工，不得随意降低工程质量标准和擅改施工工艺和流程。重大变更要报公司项目主管批准后提出。

（4）项目部在施工前应组织设计交底，理解设计意图和设计文件对施工的技术、质量和标准要求。

（5）项目部应对施工过程的质量进行监督，并加强对特殊过程和关键工序的识别与质量控制，并应保持质量记录；应加强对供货质量的监督管理，按规定进行复验并保持记录；应监督施工质量不合格品的处置，并对其实施效果进行验证；应对所需的施工机械、装备、设施、工具和器具的配置以及使用状态进行有效性检查和（或）试验，以保证和满足施工质量的要求；应对施工过程的质量控制绩效进行分析和评价，明确改进目标，制定纠正和预防措施，保证质量管理持续改进；应根据项目质量计划，明确施工质量标准和控制目标。

2. 工程的质量方针及目标

（1）工程的质量方针。严格贯彻执行公司"以科学管理、持续改进，奉献优质产品；用先进技术、诚信服务，超越顾客期望"的质量方针，建立以顾客为中心，过程控制为核心的质量管理体系，并与公司项目管理、资源管理、经营管理等整合，形成具有本公司特色的管理体系，提供符合国家法律、法规和行业规程规范要求的产品，为业主提供满意的产品和服务。

（2）本工程的质量目标。

1）严格按照质量保证体系组织施工，工程合格率100%，杜绝质量事故，工程总质量等级为优良。

2) 提供给用户的检测产品符合国家、行业现行有效的相关标准和技术规程、规范的要求。提供的检测成果资料优良品率达到 95%，争创优质精品工程。

3) 合同履约率为 100%，顾客投诉为零。

（3）质量保证体系。项目部成立以项目总工程师为组长，质检工程师为副组长，各职能部门负责人为成员的质量管理领导小组，配合质检员，对工程全过程实施质量监督和管理。质量保证体系如图 9-8 所示。

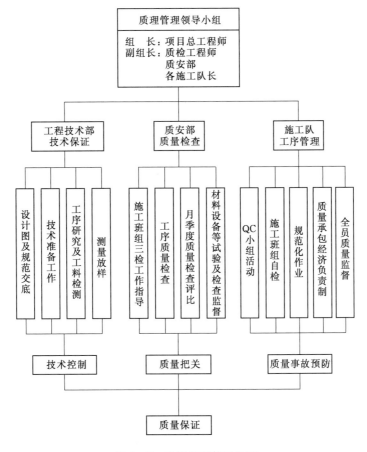

图 9-8　质量保证体系框图

（4）质量控制措施。

1）质量管理措施。

a. 成立以项目经理为首的工程质量管理小组，全面负责本工程的质量管理。

b. 实施各种确保工程质量的制度，这些制度包括：

——工程质量的"三检制"，即班组自检、项目部质检员复检、报监理人签证认定的终检；

——工程质量的"一票否决制"，即项目部所有的检测方案、方法等都必须使检测质量满足要求；

——岗位责任制，要求"谁负责施工谁就负责工程质量"，以优良的工作质量来保证优质的检测质量；

——质量奖惩责任制，实行检测质量与工资利润分配挂钩，并重奖重罚，逐月兑现。检测质量奖数额占月工资的 15%～20%，并建立质量奖惩基金。

c. 开展全面质量管理活动，强化各工序之间的衔接，体现"严、密、精"的原则。认真组织开展 QC 小组活动，不断总结提高。

d. 开展各种形式的宣传、教育活动，如简报、标语、宣传册等，使质量活动深入人心，人人心里有本质量账。

2）质量保证的技术措施。

a. 按招标文件及设计规范配备有关试验和检测仪器，并按有关技术要求进行试验与检测，及时为工程施工提供并反馈有关信息。

b. 中标后，立即组织技术人员研究技术文件，及时向监理人及业主提交详细的施工组织设计文件。在工程实施过程中，如有进度滞后，则及时提交赶工措施交报批。上述内容将按 ISO 9000 质量体系文件要求，以工程项目质量计划的形式编写。质量计划包括但不限于以下内容：需达到的质量目标；组织实际运作的各过程的步骤；在项目的各个不同阶段，职责、权限和资源的具体分配；采用形成文件的程序和作业指导书；适宜阶段适用的检验、试验大纲；随工程项目的进展，改变和完善质量计划形成文件的程序；新开工的项目或发生显著变化的现有项目必须编制工程项目质量计划；达到质量目标的评定方法；为达到质量目标必须采取的其他措施。

3）质量职责。

a. 项目经理全面负责项目计划进度和质量管理工作，并负责人力、物力的安排与调配，与业主单位联系、协商有关工作。

b. 项目总工程师全面负责本项目的专业技术工作，控制检查孔施工过程质量，并负责综合产品的审查。

c. 从事本项目的所有施工人员，严格依据技术标准、规程、规范进行本项目有关工作和提交相应产品，为实现项目质量目标尽职尽责。

4）质量过程控制。

a. 加强本工程各个环节的质量管理工作和过程控制。对工程中每项检测项目做到坚持实行事前指导、中间检查、成果校审的过程管理。注重人员素质的质量控制，人员必须提高自身素质并同时保持相对稳定，保证其工作的连续性及原有操作技能水平。正确处理进度与质量的关系，一定要摆正"进度必须服从质量"这个关系。坚持好中求快，好中求省，严格按标准、规范和设计要求组织、指导施工，绝不能因为抢工期而忽视质量。

b. 施工前由技术负责人组织机长、班长等主要人员，组织现场详细勘察，仔细研究施工技术文件，编制切实可行的施工技术方案，对全体作业人员组织技术交底工作，重点讲解本工程质量控制重点、难点，强调第三方质量检测的意义与重要性。

c. 为保证检查质量，对钻孔、压水试验等进行标准化流程操作，检查初期在施工现场统一进行操作培训，施工人员间交流经验，达成共识，减少差异，克服随意性，提高质量。

5）服务承诺。

a. 本着科学、认真负责的态度做好项目的检测及有关工作；讲原则、守信用、重合同，急业主所急、想业主所想，急工程所急、想工程所想，主动、超前地做好本职工作和配合服务工作。

b. 保证按合同要求及时提交报告，不拖拉、不扯皮、不推诿，主动搞好与业主单位的关系。

c. 定期（每周）主动向业主及监理汇报工作，尊重并采纳他们的意见和建议。

d. 实行定期（每月）回访制度，建立质量信息反馈系统，发现问题及时处理，在不断总结经验的基础上，提高检测工作质量和服务。

3. 施工质量管理标准

施工质量管理标准包括：

（1）招标文件中的技术条款。

（2）设计文件、技施图纸、设计变更通知。

（3）监理人、项目法人工作指示单。

（4）SL 291—2003《水利水电工程钻探规程》。

（5）GB 175—2007《通用硅酸盐水泥》。

（6）《工程建设标准强制性条文（水利工程部分）》。

（7）SL 313—2004《水利水电工程施工地质规程》。

（8）SL 303—2017《水利水电工程施工组织设计规范》

（9）SL 31—2003《水利水电工程钻孔压水试验规程》。

（10）GB 50021—2001《岩土工程勘察规范》（2009年版）。

4. 项目技术保证措施

（1）保证岩芯采取质量的措施。

1）施工机组的所有人员认真学习钻探任务书，明确钻孔取芯目的，满足钻孔技术要求和水文地质、工程地质试验要求。

2）根据岩石的物理学性质，地层特点等合理选用钻孔方法、钻具、取芯工具、钻进技术参数及工艺。

3）严格按规程进行操作，缩短回次进尺长度与时间，提高钻孔质量。

4）认真做好钻孔的整理、编录、包装、保存及搬运等工作。

（2）钻孔孔斜与孔深质量保证措施。

1）认真做好钻机的安装工作，利用水平尺或全站仪校正钻机的水平度及主动钻杆与孔位的垂直度和钻孔方位角。

2）按规定对钻机进行维修保养，保持其良好的运行状态。

3）做好开孔工作，孔口管下入正直，合理选用钻进技术参数。

4）采用刚性好、长而直的钻具，随孔深的增加而加长钻具。

5）定时与定孔深（进尺）检测校正钻机的水平度及钻孔的顶角。

6）经常以基桩高程点校核钻具总长及孔深等。

（3）保证钻孔水位观测质量的措施。

1）在钻进中，认真观测和记录冲洗流漏失或地层涌水情况。

2）使用以校准合格的 HT 型电测水位计，提高水位观测值的准确性，并使之符合规程规定和地质要求的稳定标准。

（4）保证原始报表填写质量的措施。

1）施工机组指定经技术培训合格的人员，随钻进情况认真、准确、清楚、真实地按工作内容填写报表。

2）原始记录相关的负责人必须签署齐全。记录员签字后，由班长校核签字，经机长确认签字及地质人员审核签署汇总装订成册上报。

（5）封孔质量保证措施。

1）认真选用封孔材料，认真进行浆液配比。浆液配比由质检员严格把关。

2）严格控制回填深度。

3）认真做好封孔用料、用量、浆液配比及封孔全过程的统计记录等。

### 9.5.5 项目进度控制

1. 项目计划及进度目标

项目部应依据项目计划及进度目标组织编制施工总进度计划、单项工程和单位工程施工进度计划，报项目主管批准并得到业主确认后实施。

2. 施工进度计划的主要内容、依据和程序

（1）施工进度计划主要内容：

1）编制说明。

2）施工总进度计划。

3）单项工程进度计划。

4）单位工程进度计划。

（2）施工进度计划编制主要依据：

1）项目合同。

2）施工计划。

3）施工进度目标。

4）设计文件。

5）施工现场条件。

6）供货进度计划。

7）有关技术经济资料。

（3）施工进度计划编制程序：

1）收集编制依据资料。

2）确定进度控制目标。

3）计算工程量。

4）确定各单项、单位工程的施工期限和开工、竣工日期。

5）确定施工流程。

6）编制施工进度计划。

7）编写施工进度计划说明书。

3. 项目进度保证措施

鉴于本工程的重要性，由我公司组建的现场项目部全面负责本工程的各项工作，保证

工程安全、优质、按期建成。为保证合同工期的按期完成，拟从以下几个方面采取保证措施，落实到位：

（1）施工组织保证措施。公司将整建制的队伍和技术、管理骨干人员调往×××水电站大顶角斜孔钻探项目部，任命在×××水电站有过大顶角斜孔钻探施工经验的××为项目经理，全面负责本工程的各项工作，保证工程优质、按期建成。

根据本工程的实际施工需要，组织足够的性能优良、施工配套的关键设备投入到本工程施工中，保证施工强度和施工质量，确保工程施工所需的人、材、机等施工资源及时进入工地，同时做好其他后勤保障工作。

（2）技术管理保证措施。项目部建立以技术负责人为核心，工程技术部、施工机班长为主体的三级技术管理体系，负责承担与业主及有关各方的联系，以及施工计划、措施的编制、指导、监督和管理的责任。

重大技术方案的制定，由项目部技术负责人进行指导和监督，防止由于技术方案不当造成的停工、返工。

技术措施及时征询公司总工和专家组的意见，确保施工技术的先进性、实用性和高效性。

工程开工前，及时编制详细的施工组织设计和作业指导书，做好技术交底，把好施工过程中的各个环节和关口。

通过工艺试验制定施工方法，施工方法确定后在施工中将严格遵循；各项工艺编制作业指导书指导施工，以保证进度和质量。

（3）进度管理保证措施。

1）总进度计划。工程开工后，依据合同要求的时间编报施工总进度计划，在收到开工通知后，编制本工程施工总进度计划报送业主审批，将批准后的施工总进度计划作为本工程控制进度的依据。施工中紧紧围绕各项目标展开工作。

2）周、月进度计划。项目部将根据施工总进度计划安排制定周、月进度计划。

建立以工期目标考核的目标经济责任制，层层分解计划，落实到各施工工序和各工序作业人员，严格生产目标奖罚制度。

3）进度报告。项目部将在每周按批准的格式，向业主提交周进度实施报告。

4）进度会议。坚持召开周生产计划会和周生产调度会等会议制度，以日保周，以周保月，以月保年，确保总工期进度目标的实现。

积极配合监理工程师每周及每月定期召开的周、月进度会议，认真接受业主、监理工程师对项目部的合同进度计划执行情况和工程质量状况的检查。

服从业主、监理工程师协调解决工程施工中发生的工程变更、质量缺陷处理、支付结算等问题以及与其他承包人的相互干扰和矛盾。

在周、月进度会议上，项目部按规定的格式提交周、月进度报表。

5）进度计划的调整和修订。在工程实施过程中，无论由于何种原因导致工期延误，项目部均及时随进度情况及时提出修正计划，并在月进度报告中提出调整后的进度计划并编制实现目标的保证措施，保证进度如期实现。

若进度计划的调整需要修改关键线路或改变关键工程的完工日期时，项目部将按合同规定，利用 P3 项目管理软件的更新功能对实际进度进行跟踪更新分析，充分利用管理信息系统，对各生产过程进行控制、管理。并将修订的进度计划及时报送监理工程师审批。

（4）施工资源管理保证措施。施工资源的合理配置是保证工程施工按计划高效有序进行的关键，如果中标本项目，工程施工中，公司将根据工程施工组织设计方案等及时编制、调整资源配置计划，并按照计划要求精心组织、合理安排、适时调配各项施工资源的投入，在施工生产过程中，根据实际需要对资源配置进行必要的调整，以确保工程施工顺利进行。本标资源配置计划主要包括施工机械设备配置计划、劳动力配置计划。

开工后编制、细化施工组织设计，根据施工总进度计划计算出各类资源的需求总量和分季度、月的需求量，之后以满足本标各时段施工资源需求量为前提，结合公司人力、设备资源状况，在全公司范围内进行资源调配，确保配置骨干技术人员以及先进的施工、检测设备到本工程，以满足工程施工需要。

需购置的设备、器材及早进行采购或签订采购协议，确保投入到本工程的材料、施工机械设备能够按时进场使用。

### 9.5.6 HSE 管理体系

1. 工程安全管理

（1）安全管理体系。本项目安全控制坚持"安全第一、预防为主"的方针，建立以项目经理为本项目安全生产总负责人的安全管理体系，由项目经理建立安全生产责任制，将安全责任层层分解，职责、岗位落实到人，安全员要求持证上岗，保证项目安全目标的实现。安全管理保证体系如图 9-9 所示。

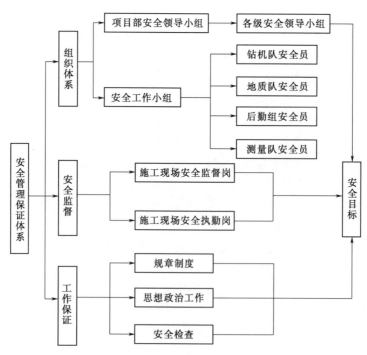

图 9-9 安全管理保证体系

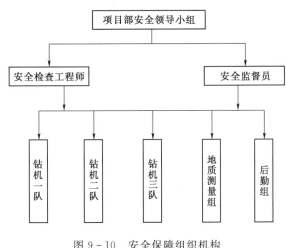

图 9-10 安全保障组织机构

（2）安全保障组织机构。本标段工程成立以项目经理为第一安全责任人的安全领导小组，安全保障组织机构如图 9-10 所示。

（3）安全技术措施。安全工作是一项不能忽视的工作，它关系着千家万户的幸福和安宁，关系着一个人的身心健康。因此首先应使各工作岗位人员牢固树立起"不是安全要我，而是我要安全"的信念。在此基础上采取一定的安全技术措施，避免安全事故的发生。

1）钻探工作的从业人员，必须接受技术培训和安全教育，必须持证上岗。

2）建立完善安全生产领导小组，有组织、有领导地开展安全管理活动，承担组织领导安全生产的责任。

3）建立各级人员的安全生产责任制，明确各级人员的安全责任，使制度和责任落到实处。

4）进入钻场作业时，必须穿工作服、工作鞋，戴好安全帽，禁止赤脚、穿拖鞋和赤膊作业。

5）上班前，禁止喝酒。上塔作业时，必须系安全带。

6）严格按照规程进行操作，实行钻探程序标准化作业。

7）钻孔现场严禁电线随地走，所有电闸应有门、有锁、有防漏雨盖板、有危险标记。

8）钻场、生活用电必须符合安全用电的规定，电杆、电箱、电源电线的安装，必须认真检查，达到标准，使用新电源必须行检查后才正式使用，并做好接地线的保养和防雷施工。

9）钻孔现场禁止使用明火，确因需要，必须向工地负责人申请，并采取防火措施，电气焊接使用要签证并派专人看火。

10）钻孔现场必须有醒目的安全标语，安全达标要求，重点注意事项，提高工作人员的警觉性。

11）现场领导要杜绝违章指挥，现场工作人员要杜绝违章操作。

（4）安全规章制度。

1）在工程钻探施工的过程中，必须采取有力措施，使人、设备、材料、方法和环境这五大因素始终处于良好的安全运行状态，把实现安全生产当作组织施工活动时的重要内容。

2）制定各种安全操作规范，做到工程开工前要安全交底，施工中经常进行安全检查，完工后进行安全评比，由安全责任人和安全员组成巡查小组，每天对工地进行巡查，发现问题及时纠正。

3）加强施工现场及生活区、库房的防火、防盗工作，要有严格的制度、专人负责安全，建立安全防火、防盗小组，并明确其职责，配备足够可用的消防器材和设施。

4）建立严格的管理制度，如项目经理负责制，食堂制度，宿舍制度，出入制度，材料员安全责任制，施工员责任制，现场防火制等制度，使每一项工作有具体的人管理，有具体的人负责。

2. 项目实施中机械事故预防措施

（1）严格执行钻探机械设备的使用维护和保养制度，以保证在用机械设备处于良好的技术状态，以备随时投入使用。

（2）对于新型的钻探设备、仪器、工具，要严格按照随机说明书和有关技术资料进行操作和维护保养。

（3）认真做好机械设备使用前的各部检查工作，确认正常后方准起动使用。

（4）经常保持机身清洁和各润滑部位的润滑状态良好。

（5）严格按照机械使用说明书的规定，按时按量地添加规定型号的油脂。

（6）按规程进行操作使用，禁止所用机械设备长期超负荷作业。

3. 孔内安全与事故预防措施

（1）钻探所用的各种管材、接头、接箍，按其新旧程度分类存放和使用，旧的用于稳定孔或钻孔上部，禁止使用弯曲和磨损度严重的管材。

（2）各种管材与工具，在使用或下入孔内前，均须经过严格的检查，合格后方准下入孔内。

（3）认真做好机械的安装校正和开孔工作，选用刚性好同心度高的机上钻杆和主轴长盘，并随着开孔深度的增加而加长钻具。

（4）下正固牢孔口管，正确设计钻孔结构，采用合理的钻进方法和钻进技术参数，随机检测钻孔的弯曲度。

（5）严格遵守钻进、升降钻具等安全操作规定等。

4. 文明施工保证措施

（1）建立总平面管理图及文明施工责任制，实行划区负责制。

（2）施工现场悬挂施工标牌，标明工程名称、施工单位、现场负责人、施工许可证号、文明施工负责人、投诉电话等。

（3）严格按总平面规划布置临时库房、施工机具及堆放材料，未经审批不得任意变更。

（4）现场机械及相关配件、耗材要堆放整齐，不占用施工道路和作业区，现场办公室及工棚布置合理，工程开工后，文明施工的宣传标语就要同时悬挂。

（5）安全标志、防火标志和安全牌要明显，施工现场按规定设消防器材。

（6）现场污水、冲洗水等施工用水及生活用水要有组织地进行排放。

（7）做好食堂与个人卫生，食堂做到无鼠害、无蚊蝇，并做好防暑降温。

（8）同业主、监理密切配合好，力所能及地为该地区的文明建设服好务，保护一个好的环境。

（9）经常进行各种机械维修工作，保持清洁干净，运转正常。

（10）施工中的水电管线必须统一规划安装整齐，不准随意安装。

（11）与当地居民和团体建立良好关系，对可能受噪声干扰的居民，应在作业前通知对方。

（12）安排清理通道，协助业主或监理工程师委派人员进行工作场所环境检查。

5. 环境保护与环境卫生管理

（1）环境保护的承诺。

1）保证将环境保护工作作为项目部的日常工作来抓。

2）环境保护人人有责，将在工作中将把对环境的影响减少到最低程度。

3）工程完工后将对被利用或损坏的设施进行恢复。

（2）环境保护的具体措施。

1）加强环境保护意识的学习和教育。

2）钻探过程中防止污染水源和对生态环境的影响。钻孔现场设置各种明显的标牌和夜间照明。

3）钻探施工时尽量减少现场油料污染，避免污染当地周边的草地、树林。

4）严格控制空气污染，造成空气污染主要来自燃动力机械（包括钻机、泥浆泵、发电机等排出的废气）。因此，控制空气污染主要实行减少废气排放量。将采取如下措施加以控制：

a. 动力机械安置有效的空气滤清装置，并定期清理。

b. 内燃机械最大限度地减少废气排放。

c. 尽量减少现场搅拌带来的粉尘污染。

d. 钻探施工现场的道路要畅通，保持场地容貌整洁。

（3）环境卫生的具体措施。

1）生活区派专人定时清扫，并确保生活区沟渠畅通，施工及生活用水经沉淀后，排入指定地点，保护环境卫生，不破坏生态环境。

2）生活区落实安全、防火综合治理、卫生责任人制度及文书清除的专职轮换值班制度。

3）工地设简易男女浴室及厕所，保持清洁卫生，注意掩埋污物。

4）施工现场设有茶水桶，做到有盖加配杯子，并有消毒设备。

5）在生活区内醒目处张贴防火、安全警示牌。

6）负责监督检查食堂、仪器卫生，防止食物中毒，并检查生活区现场的卫生情况，发现情况及时通知整改。

## 9.5.7 项目经费核算与拨付

（1）根据批准后的项目实施方案，项目的启动资金和流动资金由财务资产部按项目财务计划结合实际情况执行。

（2）项目工程预付款及工程进度款由项目部负责、财务资产部协助办理，结算资金直接进入公司账户，前方项目部不设专用账户，视具体情况可设临时账户。

（3）根据项目部对内、对外工程承包合同和业主、监理认可已结算的工程量可办理期间结算支付。在业主资金不到位的情况下，为了满足工程施工的要求，经项目经理提出申请，项目主管同意，可办理预付，预付经费一般不超过可结算工程价款的50%。外包工程原则上不预付开工费，按进度办理期间结算。

（4）结算时，如发生公司现金支付困难，可分阶段兑付；鼓励承包人预留资金作为下一项目承包的资本金，给予其承包优先权待遇。

（5）承包人所承包项目发生明显亏损未进行结算的，不得承接下一项目。

（6）项目的竣工决算或完工决算及经费到位由项目经理负责，经营计划部、财务资产部协助。

### 9.5.8 项目的内部审计、考核与兑现

（1）项目通过竣工验收和竣工决算或完工验收和完工决算且经费到位，应由项目主管组织有关人员对项目进行审计，审定项目财务执行情况，明确项目主要财务指标，编制内部审计报告并有明确的审计结论，只有通过内部审计的项目才允许进入下一阶段的考核、兑现。

（2）项目目标考核必须满足以下条件：

1）项目通过竣工验收和竣工决算或完工验收和完工决算且经费到位。

2）所有合同清算完毕。

3）档案归档。

4）通过内部审计。

（3）项目目标考核由项目主管组织有关人员对项目进行考核，考核的依据：

1）项目管理目标责任书。

2）项目合同及验收意见书。

3）项目内部审计报告。

4）项目部自评报告。

5）业主、监理和合作方评价。

（4）项目目标考核后形成目标考核报告，考核结果合格退还履约保证金。

（5）对于项目目标考核合格，公司按实际利润的3%～6%给予项目部进度、质量、安全文明生产综合达标奖。对于考核不合格项目经理和项目部，停止担任项目经理一年，扣除项目部人员一年应发奖金。

（6）项目目标考核报告进入项目档案归档，项目部主要成员业绩和评价进入公司人才管理档案。

### 9.5.9 经济技术和社会效益分析

1. 经济效益分析

在规定的工期内顺利完成穿江斜孔的钻探工作，解决了诸多垂直勘探孔无法解决的地质难题，取得了较好的社会效益和经济效益。斜孔钻探在水利水电及其他类似工程勘察中具有推广价值。

圆满完成了穿江斜孔对穿，钻孔质量达到了设计要求，采用对穿斜孔钻探与平洞勘探相比，取得了较好的社会效益与经济效应。

（1）钻探斜孔单价分析。见表9-5。

（2）钻探平洞单价分析。表9-6为平洞开挖每延米价格表。

表 9 - 5                                   钻探斜孔单价分析表

| 序号 | 项目/钻孔深度 D/m | 岩石等级 | 计量单位 | 数量 | 单价/元 | 调整系数 | 合价/万元 | 备　　注 |
|------|------|------|------|------|------|------|------|------|
| 1 | 斜孔/D(区间) | | | 230 | | | 74.8743 | 调整系数说明：斜孔系数2.0，跟管钻进、水泥护壁系数1.5，综合调整系数计算为2.5 |
| 1.1 | D<10 | V | m | 10 | 301 | 2.5 | 0.7525 | |
| 1.2 | 10<D≤20 | V | m | 10 | 377 | 2.5 | 0.9425 | |
| 1.3 | 20<D≤30 | V | m | 10 | 452 | 2.5 | 1.1300 | |
| 1.4 | 30<D≤40 | V | m | 10 | 536 | 2.5 | 1.3400 | |
| 1.5 | 40<D≤50 | V | m | 10 | 639 | 2.5 | 1.5975 | |
| 1.6 | 50<D≤60 | V | m | 10 | 711 | 2.5 | 1.7775 | |
| 1.7 | 60<D≤80 | V | m | 20 | 789 | 2.5 | 3.9450 | |
| 1.8 | 80<D≤100 | V | m | 20 | 862 | 2.5 | 4.3100 | |
| 1.9 | 100<D≤120 | V | m | 20 | 1034 | 2.5 | 5.1700 | |
| 1.10 | 120<D≤140 | V | m | 20 | 1241 | 2.5 | 6.2050 | |
| 1.11 | 140<D≤160 | V | m | 20 | 1490 | 2.5 | 7.4500 | |
| 1.12 | 160<D≤180 | V | m | 20 | 1787 | 2.5 | 8.9350 | |
| 1.13 | 180<D≤200 | V | m | 20 | 2145 | 2.5 | 10.7250 | |
| 1.14 | 200<D≤220 | V | m | 20 | 2574 | 2.5 | 12.8700 | |
| 1.15 | 220<D≤240 | V | m | 10 | 3089 | 2.5 | 7.7225 | |

**注**　一个230m的钻孔，合计成本为74.8743万元，双向二个钻孔460m，合计成本为149.7486万元。

表 9 - 6                                   平洞开挖每延米价格表

| 序号 | 项目名称 | 数量 | 单价/元 | 合价/元 | 备　注 |
|------|------|------|------|------|------|
| 1 | 人工费 | | | 2120 | |
| | 中国籍技工 | 2 | 300 | 600 | |
| | 中国籍管理人员 | 1 | 500 | 500 | |
| | 外籍劳务 | 4 | 80 | 320 | |
| | 外籍劳务 | 1 | 700 | 700 | 除渣/m |
| 2 | 材料费 | | | 4062 | |
| | 柴油 | 20 | 11 | 220 | |
| | 汽油 | 12 | 11 | 132 | |
| | 炸药 | 17 | 130 | 2210 | |
| | 其他材料费 | 1 | 1500 | 1500 | |
| 3 | 机械费 | 1 | 1200 | 1200 | 包括车辆等 |
| 4 | 其他费用 | 1 | 500 | 500 | 生活等 |
| | 合　计 | | | 7882 | |

**注**　此单价只限于在外方安保和所有材料到位的正常施工情况下，如有异常（比如材料不到位，安保不允许等情况下）单价至少要在此基础上翻2倍。

平洞 460 米经费为 460×7882＝362.5720 万元。斜孔节约经费为 3625720－1497486＝2128234（元）。

斜孔钻探保证了勘察进度，节约工期至少 4 个月；节约勘探经费至少 212 万元（直接费用）；勘探安全更有保障。

2. 社会效益分析

一个项目课题成功与否，要分析其社会效益和经济效益。水利水电工程双向成对跨江大顶角斜孔钻探技术与应用充分分析了其社会效益和经济效益。按照一般规律，当发现电站坝址河床分布有陡倾角顺河断层时，为查明其空间分布，应布置过江平洞。但该工程地下水活动剧烈，很可能因地下水过多无法成洞，且平洞施工爆破安全隐患多。

爆破工程的安全特别重要，其原因是：爆破工程是平洞工程中不可缺少的环节，不仅使用炸药数量多，而且操作次数频繁，因而从心理因素和概率统计来看，是有出现事故的可能的；爆破工程材料均为危险品，不但易出不测，而且一旦发生意外事故，其后果难以弥补；科学技术发展迅速，爆破器材和爆破方法的更新较快，若不及时更新知识，掌握新方法，就会有盲目性；从国内外爆破实践统计来看，有一定数量的不应发生的爆破事故经常发生，这往往给生产和建设带来一定危害亟待解决。

爆破学科在理论与实践结合上也存在一定问题，由于爆破的研究和实践存在条件和对象的多样化、复杂化，目前爆破理论研究深度还不够深入，对一些问题尚无统一的认识，理论研究和实际应用尚存在较大的差距。此外国外炸药是受控物品，批准过程复杂。正是由于平洞施工安全隐患多、工期长、造价高等原因决定实施水利水电工程双向成对跨江大顶角斜孔钻探技术。

双向成对跨江斜孔要求：两孔间距 300m，斜孔孔深 250m，斜孔倾斜度 55°，两个斜孔在同一轴线上分别从河流两岸各一孔成对布置，方向相反，并在平面投影上重叠长度不小于 10m。钻孔取芯率满足地质要求，满足物探试验。

在项目课题组的高度重视下，在充分了解国外勘察项目的施工难度后，提前做好物质准备和技术准备，强化人员培训，经过精心组织，施工过程中成立 QC 小组，开展劳动竞赛活动，充分发挥全体员工的主观能动性，经过严格管理，科学施钻，两个钻孔从开孔至终孔分别用时 26d、30d，比计划工期提前 30d，比平洞施工提前 120d，除去配合物探（声波测试、孔壁录像及其他测试）时间，平均 10m/d。在规定的工期内顺利完成穿江斜孔的钻探工作，解决了诸多垂直勘探孔无法解决的地质难题，取得了较好的社会效益和经济效益。斜孔钻探在水利水电及其他类似工程勘察中具有推广价值。

# 参 考 文 献

[1] 邓争荣，雷世兵，何永刚，等. 某地区 Chipwi 韧性剪切带构造特征及其岩体工程性状 [J]. 资源环境与工程，2015，29（5）：747－752.

[2] 邓争荣，吴树良，闵文，等. 某水电站坝基碎裂岩工程性状及处理措施 [J]. 长江科学院院报，2013，30（6）：58－62，67.

[3] 邓争荣，吴树良，雷世兵，等. 水利水电地下工程勘察中的放射性测试 [J]. 人民长江，2012，43（13）：28－31，46.

[4] 邓争荣，吴树良，杨友刚，等. 某水电站坝址河床承压水不同种类动态变化及关联特性研究 [J].

资源环境与工程，2012，26（2）：128－133.

［5］ 邓争荣，吴树良，杨友刚，等．同位素方法在判定某水电站坝址河床承压水补给源中的应用［J］．资源环境与工程，2012（5）：505－508.

［6］ 邓争荣，曹道宁，吴树良，等．某地区埋深400m以内地温特征及其工程意义［C］//和谐地球上的水工岩石力学——第三届全国水工岩石力学学术会议论文集．上海：同济大学出版社，2010：420－424.

［7］ 邓争荣，吴树良，杨友刚，等．某水电站坝址 $F_{41}$，$F_{42}$ 断层泥化带工程特性研究［J］．长江科学院院报，2012，29（1）：39－43，61.

［8］ 闵文，邓争荣，吴树良．某水电站坝址河床顺河断裂穿江深斜孔钻探实践［J］．长江工程职业技术学院学报，2012，29（4）：5－9.

［9］ 邢林生，周建波．2014.特高坝运行安全若干关键技术［J］．大坝与安全，2014（4）：14－18.

［10］ 陈德基．汶川大地震后水坝建设中若干问题的思考［J］．工程地质学报，2009，17（3）：289－295.

［11］ 白思俊．现代项目管理［M］．北京：机械工业出社，2012.

［12］ 王达，何远信，等．地质钻探手册［M］．长沙：中南大学出版社，2014.

［13］ 吴立，闫天俊，周传波．凿岩爆破工程［M］．武汉：中国地质大学出版社，2005.